기계설계제도와 도면 해독 실무- I

Mechanical Engineering Drawing & Reading for the Machine Trades

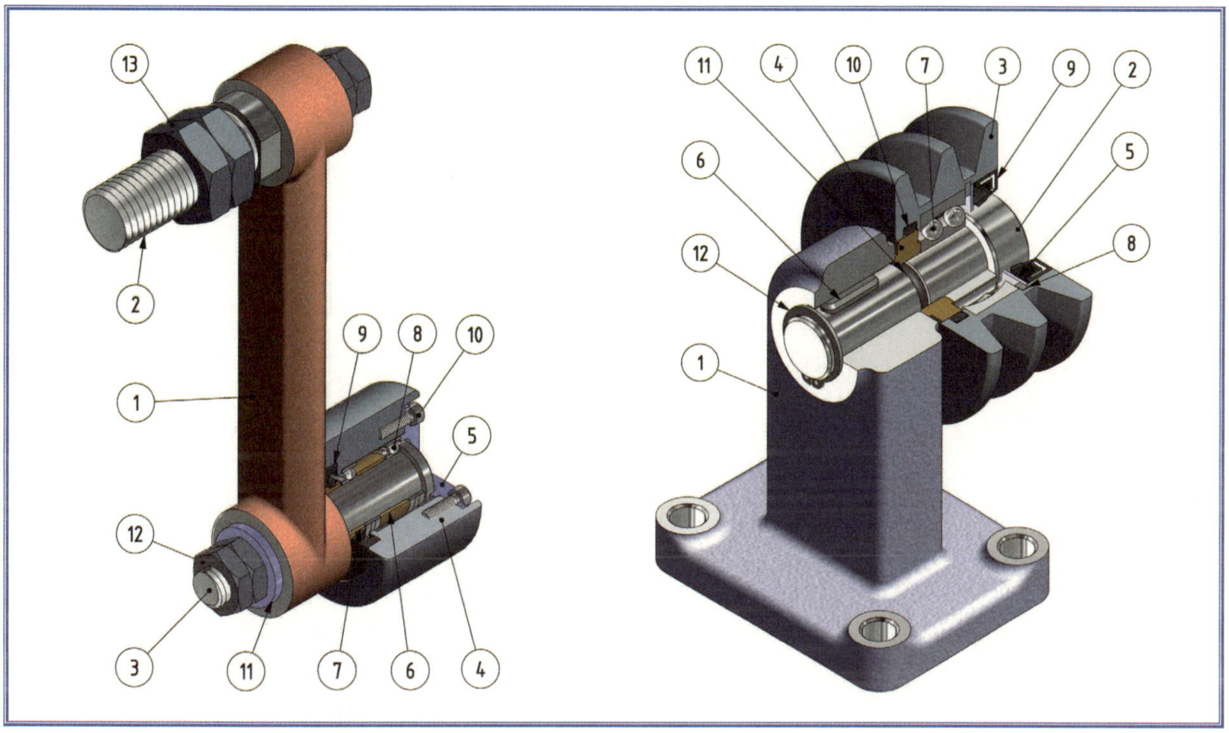

김 영 훈 · 김 영 상 · 양 진 호

표지 디자인 *Lee, Seul A* 기획·편집 *Kim, Young Sang*

캐드나라닷컴

우) 152-050, 서울특별시 구로구 구로동 212-13
벽산 디지털 벨리 3차 307호
Tel. 02) 868 - 2734 · Fax. 02)852 -6129
홈페이지 Homepage : www.cadnara.com
이메일 주소 E-Mail Address : yskim@cadnara.com

책을 내면서

도면이란, 기계나 구조물의 모양, 크기, 위치, 정밀도, 가공 방법, 재질 등을 미리 약속된 규정에 따라 선, 문자, 기호를 시용해서 용지에 그려진 것 말하며 알기 쉽고, 정확하며, 빠르게 전달되도록 제도되어 있어야 하는데 설계에서부터 생산, 설치, 사용에 이르기까지 필요한 기술적인 내용이 모두 포함된 도면이기에 각 산업별, 국가별 기술자 사이에서의 유일한 의사소통 수단이기도 하다.

산업 현장의 기술자 되기 위해서는 도면을 바르게 읽을 수 있는 능력을 갖춘다는 것은 매우 중요하며 쉬운 일이 아니다. 아무리 훌륭한 산업 현장 관리자나 기술자라 할지라도 도면을 바르게 읽을 수 있는 능력이 없거나 잘못 읽는다면 그들이 만든 제품은 불량품에 지나지 않는다. 최고 경영, 고급 및 중간 관리, 제품 기획, 제품 디자인 및 생산 설비의 설계, 공정과 생산 및 품질 관리, 제품 구매 및 판매 영업 등의 업무에 관련된 종사자들은 하나의 도면에 대하여 똑같은 내용으로 정확하게 이해하는 능력을 갖추어야 한다는 것이다.

빠르고 정확하게 도면을 읽는 비결은, 기계나 구조물의 모양, 크기, 자세, 위치, 면의 표면, 재료, 가공 방법 등의 도면 정보를 이해하는 종합적인 능력을 기르는 것이다. 이러한 능력을 기르기 위해서는 제도규격을 익히고 스스로 도면을 제도할 수 있는 능력을 향상시키는 것이 가장 좋은 방법이겠지만 한정된 교육환경의 현실로는 어려운 일이다.

일반사회에서의 바르게 말하기, 듣기, 쓰기는 산업사회에서의 바르게 제도규정 익히기, 도면 해독하기(읽기), 도면 그리기의 능력향상을 위한 학습방법과 같아서 올바른 단어, 숙어를 이해하고 익힌 후 다른 사람이 말하거나 써 놓은 내용을 바르게 이해하는 것이며 작문으로 자기 의사를 표현하는 것으로써 이러한 능력을 기른 후에야 일반사회에서의 공동체 생활이 가능하듯이 산업사회 생활도 가능하다는 뜻이다.

이 책에서는, 산업 사회에 진출하기 위한 예비 기술자들이 바르게 도면을 읽는 능력을 키워서 산업사회에서 빠르게 적응하고 능력을 발휘할 수 있도록 하는데 초점을 맞추기 위해 새로 개정된 KS, ISO규격을 인용한 설명과 자료를 제시함으로써 급변하는 산업사회로의 진출과 적응에 도움을 주고자 하였다.

첫 째로, 도면을 읽는 순서대로 관계지식을 세분화하여 체계적으로 학습을 할 수 있도록 하고, 단원마다 다양한 관계지식을 제시하여 흥미를 유도함으로써 학습효과를 높이고자 하였다.

둘째로, 각 단원에서는 최신 KS, ISO규격의 근거로 관계지식과 다양한 실무수행을 위한 기본지식을 미리 학습하도록 제시하고 도면의 난이도별 배치로 학습 성취도에 따라 학습 진도를 스스로 결정하도록 하였다.

셋째로, 기계나 구조물의 조립도면은 물론 조립품으로 구성되는 각 부품의 기능을 이해하여 관련 자료를 데이터 북 등에서 정확하게 인용할 수 있는 질문을 던짐으로써 도면을 보는 사람을 위한 학습은 물론 예비 설계 기술자의 학습에도 도움을 주도록 노력하였다.

넷째로, 최근의 국제표준(ISO)와 한국 산업표준(KS)을 근거로 한 도면을 제시함으로써 산업현장 실무 적응에 도움이 되도록 꾸몄습니다.

예비 설계 기술자는 물론 생산 기술자들이 바르게 도면 읽고 해독하는 능력을 효과적으로 향상시킬 수 있도록 산업현장실무에 근접하는 교재를 만들어 내겠다는 의욕으로 노력을 했지만 미진한 부분이 많으리라 생각하며, 여러분들의 끊임없는 지적과 충고를 기꺼이 받아들여서 점진적으로 수정 및 개선해 나갈 것을 약속한다.

2013년　저자 일동

모듈학습 서바이벌 진도관리

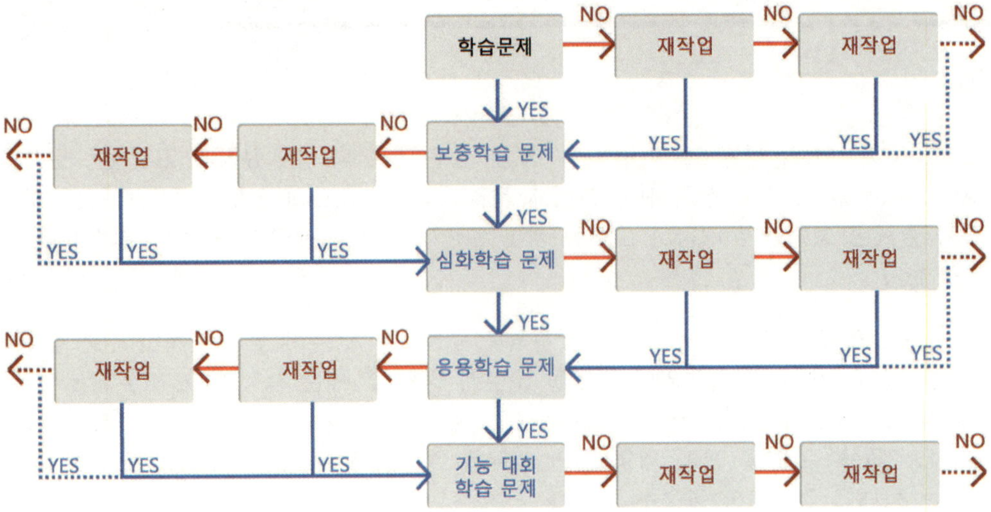

교수학습 순서

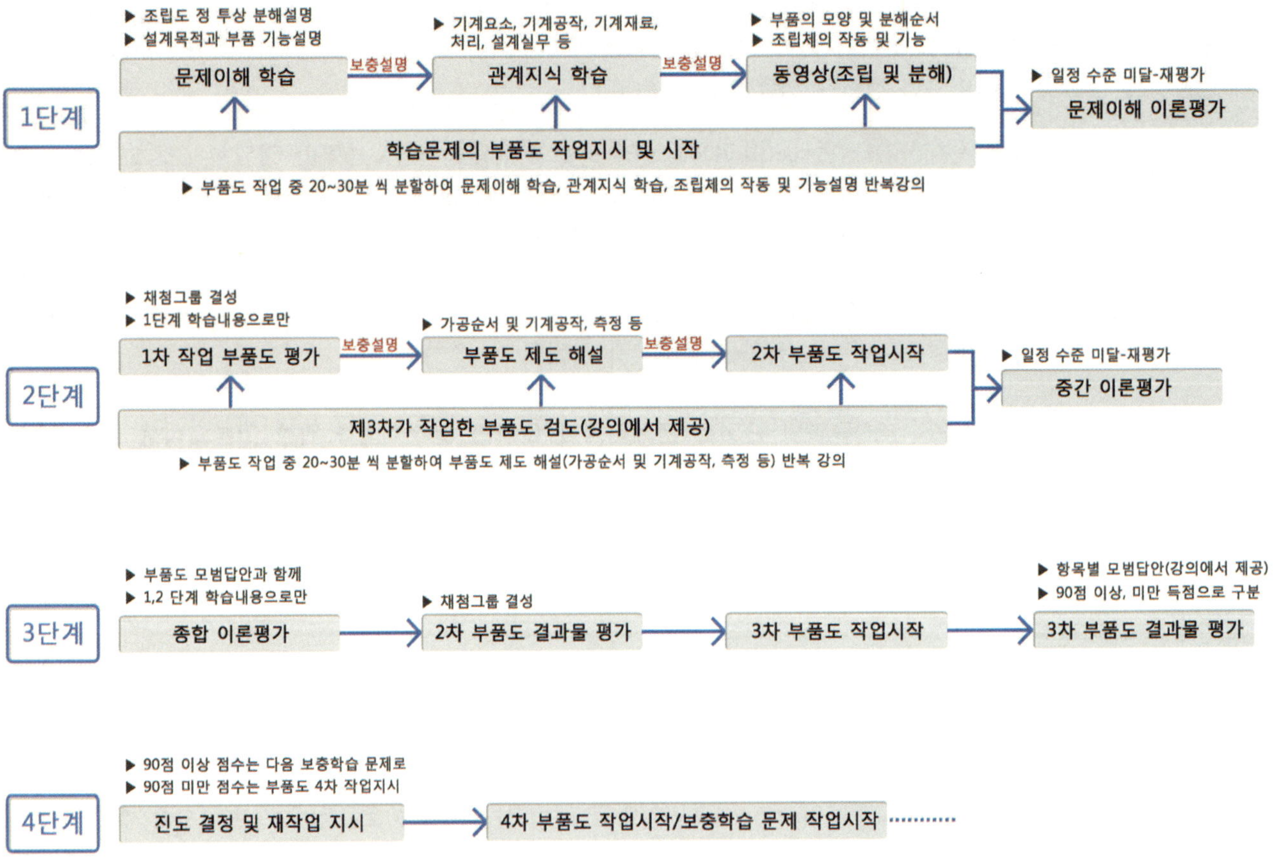

차 례

B01강의. 긴장장치(Tightener)-제 1부

B 02강의. 유동장치(Idler)-제 2부

기계 장치(Machinery)-1부

B01강의. 긴장장치(Tightener)

학습문제	B01-011→ V-벨트 긴장장치-Ⅰ
보충학습 문제	B01-021→ V-벨트 긴장장치-Ⅱ
심화학습 문제	B01-031→ V-벨트 긴장장치-Ⅲ
	B01-032→ V-벨트 긴장장치-Ⅳ
응용학습 문제	B01-041→ 체인 긴장장치
	B01-042→ 평 벨트 긴장장치-Ⅰ

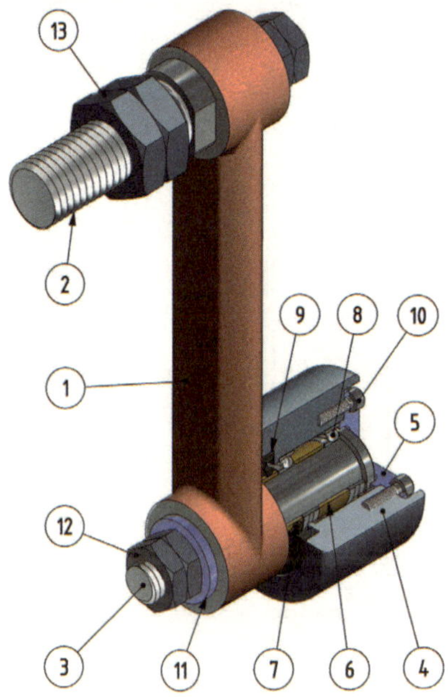

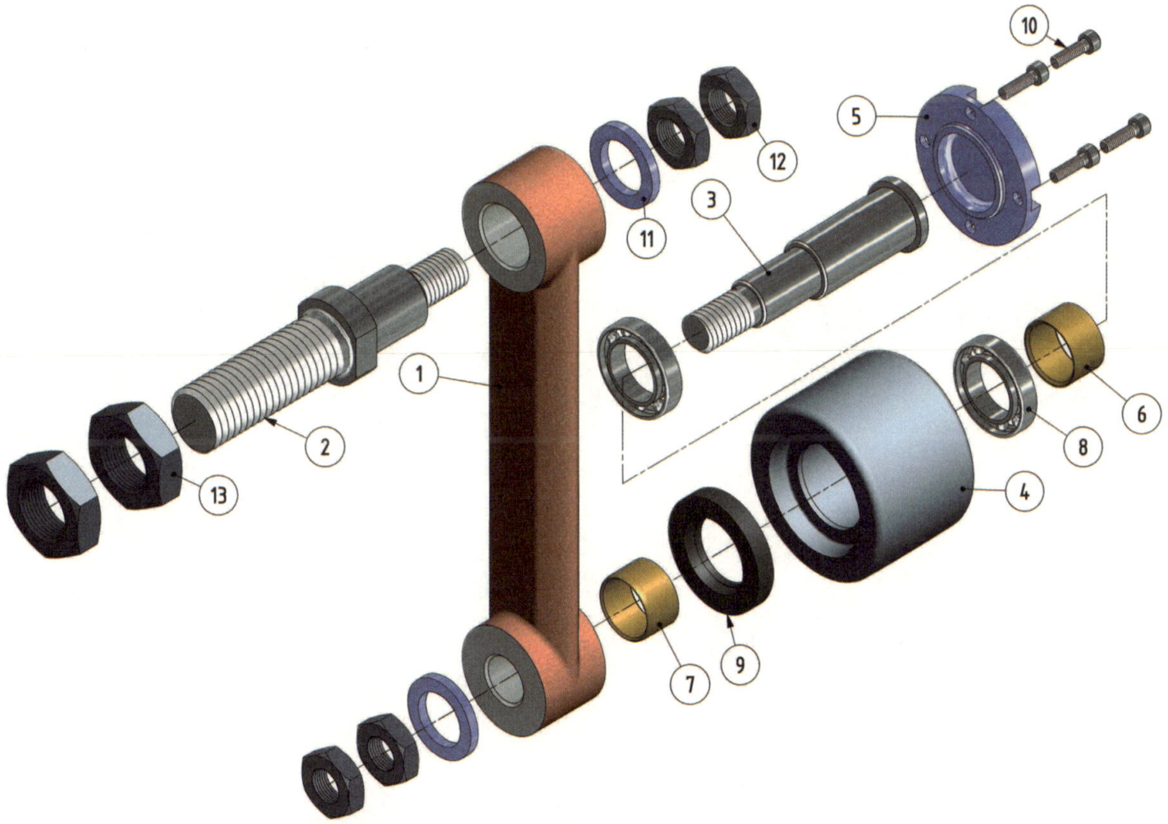

1. 조립도<문제>

➜ 조립도면으로 주어진 문제에서 ① ~ ⑬의 부품도를 A2용지에 제3각 방법의 1:1 척도로 제도하고 A2용지로 출력하시오. 또, A3용지에 ①, ②, ③, ④, ⑤, ⑥, ⑦의 파라메트릭 솔리드 모델링 파일로 렌더링을 한 등각 축 2개의 투상도를 1:1에 가까운 크기로 하여 배열하고 각 부품의 중량(g)을 부품란의 비고란에 제도하고 A3용지로 출력 하시오.

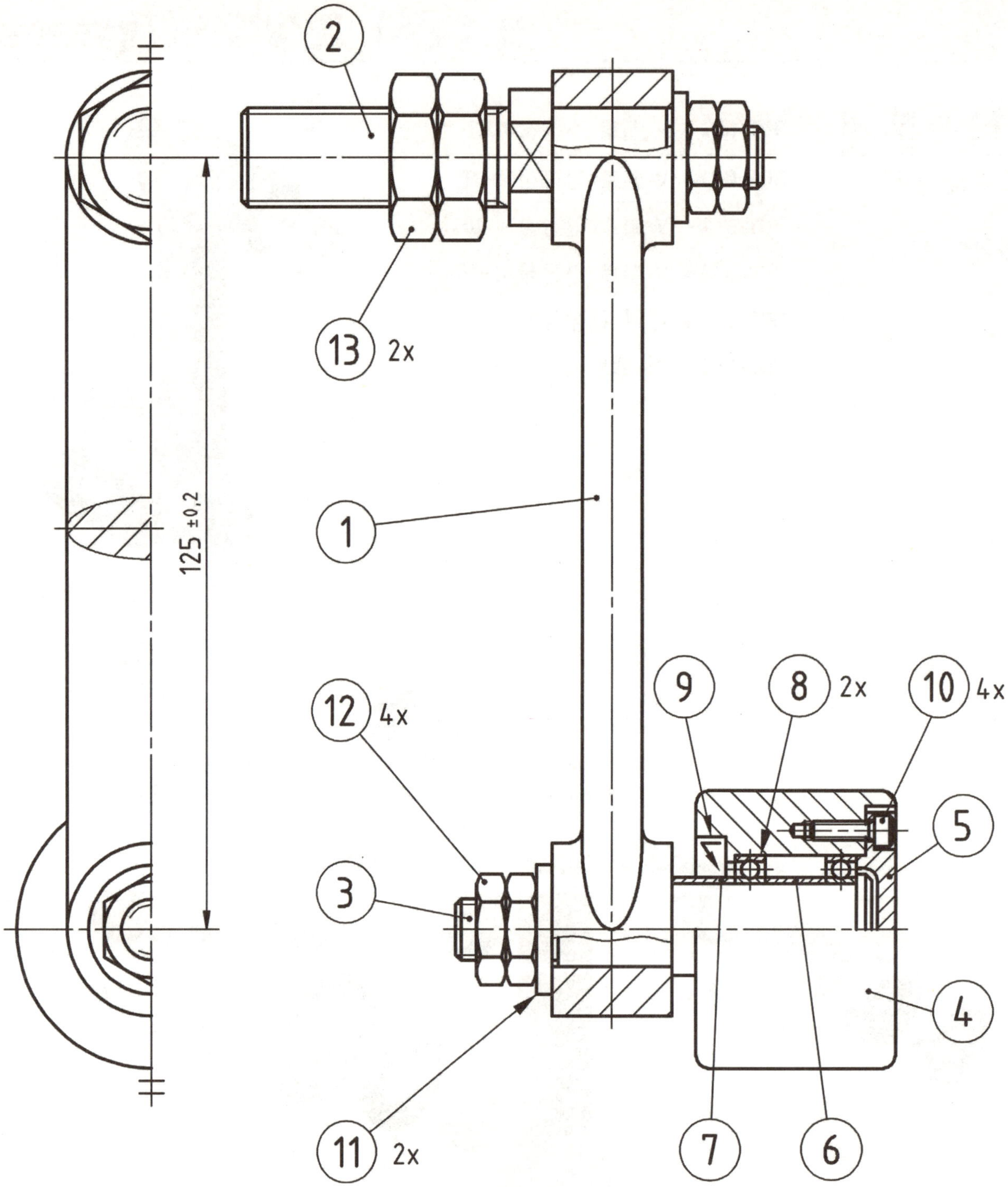

그림 1-1. 주어진 문제의 V-벨트 긴장장치- Ⅰ 의 조립도

2. 조립도에서 부품 분해하기

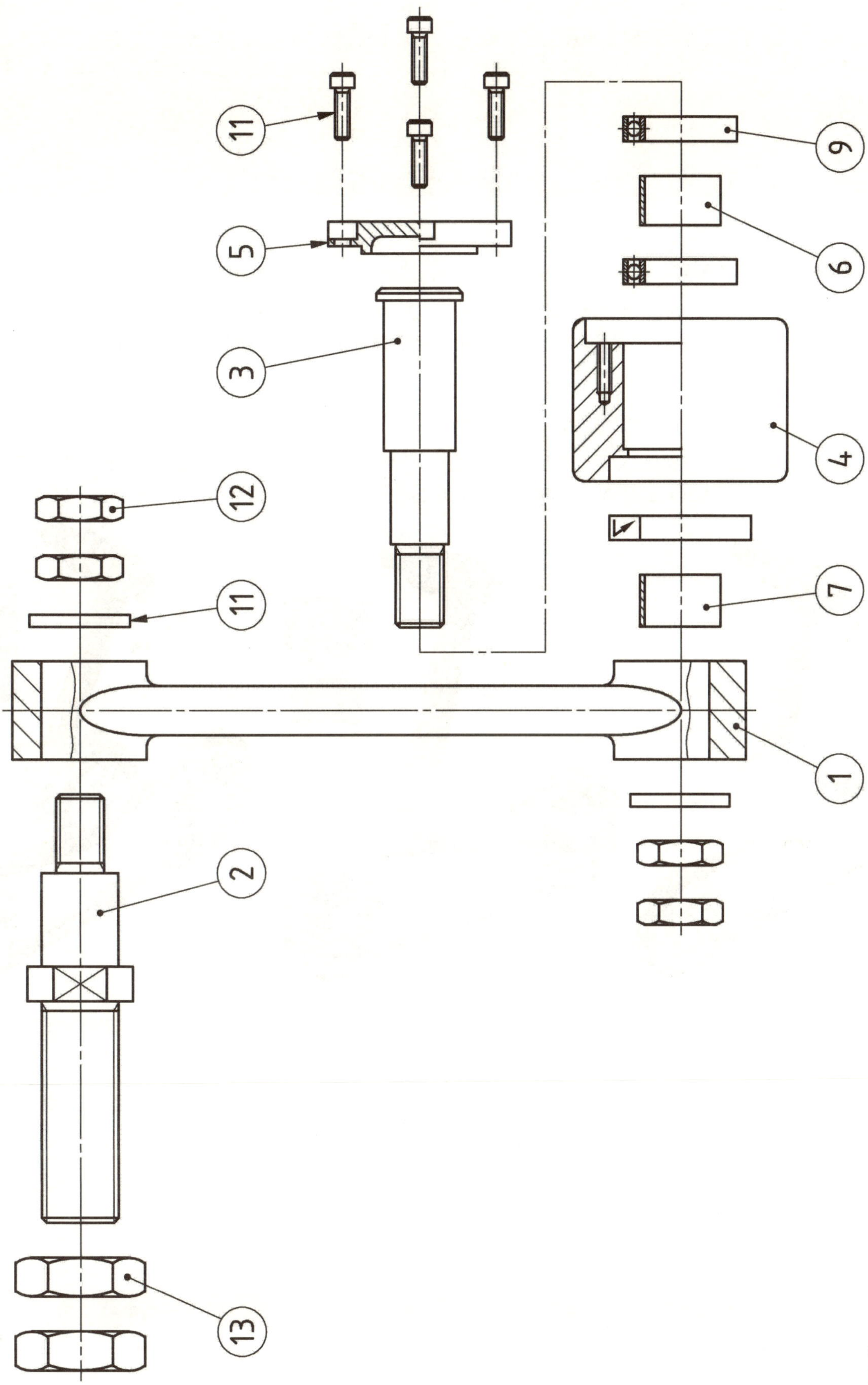

그림 1-2. 정 투상 조립도에서의 조립 · 분해 설명

3. 설계 목적과 부품 기능

(1) 설계 목적

➜ 주어진 조립도의 V-벨트 **긴장장치(緊張裝置)**는, 전동 중 두 축의 중심거리가 가까워 졌거나 벨트가 늘어져 미끄러짐이 발생하게 되면, 곧 전동 효율이 떨어지게 되므로 운전 상태에서 벨트를 축 중심방향으로 밀어 넣거나 밖으로 끌어내기 위한 장치입니다.

➜ 긴장장치의 설계는, 평 벨트, 체인, 이 붙이 벨트 등의 전동장치에서 이미 두 축의 거리 조정 설계가 되어 있지 않을 경우에 보수(補修)성격의 설계이기도 하지만, 전동장치의 설계 때 긴장장치를 설계에 반영하기도 합니다.

보충설명 긴장장치(Tightener)란?

➜ 원동 축(原動 軸)의 회전량을 종동 축(從動 軸)에 전달시키고자 할 때, 두 축 사이가 멀면 마찰차(摩擦車)나 기어를 사용하기가 곤란해지므로 감아 걸기의 전동장치인 벨트(Belt), 로프(Rope), 체인(Chain) 등으로 설계하게 됩니다.

➜ 평 벨트, V-벨트, 로프를 이용한 전동은, 마찰력을 이용한 전동이므로 미끄럼이 발생하나, 이 붙이 벨트와 체인전동의 경우에는 휠(Wheel)의 이 물림에 의한 전동이므로 미끄럼 없이 전동을 합니다.

➜ 아래 그림과 같이 평 벨트, V-벨트, 로프를 이용한 전동은, 두 축 사이의 고정상태가 풀려 거리가 가까워지거나, 벨트나 로프 등이 늘어나거나, 갑작스런 회전 하중(回轉荷重)으로 인한 전동 손실의 감소를 위한 긴장장치를 설치하게 됩니다.

(a) 평 벨트 (b) 한쪽 V벨트 (c) 양쪽 V벨트

그림 1-3. 벨트 긴장 장치

➜ 다음 쪽의 왼쪽 그림은 로프, 오른쪽 그림은 체인과 스프로킷 휠 전동의 긴장장치 보기이며, 긴장을 시킬 때 벨트와 휠의 접촉 면적이 크게 이뤄지도록 해야 합니다.

➜ 긴장장치는 동력이 전달되는 운전 상태에서 조정할 수 있으며, 긴장장치가 없는 경우에는 운전을 정지하고 두 축의 간격을 조정하는 불편함이 있습니다.

➜ 참고로, 전동 장치별 사용 조건은 다음 표와 같습니다.

구분	축간 거리	속도 비	속도(m/sec)
평 벨트 전동	10m이하	1:1~6	10~30
V-벨트 전동	5m이하	1:1~7	10~18
로프 전동	10~25m	1:1~2	15~25
체인 전동	4m이하	1:1~7	4이하

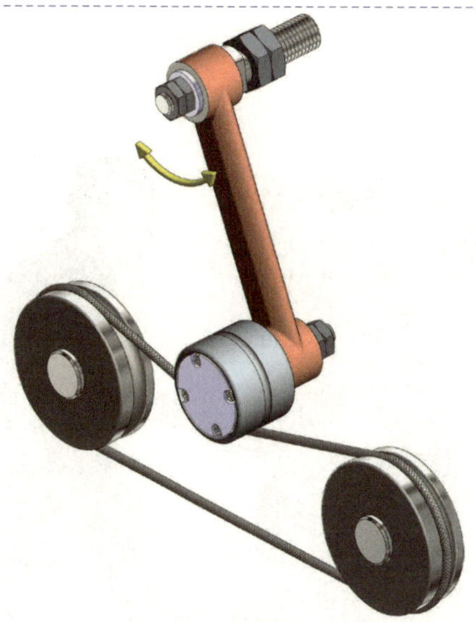

그림 1-4. 로프 긴장 장치

그림 1-5. 체인 긴장 장치

(2) 부품 기능

➜ ①의 암(Arm)은, 긴장 장치의 특정한 위치에 고정되고 벨트 긴장상태를 조정하는 고정 축(②)과 V-벨트 뒷면과 구름 접촉의 자세를 유지하는 드라이브 축(③) 세트가 두 구멍의 보스(Boss)에 평 와셔, 저 너트로 풀리지 않도록 고정됩니다.

또 전동 장치의 중간에 설치되므로 아래 그림 (a)와 같이 두 축 사이의 바깥쪽이나 (b)와 같이 안쪽 공간에 설치할 수 있고 두 축의 자세유지와 긴장 조정기능을 갖고 있으며, 단조강으로 소재를 마련하는 것이 좋습니다.

(a) 벨트 바깥쪽에 설치할 경우

(b) 벨트 안쪽에 설치할 경우

그림 1-6. 암의 기능

보충설명 단조(鍛造, Forging)란?

➜ 금속을 모루(Anvil)에 놓고 해머로 두들기거나, 유압 기계로 압력을 가해 설계된 모양대로 만드는 것을 단조라고 합니다.

➜ 단조는, 재료를 가열하여 재결정 온도 이상에서 하는 열간 단조(Hot Forging), 재결정 온도 이하나 상온(常溫)에서 가공 경화(加工硬化) 현상을 감안한 냉간 단조(Cold Forging) 방법이 있습니다.

➜ 보통은 열간 단조를 단조라 하는데, 아래 그림 (a)와 같이 낫, 호미 등을 만드는 손작업 단조(또는 자유 단조)가 있으며, (b)와 같이 해머를 기계적으로 사용하여 단조를 하는 자유 기계단조가 있습니다. 또 주조 형틀 안에 넣어 단조기계로 단계적 단조를 하는 열간 형단조(型鍛造) 방법이 있습니다.

➜ 본 문제의 암(Arm)과 같이 운전 중 풀리에 가해지는 진동과 충격으로 휘거나 부러지려는 것을 견디는 소재(素材)의 마련은, 대량일 때 강도(強度)를 높이는 조밀한 조직을 얻도록 틀을 만들어 단계적으로 단조합니다.

➜ 물론, 소량일 경우에는 앞에서 설명한 기능을 충족하는 재료에 의해 용접 이음(Welding Joint)을 한 후 변형이 가지 않도록 뜨임(Tempering) 또는 풀림(Annealing)처리를 거쳐서 기계가공으로 완성합니다.

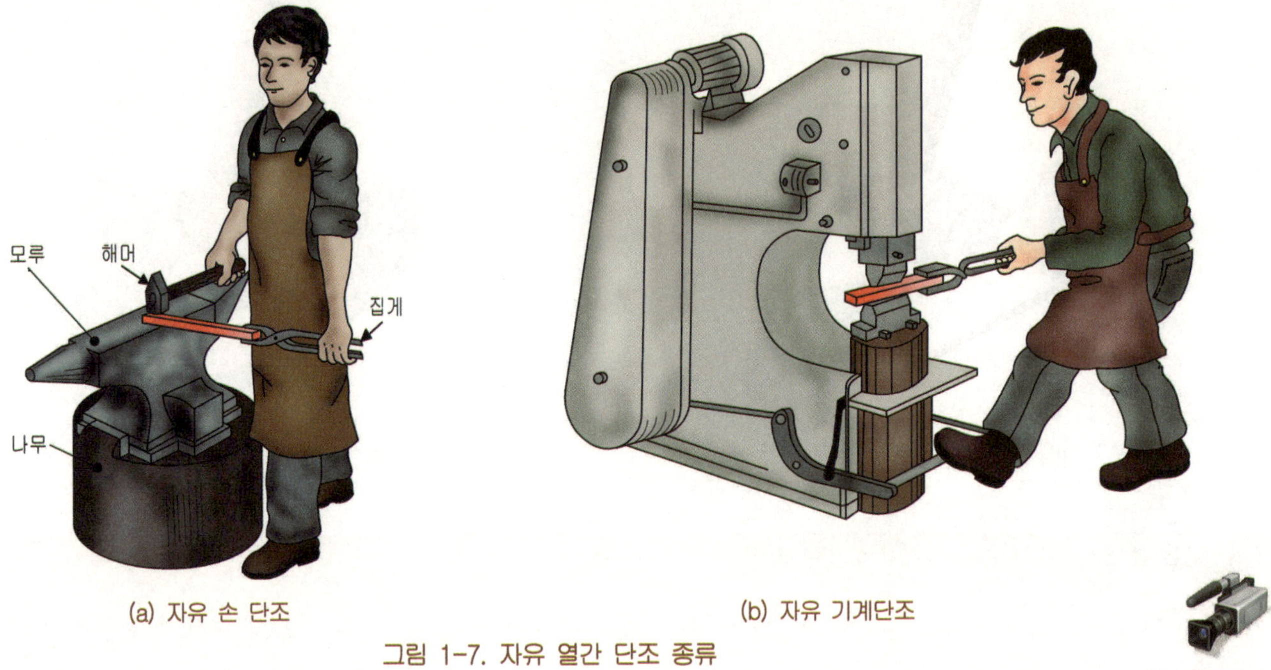

(a) 자유 손 단조

(b) 자유 기계단조

그림 1-7. 자유 열간 단조 종류

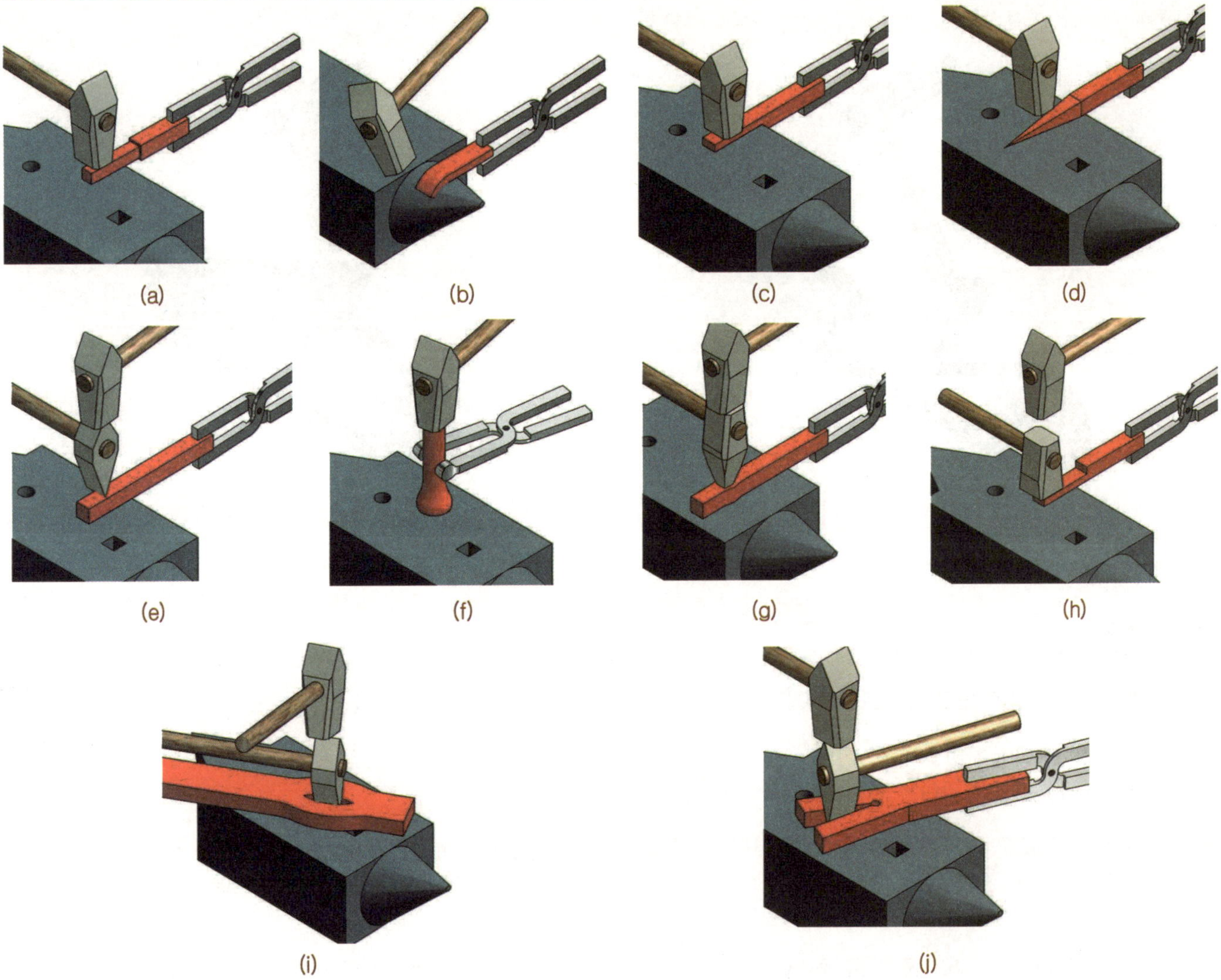

(a) (b) (c) (d) (e) (f) (g) (h) (i) (j)

그림 1-8. 자유 단조작업 종류

→ 본 문제의 암(Arm)과 같이 운전 중 풀리에 가해지는 진동과 충격으로 휘거나 부러지려는 것을 견디는 소재(素材)의 마련은, 대량일 때 강도(强度)를 높이는 조밀한 조직을 얻도록 틀을 만들어 단계적으로 단조합니다.

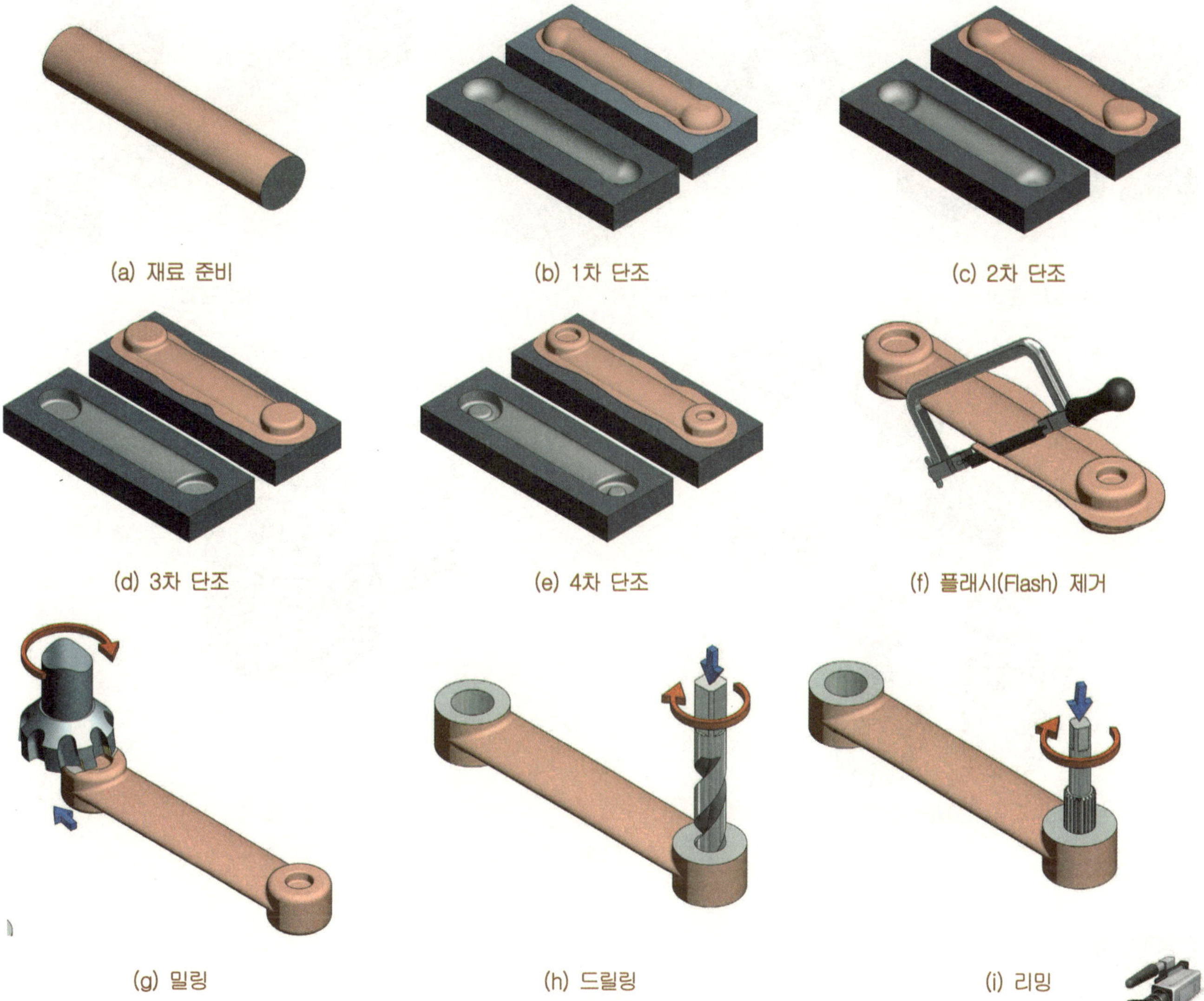

그림 1-9. 암의 형단조 순서

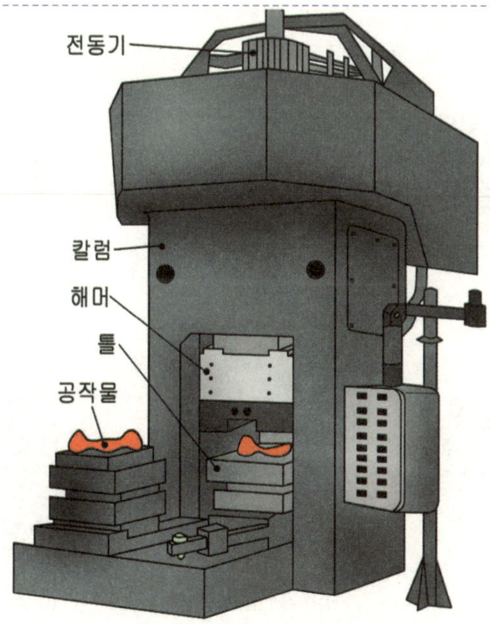

그림 1-10. 형 단조기계

➜ 다음은 용접 이음을 하기 위한 재료의 마련, 가공 등의 순서를 설명합니다.

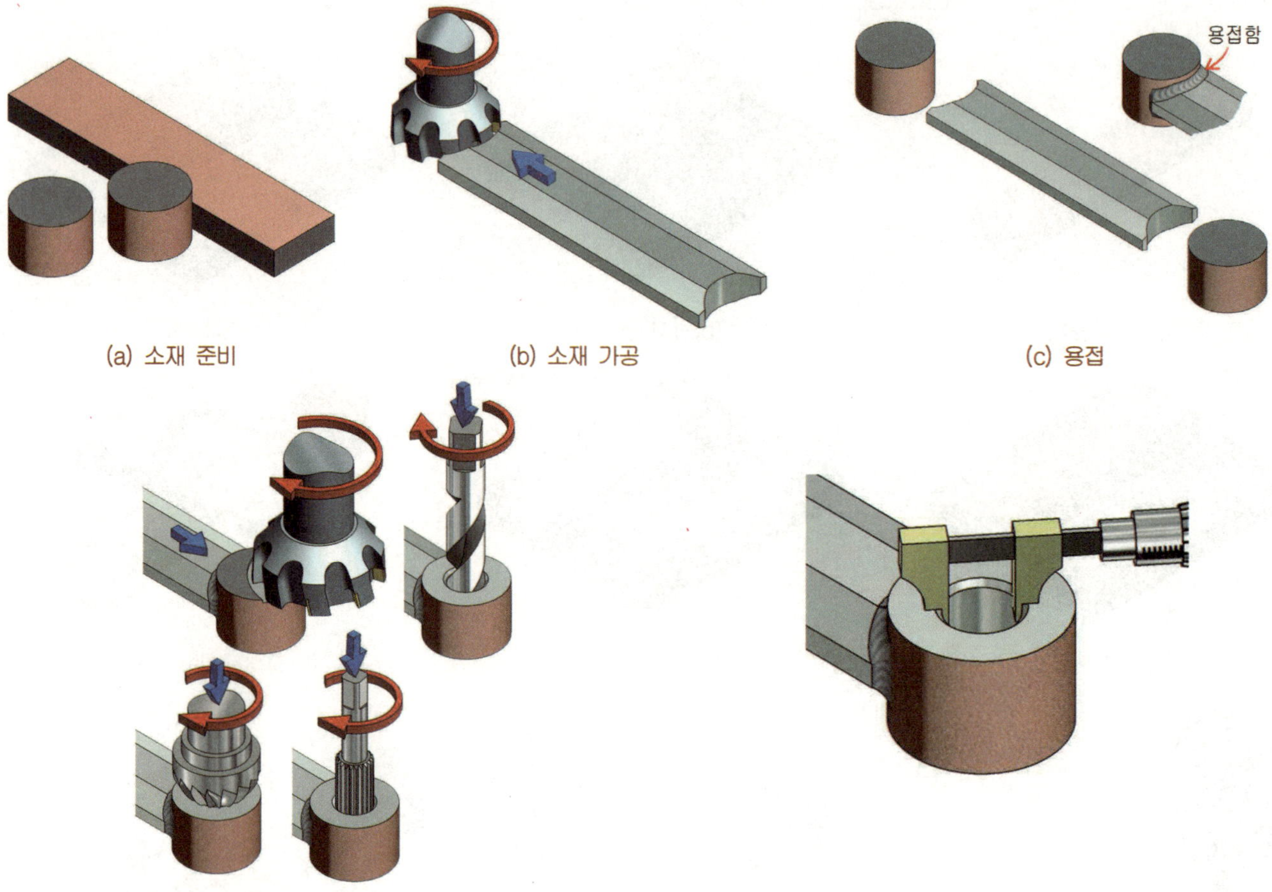

(a) 소재 준비 (b) 소재 가공 (c) 용접

(d) 밀링, 드릴링, 모떼기, 리밍 가공 (e) 검사

그림 1-11. 암의 용접이음 보기

보충설명 나사의 풀림방지를 위한 설계

➜ 나사가 정지 상태 및 운전 중 진동이나 충격에 의해 풀리는 것을 방지하는 방법으로서 다음과 같은 록 너트(Lock Nut, 풀림 방지 너트)를 사용하며, 기계장치의 용도에 따라 아래 그림과 같은 종류가 있습니다.

➜ 어떤 경우에는 금속용 특수 접착제를 사용하기도 하며 너트 주위를 부분적으로 용접하여 풀리는 것을 방지하는데, 놀이 기구 등과 같이 안전에 만전을 기하기 위해서는 반드시 나사풀림 방지설계를 해야 합니다.

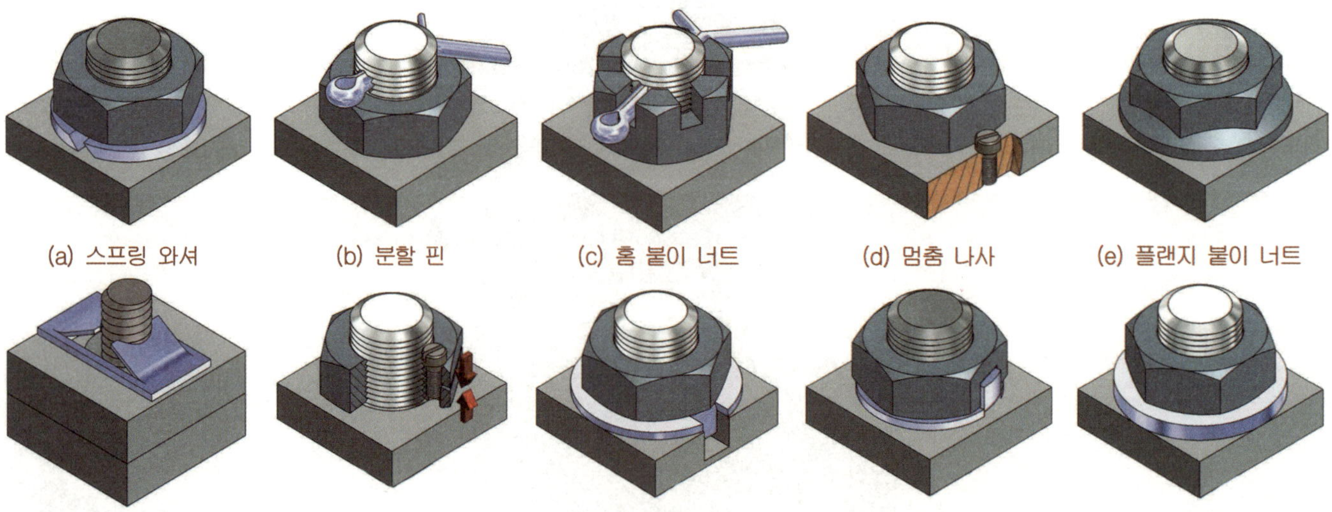

(a) 스프링 와셔 (b) 분할 핀 (c) 홈 붙이 너트 (d) 멈춤 나사 (e) 플랜지 붙이 너트

(f) 스프링 붙이 (g) 스프링 너트 (h) 갈퀴붙이 와셔 (i) 혀 붙이 와셔 (j) 평 와셔

그림 1-12. 나사의 풀림 방지용 기계요소(계속)

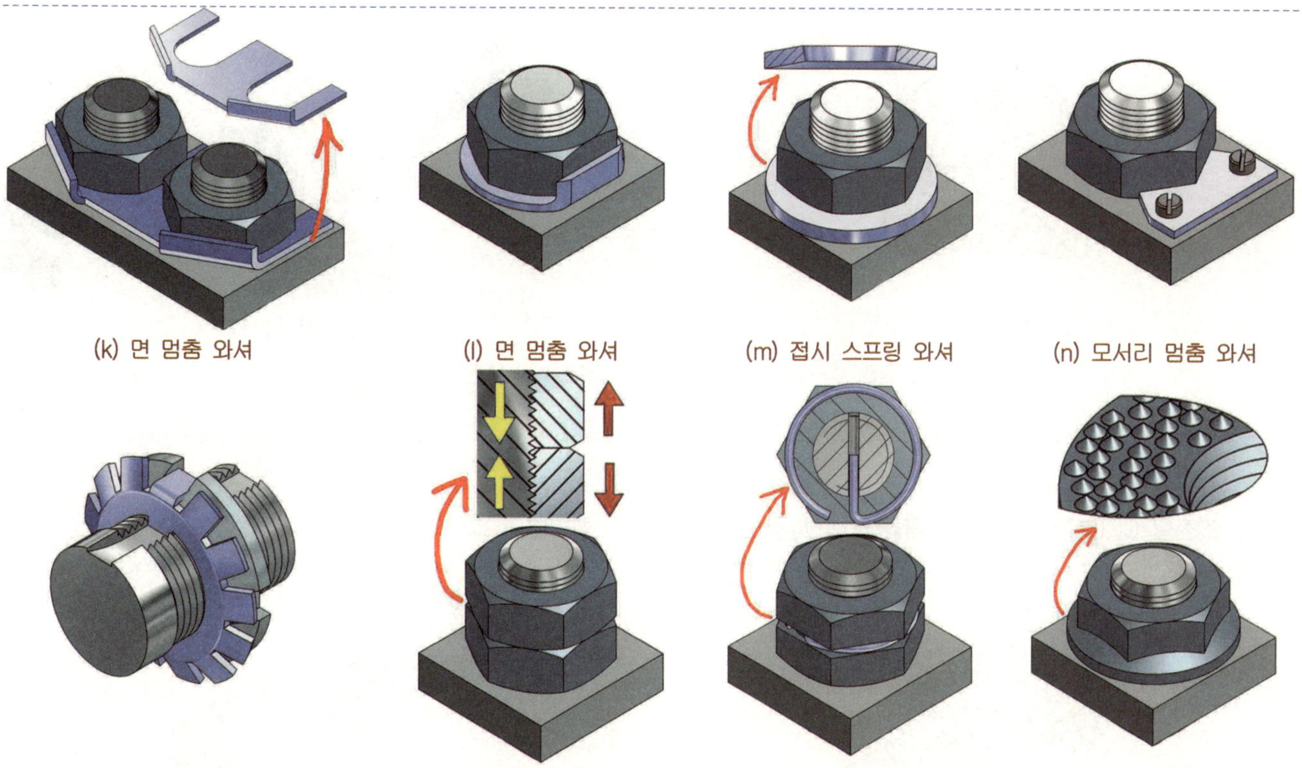

(k) 면 멈춤 와셔　(l) 면 멈춤 와셔　(m) 접시 스프링 와셔　(n) 모서리 멈춤 와셔

(o) 베어링 용 너트, 와셔　(p) 이중 너트　(q) 스프링 핀　(r) 돌기와셔 붙이 너트

그림 1-12. 나사의 풀림 방지용 기계요소

➜ ②의 고정 축(Fixed Shaft)은, 긴장장치의 설치 위치에 조립되고 너트를 풀고 조임에 따라 긴장상태의 조정을 하는 축으로서, 축 부분이 운전 중 진동으로 느슨해져서 풀려질 우려가 있는데 축과 암의 구멍의 조임 상태에 의해 긴장 조정이 되는 것이 단점이나, 운전 중 긴장상태를 조정하는 것이 장점이며 기계구조용 탄소강으로 재료를 마련합니다.

따라서, 본 문제의 긴장장치는 운전상태가 단시간, 간헐적 운전일 때 사용하는 것이 좋으며 장시간 사용하는 장치의 설계 보기는 보충학습, 심화학습 문제에서 제시됩니다.

보충설명 원하는 긴장상태의 유지와 미세조정 기능 향상

➜ ①의 암의 양 측면 길이 보다 ②의 축 지름 길이치수가 아래 그림의 (a)와 같이 길면 암과 축을 억지 끼워 맞춤하더라도 ⑪의 평 와셔와 ⑫의 저 너트가 암을 양 측면에서 잡아주지 못하여 긴장상태를 조정해주는 기능을 상실합니다.

➜ (b)와 같이 축 길이가 암의 폭보다 짧다고 해도 ④의 롤러가 벨트와 마찰 회전운동에 의해 발생하는 진동만으로도 억지 끼워 맞춤 부분에서 어느 정도 기능을 유지할 수 있으나 긴장상태를 자주 조절하게 되면 결국은 기능을 상실합니다.

(a) 축 길이가 긴 경우　(b) 축 길이가 짧은 경우

그림 1-13. 암의 폭과 축의 길이치수 관계

➜ 이러한 설계상의 문제점을 해결하기 위한 첫 번째 방법으로는, 다음 쪽 그림과 같이 멈춤 나사의 앉음 자리를 축에 만들어 긴장 상태를 미세 조정할 수 있는 만큼의 각도 위치에 자리를 만들어 주는 것이 중요합니다.

➜ 이 설계를 적용할 경우 비용은 절감할 수 있지만 불필요하게 큰 각도의 위치에 자리를 만들어 조정을 하게 되면 너무 큰 힘으로 벨트를 눌러 동력 전달장치의 베어링에 무리한 힘을 가하게 되므로 베어링이 파손됩니다.

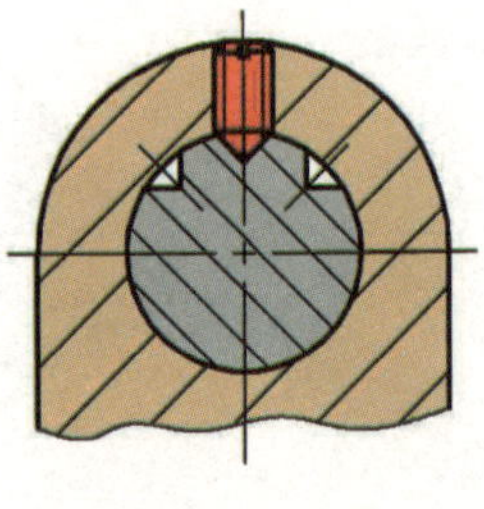

(a) 자리파기의 각도 위치

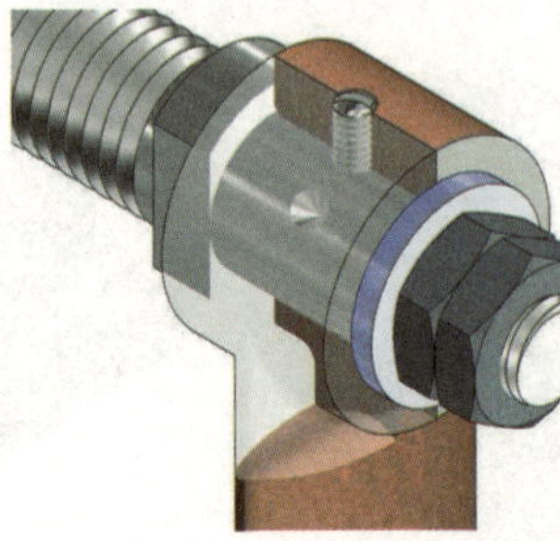

(b) 멈춤 나사

그림 1-14. 멈춤 나사에 의한 긴장상태 조정

➜ 두 번째 방법으로는, 비용을 조금 더 들지만 ①과 ②의 관계를 아래 그림과 같이 세레이션으로 설계할 경우, 미세조정이 가능하고 긴장 상태를 계속 유지할 수 있는 장점이 있습니다.

단, 조정할 때 **(b)**와 같이 암과 축을 분해한 후 조정해야 하는 불편함이 있습니다.

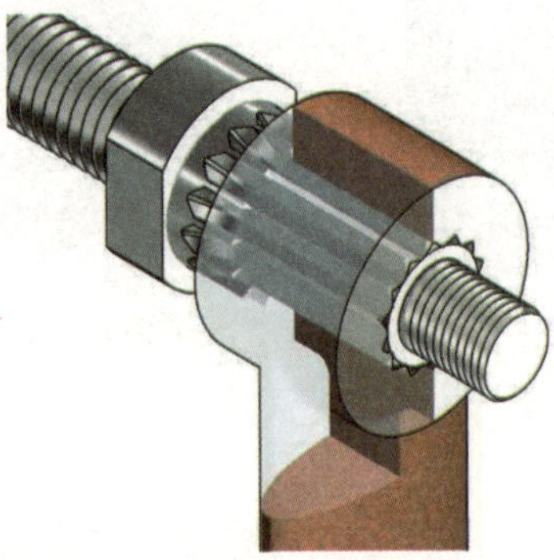

(a) 세레이션에 의한 풀림방지

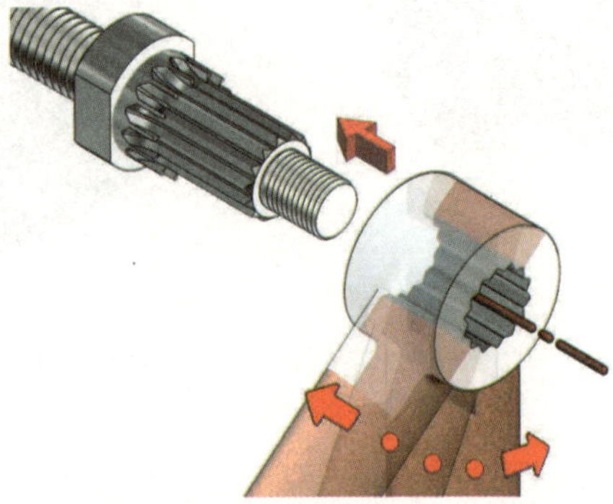

(b) 세레이션에 의한 미세 조정

그림 1-15. 세레이션에 의한 풀림방지

➜ 세 번째 방법은 아래 그림과 같이 암의 보스 안지름에 끼워지는 힌지 축이 편심을 갖도록 하여 암과 힌지 축을 키로 연결하고 멈춤 나사로 고정하는 방법으로 설계하면 가장 좋은 설계가 됩니다.

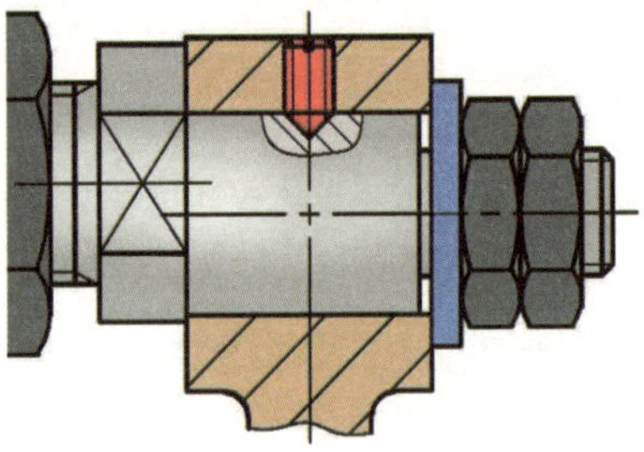

①

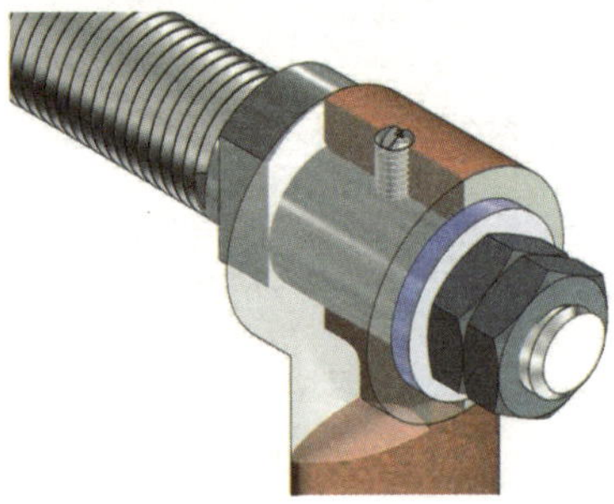

②

(a) 멈춤 나사에 의한 암과 보스 고정

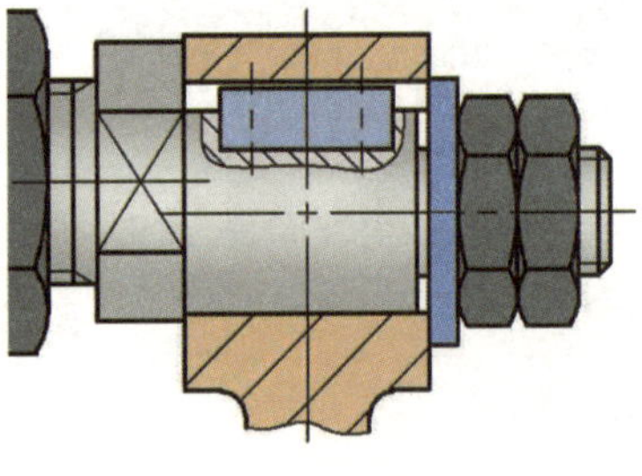

①

②

(b) 키에 의한 암과 보스 고정

그림 1-16. 편심 축에 의한 긴장상태 조정

➜ ③의 드라이브 축(Drive Shaft)은, 2개의 볼 베어링에 의해 바깥지름(외륜, 外輪)이 회전을 할 수 있도록 안지름(내륜,內輪)을 고정하는 기능과 롤러(④)의 자세유지 기능을 갖고 있으며 기계구조용 탄소강으로 재료를 마련합니다.

➜ ④의 롤러(Roller)는, 드라이브 축을 기준으로 2개의 볼 베어링에 의해 외륜 회전과 V-벨트의 뒷면을 누르면서 구름 접촉하는 기능을 갖고 있으며 기계구조용 탄소강으로 재료를 마련합니다.

또, 2개의 베어링이 빠지지 않도록 하는 커버와 조립되고, 베어링의 오일이 밖으로 새나가거나' 오물이 안으로 들어오지 못하도록 하는 오일 실(Oil Seal)이 조립됩니다.

그림 1-17. 베어링의 구조 명칭

보충설명 오일 실(Oil Seal)이란?

➜ 아래 그림과 같이 탄성이 뛰어나고 기름이나 화학물질에 강한 합성고무가 강철 케이지(Steel Cage)를 감싸고 립(Lip)부분이 스프링에 의해 축 직각(Radial)방향으로 항상 죔 상태를 유지하게 하여 축의 회전 또는 왕복운동 부분을 밀봉하는 것을 오일 실이라고 합니다.

➜ 기계장치에 사용하는 오일 실의 재질로 주로 많이 사용하는 것은 니트릴 고무(Nitrile Butadiene Rubber), 실리콘 고무(Silicon Rubber)를 주로 많이 사용합니다.

➜ 내유성, 내열성, 내 화학성이 더 요구될 때에는 불소 고무(Fluoride Rubber), 고 내열성과 내유성 요구 때는 아크릴 고무(Acrylic Rubber) 등이 사용됩니다.

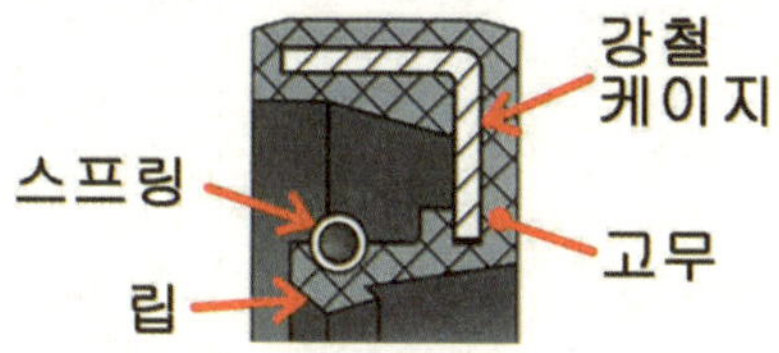

(a) 스프링 있음

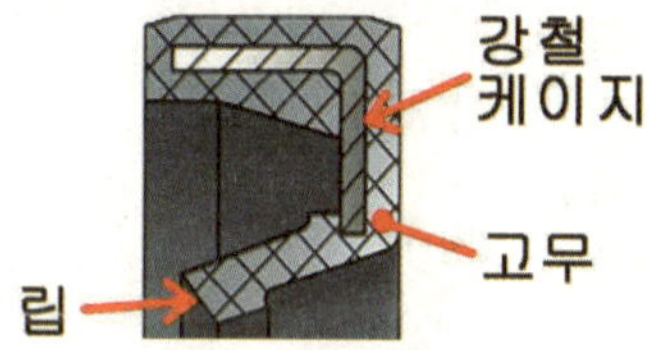

(b) 스프링 없음

그림 1-18. 오일 실의 구조

➜ 오일 실은 오일이 있는 부분의 압력이 없을 경우에도 그 오일이 밖으로 새어 나가지 못하게 하거나, 먼지나 이물질이 밖으로 부터 안쪽으로 들어가지 못하게 하여 안쪽의 부품들이 오염되지 않도록 하는 부품입니다.

➜ 기계장치의 운전 중에 오일 실의 안쪽 부분의 온도가 상승하고 이로 인해 내부 압력이 상승하여 누유가 우려될 경우에는 아래 그림과 같은 스프링이 있는 구조의 오일 실을 설치해야 하며 이중으로 설치하기도 합니다.

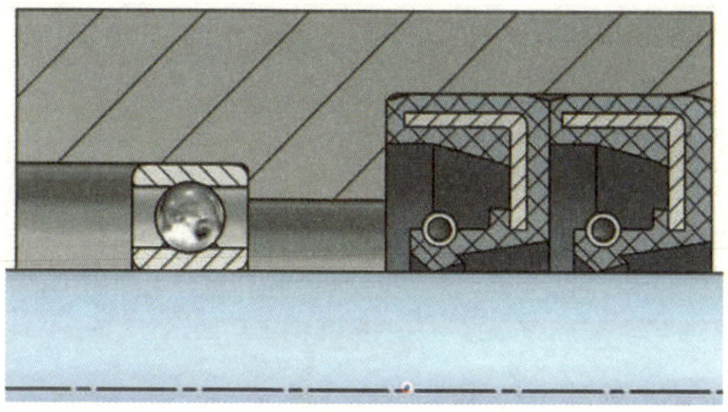
(a) 립의 한쪽 방향

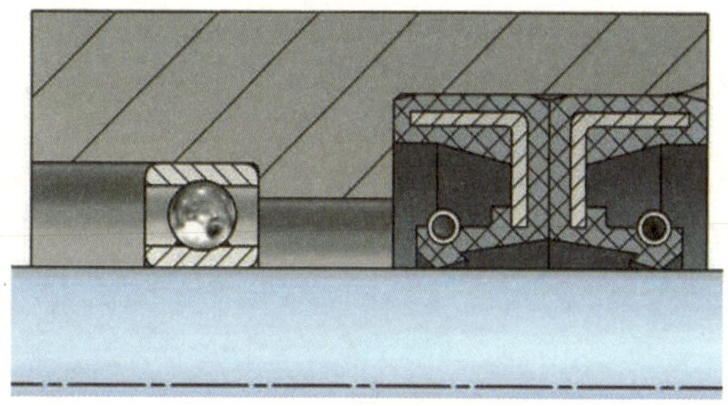
(b) 립의 반대 방향

그림 1-19. 오일 실의 이중설치

→ 오일 실의 간략표시 방법은, KS B ISO 9222-1에서 규정한 간략방법으로 표시합니다.

→ 오일 실의 간략표시는, 정확한 윤곽을 나타낼 필요가 없거나, 립의 모양이 없거나, 립의 방향이 중요하지 않을 경우와 같은 일반적 목적에서는 실의 실제 크기로 그린 사각형의 중심에서 교차하는 외형선 굵기의 대각선을 긋되, 다음 쪽의 그림 (a)와 같이 실의 윤곽선에 닿지 않도록 그어야 합니다.

→ 다만, 립의 방향이 중요하여 나타내야 할 경우에는 (b)와 같이 화살표를 덧붙여 나타내야 합니다.

(a) 립의 위치표시 불필요 (b) 립의 위치표시 필요

그림 1-20. 오일 실의 간략표시

→ 오일 실의 종류와 모양을 조립도에서 종류별로 모양을 표시하는 것을 국제표준 및 한국 산업규격에서는 아래 그림과 같이 생략하여 표시하도록 하고 있습니다.

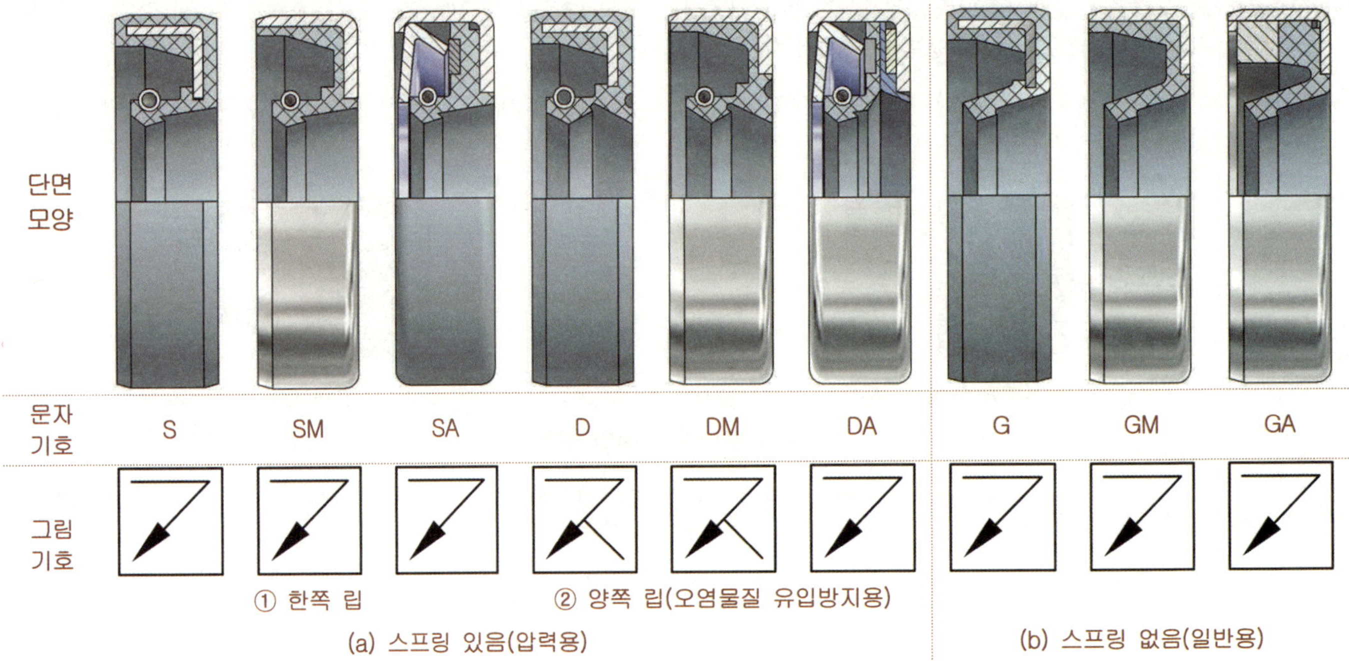

그림 1-21. 오일 실 종류와 기호

→ ⑤의 베어링 커버(Bearing Cover)는, 드라이브 축의 자세에 따라 롤러 안에 끼워진 2개의 베어링 중 1개의 베어링 측면과 맞닿아 축 방향으로 빠지지 않도록 하는 기능을 갖고 있으며 기계구조용 탄소강으로 재료를 마련합니다.

본 문제에서는, 롤러와 베어링 사이에 오일이 밖으로 새나가지 않도록 하는 개스킷(Gasket)이나 O링이 설치되지 않아 베어링의 오일이 두 부품 사이에서 모세관 현상으로 새 나오는 것이 설계의 단점입니다.

그림 1-22. 개스킷

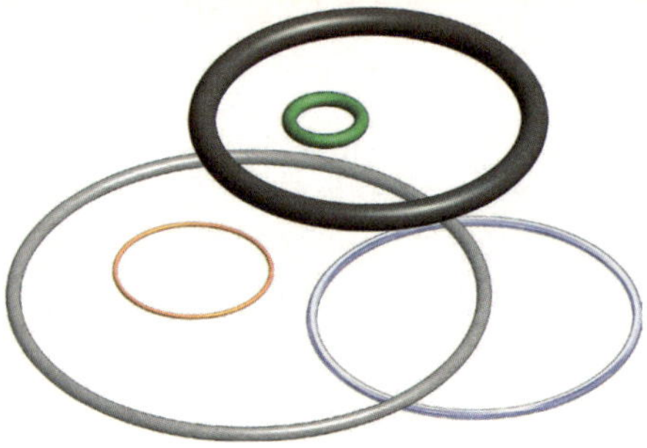

그림 1-23. O링

보충설명 베어링의 기능과 작동을 고려한 설계실무

➜ 아래 그림과 같이 ⑤가 ④에 끼워지는 턱 길이와 ⑥, ⑦의 길이치수에 '−, −'공차를 지시하고, ④의 안지름 깊이 치수에 '+, +'를 지시 및 ③의 중간 바깥지름 길이 치수에 '+, +'를 지시한 경우의 베어링 안지름과 바깥지름에서 축 좌우의 틈새로 벨트 흔들림으로 인해 베어링 파손이 되므로 잘못된 공차 지시입니다.

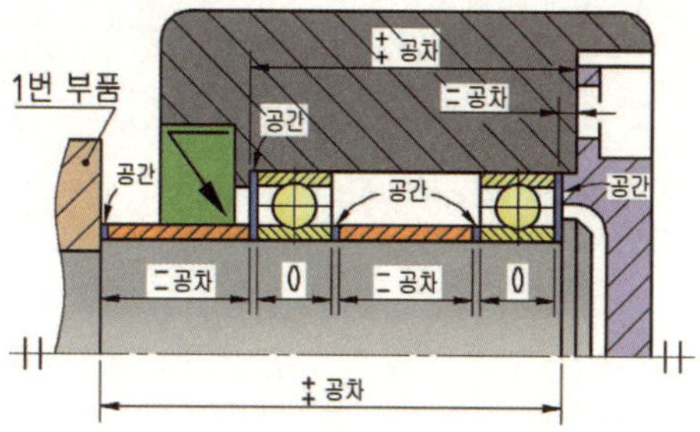

그림 1-24. 공간이 가장 많이 발생하는 공차지시

➜ 아래 그림과 같이 ⑤가 ④에 끼워지는 턱의 길이와 ⑥, ⑦의 길이치수에 '+, +'공차를 지시하고, ④의 안지름 깊이치수에 '+, +' 지시 및 ③의 중간 바깥지름 길이 치수에 '−, −'를 지시한 경우

: 베어링 안지름과 바깥지름에서 축 좌우로 틈새가 앞의 경우보다 작게 발생하나, ⑤와 ④의 측면사이 틈새로 누유가 되므로 잘못된 공차지시이지만, 이 경우에는 ⑤와 ④의 사이에 개스킷을 설치하여 오일이 새는 것을 방지하면 됩니다.

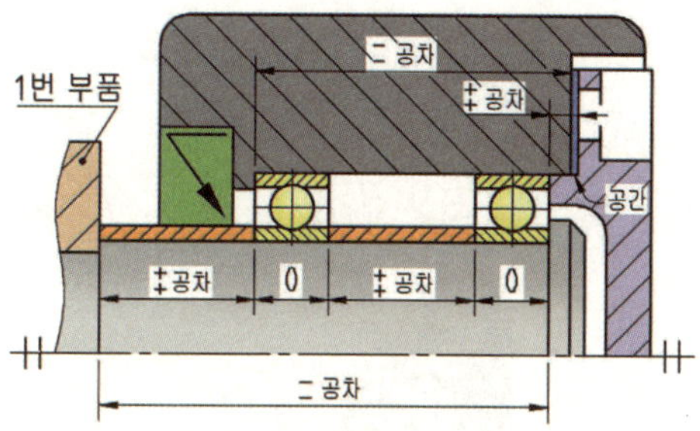

그림 1-25. ⑤와 ④의 측면사이에서 누유가 발생하는 공차지시

➜ 아래 그림과 같이 ⑤가 ④의 턱 길이에 '−, −'와 ⑥의 길이에 '−, −' 및 ⑦의 길이에 '+, +'로 지시하고, ④의 안지름에 '+, +' 및 ③의 중간 지름 길이에 '+, +'로 지시한 경우

: 베어링 안지름과 바깥지름에서 축 길이방향의 틈새가 바로 위의 조건보다 적고 ⑤가 ④의 측면에 밀착하여 좋은 공차 지시라 할 수 있으나, 틈새가 있어서 베어링이 파손되는 이유가 됩니다.

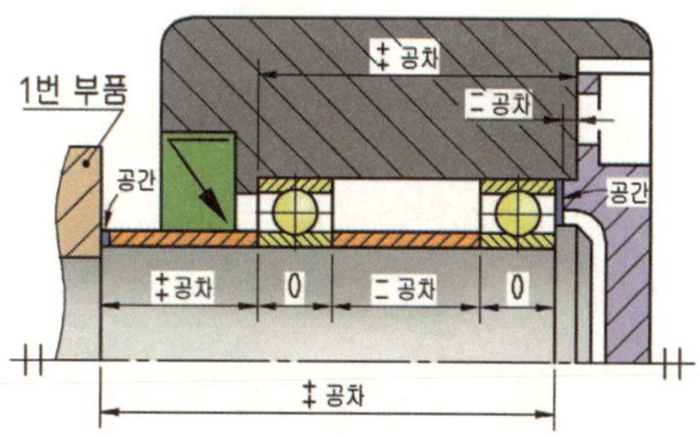

그림 1-26. 가장 좋은 공차지시

➜ 아래 그림은, 각 부품간의 조임 힘이 작용되는 방향을 화살표로 표시하고 앵귤러 볼 베어링의 조임 힘이 작용하도록 설치하고 공차를 지시한 보기로서, 베어링의 외륜 및 내륜의 화살표 방향을 고려하여 설치하는 것에 주의해야 합니다.

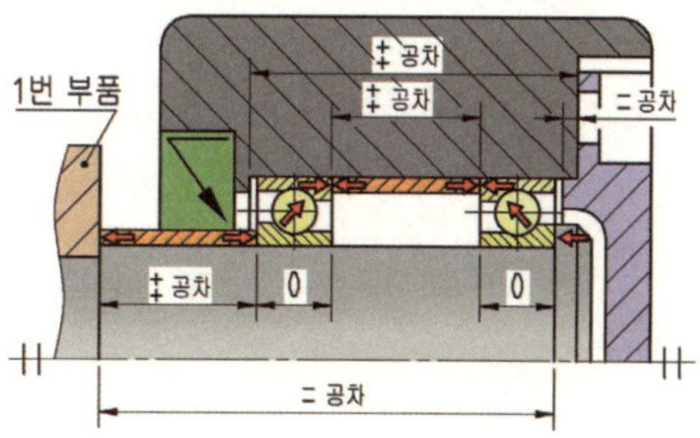

그림 1-27. 앵귤러 볼 베어링의 설치

➜ ⑥의 **간격 링(Space Ring)**은, 드라이브 축에 끼워져 회전하지 않으면서 2개의 베어링 사이의 간격을 유지시켜주는 기능을 갖고 있으며, 제조원가를 감안할 때 주로 관(管, 파이프) 소재에 의해 안지름과 길이만을 가공하여 사용합니다.

➜ ⑦의 **간격 링(Space Ring)**은, 드라이브 축에 끼워져 회전하지 않으면서 암과 롤러의 위치 유지와 오일 실의 립(Rip)과 미끄럼 접촉을 하며 오일이 새나가거나 오물이 유입되지 않도록 하는 기능을 갖고 있습니다.

➜ 바깥지름은 오일 실의 립과 미끄럼 접촉에 의한 두 부품의 마모로 밀봉기능이 상실되지 않도록 해야 하는데, 제조원가를 감안해 주로 강철 관(管) 재료를 선택하지만, 강철봉 재료를 선택하기도 합니다.

➜ 열처리를 하지 않는 경우에는 **세라믹 코팅(Coating)**, 열처리를 할 경우에는 **폴리싱(Polishing)**가공으로 마무리를 합니다.

보충설명 폴리싱(Polishing)이란?

➜ 다듬질 방법 중 하나인 폴리싱은 기호로 FP(Finishing Polishing)라고 나타내며 미세한 연마재를 접착제인 아교(열 경화성 플라스틱)로 고정시킨 원판, 띠 모양의 폴리싱 휠(Polishing Wheel)을 사용하는 방법과

➜ 표면에 연마재를 바르고 헝겊이나 삼으로 된 연마도구로 직접 문지르는 방법이 있으며, 폴리싱 다듬질을 한 표면이 윤이 나고, 매끄러우며 표면 경도를 높일 수 있습니다.

(a) 사과 등의 과일을 손이나 헝겊으로 문지르면 광택이 나는 것,

(b) 구두에 연마재인 광택 약을 바르고 천으로 문질러 광택을 내는 것,

(c) 자동차 외장이나 시계 유리의 흠집부위에 연마재를 바르고 휠이나 천으로 문질러 흠집을 제거하는 것,

(d) 연마재인 치약을 묻혀 이를 닦는 것도 폴리싱 가공의 예이며, 우리 생활 속에서 많은 예들이 많습니다.

(a) 사과 문지름 (b) 구두 광택내기 (c) 유리 흠집 및 광택내기

그림 1-28. 폴리싱의 실생활의 예

➜ ⑧의 **깊은 홈 볼베어링(Ball Bearing)**은, 드라이브 축 상에서 외륜 회전을 하며 롤러의 지름 크기에 따라 중 · 고속의 회전을 합니다.

➜ ⑨의 **오일 실(Oil Seal)**은, 회전축을 통해 안으로부터 오일이 새나가지 못하게 하고 밖으로부터 안으로 먼지나 이물질 등이 들어오는 것을 방지해 줍니다.

➜ ⑩의 **6각 구멍붙이 볼트**는, 2개의 ⑧의 깊은 홈 볼 베어링과 그 사이에서 두 베어링의 간격을 유지시켜주는 ⑥의 간격 링을 ④의 롤러 안지름 안에서 축 방향으로 움직이지 못하도록 끼워지는 ⑤의 베어링 커버를 ④의 롤러와 고정시키는 기능을 갖습니다.

➜ ⑪의 **평 와셔**는, 각각 ②의 고정 축과 ③의 드라이브 축이 ①의 암으로부터 빠지지 않도록 각각 ⑫의 6각 저 너트 2개와 함께 풀림을 방지하는 기능을 갖습니다.

➜ ⑫의 **6각 저 너트**는, 보통의 너트보다 두께가 얇은 너트로서 볼트의 길이가 짧은 부분에서 나사 풀림 방지기능을 가지고 있으며, 만약 ①의 암으로부터 ②의 고정 축과 ③의 드라이브 축이 빠지게 되면 긴장장치의 기능을 상실하게 됩니다.

➜ ⑬의 **6각 저 너트**는, 벨트의 긴장을 조정할 수 있는 기능을 발휘하도록 전동장치에 설치하여 긴장장치가 전동장치로 부터 ②의 힌지 축과 분리되지 않도록 나사 풀림을 방지하는 기능을 갖습니다.

4. 조립▪분해 순서와 작동 이해하기

(1) 조립 및 분해 순서

➜ 먼저 ④의 롤러에 ⑧의 볼 베어링과 ⑨의 오일 실을 끼워 넣어 부분조립.

➜ ③의 드라이브 축에 ⑧의 볼 베어링을 끼우고 → ⑥의 간격 링을 끼워 부분조립 → ④의 롤러 안쪽으로 끼움 → ⑤의 베어링 커버를 ⑩의 6각 구멍붙이 볼트로 고정해 롤러 세트를 부분 조립.

➜ 부분 조립된 롤러 세트에 ⑦의 간격 링을 ③의 드라이브 축에 끼운 상태로 → ①의 암의 구멍에 끼움 → ⑪의 평 와셔, ⑫의 6각 저 너트 2개로 고정.

➜ 다시, ①의 윗부분 구멍에 ②의 고정 축을 끼움 → ⑪의 평 와셔와 ⑫의 6각 너트 2개로 고정 → 조립이 완성된 이 장치를 구매하여 설치할 때 풀림을 방지하도록 하는 이중 너트를 조립.

➜ 분해 순서는 조립 순서의 반대 순서이며, 아래 그림과 같습니다.

(2) 작동 설명

➜ 조립된 벨트 긴장장치 세트에서
②의 고정 축을 ⑪의 평 와셔와 ⑫의 저 너트 3개를 풀어 분해 → 장치를 설치할 장소에 설치할 깊이만큼 조립 → 스패너로 평 와셔와 저 너트를 조여 줌.

➜ 그 후 ⑬의 이중 너트로 풀리지 않도록 조임 → ②를 분해된 암의 구멍에 끼워 ⑪, ⑫로 고정 → 이 장치를 작동시키기 위한 준비가 완료됨.

➜ 벨트 전동장치의 벨트를 긴장시킬 수 있는 위치는 두 축의 중간 위치에서 벨트와 수직인 거리에서 최대로 벨트를 긴장시킬 수 있는 지점이어야 하며, 전동 중에도 이 긴장장치는 조정을 할 수 있어야 합니다.

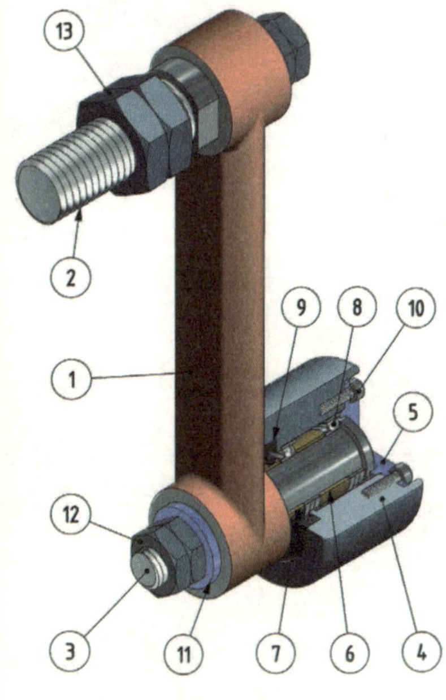

그림 1-29. 렌더링 등각 조립도

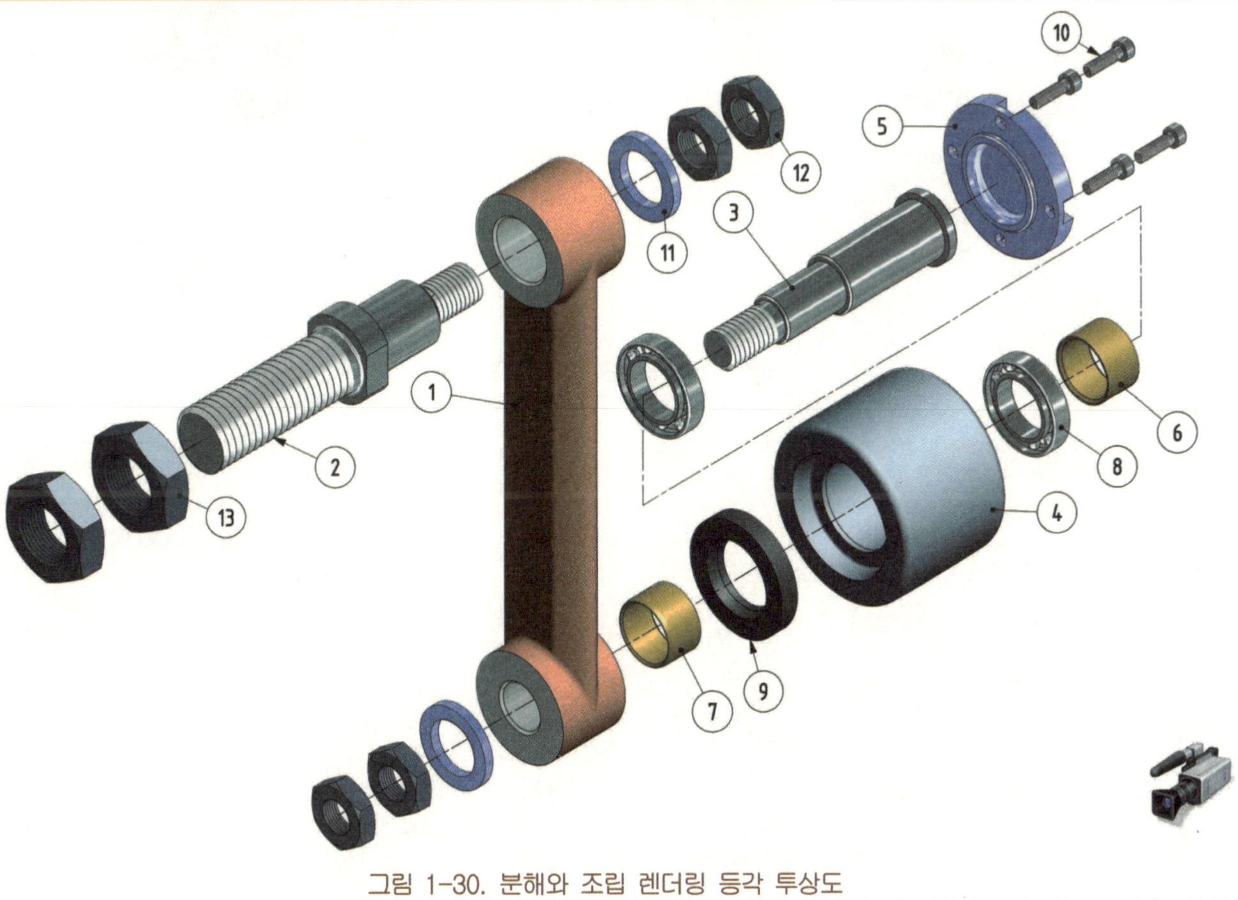

그림 1-30. 분해와 조립 렌더링 등각 투상도

(3) 긴장장치의 설치에 따른 기능변화

➔ 각 긴장장치의 설치 위치는,

벨트와 풀리 홈의 접촉면은 원동 축 또는 종동 축 쪽의 접촉각이 많게 하여 미끄러짐으로 인한 전동 손실이 없도록 결정해야 합니다.

(a) 원동 축 쪽의 긴장　　　(b) 종동 축 쪽의 긴장

그림 1-31. 벨트 접촉면과 긴장장치의 롤러 위치

➔ 롤러의 모양과 기능에 변화를 주면,

벨트 동력 전달장치 등과 같이 원동 축과 종동축의 벨트 걸이에서 벨트가 벗겨지지 않으면서 자세를 바꾸거나, 회전 방향을 바꾸는 장치를 통틀어 유동장치라 하며 풀리 전동의 경우 풀리 아이들러(Pully Idler)라고 하는데, B02 강의에서 학습하기로 합니다.

(a)　　　(b)

그림 1-32. 평 벨트 풀리 아이들러

(4) 부품도 제도에서 주의해야 할 사항

➔ 각 부품은 고유의 기능을 발휘하기 위해 조립이 된 후 자세를 유지하거나 작동할 때 정밀도를 유지해야 하므로 조립도에서 중요 부분을 읽어내는 능력이 중요합니다.

➔ 이 긴장장치는, 사용 중에 벨트의 긴장을 조정할 수 있어야 하며 롤러에 가해지는 불특정의 힘(벨트의 일정한 긴장유지, 외부 및 자체 운전 진동)에 의해 ②와 ③이 ①로부터 분해되지 않아야 합니다.

➔ 따라서, ②의 고정 축은 설치한 부분에서 ⑬에 의해 풀림이 억제되고 ①과 ②, ③의 끼워 맞춤 결정이 중요합니다.

➔ 또한 운전 중 ①과 ②, ③이 조정상태를 유지하기 위해 너트의 조임을 심하게 할 경우나 운전 중에 발생하는 진동에 의한 피로(疲勞)발생으로 축 부분과 나사 부 사이의 노치(Notch) 부분에 전단응력(剪斷應力)과 비틀림 응력이 집중되어 축이 파괴되는 것을 예방하는 부품 제도가 되어야 합니다.

보충설명 노치(Notch)란?

➜ 기계 부품 중에서 아래 그림의 축과 같이 구조상 홈, 구멍, 나사, 큰 지름에 작은 지름이 닿는 단, 돌기 등으로 인해 단면 크기와 모양이 갑자기 변화되는 부분을 노치라고 합니다.

➜ 축은 노치 부분을 고려한 설계가 아닐 경우 전단(굽힘)응력과 비틀림 응력이 작용하여 파괴되므로 단이 생기거나 나사가 있는 부분에 대해서 축의 안전을 고려한 설계가 되어야 합니다.

➜ 벨트 풀리(Belt Pulley), 플라이 휠(Fly Wheel), 기어(Gear) 등에 의한 전동에서는 축과 키(Key)로 이뤄지므로 축에 키 홈을 가공하게 될 경우에는 축 직각의 단면이 감소되면서 강도가 약해지므로 주의해야 합니다.

➜ 또, 축의 지름 차에 의한 단 부분과 나사와 단이 있는 부분은 급격한 지름의 차이나 구석에 응력이 집중되어 강도가 약한 재료 특히, 취성 재료는 볼트를 심하게 조일 경우 목 부분이 떨어져 절단되는 것과 같은 현상이 발생합니다.

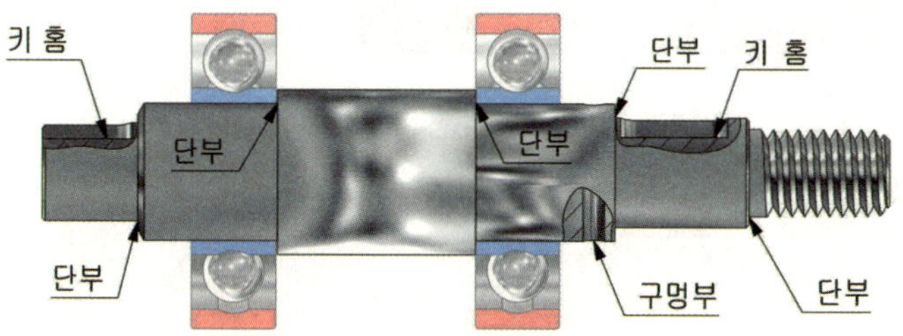

그림 1-33. 축, 볼트의 노치(Notch) 부

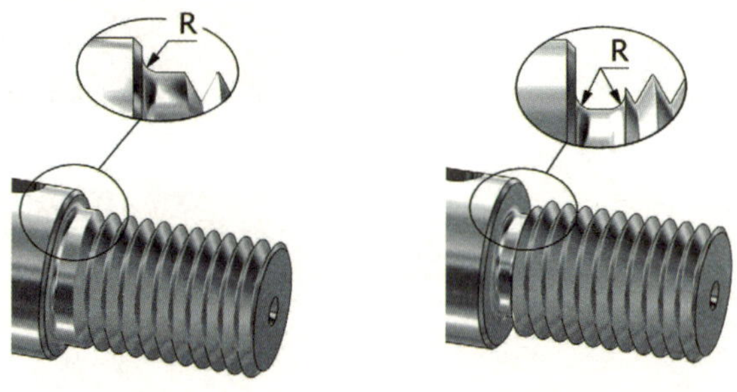

(a) 구석 살 (b) 릴리프 홈

그림 1-34. 응력집중 부의 구석 둥글기

➜ 따라서, 키 홈의 구석과 축의 지름 차에 의한 단 부분의 구석은 응력집중을 완화하기 위한 구석 살(Fillet Weld)을 붙이는 둥글기 크기를 가능한 범위 내에서 크게 해 줄 필요가 있습니다.

➜ 그러나, 나사 부분이 있는 축의 끝 부분은 축 방향으로 인장하중이 작용하는 전단응력은 열처리가 실시된 축의 경우 가중이 되므로 아래 그림과 같이 구석 둥글기나 릴리프 홈의 크기가 중요합니다.

보충설명 전단응력(Shearing Stress)과 비틀림 응력(Torsional Stress)

➜ 아래 그림과 같이 축의 직각 또는 축 방향으로 작용하는 힘에 견디는 것을 응력이라고 합니다.

➜ 비틀림 응력은 아래 그림과 같이 축 직각 방향으로 회전할 때 작용과 반작용 운동에 의해 단이 진 부분과 키 홈 부분에 작용하는 응력을 말하며, 거의 모든 축은 아래 그림과 같이 전단응력과 비틀림 응력이 동시에 작용을 하게 됩니다.

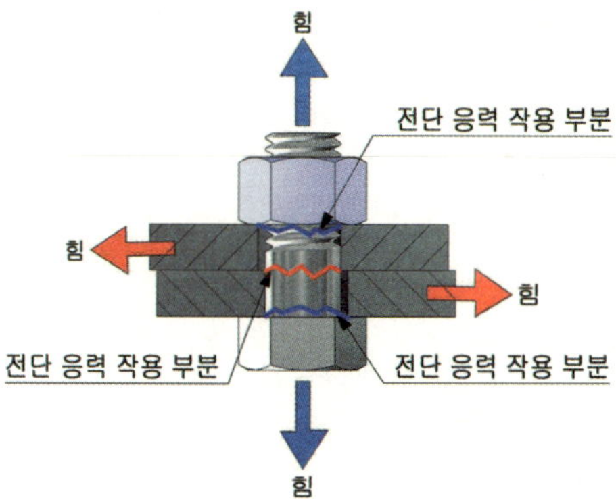

그림 1-35. 응력과 작용하는 힘의 방향

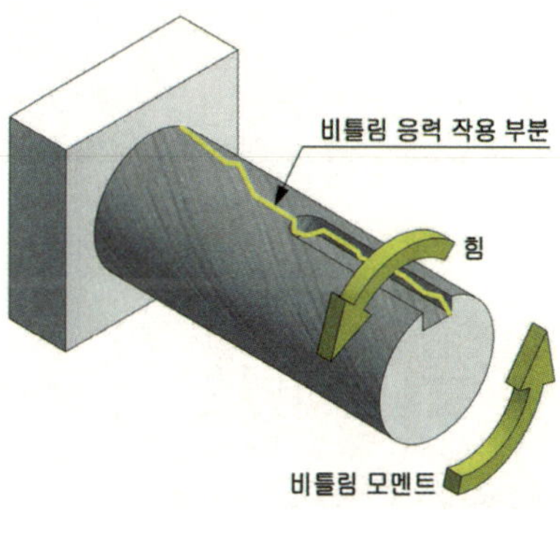

그림 1-36. 비틀림 응력

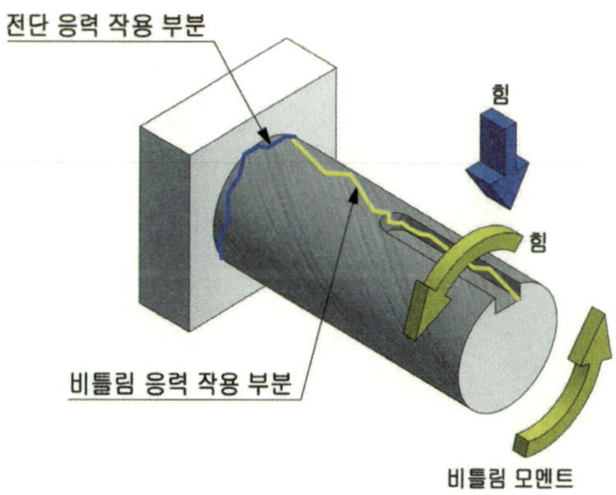

그림 1-37. 축의 응력작용

5. 각 부품의 투상도 선택과 수 및 배열

① 암(Arm)

➜ 주어진 문제와 같이 세워진 모양일 경우에는 먼저 가공을 하는 상태로 바꾸어 아래 그림의 (b) 또는 (c)와 같은 투상도 수를 배열해야 합니다.

밀링이 드릴링이나 리밍 가공보다 먼저 우선하므로 주어진 조립도 상태에서 오른쪽으로 뉘이면 됩니다.

두 구멍이 원으로 나타낼 수 있는 투상 면이 정면도이며 측면도는 모양, 치수 등을 나타낼 필요가 없으므로 생략합니다.

따라서 정면도와 저면도, 또는 정면도와 평면도의 투상도 선택과 배열을 하면 최선의 투상도 제도가 됩니다.

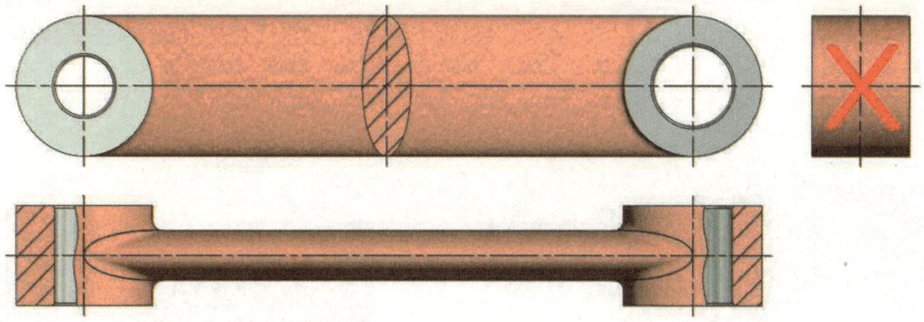

①

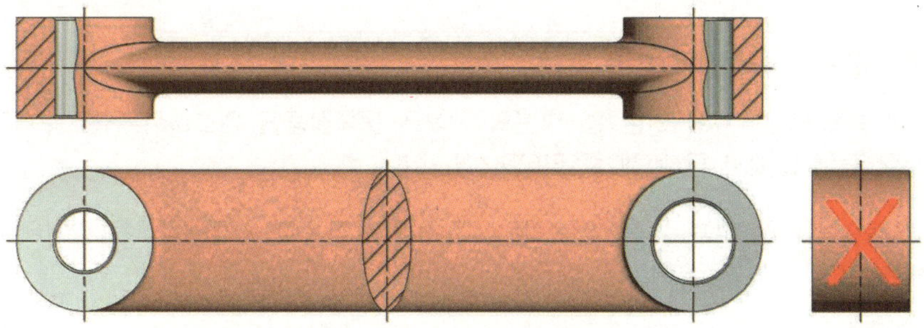

②

(a) 기본 3면 투상도 수와 배열 생략

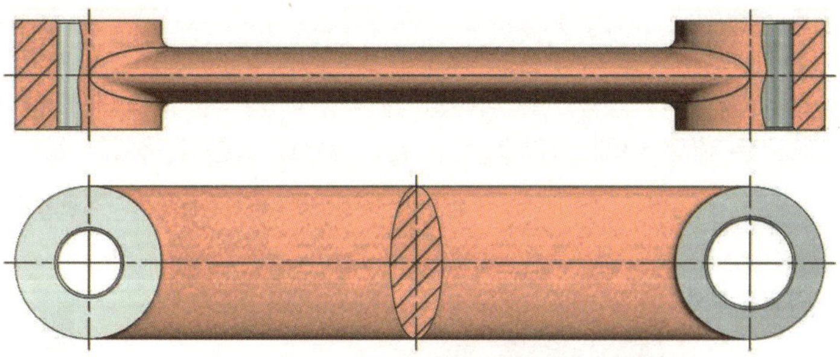

(b) 정면도와 저면도

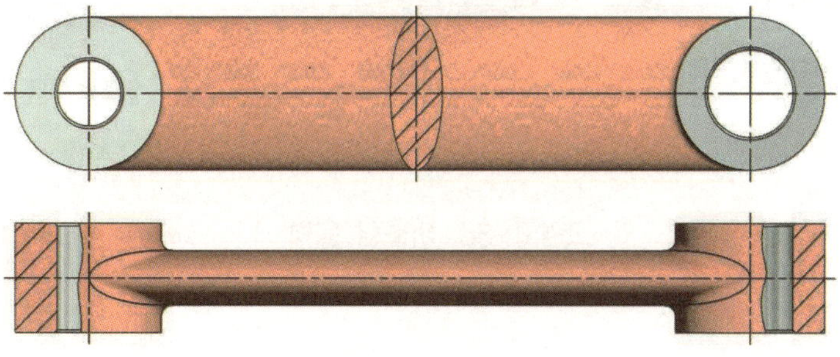

(c) 정면도와 평면도

그림 1-38. 정면도와 투상도 배열

② 고정 축(Fixed Shaft)

➜ 축은 길이방향으로 뉘어서 투상을 하되 가공 공정(工程)이 많은 쪽이 오른쪽에 위치하도록 해야 합니다.

아래 그림의 (a)는 3면도를 투상을 한 보기이며, (b)와 (c)는 세워서 투상을 한 나쁜 보기입니다.

(d)는 가공 공정 수가 많은 쪽이 왼쪽에 있도록 한 나쁜 보기이며, (f)는 가공 공정 수가 오른쪽에 있도록 투상을 한 좋은 보기입니다.

가장 합리적인 투상도 선택과 수 및 배열은 (f)로서 보조 투상을 한 정면도와 좌측면도의 2면도에 의한 배열입니다.

(e)는 원통 면의 평면이 있음을 가는 실선의 대각선으로 나타낼 수 없기 때문에 투상방법으로는 나쁜 보기입니다.

➜ 제일 큰 지름의 원통 면의 평면에는 가는 실선의 대각선을 그어 표시를 합니다.

수나사의 제도는 나사 부 길이와 불완전 나사 부를 도시해야 하고, 정면도에서의 나사 골 지름 표시는 표준에서 정한 바와 같이 제도해야 합니다.

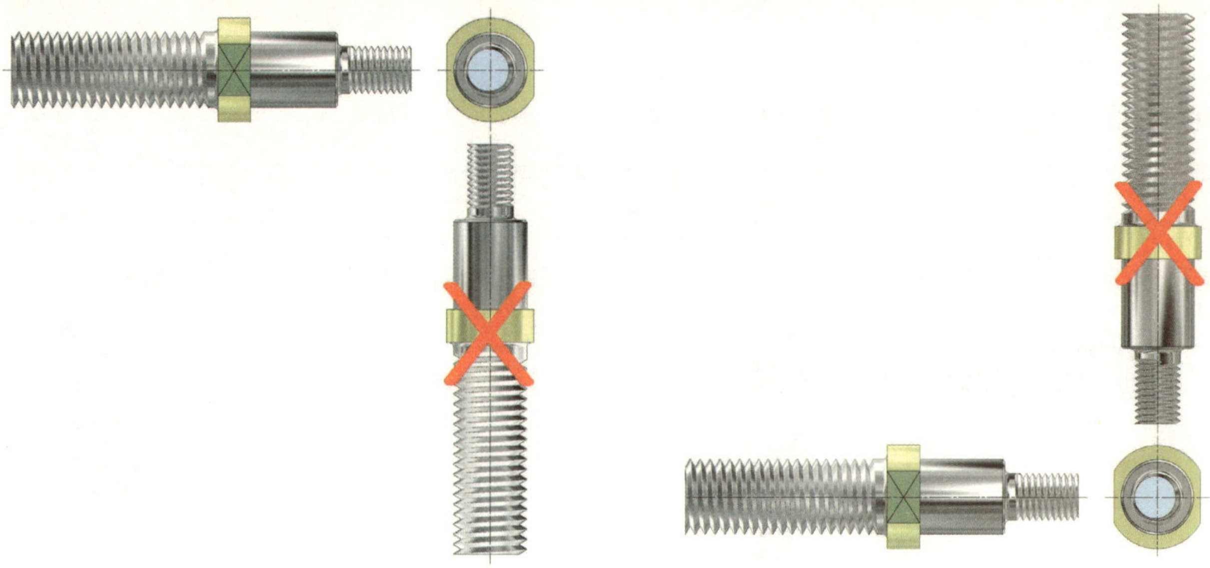

① 저면도 생략 ② 평면도 생략

(a) 3면의 투상도 수와 배열과 투상도 생략

(b) 정면도와 평면도

(c) 정면도와 저면도

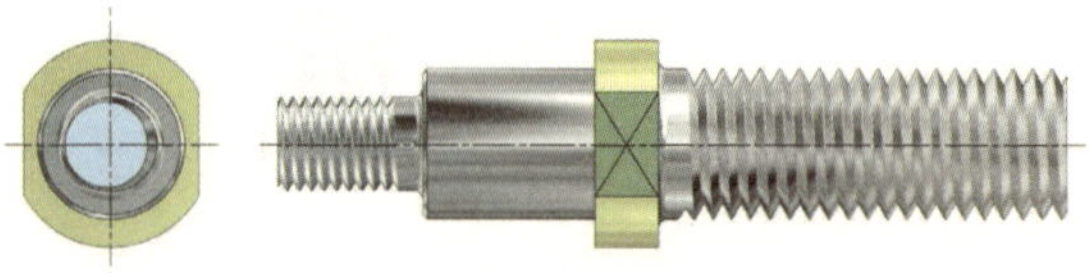

(d) 정면도와 우측면도

(e) 정면도와 좌측면도-1

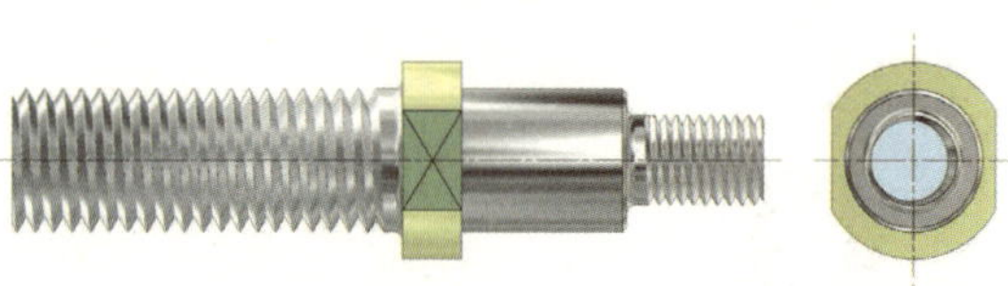

(f) 정면도와 좌측면도-2

그림 1-39. 정면도의 생략, 가공 상태 및 교체배열

보충설명 2면도의 교체배열이란?

➜ '도면의 여백을 경제적으로 활용한다.'와 '가공 상태로의 투상도 선택과 배열'이라는 도면의 목적달성을 위해서 교체배열이 필요하며, 아래 그림과 같이 4가지로 배열할 수 있습니다.

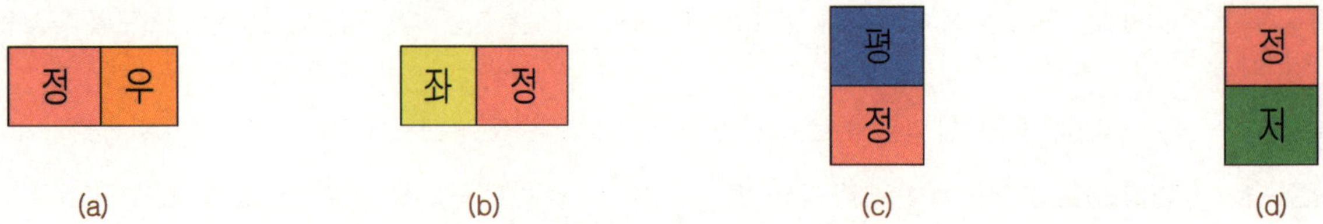

<보기> 정 : 정면도 우 : 우측면도 좌 : 좌측면도 평 : 평면도 저 : 저면도 배 : 배면도

그림 1-40. 물체의 특징을 우선한 2면도의 투상도 교체배열

③ 드라이브 축(Drive Shaft)

➜ 축의 지름이 제일 큰 지름 부분을 반드시 왼쪽으로, 작은 지름 쪽을 오른쪽에 있도록 선반가공 상태로 투상을 하면 아래 그림의 (e)가 가장 합리적인 투상도 선택 수와 배열이 됩니다.

치수 보조기호를 덧붙여 치수를 표시하게 되므로 정면도가 생략된 주 투상도 1면도의 투상도 수가 됩니다.

➜ 특징에 의한 투상도 명칭은 '**좌측면도**'이나 치수 보조기호에 의해 지름을 표시할 수 있어서 정면도를 생략하고 1면도로 도시될 경우의 명칭은 '**주 투상도**'라고 해야 합니다.

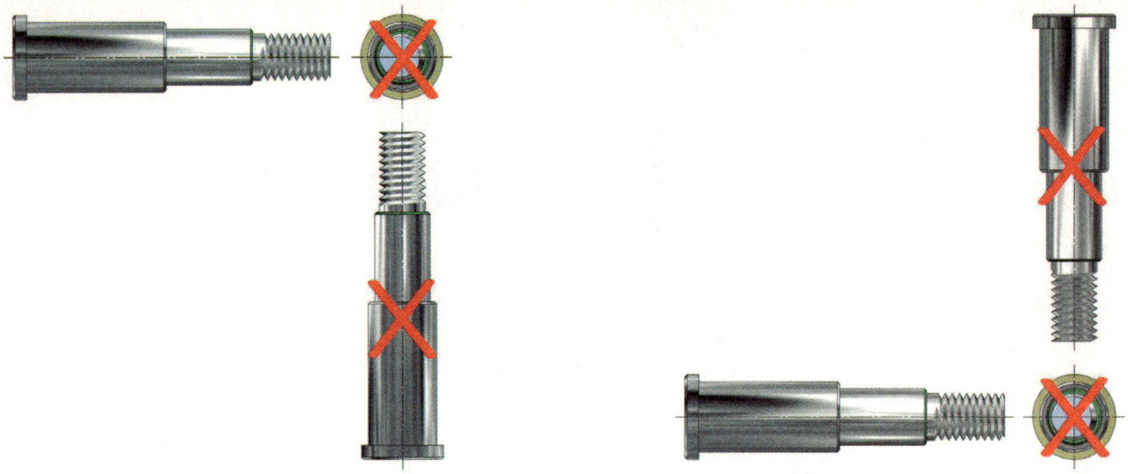

① ②

(a) 3면의 투상도 수와 배열 생략

(b) 정면도와 평면도

(c) 정면도와 우측면도

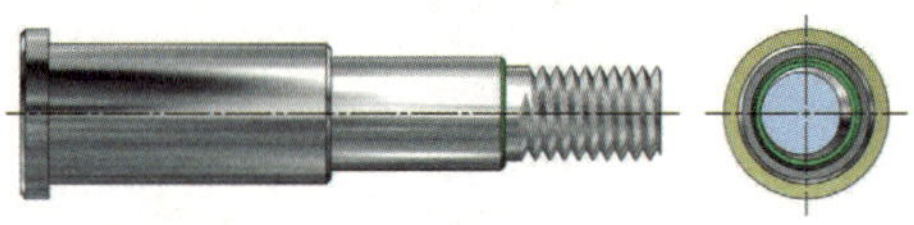

(d) 정면도와 좌측면도

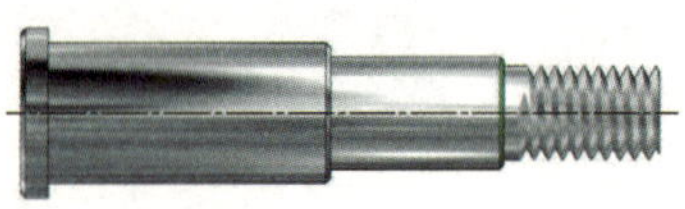

(e) 주 투상도

그림 1-41. 정면도의 생략, 가공 상태 및 교체배열

④ 롤러(Roller)

→ 안지름 가공 공정 수가 많은 쪽이 오른쪽에 있도록 아래 그림의 (f)와 같이 투상을 합니다.

치수 보조기호를 덧붙여 치수를 표시하게 되므로 정면도 투상이 생략된 주 투상도의 1면도로 제도합니다.

단면은 온(전) 단면도 보다는 겉모양과 안쪽 모양을 동시에 나타낼 수 있는 한쪽(반) 단면도로 투상을 합니다.

→ 특징에 의한 투상도 명칭은 정면도와 함께 투상을 하게 되면 좌측면도이나, 정면도를 생략하고 1면도로 투상을 할 경우의 명칭은 '**주 투상도**'라고 해야 합니다.

⑨의 삽입 안내 모떼기는 부분 확대도로 투상을 해야 자세한 부분의 모양과 치수를 지시할 수 있습니다.

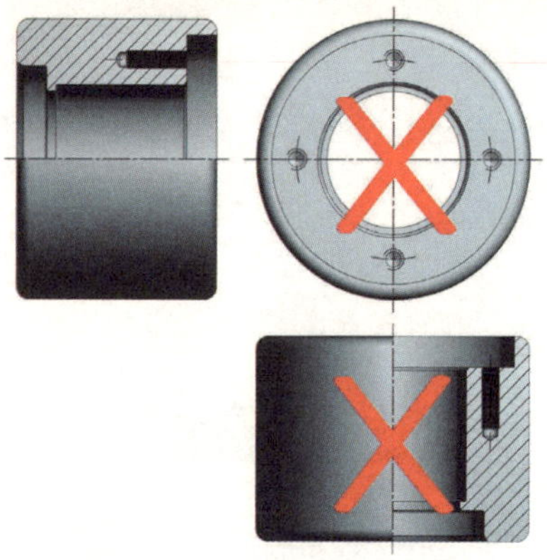

① 정면도, 좌측면도, 저면도

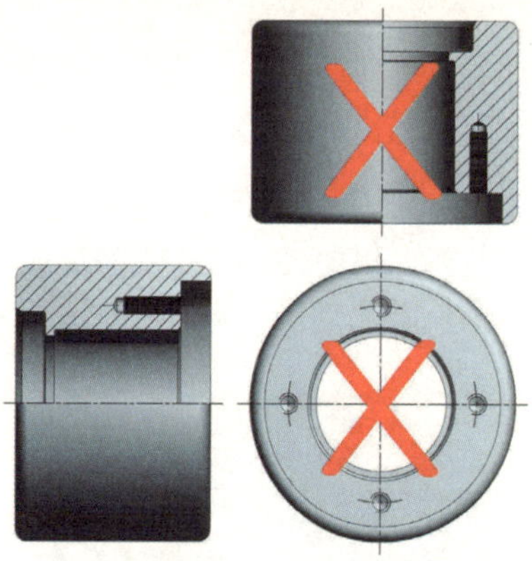

② 정면도, 좌측면도, 평면도

(a) 3면의 투상도 수와 배열 생략

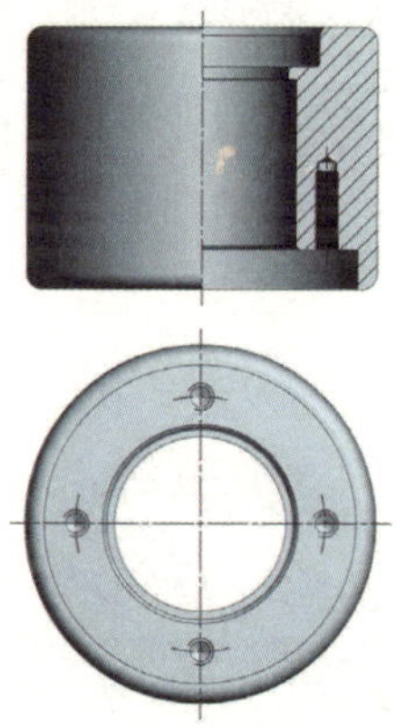

(b) 정면도와 평면도

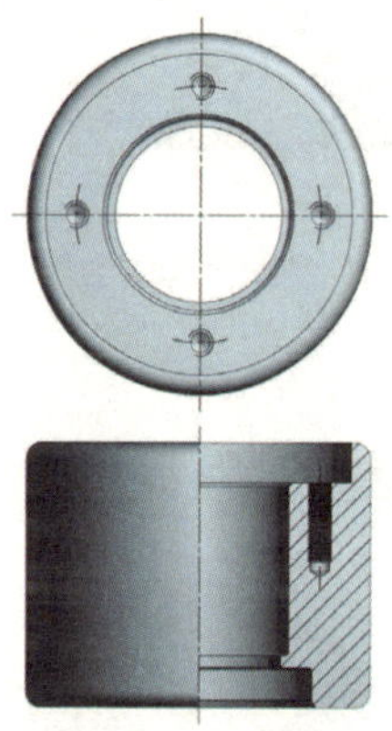

(c) 정면도와 저면도

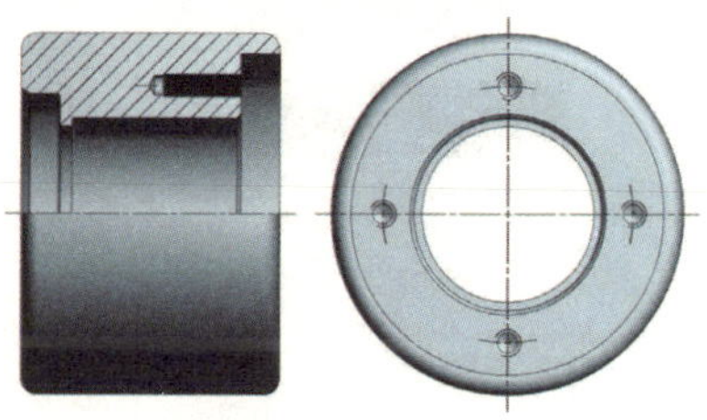

(d) 정면도와 좌측면도

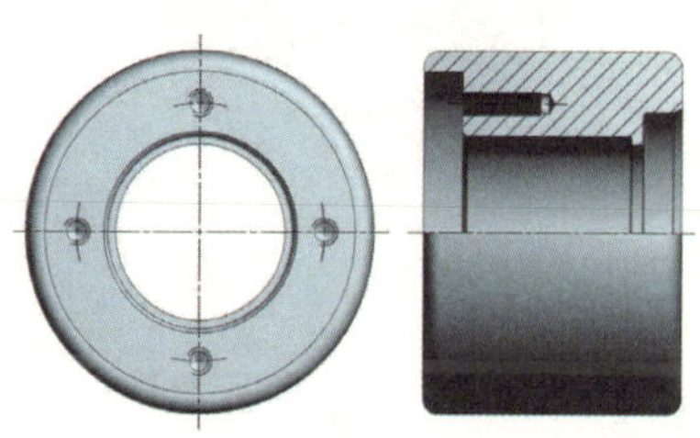

(e) 정면도와 우측면도

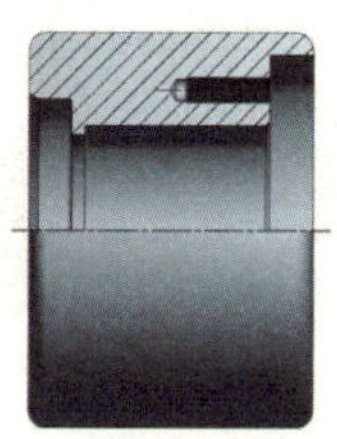

(f) 정면도가 생략된 주 투상도

그림 1-42. 정면도의 생략, 가공 상태 및 교체배열

⑤ 베어링 커버(Bearing Cover)

➜ 주어진 문제에서와 같은 자세로 투상을 하게 되면 선반가공을 하는 자세가 아닙니다.

가공 공정 수가 많은 쪽이 오른쪽에 있지 않게 되므로 아래 그림의 (a)와 같은 자세가 되도록 투상을 합니다.

➜ 전체 모양이 치수 보조기호를 덧붙여 치수를 표시하게 되나 ⑩의 6각 구멍붙이 볼트의 앉음 자리 모양을 나타내야 하므로 보조 투상을 한 정면도와 한쪽 단면을 한 좌측면도의 2면도로 투상도를 선택해야 합니다.

➜ 주어진 문제의 조립도를 자세히 보면 ⑩의 앉음 자리 모양은 ⑩의 머리 크기로 보아 아래 그림과 같은 모양으로 가공을 해야 합니다.

그 이유는 표준에서 정한 볼트 머리의 앉음 자리 지름과 커버의 바깥지름 사이에는 불합리한 모양이 되는 치수 표시가 되므로 'U'자 형의 앉음 자리가 되도록 투상을 해야 합니다.

투상을 할 때 주의해야 할 부분은 한쪽 단면도 투상을 할 때 중심 부분에서 볼트 앉음 자리 모양의 투상을 누락할 수 있음입니다.

따라서 (e)와 같이 정면도를 대칭기호를 사용한 한쪽 정면도로 나타낼 수 있으나, (f)와 같이 해당 부분의 모양만을 부분 보조 투상도로 나타내면 가장 좋은 투상도 선택과 배열이 됩니다.

① 저면도의 생략　　② 평면도의 생략

(a) 3면의 투상도 수와 배열 생략

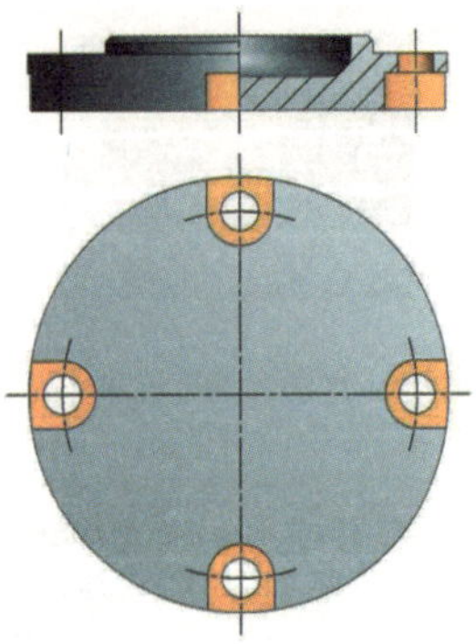

(b) 정면도와 평면도

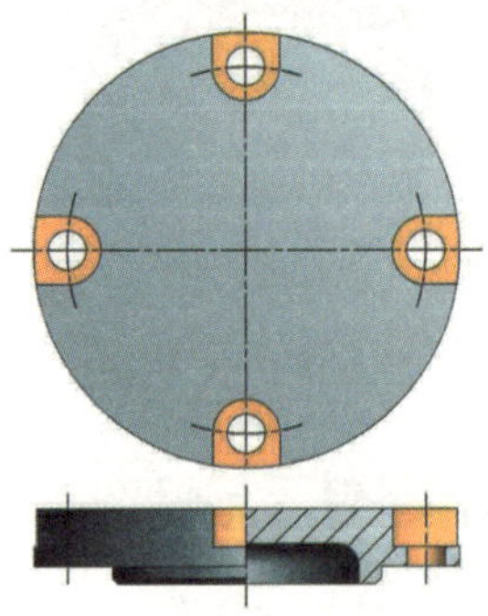

(c) 정면도와 저면도

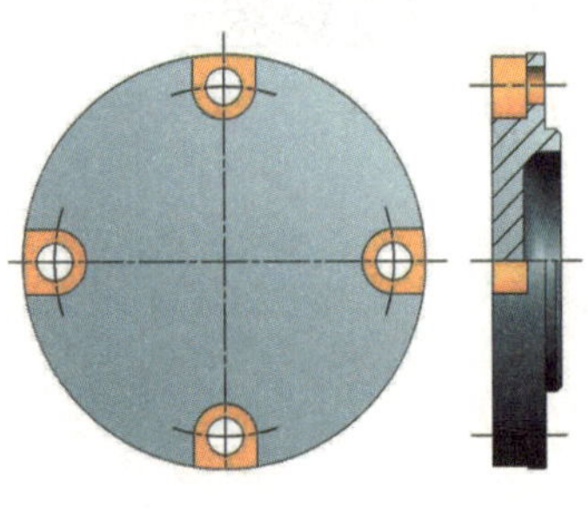

(d) 정면도와 우측면도

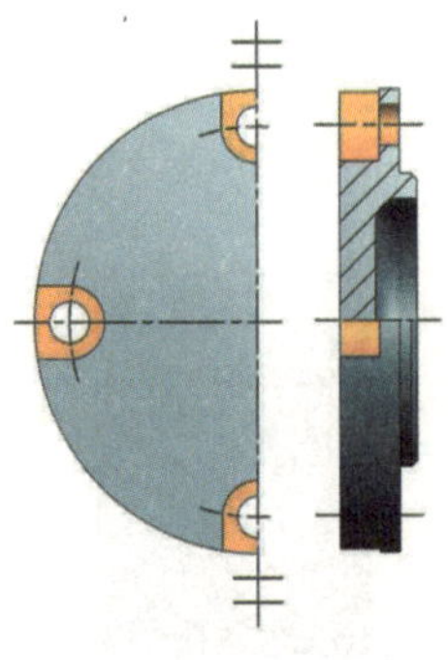

(e) 한쪽 정면도와 우측면도

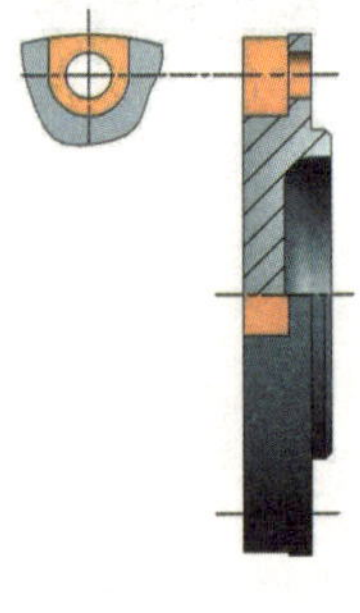

(f) 정면 보조 투상도와 우측면도

그림 1-43. 정면도의 부분 보조 투상도와 주 투상도

⑥ 간격 링(Space Ring)

➜ 주어진 문제의 조립도에서와 같은 수평자세로 투상을 하게 되면 선반가공 상태가 되므로 아래 그림과 같이 기본 3면도 투상도 중에서 (d)와 같이 정면도, 저면도(평면도)의 투상을 생략한 한쪽 단면의 좌측면도의 1면도로 투상을 합니다.

물론, 정면도, 우측면도, 저면도(또는 평면도)의 기본 3면도일 경우의 정면도 생략이라면 한쪽 단면을 한 우측면도의 1면도로 투상을 합니다.

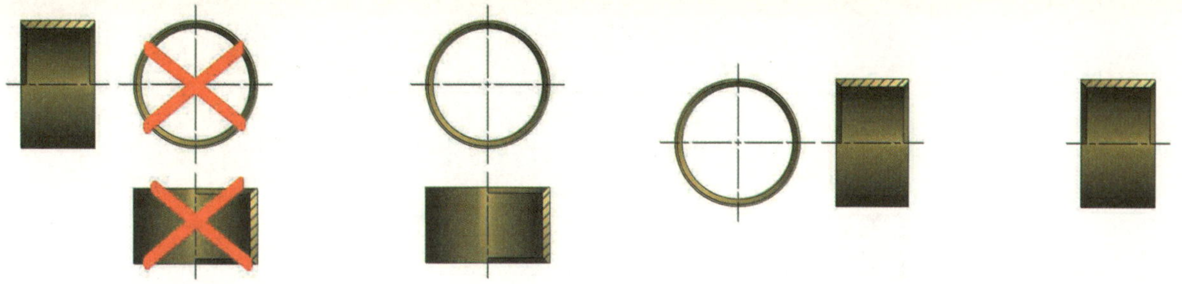

(a) 기본 3면도와 생략　(b) 정면도와 저면도　(c) 정면도와 우측면도　(d) 정면도가 생략된 주 투상도

그림 1-44. 기본 3면도와 생략

⑦ 간격 링(Space Ring)

➜ 주어진 문제의 조립도에서와 같은 수평자세로 투상을 하되 오일 실의 삽입 안내를 하게 되는 테이퍼 부 모양이 오른쪽에 있도록 자세를 바꾸어 투상을 하게 되면 선반가공 상태가 됩니다.

아래 그림의 (d)와 같이 정면도와 평면도(저면도)의 투상을 생략한 한쪽 단면의 좌측면도의 1면도로 투상을 합니다.

➜ 다만, ⑦의 부품은 ⑨와 조립에 관련해 링의 한쪽 바깥지름 부분에 ⑨가 삽입될 때 다치지 않도록 하는 테이퍼 부분의 모양을 부분 확대도로 투상을 해야 합니다.

➜ 참고로, 부분 확대도는 표준에서 정한 '5:1'을 확대한 투상을 추천합니다.

척도 값 중에서 '2:1'은 주로 부품 전체를 확대 제도해야 할 때 이며 'NS(비례척 아님)'는 확대도를 적용한 부분과 비교대조가 어려우므로 사용하지 않아야 합니다.

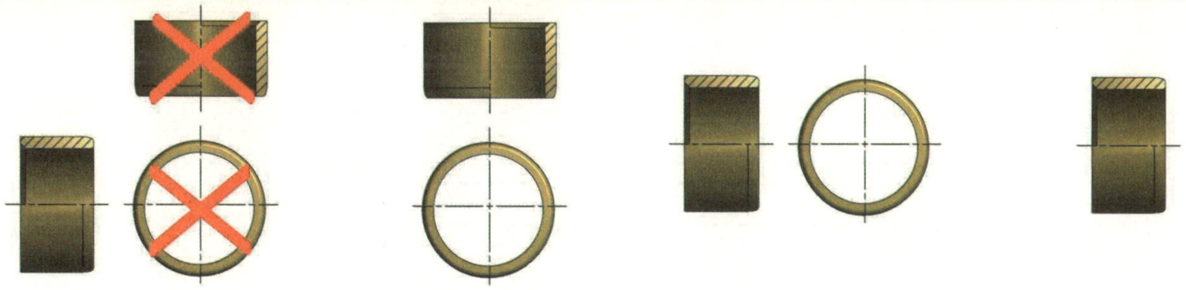

(a) 기본 3면도와 생략　(e) 정면도와 평면도　(d) 정면도와 좌측면도　(d) 정면도가 생략된 주 투상도

그림 1-45. 정면도의 생략

6. 부품도 제도 해설

① 암(Arm)

➜ 투상도 선택 수 및 배열 주어진 문제의 조립도에서 부품 ②와 ③을 제거하고 뉘어서 2면도를 선택하고 두 구멍은 부분 단면을, 암의 단면 모양은 회전단면을 하여 도시합니다.

이 때, 주어진 문제의 조립도에서와 같이 암과 보스가 만날 대 생기는 상관선을 누락하지 말아야 합니다.

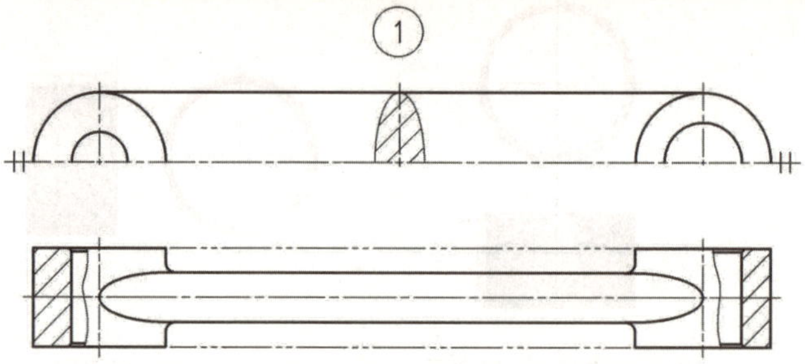

그림 1-46. 암의 투상도 선택 수 및 배열

➜ 기준면 설정과 치수지시 두 구멍 간의 거리는 긴장장치의 중요치수가 되며, 기준 면은 두 구멍의 양쪽 단 중에서 한 쪽 단을 먼저 가공하여 어느 쪽 면이라도 기준 면이 됩니다.

암은 양 측면으로부터 대칭으로 위치하므로 중심선으로 대신하며, 두 구멍의 단 길이는 ②와 ③이 끼워지는 길이보다 큰 치수가 기입됩니다.

두 구멍의 양쪽 단에 모떼기를 할 경우, 1×45°로 지시하면 ②와의 조립에서는 문제가 없지만 ③과의 조립에서는 ③의 턱에도 모떼기를 해야 하므로 단단히 고정시킬 때 자칫 ③의 턱이 구멍 안으로 들어가는 문제가 발생합니다.

따라서, 무조건 1×45°로 지시하기보다는 조립상태를 고려하여 0.5×45°를 전후한 일반 모떼기를 지시해야 합니다.

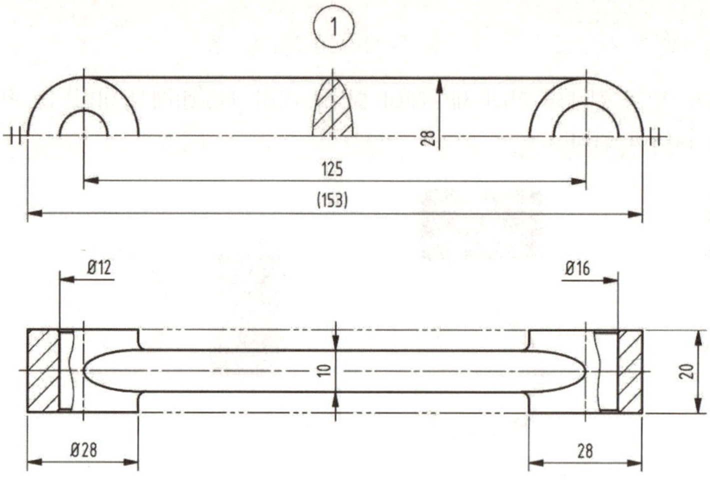

그림 1-47. 암의 기준면 설정과 치수지시

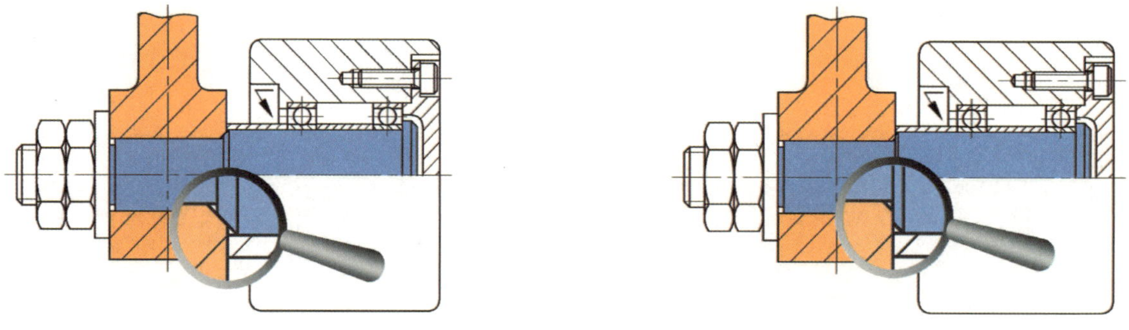

(a) 1×45°의 모떼기의 경우

(b) 0,5×45°의 모떼기의 경우

그림 1-48. 조립상태를 고려한 모떼기 지시

→ 일반 치수공차의 지시 시중에 판매할 수 있어서 주조 또는 단조로 소재를 마련하므로 일반가공 부 치수는 'KS B ISO 2768의 **보통급(m)**', 주조는 'KS B 0250의 CT 11', 단조는 'KS B 0426의 **정밀급** 또는 **보통급**'을 적용합니다.

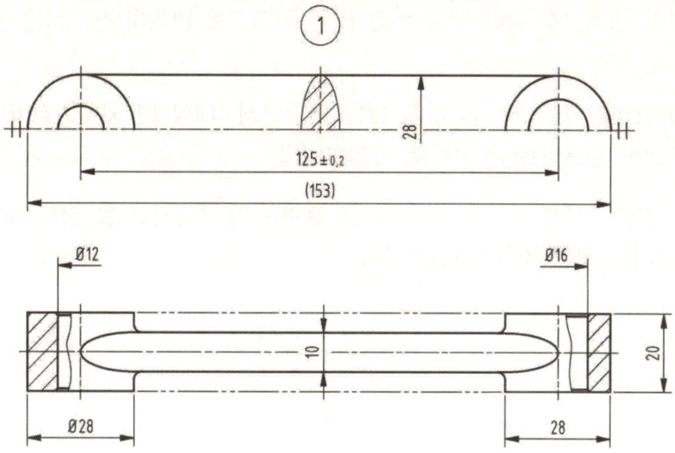

그림 1-49. 암의 일반 치수공차 지시

→ 끼워 맞춤 공차기호의 지시 ②와 ③이 끼워지는 양 쪽의 구멍은 구멍 기준식 7급(IT) 끼워 맞춤 공차기호(H7)를 기입하고 ②와 ③의 조립과 기능을 고려한 공차기호를 미리 정해야 합니다.

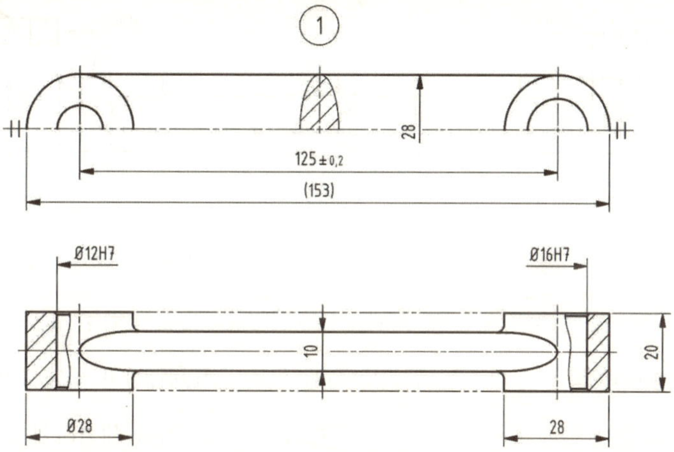

그림 1-50. 암의 끼워 맞춤 공차기호 지시

→ 기하 공차기호의 지시 두 구멍의 자세가 평행을 이루지 못할 경우 벨트를 비스듬히 밀기 때문에 벨트가 벗겨질 수 있으며 한쪽으로 마모를 일으킬 수 있기 때문에 서로 평행도를 유지하는 기호를 규제해야 합니다.

아래 그림은 두 구멍의 단을 데이텀으로 설정하고 한 구멍을 직각도를 규제한 다음, 다시 다른 구멍이 평행 자세를 유지 하도록 규제하고 있습니다.

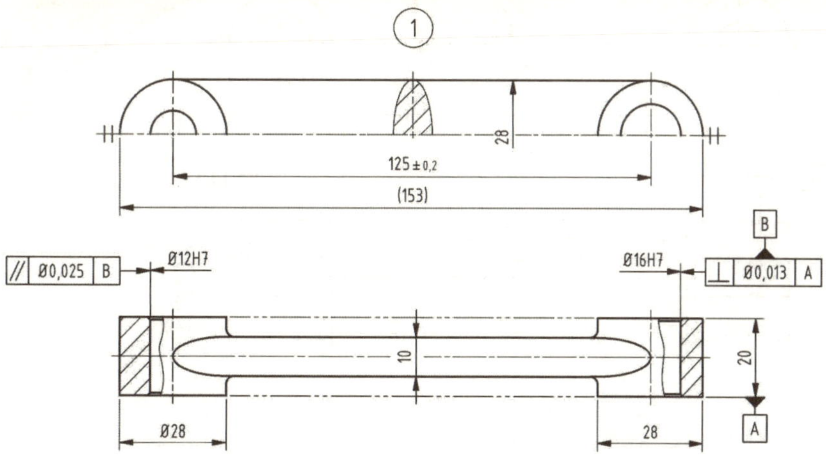

그림 1-51. 암의 기하 공차기호 지시

➜ 표면 거칠기 기호의 지시 아래 그림은 단조로 소재를 마련하여 가공한 조건으로 제도한 것으로서, 밀링과 리밍가공 부분을 구분하여 표시합니다.

두 구멍은 안지름은 끼워 맞춤 공차기호 값을 내기 위한 리밍 가공으로 만족하므로 정밀 면을 갖는 표면 거칠기 값을 지시할 필요가 없습니다.

참고로, 단조에 의해 생성된 표면은 제거가공을 하지 않은 면으로서 '**대상 면 지시기호**'에 거칠기 값을 지시하게 되므로 본 부품의 기계가공 부를 제외한 단조 표면은 'W√'로 표시합니다.

앞에서 단조한 면의 거칠기 값을 'W√'로 표시한 것은, 해당 표면에 도장처리를 할 경우 매끄러운 면 보다는 도포(塗布)가 잘되는 정도의 거칠기를 지시하는 것이 좋기 때문입니다.

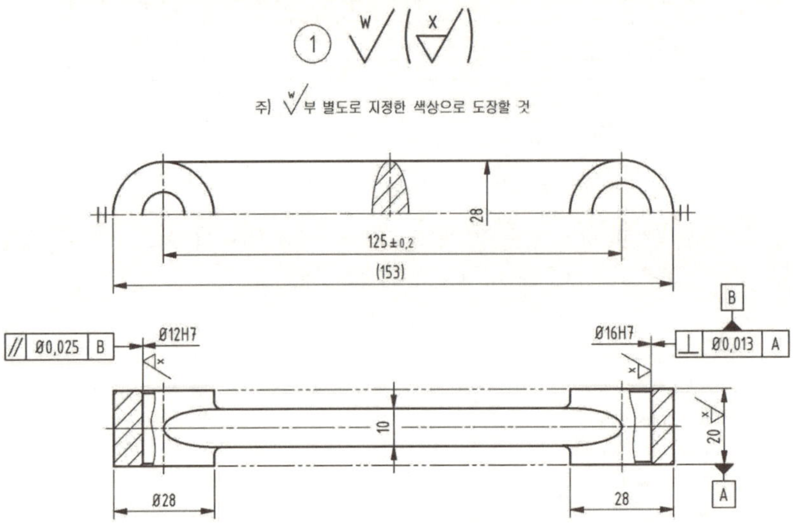

그림 1-52. 암의 표면 거칠기 기호 지시

➜ 열처리 및 표면처리의 지시 탄소강 단강품(炭素鋼 鍛鋼品)을 단조하여 소재를 마련하였습니다.

이는 표면의 단단함인 경도(硬度)보다는 충격 등으로 부러지지 않는 강도(强度)가 필요하기 때문입니다.

단조 후에는 변형을 방지하기 위한 보통의 방법으로는 풀림처리로 잔류응력을 제거하게 됩니다.

가공하지 않은 단조면만 도장(도장 방법과 색의 선택은 생산자, 판매자가 별도로 정함.)처리를 합니다.

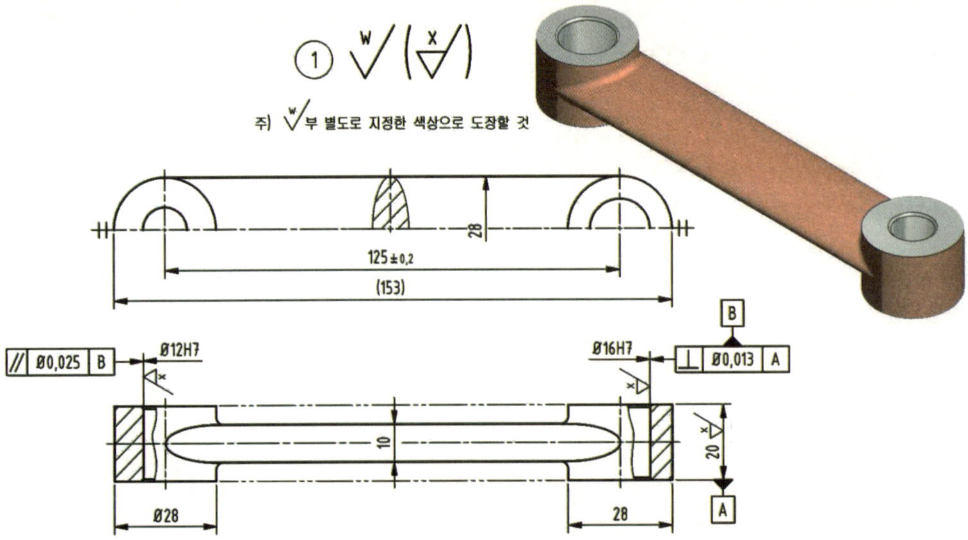

<비고 : 투상을 한 목적과 치수 및 공차지시를 위한 목적이 일치할 수 있도록 정면도에는 두 구멍의 위치치수와 전체 길이치수를, 부분단면을 한 저면도에는 두께치수와 두 바깥지름과 구멍의 크기치수 및 자세 기하공차를 지시함에 유의해야 합니다.>

그림 1-53. 암(Arm)의 부품도

보충설명 암(Arm)의 수직 밀링기계에 의한 가공 순서

(a) 가공 여유를 주어 주조(Casting) 또는 단조(Forging)로 완성가공 전의 부품 소재(素材) 마련.
(b) 기준면 설정을 위해 먼저 양 측면을 가공한 후,
(c) 양쪽 구멍을 마무리 여유를 준 크기의 드릴링(작업대를 구멍거리 치수만큼 이동하여 다시 다른 쪽 구멍 드릴링).
(d) 주어진 공차 값으로 가공(리밍 또는 보링).
(e) 양 측면에 대한 두 개의 구멍에 모떼기.
(f) ②, ③과의 끼워 맞춤 부 안지름과 보스 길이 검사.

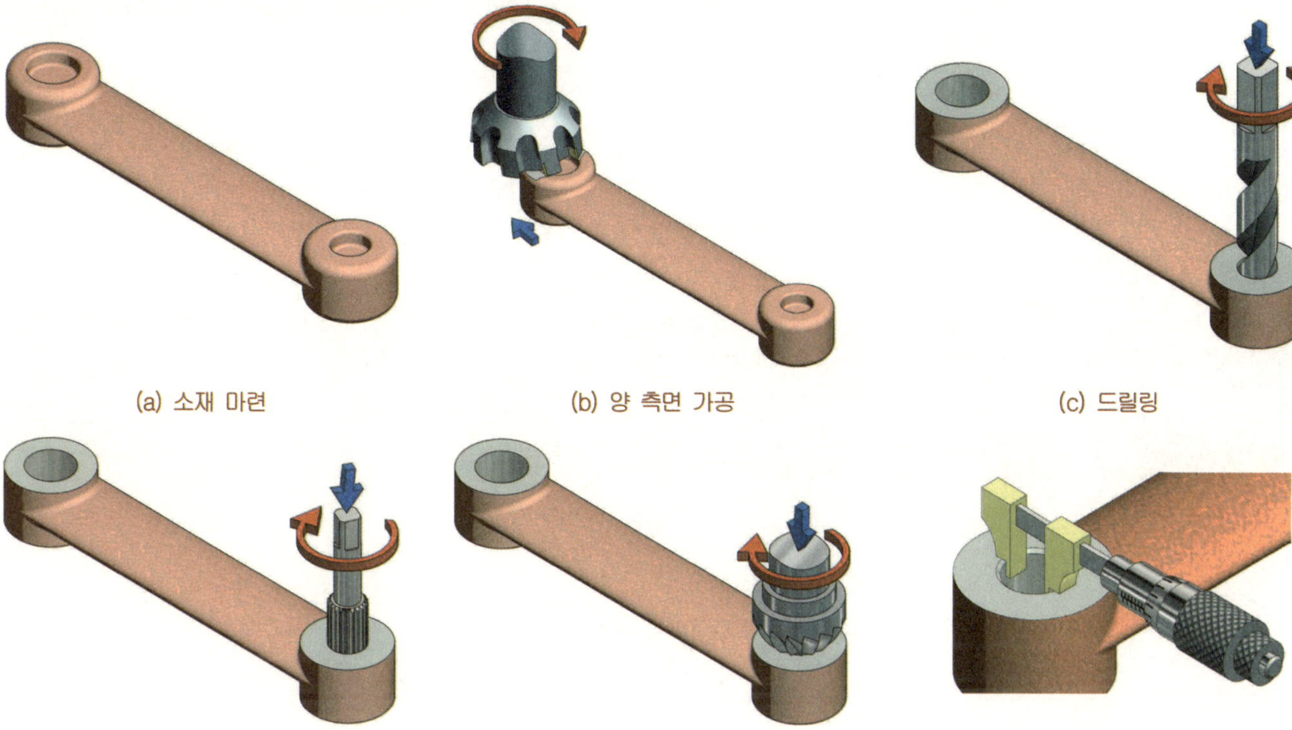

(a) 소재 마련 (b) 양 측면 가공 (c) 드릴링
(d) 리밍 또는 보링 (e) 구멍 모떼기 (f) 검사

그림 1-54. 가공 순서

➜ 스핀들(Spindle)은 아래 그림과 같이 밀링 커터(Milling Cutter) 공구들에 의해서 가공 기능을 수행합니다.

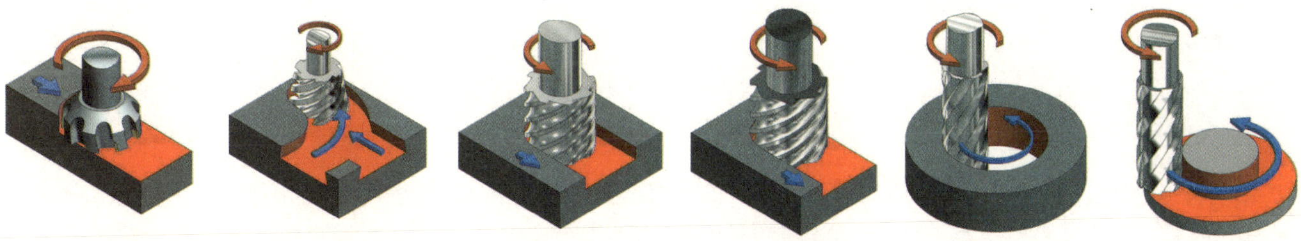

(a) 평면 (b) V-홈 (c) 홈 (d) 턱 (e) 안지름 (f) 바깥지름

그림 1-55. 수직 밀링기계 공구와 가공 보기

② 고정 축(Fixed Shaft)

➜ 투상도 선택 수 및 배열 주어진 문제의 조립도의 ①을 분리하고 가공 공정 수가 많은 쪽을 오른쪽에 있도록 뉘어서 2면도(정면도와 좌측면도)를 선택합니다.

정면도는 원통면의 평면 두께(가는 실선의 대각선 표시 면)를 나타내기 위한 겉모양만의 보조 투상 정면도로 나타냅니다.

아래 그림의 투상도 명칭은 부품의 특징으로 볼 때 원형으로 나타낸 투상도가 정면도이며 길이 방향으로 뉘인 상태에서 가공공정이 많은 쪽이 오른쪽에 있도록 하였기 때문에 자동적으로 좌측면도가 되됩니다.

②의 모양으로 볼 때 원형으로 도시할 정면도가 왼쪽에 위치한다면 길이방향의 뉘인 투상도가 우측면도가 됩니다.

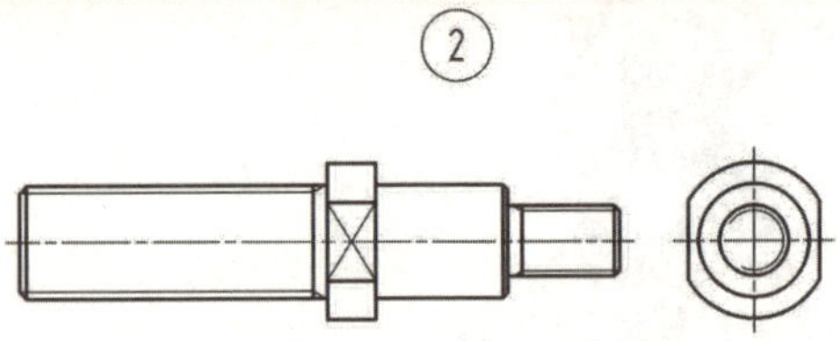

그림 1-56. 고정 축의 투상도 선택 수 및 배열

➜ 기준면 설정과 치수지시 ①의 길이와 끼워지는 지름부의 길이를 일반치수 공차로 적용했을 경우를 생각할 때, 축의 지름 길이가 ①의 구멍 길이보다 큰 치수가 기입되면 긴장장치의 기능을 상실하게 되기 때문에 ①과 조립되는 축 지름과 턱 부분이 기준이 되어 ①과 끼워지는 길이치수는 단으로부터 치수 지시가 되어야 합니다.

양쪽의 수나사 기준 치수에는 바이트나 다이스(Dies)공구를 준비할 때 필요하므로 보통나사를 채택했다 하더라도 피치를 표시해주는 것이 보다 확실하게 설계자 의도를 전달하는 도면의 목적에 맞습니다.

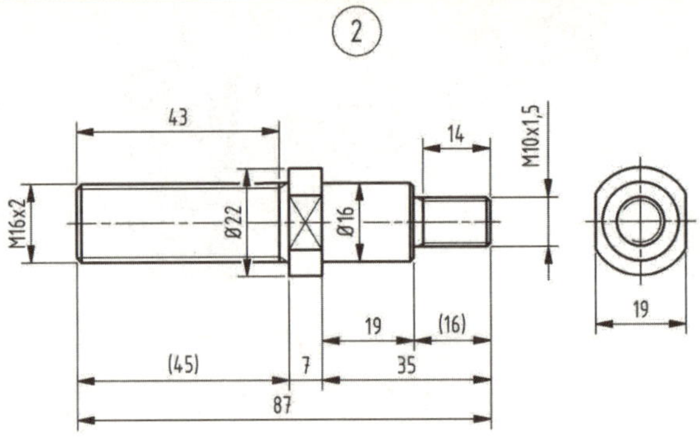

그림 1-57. 고정 축의 기준면 설정과 치수지시

➜ 일반 치수공차의 지시 축의 길이와 벨트 풀리, 기어, 체인 스프로킷 휠 등의 보스의 길이에 대한 조립관계를 잘못 이해하여 축의 길이에 대한 기준 치수가 보스 길이에 대한 기준 치수보다 크게 한 경우가 있습니다.

이 경우에는 충분하게 고정되지 않아 끼워지는 보스가 축 방향으로 움직이게 하여 고장을 일으키거나 장치의 수명을 단축하게 하는 원인이 됩니다.

➜ 끼워 맞춤 공차기호의 지시 ①과 끼워져 제한적(벨트의 긴장상태 조절할 때)으로 움직여야 하므로 중간 끼워 맞춤 공차기호(h6) 보다는 억지 끼워 맞춤 공차기호(m6)를 지시해야 합니다.

주어진 문제의 조립도에서는 오로지 끼워 맞춤과 얇은 평 와셔, 저 너트 두 개에 의해 움직이지 않아야 하는 이유이며, 때려 박음 정도의 'p6'나 'r6'의 끼워 맞춤으로 지정한다면 긴장상태를 조정하기가 곤란하다는 것에 유의합니다.

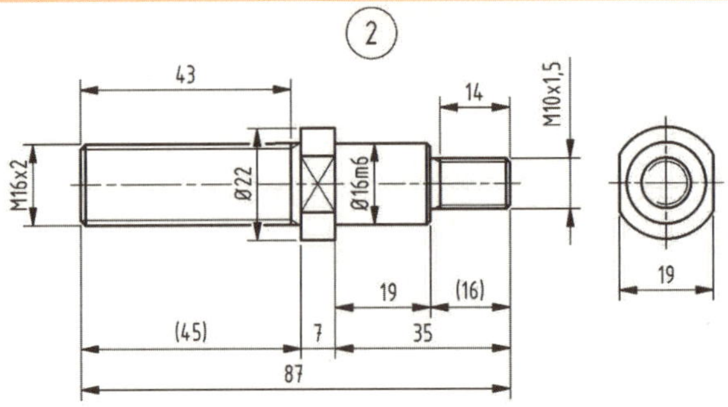

그림 1-58. 고정 축의 끼워 맞춤 공차기호 지시

→ 기하 공차기호의 지시 ①과 끼워지는 지름은 장치를 장착할 수나사를 동 축의 위치에 있도록 지시해야 ③의 드라이브 축의 자세를 평행하게 유지시킬 수 있습니다.

따라서 암과 끼워지는 바깥지름을 데이텀으로 하여 나사부의 흰 정밀도의 동 축을 규제하는 원주 흔들림도를 지시해야 하며, 열처리를 하여 연삭을 하지 않으므로 센터구멍을 설치하지 않습니다.

축의 길이와 지름의 크기에 관계없이 무조건 축의 양 끝에 센터구멍을 설치하는 것은 제조를 상승시키는 원인이 됩니다.

참고로, 축에서 요구하는 정밀도, 열처리 여부, 추가 가공 등의 유무 등을 고려하여 센터구멍을 설치하는 것을 신중하게 고려해야 합니다.

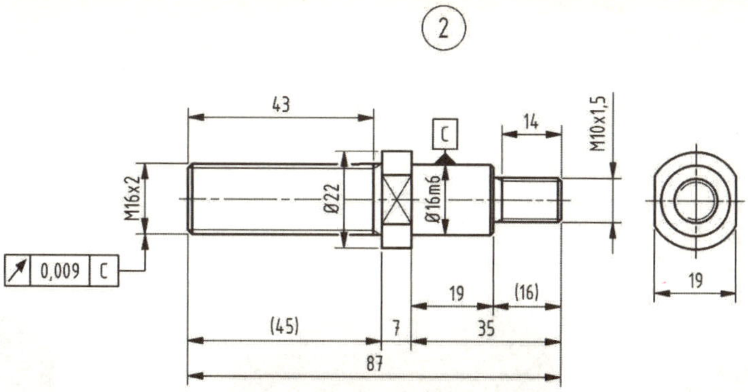

그림 1-59. 고정 축의 기하공차 기호 지시

→ 표면 거칠기 기호의 지시 암의 보스와 끼워지는 원통 면은 열처리 후 연삭하지 않으므로 선반 가공으로서 가능한 거칠기의 $\overset{x}{\nabla}$ 값을 지시하고, 나머지 면은 $\overset{w}{\nabla}$ 값을 지시하면 만족합니다.

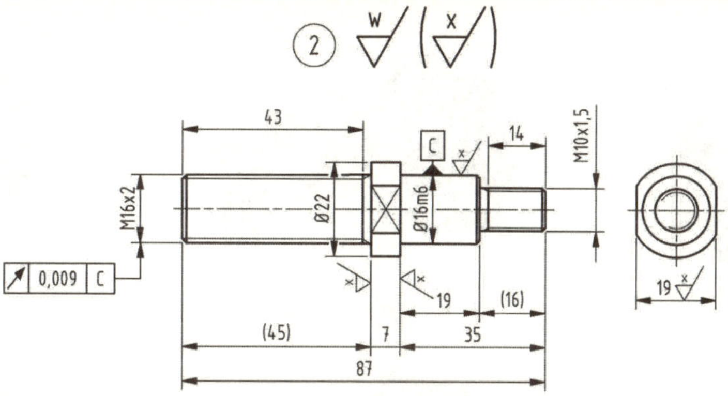

그림 1-60. 고정 축의 표면 거칠기 기호 지시

→ 열처리 및 표면처리의 지시 표면 경도(硬度)를 가져야 하는 조건이 아니라 부러지지 않는 강도를 요구하는 부품이므로 열처리를 하지 않아도 됩니다.

다만, 사용 중에 녹이 발생하므로 녹 방지처리를 지시합니다.

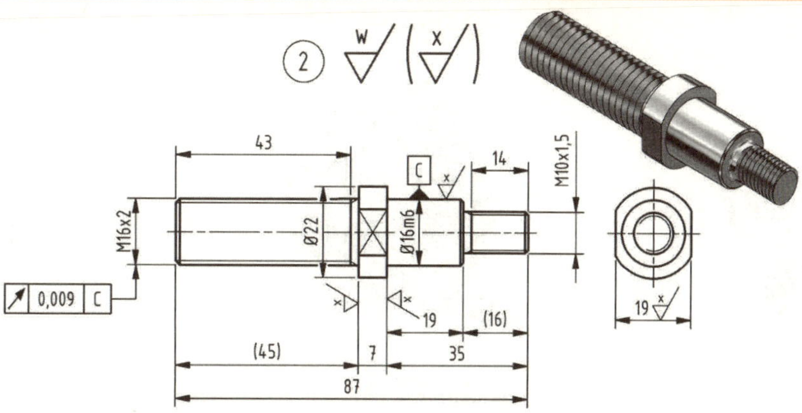

<비고 : 정면도는 원통 면의 평면 폭 치수를 지시하기 위해 필요함에 유의합니다.>

그림 1-61. 고정 축(Fixed Shaft)의 부품도

보충설명 고정 축(Fixed Shaft)의 가공 순서

길이와 지름부에 가공 여유를 준 원형 봉의 부품 소재(素材)를 마련하여,

(a) 주축대의 척(Chuck)에 물린 후 중심 잡기.
(b) 오른 쪽의 축 끝 자르기.
(c) 가장 큰 지름 가공.
(d) ①과 끼워 맞춤 지름 가공.
(e) 수나사 내기 지름(구석 둥글기 포함)과 끝부분 모떼기(30°).
(f) 수나사 내기(나사 바이트 또는 다이스 공구)
(g) 척에서 분리하여 반대로 척에 물림.
(h) 수나사 지름 가공.
(i) 수나사 길이 끝 절단 및 모떼기(30°).
(j) 수나사 내기.
(k) 중간 부분 양쪽 평면내기(밀링).
(l) 검사(①과의 끼워 맞춤 공차 : 마이크로미터 측정).

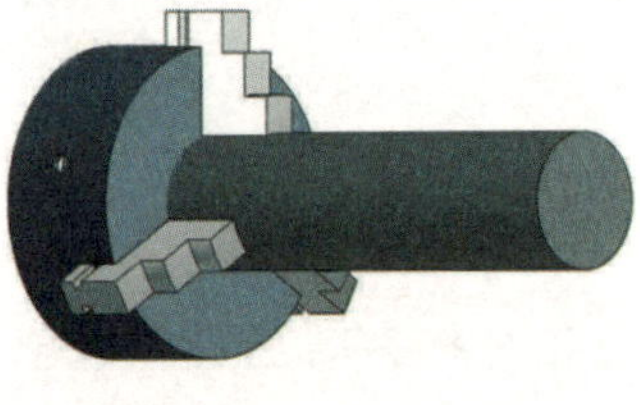
(a) 중심잡기

(b) 끝 자르기

(c) 지름 가공 - I

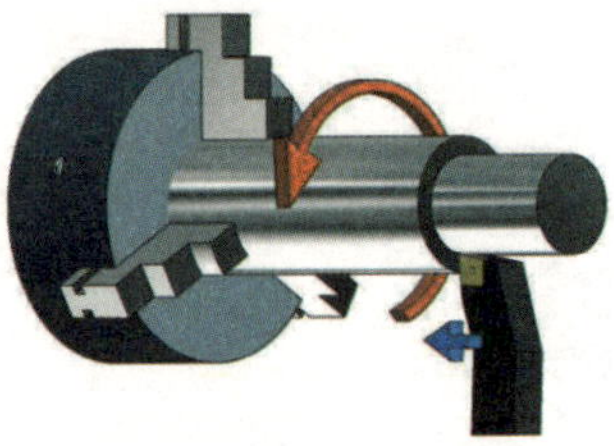
(d) 지름 가공 -II

(e) 지름 가공 -III

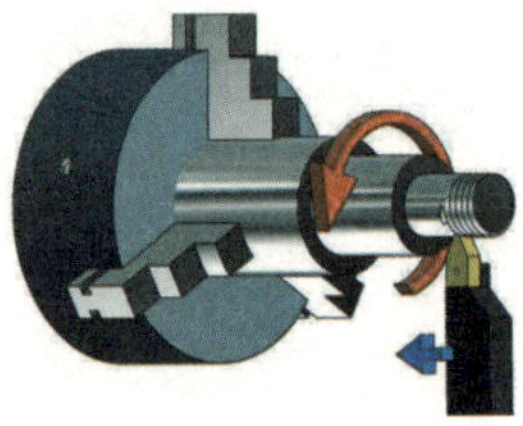
(f) 수나사 내기

(g) 자세 바꿈

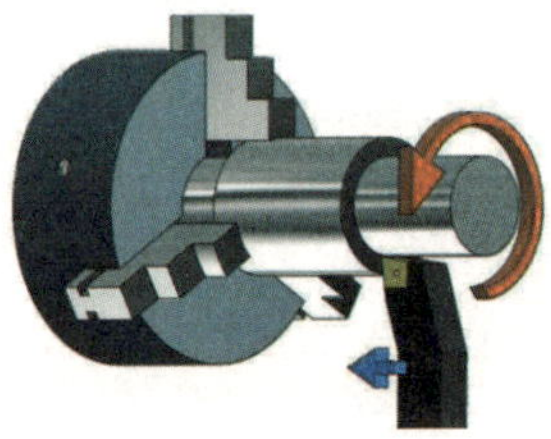
(h) 지름 가공 -IV

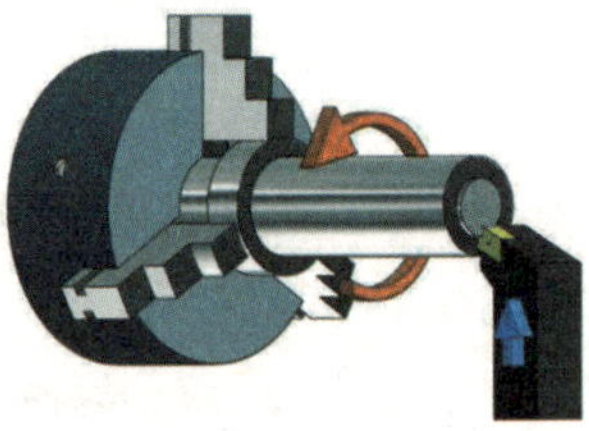
(i) 수나사 끝 자르기

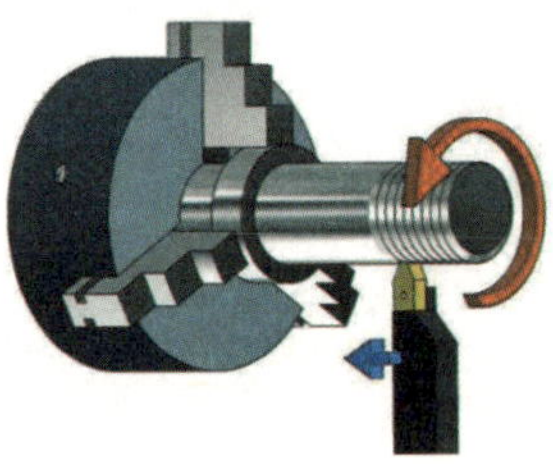
(j) 수나사 내기

(k) 평면 밀링

(l) 검사

그림 1-62. 고정 축의 가공 순서

③ 드라이브 축(Drive Shaft)

→ **투상도 선택 수 및 배열** 선반가공 상태를 기준으로 하여 지름이 큰 쪽을 왼쪽으로 하여 뉘이고, 양쪽에서 본 원형의 정면도는 'Ø'가 표시되므로 길이 방향으로 뉘인 1면도로 만족하며 정면도가 생략되었으므로 주 투상도가 됩니다.

특히, 주어진 문제의 조립도에서와 같은 자세로 조립되어 있는 경우에는 반드시 선반가공 상태로 뉘이되 지름이 작은 쪽을 오른쪽에 있도록 하여 제도해야 합니다.

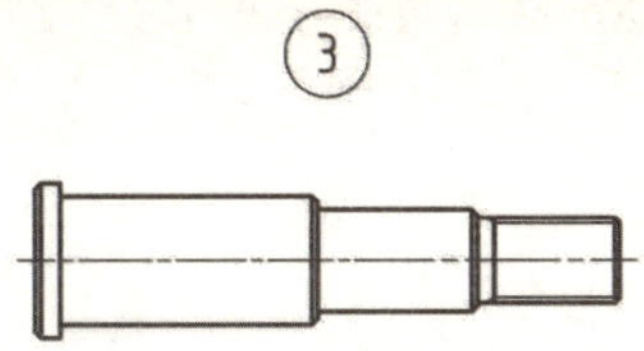

그림 1-63. 고정 축의 투상도 선택 수 및 배열

→ **기준면 설정과 치수의 지시** Ø15mm 단을 기준으로 하기 위해 오른쪽 끝으로부터 66.5mm까지 가공한 후 ⑧, ⑥, ⑦의 간격 링이 설치되는 Ø15mm의 길이 치수와 ①의 암 구멍과 끼워지는 Ø12mm의 길이 치수를 기입합니다.

나사 호칭에 선반 가공을 고려한 피치를 기입(물론, 피치 표시가 없으면 보통나사 피치로 해석)해주는 것이 좋으며, 축의 양 끝은 열처리 시 휘어지므로 연삭이 필요 하나, 열처리를 하지 않아도 되는 부품이어서 센터구멍을 설치하지 않습니다.

깊은 홈 볼 베어링의 안지름과 닿는 축의 구석 둥글기는 베어링의 안지름 끝 부분 모서리 둥글기보다 클 경우 축의 턱에 밀착되지 않아 조립 불량을 초래하게 됩니다.

따라서, 'KS B 2051'의 '**구름 베어링의 부착관계 치수**'의 표를 기준하여 베어링의 안지름 끝 부분 모서리 둥글기 값보다 작은 둥글기를 지시해야 합니다.

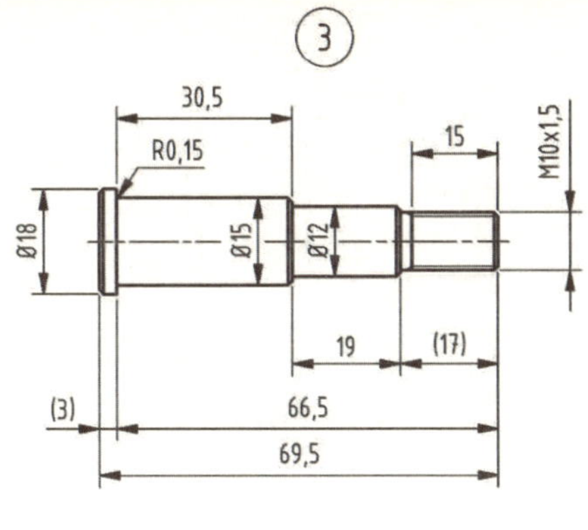

그림 1-64. 고정 축의 기준 면 설정과 치수지시

보충설명 구름 베어링의 부착관계 치수

→ 베어링의 안지름 끝 부분 모서리의 둥글기 < 베어링과 닿는 축, 하우징의 구석 둥글기일 경우에는 축의 턱, 하우징의 끝 면과 베어링이 밀착되지 않아 조립불량을 초래합니다.

→ 따라서, 베어링 안지름 끝 부분 모서리 둥글기 > 베어링과 닿는 축, 하우징의 구석 둥글기로 치수가 지시되어야 합니다.

→ 베어링 끼워져서 만나는 하우징과 축의 구석 둥글기 값은 KS 표준으로 정한 데이터 값을 적용해야 합니다.

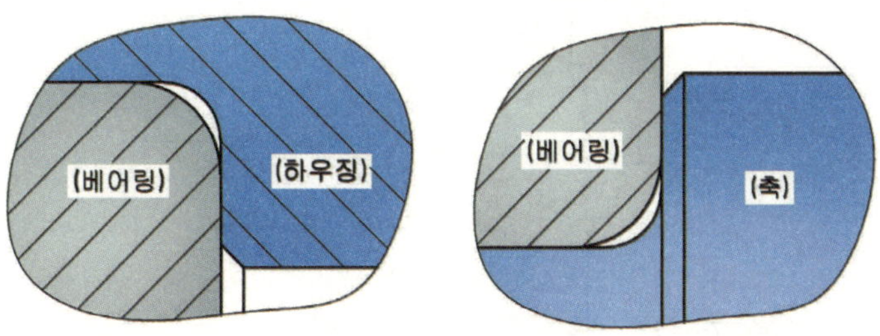

그림 1-65. 고정 축에 조립되는 구름 베어링의 부착관계

➜ 일반 치수공차의 지시 두 개의 깊은 홈 볼 베어링과 두 개의 간격 링이 끼워지는 축의 길이 부분은 각각의 안지름들과 축의 지름 부분에서 회전 운동이 일어나지 않도록 '+, +' 공차를 지시하며, 위와 같은 방법에 의해 각각의 부품이 롤러의 회전방향으로 따라 돌게 됩니다.

따라 돌지 않게 하는 다른 방법으로는 축의 지름에 'h6'의 끼워 맞춤 공차기호로 지시하면 축 기준 끼워 맞춤이 되므로 두 개의 간격 링의 안지름을 억지 끼워 맞춤 공차인 'N7' 또는 'M7'정도로 지시해도 좋습니다.

①의 암과 끼워지는 축 지름의 길이는 ②의 고정 축 설명과 같이 'KS B ISO 2867 **보통급**'의 일반 공차 계산 값을 적용하여 문제가 없을 정도를 감안한다면 암의 보스 길이보다 '1mm' 짧은 기준 치수를 기입하면 만족합니다.

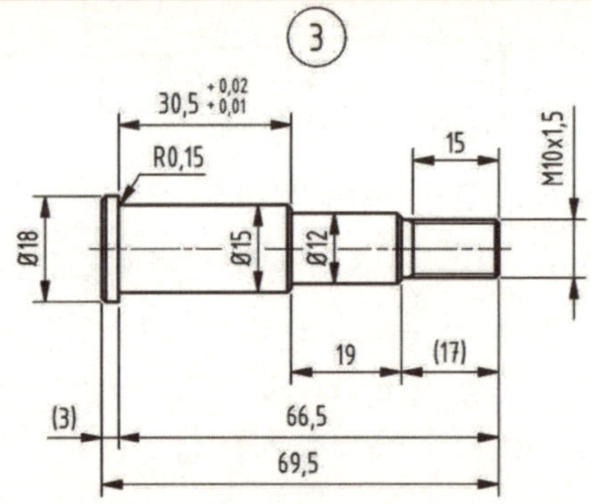

그림 1-66. 드라이브 축의 일반 치수공차 지시

➜ 끼워 맞춤 공차기호의 지시 벨트가 중속 또는 고속 회전으로서 베어링은 외륜 회전을 하게되는 설치 조간입니다.

따라서, 적용하는 하중은 벨트를 눌러주는 하중이 경 하중 보다는 중 하중 조건이 안전함을 감안하여 표준에서 정한 'h6'를 지시하고, ①의 암과 끼워지는 지름은 와셔와 이중 너트로 고정되므로 'h6' 또는 'js6'를 지시하면 만족합니다.

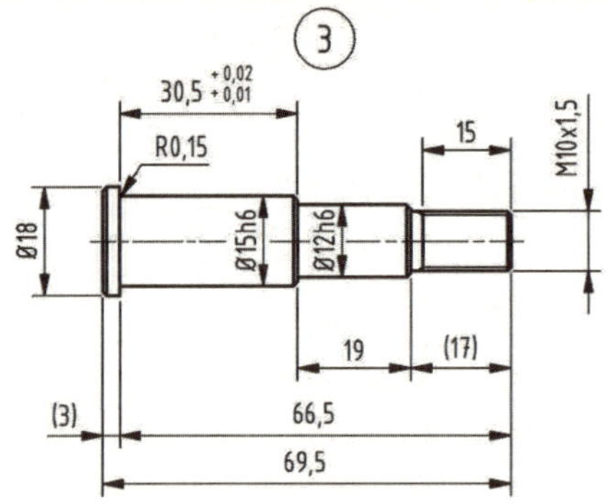

그림 1-67. 드라이브 축의 끼워 맞춤 공차기호 지시

➜ 기하 공차기호의 지시 ①과 조립되는 지름 또는 베어링과 조립되는 지름을 데이텀으로 하여 두 지름의 축선(중심) 동축도를 원주 흔들림으로 규제합니다.

②의 고정 축 설명과 같이 강도를 요구하는 부품으로서 열처리가 필요하지 않는 부품이므로 센터구멍을 설치를 지시를 할 필요가 없습니다.

따라서, 작은 지름부분을 데이텀으로 하여 큰 지름부분과 턱 부분에 동 축이어야 함을 지시하는 원주 흔들림과 턱의 직각 자세를 요구하는 원주 흔들림 기호를 지시합니다.

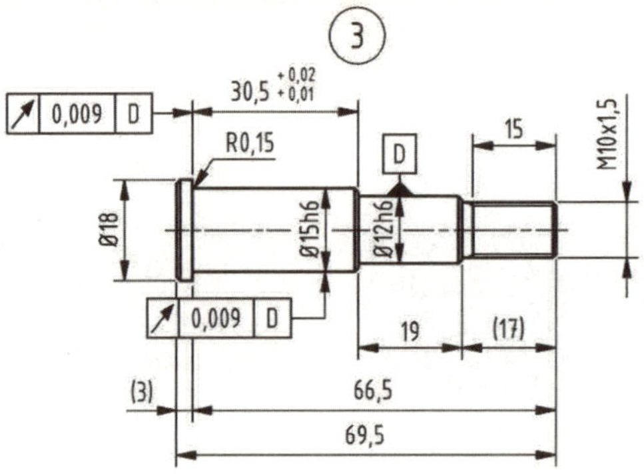

그림 1-68. 드라이브 축의 기하 공차기호 지시

→ 표면 거칠기 기호의 지시 베어링 및 암의 보스와 끼워지는 원통 면은 열처리 후 연삭하지 않으므로 선반 가공으로서 가능한 거칠기의 $\overset{x}{\bigtriangledown}$ 값을 지시하고, 나머지 면은 $\overset{w}{\bigtriangledown}$ 값을 지시하면 만족 합니다.

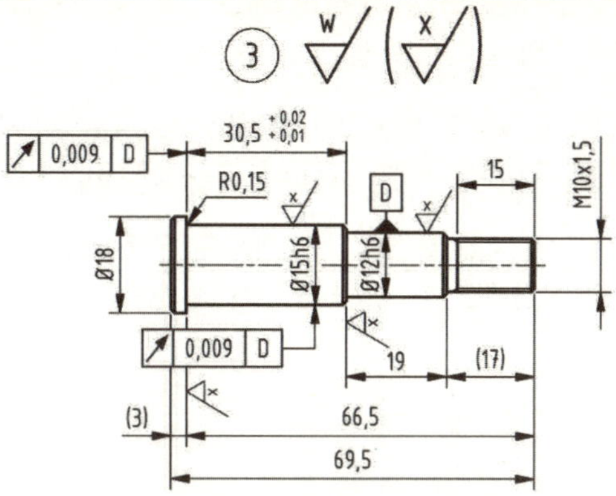

그림 1-69. 드라이브 축의 표면 거칠기 기호 지시

→ 열처리 및 표면처리의 지시 표면 경도(硬度)를 가져야 하는 조건이 아니라 부러지지 않는 강도를 요구하는 부품이므로 열처리를 하지 않아도 되며, 사용 중에 녹이 발생하므로 녹 방지처리를 지시합니다.

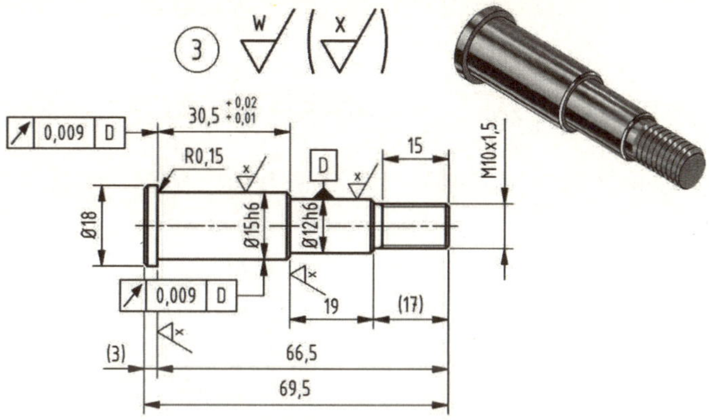

그림 1-70. 드라이브 축(Drive Shaft)의 부품도

④ 롤러(Roller)

→ 투상도 선택 수 및 배열 주어진 조립도에서 조립되는 부품들을 분해하면 원통형으로서 정면도 도시를 생략한 한쪽 단면 주 투상도로 만족합니다.

⑨의 오일 실 삽입부 치수기입이 복잡할 경우 별도로 상세도로 투상을 하고, ⑩이 조립되는 지름과 위치는 주 투상도에서 'ø'와 'EQS(Equally Spaced, 등 간격)'의 기호 표시로 만족합니다.

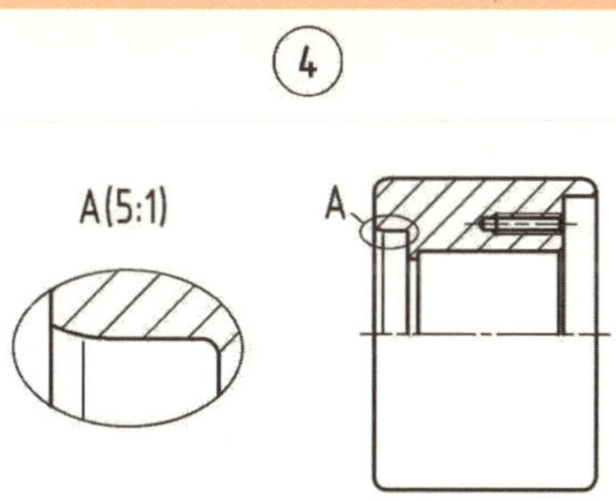

그림 1-71. 롤러의 투상도 선택 수 및 배열

보충설명 등 간격 기호 EQS(Equally Spaced)의 지시방법

- 'EQS' 기호(KS A ISO 129-1:2012년 제정)는, 아래 그림의 (a)와 같이 원통형의 부품에 구멍위치를 정면도에 나타내지 않고 주 투상도에 나타낸 구멍의 크기치수와 같이 표시할 때는 반드시 기입합니다.
- (b)와 같이 구멍위치를 정면도에 나타내고 지름치수는 지시했으나 각도치수를 지시하지 않을 경우(구멍의 위치 각도를 알 수 있어서)에도 EQS기호를 구멍의 크기치수와 함께 지시(이 경우에도 이중치수 기입이 아님으로 해석함.)해 줍니다.
- (c)와 같이 구멍위치를 정면도에 나타내고도 각도치수를 지시했을 경우 EQS기호를 구멍의 크기치수와 함께 지시하지 않아도 되나, 지시했다고 해서 '**보다 더 확실하게**'라는 '**도면의 목적**'에 해당하므로 틀리다고 해석하지 않습니다.

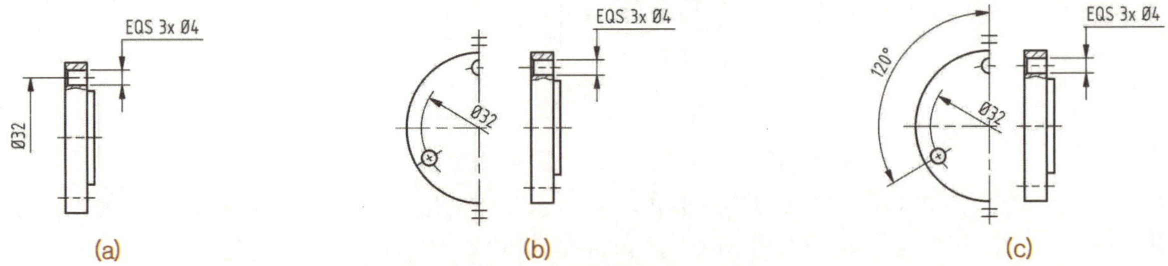

그림 1-72. EQS 기호의 지시방법

- 기준면 설정과 치수지시 ⑤와 조립되는 안지름 턱을 기준면으로 하여 ⑧의 베어링 조립 깊이 치수가 중요 치수입니다.

⑨의 조립되는 깊이 치수는 베어링 조립 깊이 치수와 관계없이 롤러의 다른 쪽 측면으로부터의 치수로 만족합니다.

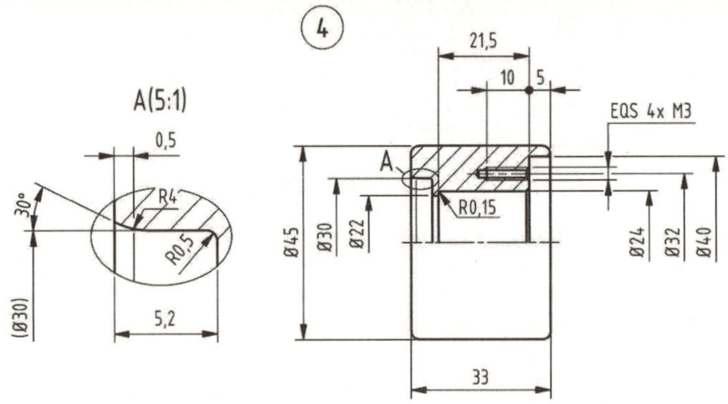

그림 1-73. 롤러의 기준면 설정과 치수 지시

- 일반 치수공차의 지시 시중에 판매하는 둥근 봉재(棒材)로 소재를 마련하여 가공하게 되므로 일반가공 부 치수는 'KS B ISO 2768의 보통급(m)'을 적용합니다.

여기서 주의해야 할 부분은, 두 개의 베어링이 끼워지고 부품 ⑤의 베어링 커버가 끼워졌을 때 안지름의 깊이에 대한 기준 치수에는 안지름 측면과 베어링 커버의 측면이 밀착한 상태로 조립이 되도록 치수공차를 지시해야 합니다.

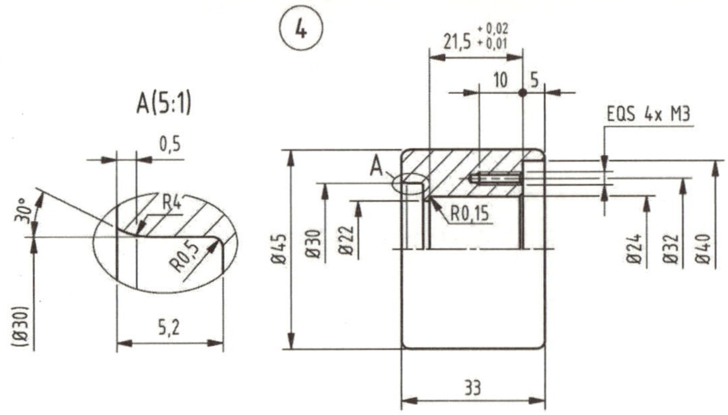

그림 1-74. 롤러의 일반 치수공차 지시

➜ 끼워 맞춤 공차기호의 지시 ③에서 설명한 바와 ⑤, ⑥, ⑦, ⑧과의 조립과 작동을 고려하여 구멍의 깊이 치수에 대한 치수 공차와 끼워 맞춤 공차기호가 규제되어야 합니다.

고속회전에 의해 축 방향으로 베어링에 힘이 가해지는 악조건이라면 앵귤러 볼 베어링을 설치하는 설계를 해야 하고, 오일 실의 외륜 원통 면과 끼워지는 안지름에 지시하는 끼워 맞춤 공차기호는 'KS B 2804'의 표를 기준해 지시합니다.

깊은 홈 볼 베어링이 끼워지는 안지름에는 'KS B 2051'의 표에서 외륜 회전하중 조건을 적용하여 기호를 기입합니다.

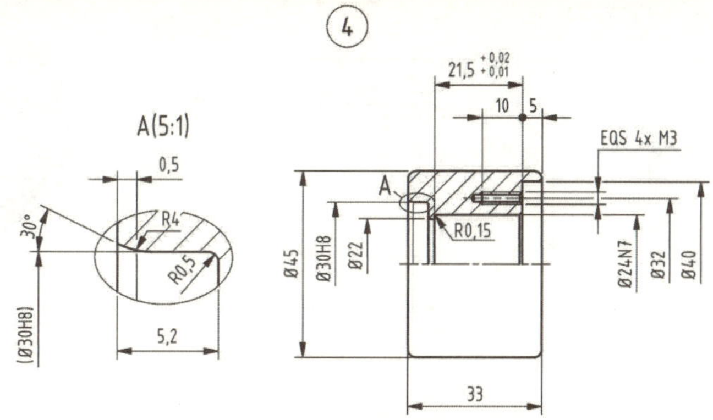

그림 1-75. 롤러의 끼워 맞춤 공차기호 지시

➜ 기하 공차기호의 지시 베어링과 오일 실이 끼워지는 안지름은 서로 동심(축)에 있어야 오일 실 마모를 줄입니다.

물론, 바깥지름이 베어링 조립지름과 중심 위치가 어긋날 경우에는 롤러의 바깥지름이 회전할 때 축 직각방향으로 충격을 주어 열 발생으로 그리스가 마르고 열팽창이 되어 볼에까지 악영향을 끼쳐 결국 베어링이 깨지게 됩니다.

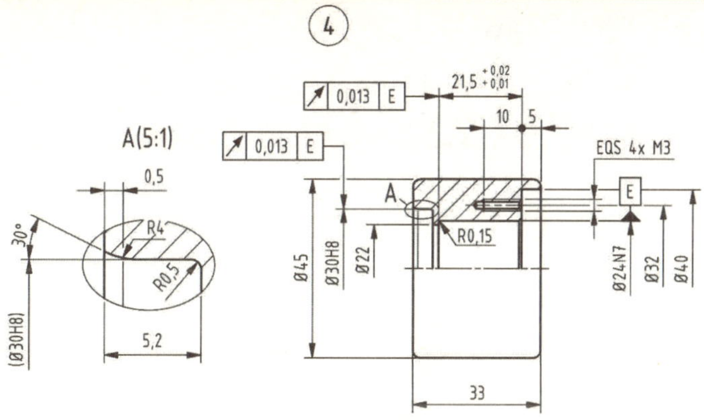

그림 1-76. 롤러의 기하 공차기호 지시

➜ 표면 거칠기 기호의 지시 벨트와 선 접촉을 하며 구르는 바깥지름 원통 면은 정밀 거칠기로 지시하고 오일 실과 끼워지는 안지름 부분은 오일이 새나가지 못하는 정도의 밀착을 요구하므로 마찬가지로 정밀 거칠기를 지시해야 합니다.

⑤와의 접촉 측면은 밀착하여 오일이 새나가지 못하게 해야 하므로 정밀 거칠기를 지시해야 합니다.

볼 베어링이 끼워지는 안지름 면은 중간 거칠기이며 나머지 부분은 상품화한다면 중간 거칠기를 지시합니다.

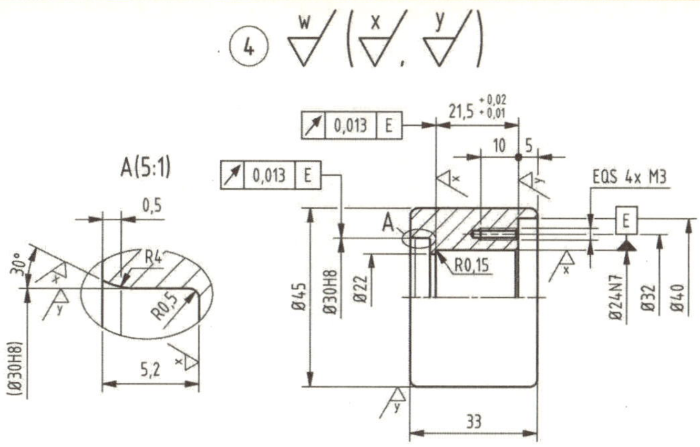

그림 1-77. 롤러의 표면 거칠기 기호 지시

→ **열처리 및 표면처리의 지시** 열처리를 하지 않아도 되며, 사용 중에 녹이 발생하므로 녹 방지처리를 지시하며, 대량생산을 위해 단조나 주조를 해야 할 경우에도 이와 같습니다.

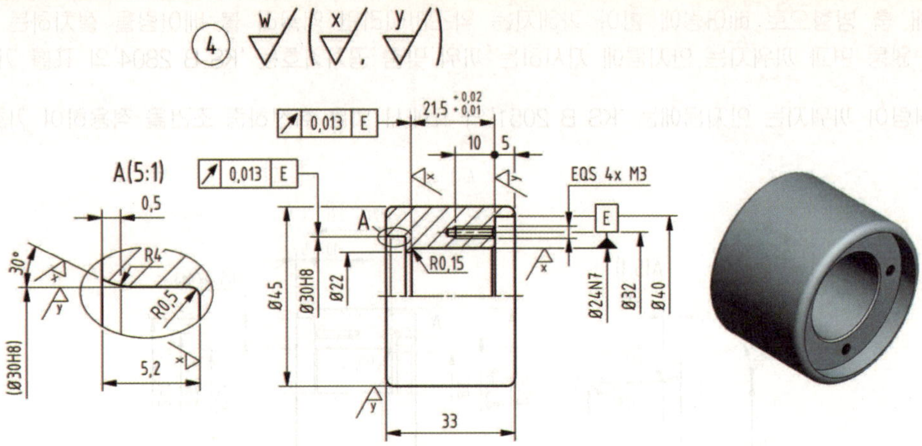

그림 1-78. 롤러(Roller)의 부품도

⑤ 베어링 커버(Bearing Cover)

→ **투상도 선택 수 및 배열** 지름이 큰 쪽을 왼쪽으로 하여 뉘여서 가공 상태로 놓고 투상하고, 정면도에는 부품의 바깥지름 크기로 보아 6각 구멍붙이 볼트의 머리 부분이 앉는 모양이 'U'자 형으로 나타내야 합니다.

따라서, 정면도를 도시해야 하며 대칭기호를 사용한 한 쪽 투상이어야 하며, 우측 단면도에서 중심선 부분의 ⑩의 앉음자리 홈 모양 투상선이 누락되지 않도록 주의합니다.

'도면의 여백을 경제적으로 활용해야 한다.'는 제도방법 원칙에 따라 정면도를 대칭기호를 사용하여 도형을 생략해 투상을 할 수 있지만 볼트의 앉음 자리 부분만을 부분 투상도로 도시할 수 있고, 정면도 전체를 도시할 수도 있습니다.

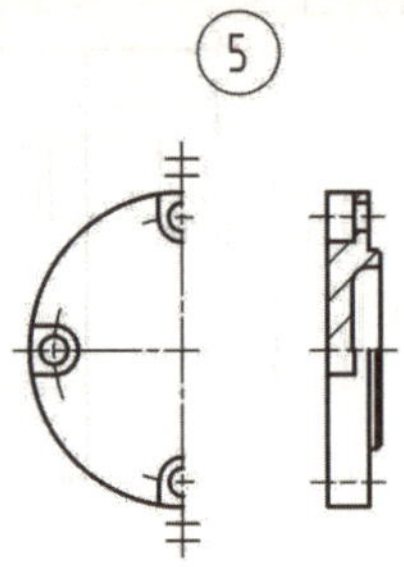

그림 1-79. 베어링 커버의 투상도 선택 수 및 배열

→ **기준면 설정과 치수 지시** 기준면은 당연히 롤러 안지름 턱과 만나는 면이 되며 정면도에서 롤러에 끼워지는 구멍의 위치와 수가 나타나며, 롤러에서와 같이 'EQS'의 기호를 기입하지 않아도 되지만, 기입해 준다고 해서 틀린 것은 아닙니다.

즉, 부품 ④의 롤러와 같이 정면도 도시가 생략된 주 투상도로만 도시될 경우에 한해서 EQS 기호를 지시해 구멍의 위치를 설명하는 것이지만 정면도에 구멍의 위치가 도시되었다 하더라도 측면도에서 기입해도 틀린 것이 아닙니다.

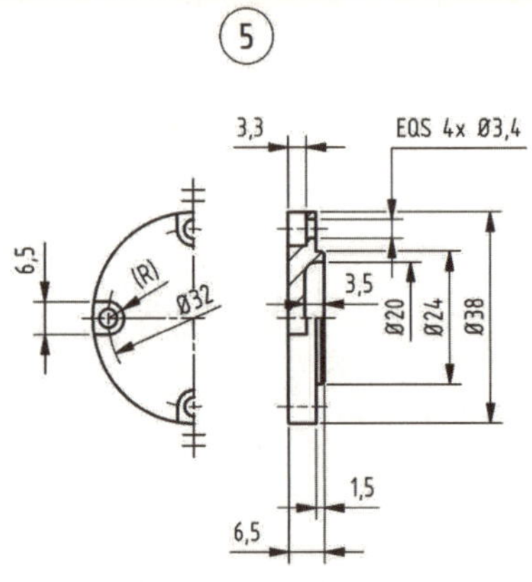

그림 1-80. 베어링 커버의 기준면 설정과 치수 지시

➜ 일반 치수공차의 지시 다음 그림과 같이 가공 여유를 둔 봉재(棒材)나 절삭성이 좋은 알루미늄 봉재를 선반가공으로 완료할 수 있으나, 대량일 때는 단조나 형 주조로 만들 수 있으므로 상황에 따라 주서란에 일반 치수공차를 지시합니다.

또 ④의 롤러 안지름에 끼워져 깊은 홈 볼 베어링 측면을 밀어 주는 길이치수에는 베어링이 조립된 후 공간이 생기도록 치수공차를 지시해야 합니다.

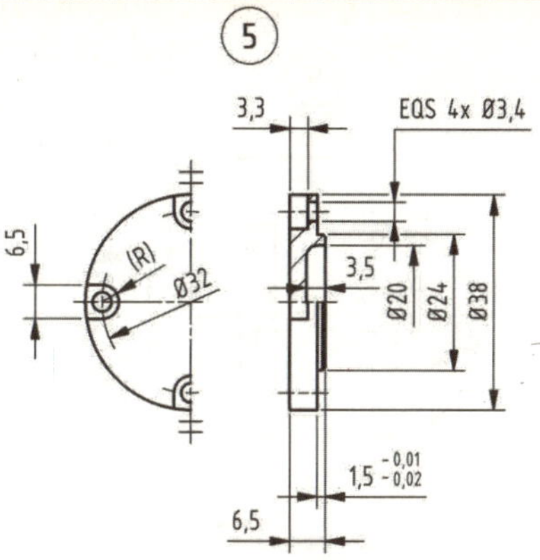

그림 1-81. 베어링 커버의 일반 치수공차 지시

➜ 끼워 맞춤 공차기호의 지시 치수 차를 크게 하여 고속회전이 되면 편심 회전을 하게 되어 장치 전체의 진동을 유발하는 것은 물론 큰 소음과 열 발생으로 결국 베어링이 파손되므로 아래 그림과 같이 중간 끼워 맞춤 공차기호로 지시합니다.

현장 실무에서는, 이 경우에 끼워 맞춤 기호를 지시하지 않고 헐겁게 끼워지도록 큰 치수 차의 공차로 지시하고 있는데 이는 잘못된 설계입니다.

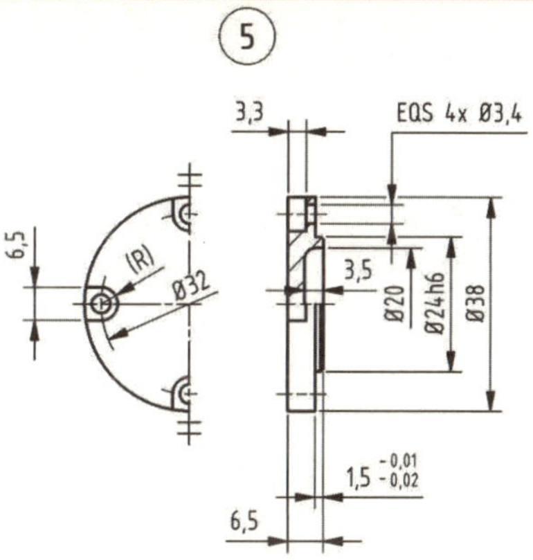

그림 1-82. 베어링 커버의 끼워 맞춤 공차기호 지시

➜ 끼워 맞춤 공차기호의 지시 치수 차를 크게 하여 고속회전이 되면 편심 회전을 하게 되어 장치 전체의 진동을 유발하는 것은 물론 큰 소음과 열 발생으로 결국 베어링이 파손되므로 아래 그림과 같이 중간 끼워 맞춤 공차기호로 지시합니다.

현장 실무에서는, 이 경우에 끼워 맞춤 기호를 지시하지 않고 헐겁게 끼워지도록 큰 치수 차의 공차로 지시하고 있는데 이는 잘못된 설계입니다.

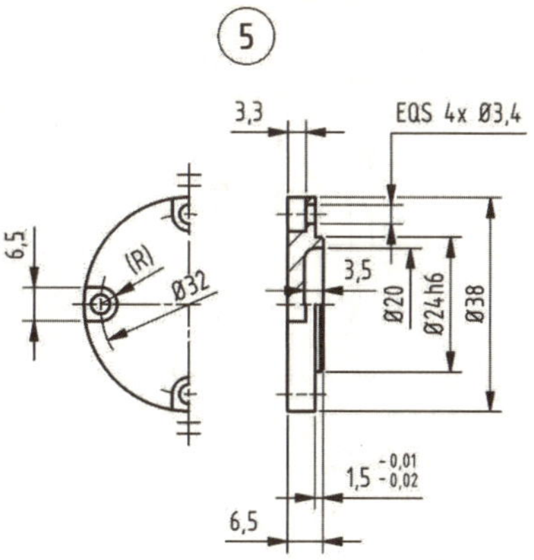

그림 1-83. 베어링 커버의 끼워 맞춤 공차기호

➜ **기하 공차기호의 지시** 베어링이 조립되는 안지름에 끼워지는 지름을 데이텀으로 하여 롤러의 측면과 면 접촉을 하는 베어링 커버의 측면과 직각을 유지하는 원주 흔들림 공차기호를 지시합니다.

설계에서 요구하는 사항에 만족하기 위해서는 큰 바깥지름 부분을 데이텀으로 하여 끼워지는 원통 면과 측면이 직각도를 유지하는 정밀도를 측정하게 될 것입니다.

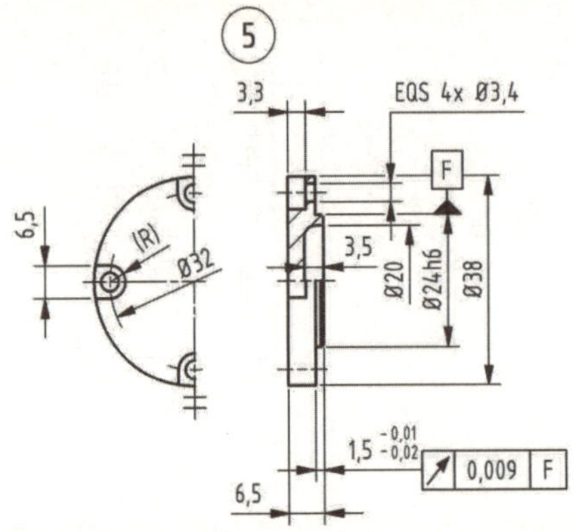

그림 1-84. 베어링 커버의 기하 공차기호의 기호 지시

➜ **표면 거칠기 기호의 지시** 아래 그림은 선반가공 완성으로 할 경우이며, 단조나 주조일 경우에는 대상 면 지시기호와 제거가공 기호를 구분하여 지시합니다.

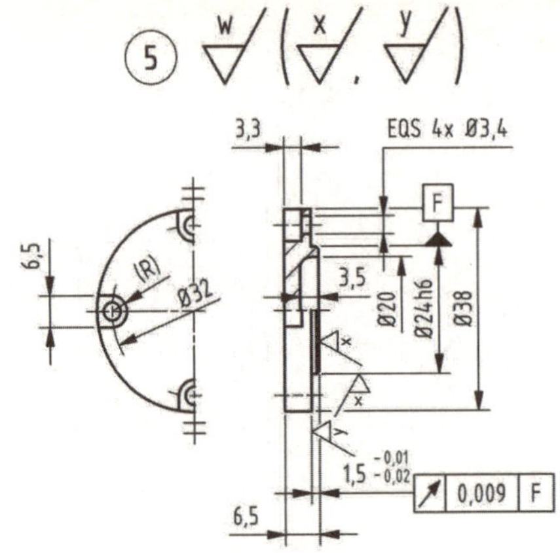

그림 1-85. 베어링 커버의 표면 거칠기 기호 지시

➜ **열처리 및 표면처리의 지시** 열처리는 부품의 기능상 필요하지 않으며, 바깥지름 면과 측면은 상품성을 고려하여 도장처리를 지시합니다.

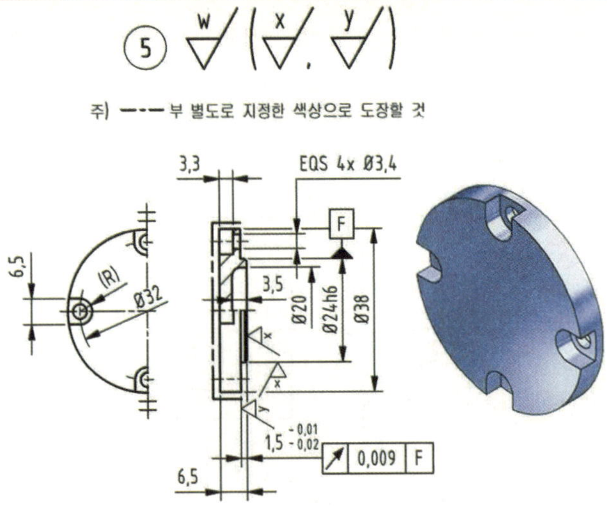

그림 1-86. 베어링 커버(Bearing Cover)의 부품도

⑥, ⑦ 간격 링(Space Ring)

➜ **투상도 선택 수 및 배열** ⑥은 두 베어링 간격을 유지하는 역할만 하고 ⑦은 ①의 암과 롤러 세트 전체의 간격을 유지하면서 오일이 새나오지 않도록 하는 기능을 갖습니다.

따라서 이들 두 부품 모두는 정면도가 생략된 한쪽 단면 주 투상도의 1면도로 도시되어야 합니다.

⑦은 바깥지름 부분의 한쪽은 오일 실이 조립될 때 삽입 경사면을 설치하되 확대도를 도시합니다.

(a) ⑥의 간격 링 (b) ⑦의 간격 링

그림 1-87. ⑥, ⑦ 간격 링의 투상도 선택 및 배열

➜ **일반 치수공차의 지시** ⑦의 기능으로 보아 열처리를 하여 폴리싱을 하므로 앞에서 설명한 바와 같이 치수 공차를 지시해야 합니다.

이는 드라이브 축 상에서 롤러가 베어링 커버의 눌림으로 축 방향으로 베어링이 움직이지 않아서 롤러 안의 두 베어링이 안전하게 수명을 갖도록 해주기 위함입니다.

(a) ⑥의 간격 링 (b) ⑦의 간격 링

그림 1-88. ⑥, ⑦ 간격 링의 일반 치수공차 지시

➜ **끼워 맞춤 공차기호의 지시** 각각 길이치수에 치수공차를 지시하여 롤러와 함께 회전하지 않도록 하였으므로 축과의 관계를 중간 끼워 맞춤으로 하여 'H7'을 지시합니다.

(a) ⑥의 간격 링

그림 1-89. ⑥, ⑦ 간격 링의 끼워 맞춤 공차기호 지시

➜ **기하 공차기호의 지시** 두 부품 모두 안지름과 바깥지름의 중심은 동심을 규제하고 양쪽 단은 중심과 직각의 자세를 유지하는 것을 규제하기 위해 흔들림 기호를 기입합니다

(a) ⑥의 간격 링 (b) ⑦의 간격 링

그림 1-90. ⑥, ⑦ 간격 링 기하 공차기호의 기입

➜ 표면 거칠기 기호의 지시 아래의 오른쪽 그림과 같이 오일 실과 닿은 면이 거친 면이 되거나 가공 흔적을 길이 방향으로 생기도록 가공할 경우에는 오일 실의 립(Lip) 마모가 심하게 되어 오일이 밖으로 새나가게 됩니다.

따라서, 오일 실의 립과 접촉이 되는 부품은 열처리 후 폴리싱(Polishing)을 하도록 지시하나 현장 실무에서는 제조원가를 절감(가공 및 처리비용 등)하기 위해서는 파이프 재를 선택하여 ⑦의 오일 실과 닿는 부분을 세라믹 코팅(Ceramic Coating)으로 마무리를 하게 됩니다.

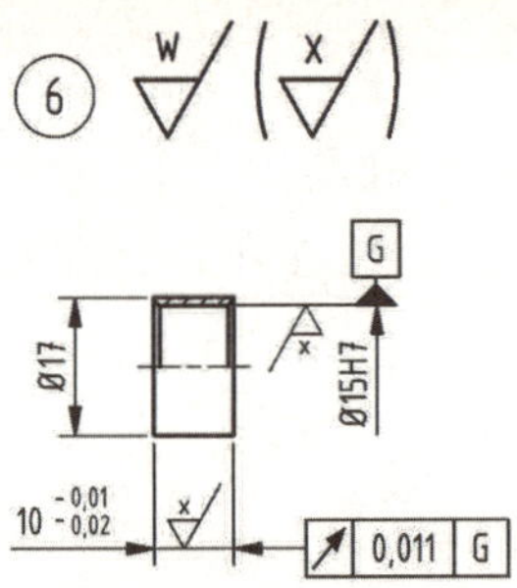

(a) ⑥의 간격 링

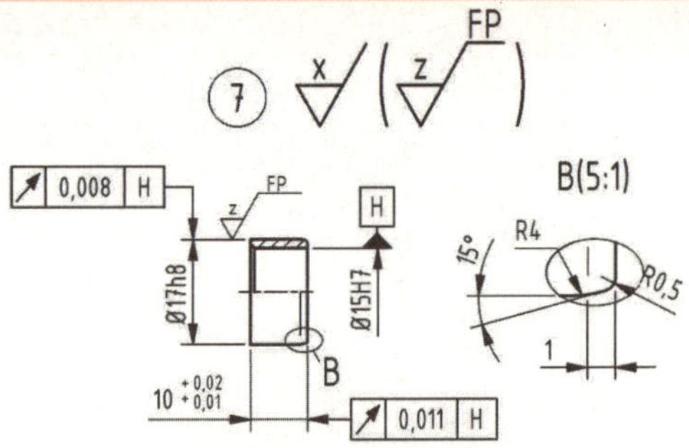

(b) ⑦의 간격 링

그림 1-91. ⑥, ⑦ 간격 링의 표면 거칠기 기호 지시

➜ 열처리 및 표면처리의 지시 미끄럼 접촉을 하는 턱은 ⑦의 바깥지름 부분은 오일 실의 립 부분과 마찰운동을 하게 되어 표면 경도(硬度)를 가져야 하므로 열처리를 해야 합니다.

그러나, 파이프 재를 사용할 경우에는 열처리를 하지 않고 내마모성을 코팅 처리로 마감합니다.

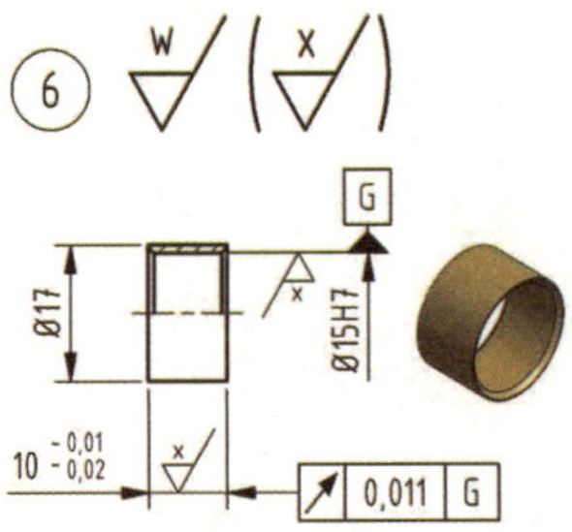

(a) ⑥의 간격 링

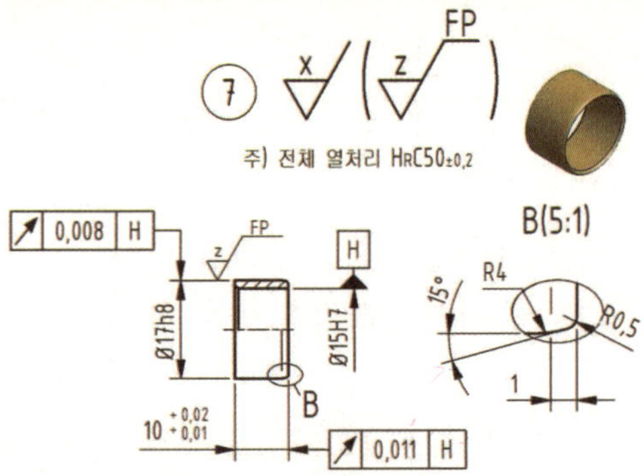

(b) ⑦의 간격 링

그림 1-92. ⑥, ⑦ 간격 링의 열처리 및 표면처리 지시

7. 검도가 필요한 도면(부품도)

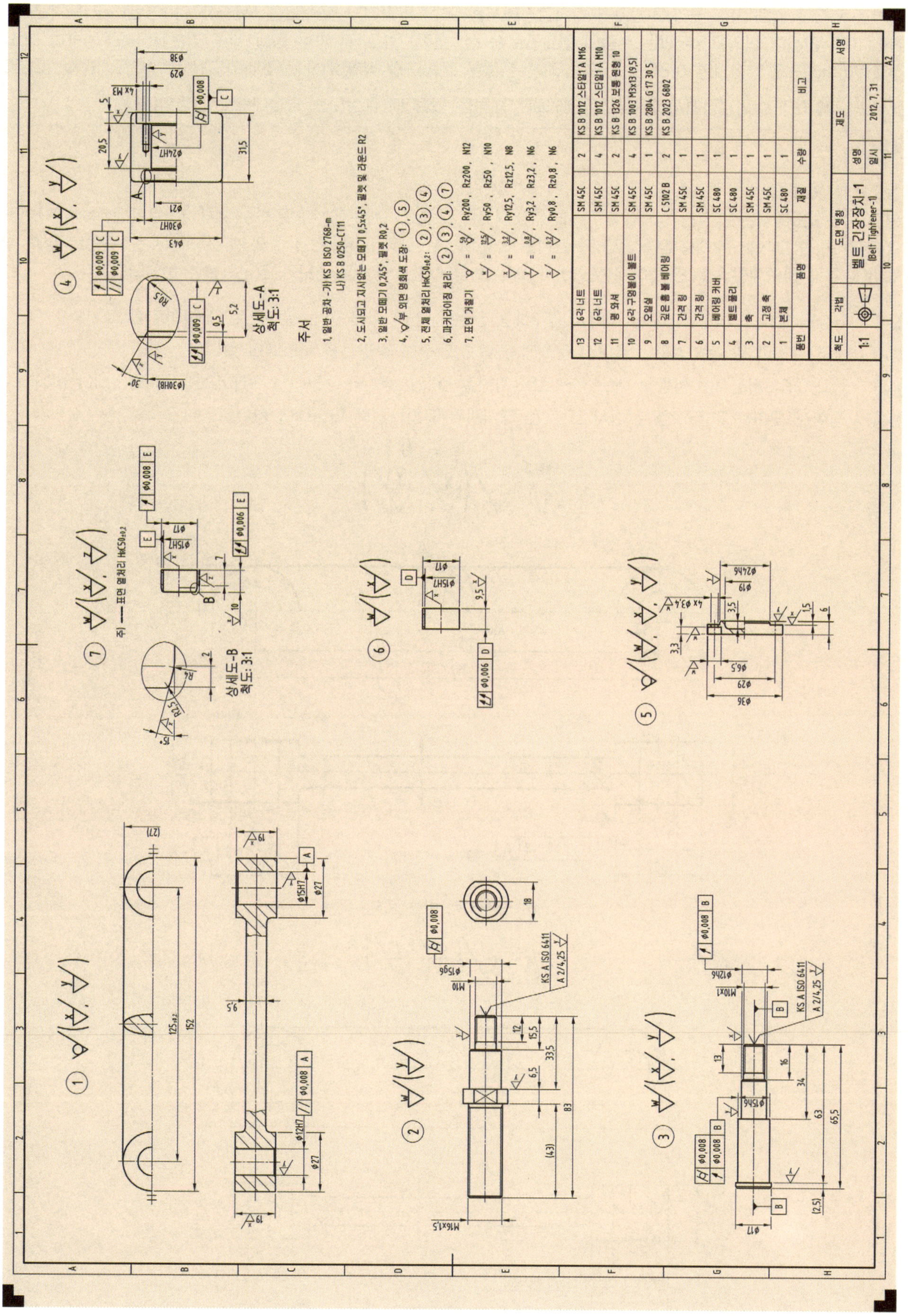

그림 1-93. 오류지적(검도)을 위한 부품도

8. 부품도 검도에 따른 오류지적 사항

앞의 부품 제작도 결과물은, 국가 기술자격 실기검정에서는 90점 만점에서 58~63점 득점정도이며, 렌더링 등각 투상도 채점 결과에 따라 간신히 합격할 수 있는 수준의 결과물로서 선, 문자, 기호 및 양식 등의 제도 기본과 제도 능력을 어느 정도 갖춘 결과물이나, 자세히 살피면 여러 곳의 오류 개선은 물론 조립도를 정확히 재는 것까지 개선할 부분이 많습니다. 다음의 설명은 국가 기술자격 실기검정에서의 채점항목에 따른 채점을 했을 때 예상되는 감점내용도 설명합니다.

(1) 암(①)

➜ 투상도의 선택과 배열

문제의 조립도에서는 세워진 상태이지만, ②와 끼워지는 구멍이 오른쪽에 오도록 뉘여서 2면도로 선택하고 배열한 것은 완전하나, 암과 보스가 상관선을 주어진 조립도와 같이 나타내지 못한 것과 ②와 ③이 끼워지는 구멍의 양측 끝부분 모떼기를 각각 한쪽에만 나타낸 것이 잘못으로서 세부 채점에서는 약 2점 정도가 감점되는 부분입니다.

1-1 ; 투상도 안에서 회전단면도를 나타낼 경우에는 굵은 실선이 아닌 가는 실선으로 나타내야 합니다.

1-2 ; 암과 보스가 만나는 양쪽은 주어진 문제의 조립도와 같이 상관선을 나타내야 합니다.

1-3 ; ②와 ③이 끼워지는 방향이 어느 쪽으로도 끼워질 수 있도록 두 구멍의 양쪽에 모떼기를 나타내야 합니다.

1-4 ; 중심선 긋기는 가급적 짧은 대시 또는 긴 대시끼리 교차하도록 나타내야 합니다.

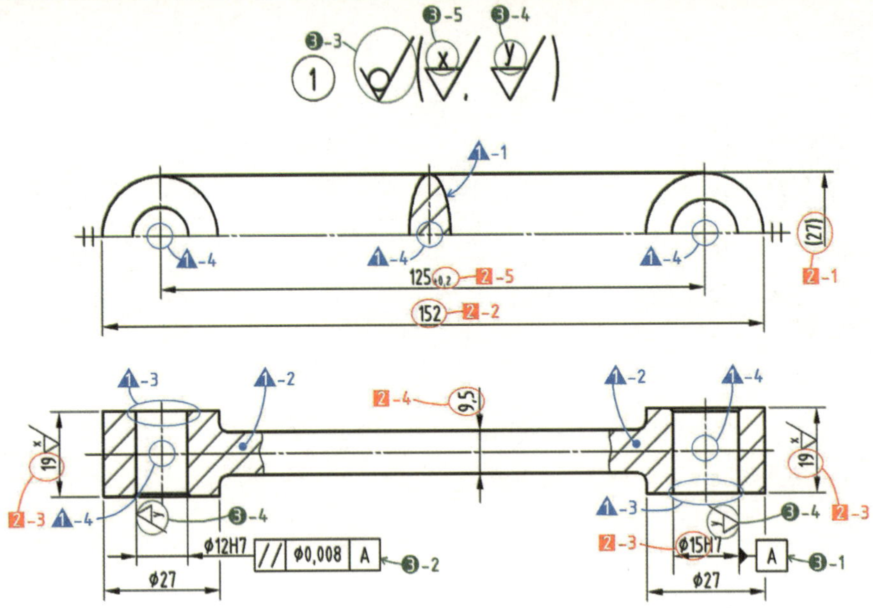

(a) 오류지적 번호 표시

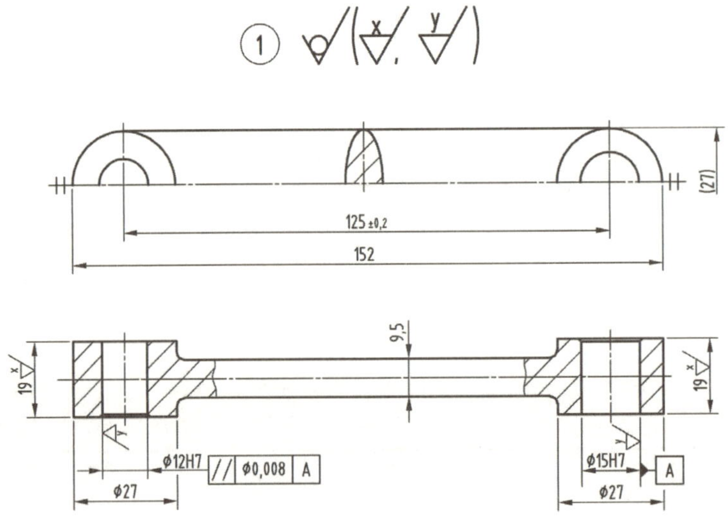

(b) 검도용 원도

그림 1-94. ①의 암(계속)

주) W/ 부 별도로 지정한 색상으로 도장할 것

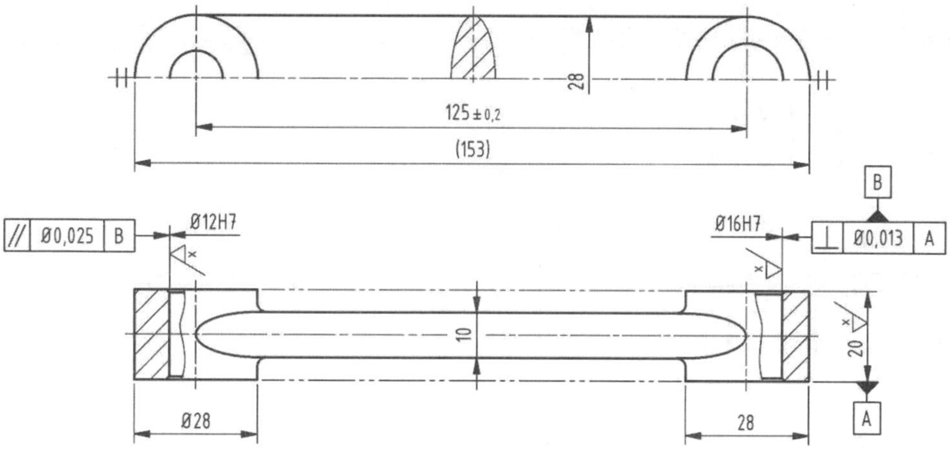

(c) 모범 답안

그림 1-94. ①의 암

➜ 치수기입

이 부품은 구멍간의 간격과 보스의 한쪽 측면을 기준으로 이뤄져야 하나, 양쪽 보스 지름과 길이를 별도로 나타내고 문제의 조립도를 자로 측정한 값이 모두 1mm가 작게 나타냈으므로 채점위원에 따라 2~3점이 감점됩니다.

2-1 ; 위의 총평에서 설명했듯이 주어진 문제의 조립도에서 보스의 바깥지름 측정을 잘못하여 1mm가 작게 나타낸 것은 물론, 치수표시의 위치가 정면도의 원형으로 투상이 된 곳에 나타내면 2중 치수표시가 되었으므로 회전 단면을 나타내는 부근(중앙 부분)에 나타내야 합니다.

2-2 ; 암의 전체길이 치수는 두 구멍의 간격과 보스 바깥지름을 나타냈으므로 괄호치수인 참고치수로 나타내야 합니다.

2-3 ; 저면도의 보스 길이와 한쪽의 안지름 크기를 주어진 문제의 조립도에서 측정을 잘못하여 1mm가 작게 나타낸 것은 물론, 보스의 양쪽 길이 부분을 2점 쇄선의 가상선으로 나타내고 오른쪽 한군데에서 보스 길이를 나타내야 하는데, 두 구멍의 가공을 할 때 한쪽 면을 기준으로 한꺼번에 밀링가공으로 완성할 수 있어야 하는 이유입니다.

2-4 ; 주어진 문제의 조립도에서 측정을 잘못하여 0.5mm가 작은 치수이므로 10mm로 나타내야 합니다.

2-5 ; 두 구멍 간 치수의 일반 공차 값은 주서에서와 같이 가공부 보통급을 적용한 것은 아주 좋았으나, 공차 값의 크기가 1.8mm가 아닌 2.5mm의 크기로 나타냈어야 합니다.

➜ 치수공차, 끼워 맞춤공차 기호, 기하공차 기호, 표면 거칠기 기호

기준면 설정은 특별하지 않는 한 가공순서를 기준으로 평면을 최초 기준 면으로 선택해야 하나 구멍을 기준으로 하였고, 단조가 아닌 주조로 소재를 마련하도록 하였으며 표면 거칠기 기호의 대표기호에서 기호의 높이가 일정하지 않게 나타냈으므로 채점위원에 따라 1~2점이 감점됩니다.

❸-1 ; 양쪽 보스의 한쪽 면을 기준으로 두 구멍을 가공하므로 기하공차의 최초 기준은 구멍이 아니라 두 보스의 한쪽 면이 되며 기준 면으로 설정한 안지름은 직각도를 나타내고 2차 기준 면(B)으로 나타내야 합니다.

❸-2 ; 바로 위에서 지적한 바와 같이, 2차 기준 면이 규제된 구멍과 다른 구멍은 서로 평행도로 규제해야 합니다.

❸-3 ; 암은 주조보다는 단조로 소재를 마련하여 가공하는 것이 강도를 요구하는 부품이어서 약간 거친 가공(도장을 해야 하므로)을 단조 틀에 의한 소재마련이 되도록 W/값의 기호로 나타내야 합니다.

❸-4 ; 양쪽 구멍은 조립되어 움직이지 않으므로 'H7 리머'로 가공하더라도 X/값 기호이면 충분하나, Y/값은 ③에서 X/값으로 지시했기 때문에 감점이 되며 현장 실무에서는 부품의 제조원가에 영향을 미치게 되는 내용입니다

❸-5 ; 거칠기 값 표시는 W/ X/ Y/ 와 같이 'y'의 위와 수평선상에서 일치하도록 나타내야 합니다.

(2) 고정 축(②)

➜ 투상도의 선택과 배열

주어진 문제의 조립도 상태로 놓고 가장 큰 지름에 설치하는 조임 공구(스패너)를 사용할 원통의 평면 폭을 나타나도록 정면도로 나타낸 선택과 배열을 잘 했으나, 수나사 나타내는 방법에서 1점 감점이 됩니다.

1-1 ; 수나사 제도방법에서 바깥지름은 완전한 원이어야 하는데 골 지름과 반대로 그려져 있습니다.

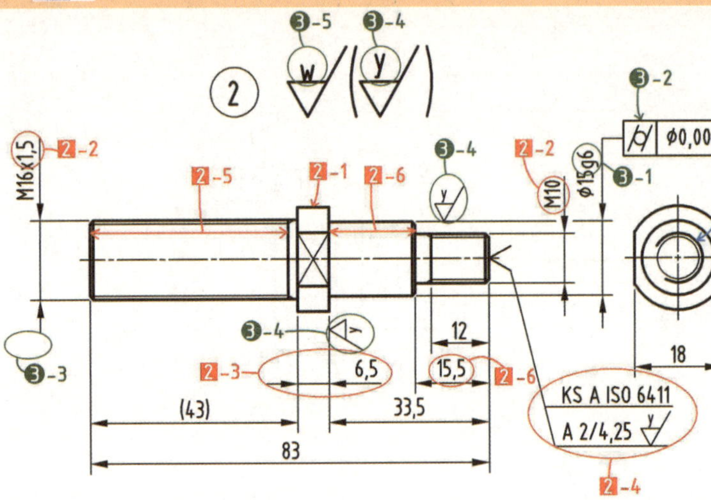

(a) 오류지적 번호 표시

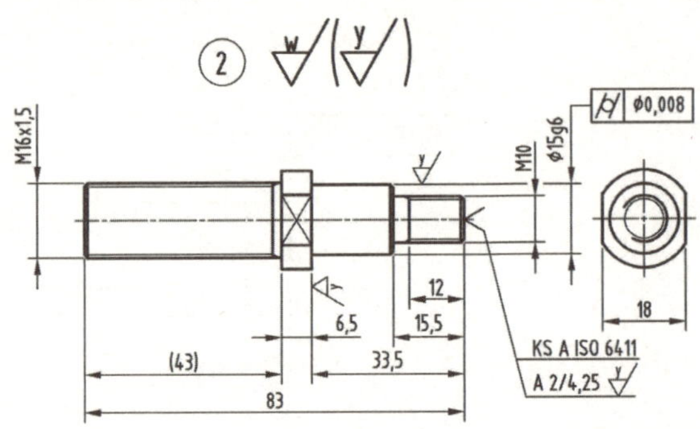

(b) 검도용 원도

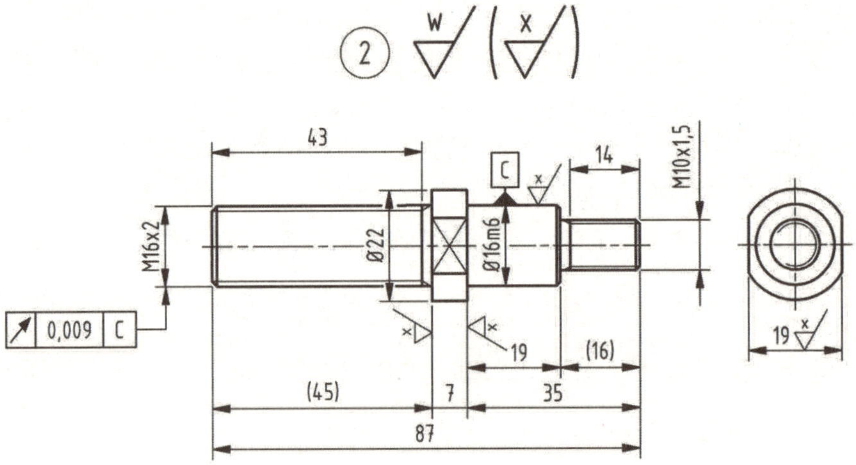

(c) 모범 답안

그림 1-95. ②의 힌지 축

➜ 치수기입

나사 호칭크기를 제외한 모든 치수가 0.5~2mm 정도 작은 치수로 지시되어 있거나, 나사 피치의 선택이 표준에서 정한 값을 선택하지 않아 ②의 부품도에서만 채점위원에 따라 3~5점 정도가 감점됩니다.

2-1 ; 가장 큰 바깥지름의 치수가 누락되어 있습니다.

2-2 ; 이 부분의 나사는 특별한 경우가 아니므로 가는 나사 피치를 사용하는 것이 아니라 보통나사 피치를 사용해야 하고, 오른 쪽 M10에도 보통나사 피치를 사용(공구준비, 불량가공 예방)해야 하나 누락시켰습니다.

2-3 ; (43)과 33.5의 치수(실제로 잰 치수는 7mm) 사이에 나타내야 합니다.

2-4 ; 기하공차기호를 규제한다고 하여 모든 축에 센터구멍을 설치한다고 획일적으로 생각하는 것은 잘못입니다.

2-5 ; 완전 나사부의 길이 치수가 누락되어 있습니다.

2-6 ; 축의 맨 오른쪽 끝으로 부터의 길이로 먼저 가공을 한 후, ①과 끼워지는 축의 길이치수가 지시되어야 합니다.

→ 치수공차, 끼워 맞춤공차 기호, 기하공차 기호, 표면 거칠기 기호

불필요한 센터구멍은 제조원가에 영향을 주므로 중요 부의 바깥지름을 기준하여 나사 부 길이의 휨을 원주 흔들림 규제만으로 충분(평면가공의 밀링 지그에 필요한 공차확보 범위 안에 있어야)하고, 표면 거칠기 대표기호의 높이가 일정하지 않으며 너무 정밀한 거칠기이므로 채점위원에 따라 1~2점이 감점됩니다.

❸-1 ; 오히려 헐거움 맞춤보다는 중간(h6, js6)보다 억지끼움(m6, n6)에 가까운 끼워 맞춤공차 기호가 규제되어야 벨트의 긴장상태를 조절하는데 유리합니다.

❸-2 ; 이 부품의 기능에 따라 굳이 센터구멍을 설치하지 않고 ①의 암 구멍과 끼워지는 지름을 기준으로 하여,

❸-3 ; 나사 부 길이가 휘어지는 정도를 규제하는 원주 흔들림을 규제해야 합니다.

❸-4 ; 부품의 기능에 따라 y√값보다는 오히려 x√값으로 지시해도 무방합니다.

❸-5 ; ①의 부품도 검도에서도 지적한 바와 같이 'w, x'기호가 'y'기호 지시 때에 'y'의 위와 나란한 수평선에 있도록 위로 올려서 나타내야 합니다.

(3) 드라이브 축(③)

→ 투상도의 선택과 배열

주어진 문제의 조립도에서는 길이 방향으로 뉘어져 있으나, 가장 큰 바깥지름이 왼쪽에 있도록 하고 가공 공정 수가 많은 쪽이 오른쪽에 있도록 투상을 한 선택과 배열을 잘 했으므로 감점이 없습니다.

▲1-1 ; ①의 암과 끼워지는 지름과 두 개의 베어링 및 간격 링과 끼워지는 지름의 끝 부분 모떼기(0.5)가 투상(도시되고 지시가 없는 모떼기 값이 크면 부품의 기능을 상실할 수 있으므로)이 되어 있어야 합니다.

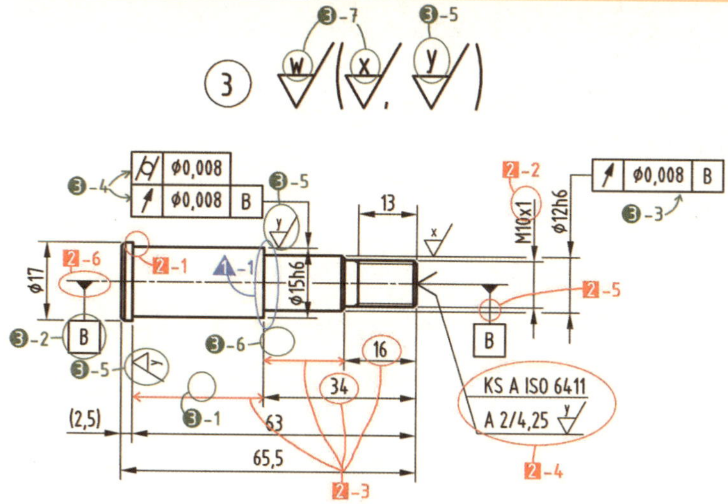

(a) 오류지적 번호 표시

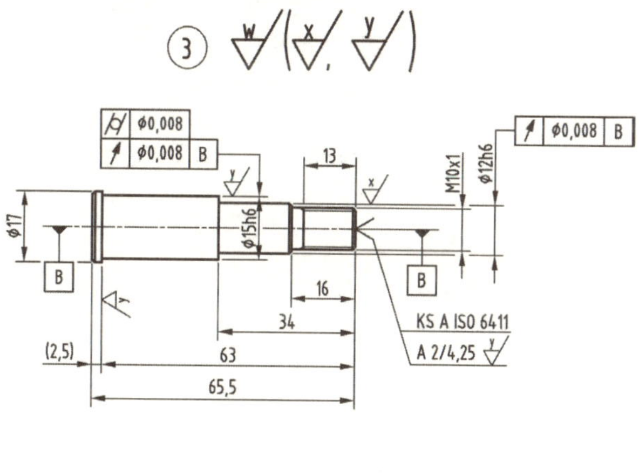

(b) 검도용 원도

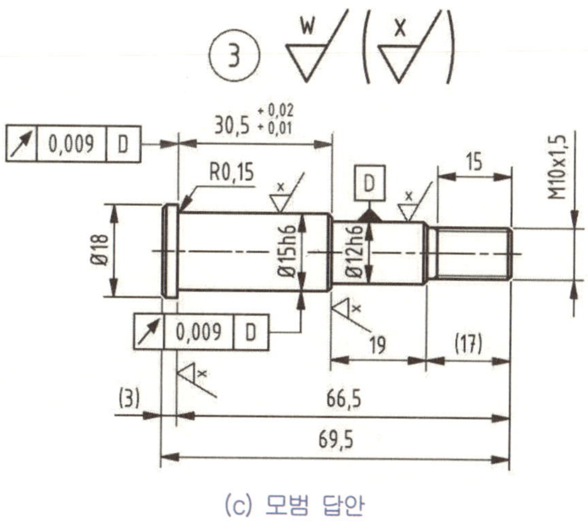

(c) 모범 답안

그림 1-96. ③의 드라이브 축

➜ 치수기입

길이치수, 지름치수들의 값, 축의 길이치수와 ①과 끼워지는 길이치수 누락, 나사 피치의 선택이 표준에서 정한 보통 나사 피치 값을 선택하지 않아 ③의 부품도에서만 채점위원에 따라 3~5점 정도가 감점됩니다.

2-1 ; 베어링의 안지름 턱을 기준으로 하는 둥글기 치수를 표준에서 찾아 지시되어야 합니다.

2-2 ; 가는 나사 피치가 아닌 보통나사 피치를 지시해야 합니다.

2-3 ; 두 개의 베어링과 간격 링의 총 길이 및 암의 보스 폭과 비교되어 짧게 지시되어야 하므로 치수지시 위치가 잘못 지시되어 있어서 아래의 그림에서와 같이 지시되어야 합니다.

2-4 ; 이 부품 또한 제조원가에 영향을 주는 센터구멍 설치가 불필요합니다.

2-5 ; 엄밀히 치수선이나 기호 지시선은 치수보조선보다 우선하므로 치수 보조선을 절단해야 합니다.

2-6 ; 기하공차 기준 삼각형은 가는 실선에 접해 나타내야 하나, 중심선에서 나타내어 잘못된 지시입니다.

➜ 치수공차, 끼워 맞춤공차 기호, 기하공차 기호, 표면 거칠기 기호

②와 마찬가지로 불필요한 센터구멍은 제조원가에 영향을 주므로 두 개의 베어링과 간격 링이 끼워지는 지름의 휨을 ①과 끼워지는 지름을 기준으로 하여 원주 흔들림 규제만으로 충분하고, 표면 거칠기 대표기호의 높이가 일정하지 않으며 너무 정밀한 거칠기이므로 채점위원에 따라 1~2점이 감점됩니다.

❸-1 ; 길이치수가 당연히 지시되고 ④의 롤러가 축 방향으로 움직이지 않게 하려면 +, +공차를 지시해야 합니다.

❸-2 ; 센터구멍을 나타내지 않아야 하기 때문에 기준 기호를 지시하지 않아야 합니다.

❸-3 ; 해당 축 지름은 기준이 되므로 원주 흔들림을 규제할 필요가 없습니다.

❸-4 ; ①과 끼워지는 지름을 기준으로 하여 같은 중심에 있도록 하고 휨을 규제하는 것으로 만족하므로 원통도의 지시가 아닌 원주 흔들림도로 규제합니다.
원통도와 원주 흔들림도 공차 값 앞에는 'ø'기호를 지시하면 명확히 틀리므로 원통도 규제와 원주 흔들림도 규제 값 앞에 'ø'기호를 붙였으므로 2점이 감점됩니다.

❸-5 ; $\overset{x}{\triangledown}$값으로 지시해도 무방하며, 열처리를 하지 않아도 되는 부품으로서 선반가공으로도 충분합니다.

❸-6 ; $\overset{x}{\triangledown}$값의 지시가 부품의 기능으로 보아 합당하며, 표면 거칠기 기호의 지시가 누락되었습니다.

❸-7 ; 앞에서 지적한 바와 같이 'w, x'기호가 'y'기호 지시 때에 'y'의 위와 나란한 수평선에 있도록 위로 올려서 나타내야 합니다.

(4) 롤러(④)

➜ 투상도의 선택과 배열

주어진 문제의 조립도에서와 같이 한쪽 단면을 한 주 투상도와 오일 실 설치 구멍 부분의 상세도로 선택하고 배열하여 감점이 없습니다.
또 상세도의 주서 위치가 표준에서 정한 바에 따라 반드시 상세도의 위에 나타내야 하나 아래에 있습니다.
척도 값을 표준에서 정한 값이 아닌 '1:3'로 지시한 것, 해칭이 누락 및 치수 누락이 있어서 4점 감점이 됩니다.

4-1 ; 단면을 한 부분의 해칭이 누락되었습니다.

4-2 ; 30°의 꼭지 점의 둥글기 값이 지시되지 않았습니다.

4-3 ; 암나사의 골 지름과 안지름 사이를 너무 가깝게 투상선을 그었습니다.

4-4 ; 주서의 위치가 표준에서 정한 바와 같이 반드시 위에 있어야 하나 아래에 위치해 있어야 하고, 척도 값이 표준에서 정한 값이 아니어서 크게 지적되는 부분입니다.

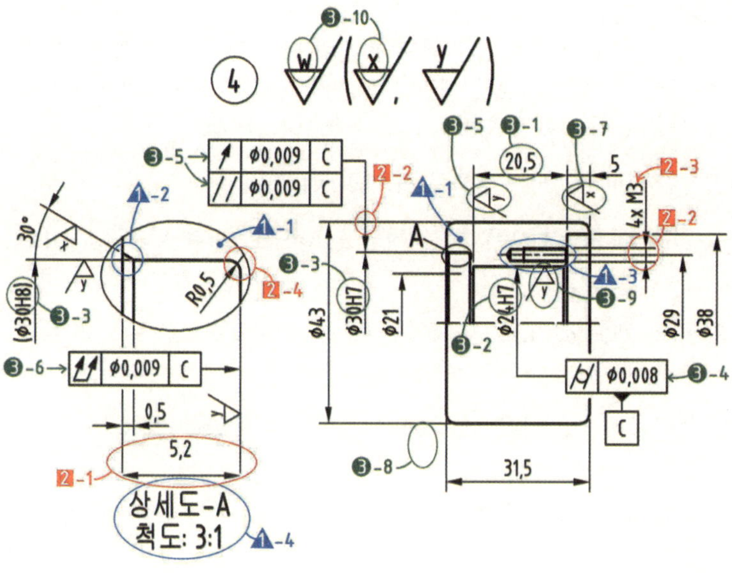

(a) 오류지적 번호 표시

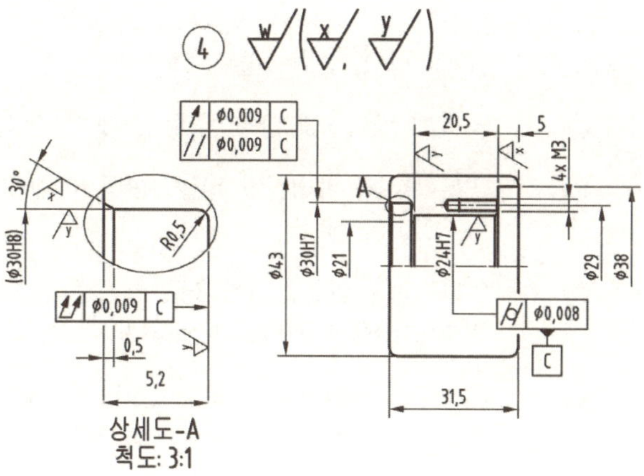

(b) 검도용 원도

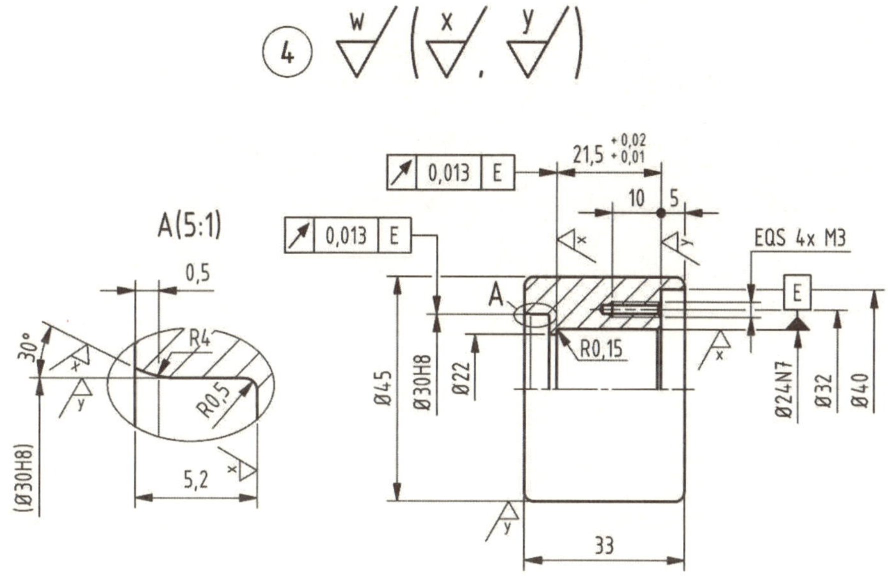

(c) 모범 답안

그림 1-97. ④의 롤러

➜ 치수기입

구멍의 깊이치수 값, 오일 실의 구멍 구석 둥글기 치수선 긋기가 잘못되어 2점이 감점됩니다.

2-1 ; 치수선으로부터 약 0.5mm 위에 치수 값이 지시되어야 하나, 많이 떨어진 상태로 지시된 것은 치수선이 치수 보조선 밖으로 이동된 현상입니다.
이는 S/W의 활용 미숙함으로써 치수분해를 하지 않고 치수 끊기 기능 메뉴를 사용해야 하며, 실무에서는 반드시 이 기능 메뉴를 사용해야 함에 주의해야 합니다.

2-2 ; 선의 우선순위에 의해 치수선과 치수 보조선이 교차하는 경우에는 반드시 치수선이 우선하므로 치수 보조선을 중단해야 합니다.

2-3 ; 대칭기호를 사용한 한쪽 투상도를 선택하지 않았기 때문에 암나사의 위치각을 지시할 때에는 예전 표준으로 정한 기호가 없어서 '등간격'이라는 한글을 치수 다음에 지시하면 360° 상에서 구멍이 위치하는 원주각은 개수로 나눈 값으로 해석을 했습니다.
하지만 2012년 개정판의 KS표준에서는 'EQS'기호를 개수 앞에 지시하도록 하고 있으니 이점에 착오가 없으시길 바랍니다.

2-4 ; 구석 둥글기의 치수선은 둥글기 안쪽에 치수를 지시할 때 둥글기 밖으로 긋지 않습니다.

→ 치수공차, 끼워 맞춤공차 기호, 기하공차 기호, 표면 거칠기 기호

두 개의 베어링과 간격 링이 끼워지는 안지름의 깊이치수는 '+, +'공차로 규제되어야 축 방향으로 움직이지 않습니다. 이 안지름을 기준한 턱은 원주 흔들림을, 오일 실 구멍 또한 원주 흔들림 규제만으로 충분하나 공차 값 앞에 'Ø'기호를 붙이지 않아야 하고, 표면 거칠기 대표기호의 높이가 일정하지 않아 채점위원에 따라 2~3점이 감점됩니다.

❸-1 ; 두 개의 베어링과 간격 링이 끼워지는 안지름의 깊이치수는 '+, +'공차로 규제되어야 합니다.

❸-2 ; 깊은 홈 볼 베어링의 바깥지름이 끼워지는 구멍은 베어링이 외륜 회전 하중조건이므로 끼워 맞춤공차 기호는 'N7'이어야 합니다.

❸-3 ; 오일 실 구멍에 지시한 'H7'은 표준에서 정한 값의 끼워 맞춤공차 기호가 아니며, 더군다나 상세도에서 지시한 기호와 다르게 지시되어 있습니다.

❸-4 ; 베어링이 끼워진다고 해서 원통도를 규제하는 것이 아니므로 기준 면 기호를 지사하는 것으로 만족하며, 참고로 원통도의 공차 값 앞에는 'Ø'를 붙이지 않습니다.

❸-5 ; 베어링이 끼워지는 지름을 기준으로 동심의 위치에 있으면 되므로 원주 흔들림 공차 기호만 지시해야 하며, 참고로 원주 흔들림 공차 값 앞에는 'Ø'를 붙이지 않습니다.

❸-6 ; 굳이 축 중심으로부터 직각의 자세를 가지도록 할 필요가 없어서 온 흔들림 공차를 규제할 필요가 없으며, 참고로 온 흔들림 공차 값 앞에는 'Ø'를 붙이지 않습니다.

❸-7 ; 오일이 새어나갈 수 있는 면이므로 $\overset{y}{\nabla}$값 정도의 정밀한 면을 확보해야 합니다.

❸-8 ; 벨트 면과 구름접촉을 하므로 최소한 $\overset{x}{\nabla}$ 또는 $\overset{y}{\nabla}$값의 기호로 지시해야 하는 면입니다.

❸-9 ; 선반으로 완성 가공할 수 있는 면이므로 $\overset{x}{\nabla}$값 정도의 거칠기이면 충분합니다.

❸-10 ; 앞에서 지적한 바와 같이 'w, x'기호가 'y'기호 지시 때에 'y'의 위와 나란한 수평선에 있도록 위로 올려서 나타내야 합니다.

(5) 베어링 커버(⑤)

→ 투상도의 선택과 배열

선반가공 상태로 놓고 투상한 것은 좋았으나, 한쪽 단면을 한 우측면도와 대칭기호를 사용한 한쪽 투상의 정면도 선택으로 볼트 앉음 자리 모양을 투상을 한 2면도로 배열해야 했고, 겉모양의 투상선이 누락되어 최소한 5점이 감점됩니다.

▲1-1 ; 6각 구멍붙이 볼트의 앉음 자리 모양을 나타내기 위해 대칭기호를 사용한 한쪽 투상의 정면도 선택이 되었어야 합니다. 다만, 정면도 투상을 전체 모양으로 투상을 하였을 경우 체점 위원에 따라 1점을 감점합니다.

▲1-2 ; 볼트 앉음자리의 크기에 따라 바깥지름 쪽으로는 터지는 모양으로 투상을 했어야 합니다.

▲1-3 ; 정면도가 투상이 되지 않았기 때문에 볼트의 앉음 자리 모양을 나타내는 투상이 누락되었습니다.

▲1-4 ; 겉모양의 투상선이 누락되었습니다.

→ 치수기입

겉모양의 중심선에는 치수선을 대지 않아야 하며, 바깥지름은 왼쪽으로 함에 따라 엄밀한 치수 보조선 긋기가 되지 못했고, 기하공차 기호의 누락, 정밀도가 너무 높은 표면 거칠기를 지시해서 채점위원에 따라 4~5점 정도가 감점됩니다.

2-1 ; 모양이 나타나지 않은 곳의 중심선에는 치수선을 갖다 대지 않아야 합니다.

2-2 ; 볼트 앉음자리 모양에 따라 왼쪽의 치수지시 보다는 오른쪽으로 연장하여 치수지시를 했어야 합니다.

2-3 ; 근접한 선은 서로 겹치지 않도록 그어져야 합니다.

2-4 ; 대칭기호를 사용한 한쪽 투상도를 선택하지 않았기 때문에 위치각을 지시할 수 없으므로 '**등간격**'의 기호인 'EQS'기호를 개수 앞에 지시했어야 합니다.

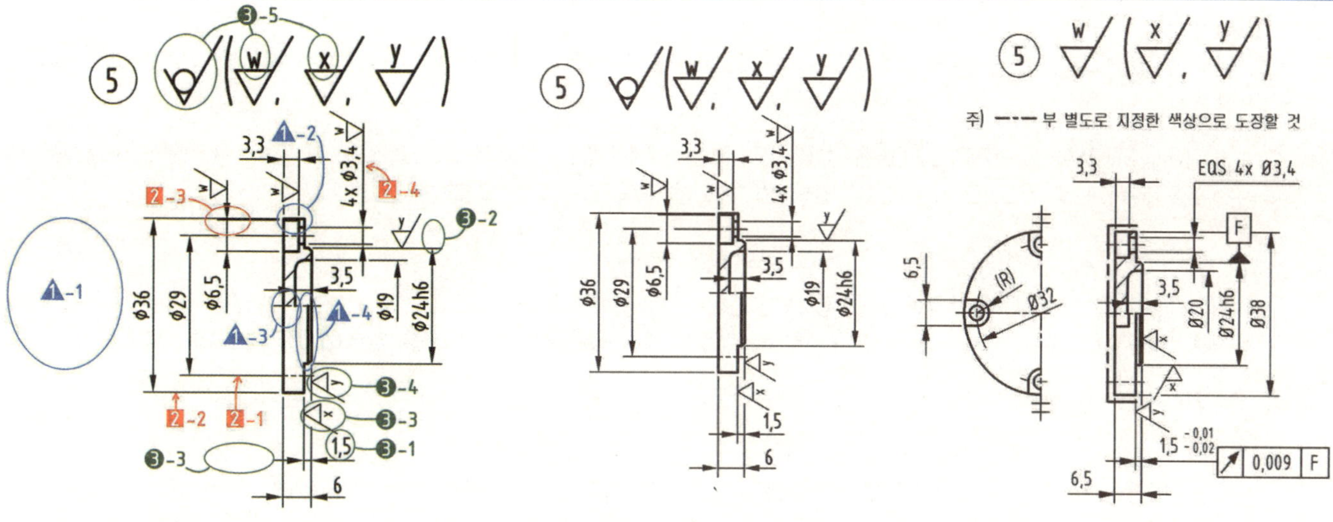

(a) 오류지적 번호 표시 (b) 검도용 원도 (c) 모범 답안

그림 1-98. ⑤의 베어링 커버

→ 치수공차, 끼워 맞춤공차 기호, 기하공차 기호, 표면 거칠기 기호

두 개의 베어링과 간격 링이 끼워지는 안지름으로 끼워지는 지름의 길이치수는 '-, -'공차로 규제되어야 축 방향으로 움직이지 않으며, 이 바깥지름을 기준한 턱은 원주 흔들림 규제만으로 충분하고, 표면 거칠기 대표기호의 높이가 일정하지 않았음은 물론 각 면의 거칠기 정밀도가 한 단계 높은 정밀도로 지시하여 채점위원에 따라 3~4점이 감점됩니다.

❸-1 ; '-, -'공차로 규제되어야 축 방향으로 롤러나 베어링들이 움직이지 않습니다.

❸-2 ; 기하공차를 규제하기 위한 기준이 지시되어야 합니다.

❸-3 ; 기준으로부터 베어링이 닿은 끝 부분과 롤러 면이 밀착되도록 1.5mm치수선에 원주 흔들림도를 규제해야 하고, 거칠기는 $\overset{y}{\bigtriangledown}$값으로 지시해야 롤러의 측면과 밀착하여 오일이 새어 나가는 것을 어느 정도 방지할 수 있습니다.

❸-4 ; 끝 면은 $\overset{x}{\bigtriangledown}$값 정도의 면 거칠기로 만족합니다.

❸-5 ; 앞에서 지적한 바와 같이 'w, x'기호가 'y'기호 지시 때에 'y'의 위와 나란한 수평선에 있도록 위로 올려서 나타내야 합니다. 또한, 이렇게 작고 얇은 부품은 주조에 의하지 않고 단조를 해야 하므로 $\bigtriangledown$($\overset{w}{\bigtriangledown}$, $\overset{x}{\bigtriangledown}$, $\overset{y}{\bigtriangledown}$)로 대표 기호를 결정하고 이에 따라 부품도에서 지시되어야 합니다.

(6) 간격 링(⑥)

→ 투상도의 선택과 배열

주어진 문제의 조립도에서와 같이 한쪽 단면을 한 주 투상도의 1면도로 투상을 하여 감점요인은 없으나, 체점 위원에 따라 해칭 간격이 너무 커서 1점을 감점할 수도 있으므로 해칭 면적이 좁을 경우에는 간격이 좁도록 해야 합니다.

▲-1 ; 일반 모떼기 보다 큰 0.5정도의 모떼기를 해줘야 축에 끼워 넣기가 쉽고 해칭 간격이 너무 좁습니다.

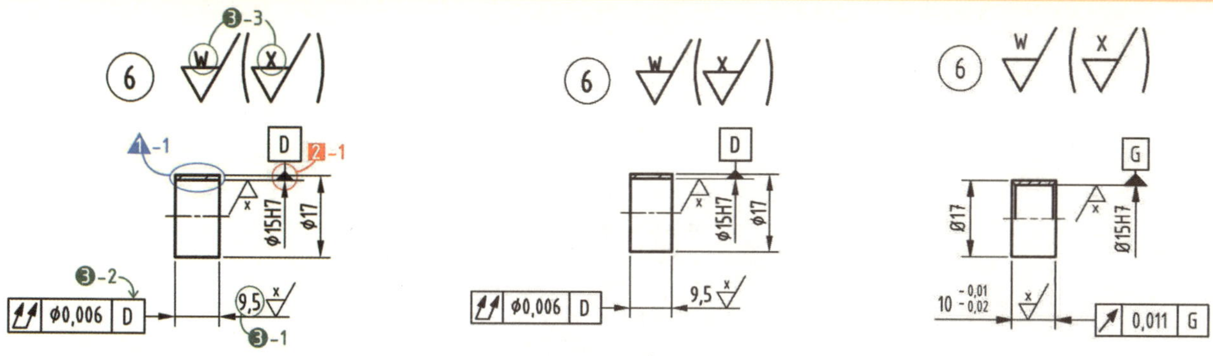

(a) 오류지적 번호 표시 (b) 검도용 원도 (c) 모범 답안

그림 1-99. ⑥의 간격 링

➜ 치수기입

큰 실수는 없으나, 한쪽 단면을 한 부품으로서 지름치수를 왼쪽과 오른쪽으로 나누어 치수를 나타냈으면 아주 좋았을 것입니다.

2-1 ; 기하공차 기호의 기준을 표시하는 삼각형과 겹치기 때문에도 그렇지만, 한쪽 단면의 경우 안지름과 바깥지름 치수를 왼쪽과 오른쪽으로 구분해서 기입하면 제도할 때나 도면을 읽을 때 편리합니다.

➜ 치수공차, 끼워 맞춤공차 기호, 기하공차 기호, 표면 거칠기 기호

두 개의 깊은 홈 볼 베어링 간격에 틈이 많이 발생하면 축 방향으로 움직이게 되어 베어링의 파손이 되는 원인을 제공하게 됨에 따라 길이치수에 '−, −'공차로 규제하지 않았고, 기하공차 값 앞에 'Ø'를 붙임에 따라 2점이 감점됩니다.

3-1 ; 치수 값이 0.5mm 작으며, '−, −'공차로 규제되어야 축 방향으로 롤러나 베어링들이 움직이지 않습니다.

3-2 ; 치수선에 기하공차 기호를 지시하게 되면, 온 흔들림 기호를 지시하는 것이 아니라 원주 흔들림도를 지시하면 축 중심으로부터 링의 양 끝은 직각을 유지하는 것을 규제하게 되며, 흔들림도는 공차 값에 'Ø'를 붙이지 않습니다.

3-3 ; 앞에서 지적해온 바와 같이 'w, x'기호가 'y'기호의 위와 수평하게 위로 약간 올려서 나타내야 합니다.

(7) 간격 링(⑦)

➜ 투상도의 선택과 배열

앞의 ⑥과 같이 한쪽 단면을 한 주 투상도의 1면도와 오일 실 삽입 모떼기의 상세도로 투상을 하여 감점요인은 없으나 채점 위원에 따라 해칭 간격이 넓고 삽입 모떼기가 오른쪽에 있어야 하므로 2점을 감점할 수 있으며, 상세도의 개별 주서를 아래에 표시하고 표준에서 규정하지 않은 척도 값으로 표시하였으므로 추가로 2점이 더 감점됩니다.

1-1 ; 모떼기가 오른쪽에 있도록 해야 가공 상태가 됩니다.

1-2 ; 해칭 면적이 좁을 때는 해칭 간격도 다른 단면도에서 보다 좁게 해야 합니다.

1-3 ; 개별 주서를 상세도 아래에 표시하고 표준에서 규정하지 않은 척도 값으로 표시한 것은 큰 실수입니다.

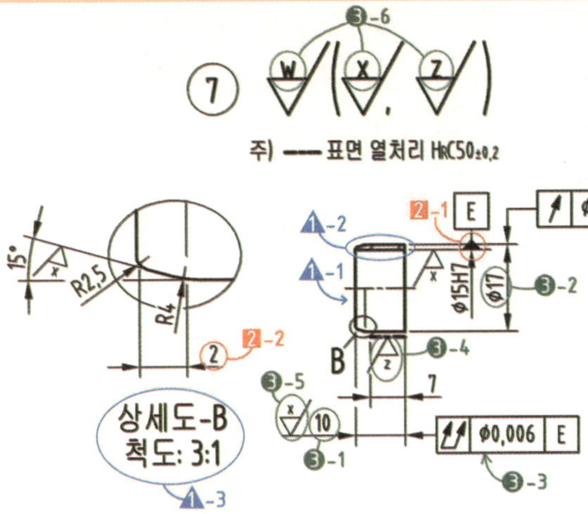

(a) 오류지적 번호 표시

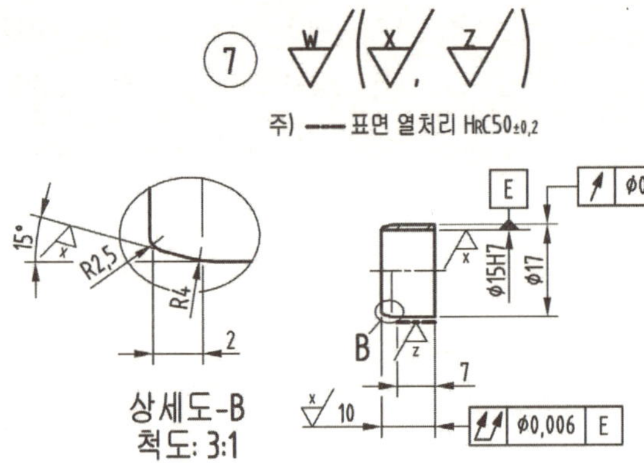

(b) 검도용 원도

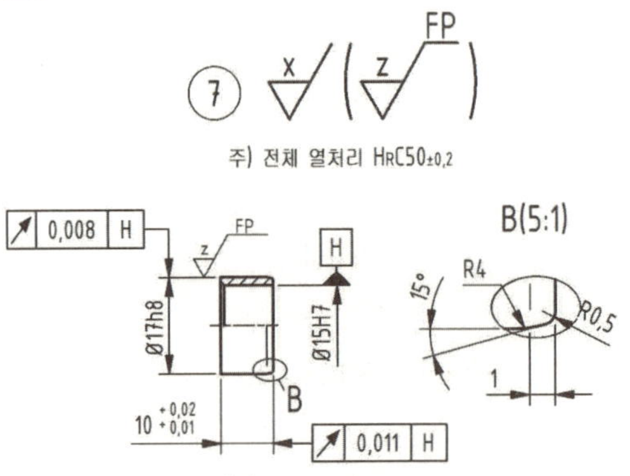

(c) 모범 답안

그림 1-100. ⑦의 간격 링

→ 치수기입

한쪽 단면을 한 부품으로서 지름치수를 왼쪽과 오른쪽으로 나누어 치수를 나타냈으면 아주 좋았을 것이며, 모떼기 기준치수를 축 끝으로부터 2mm를 주어진 것은 15°각도로 가공했을 경우에 안지름까지 가공이 되므로 1점이 감점됩니다.

2-1 ; 기하공차 기호의 기준을 표시하는 삼각형과 겹치기 때문에도 그렇지만, 한쪽 단면의 경우 안지름과 바깥지름을 왼쪽과 오른쪽으로 구분해서 기입하면 제도할 때나 도면을 읽을 때 편리합니다.

2-2 ; 삽입 모떼기 기준치수를 축 끝으로부터 2mm를 주어진 것은 15°각도로 가공했을 경우에 안지름까지 가공이 되므로 큰 실수입니다.

→ 치수공차, 끼워 맞춤공차 기호, 기하공차 기호, 표면 거칠기 기호

두 베어링 간격에 틈이 많이 발생하면 축 방향으로 움직이게 되므로 따라 길이치수에 '+, +'공차로 규제해야 하고, 오일 실과 접촉을 하는 바깥지름에 끼워맞춤 공차 기호를 지시해야 하며, 기하 공차 값 앞에 'ø'를 붙였으므로 3점이 감점되며, 연삭 래핑 또는 폴리싱 가공기호를 붙이지 않았으므로 채점위원에 따라 추가로 1점을 더 감점할 수 있습니다.

❸-1 ; '+, +'공차로 규제되어야 축 방향으로 롤러나 베어링들이 움직이지 않습니다.

❸-2 ; 오일 실과의 마찰 부분인 바깥지름에 끼워맞춤 공차 기호 'h8'을 지시하지 않았습니다.

❸-3 ; 치수선에 기하공차 기호를 지시하게 되면, 온 흔들림 기호를 지시하는 것이 아니라 원주 흔들림도를 지시하면 축 중심으로부터 링의 양 끝은 직각유지를 규제하게 되며, 또한 두 흔들림도는 공차 값에 'ø'를 붙이지 않습니다.

❸-4 ; 바깥지름은 치수 보조선 수평 부분만을 표시하므로 아주 굵은 1점 쇄선으로 가공 범위를 나타내지 않아도 되므로 치수 보소선 위에 지시하며, 폴리싱 기호인 'FP'를 지시해야 합니다.

❸-5 ; 표면 거칠기 기호는 치수로 가공할 크기를 읽은 다음 다른 지시를 읽기 때문에 가급적 치수 뒤에 붙여야 합니다.

❸-6 ; 부품의 기능에 따라 바깥지름에는 연삭래핑(z▽ GL)이나, 폴리싱(z▽ FP) 가공을 하고 나머지 부분은 x▽값으로 가공하면 만족하여 x▽(z▽ FP)으로 지시해야 하고, 앞에서 지적해온 바와 같이 'w, x'기호가 'y'기호를 지시했을 경우의 위와 수평하게 위로 약간 올려서 나타내야 합니다.

(8) 주서, 부품란, 표제란 작성과 올바른 내용

주서의 내용과 부품란의 내용 등에서 오류가 지적되어 4점 만점에 1~2점이 감점되는 결과물입니다.

→ 개별 및 일반 주서의 올바른 내용

❹-1 ; ①의 암에 대해서만 단조 후, 도장 처리를 해야 하므로 부품번호 아래에 개별 주서로 각각 지시를 해야 하며, 무조건 도장 색은 제품의 판매와 관련하거나 생산회사마다 특정한 색을 가진 제품을 생산하기 때문에 **'명회색, 명청색'** 등으로 색을 지정하지 않는 것이 좋으며, **'별도로 지정한 색'**으로 지시하는 것이 좋습니다.

❹-2 ; ①과 같게 도장처리를 해야 하나 부분 도장처리이므로 일반주서에 지시하지 않고 부품번호 아래에 지시합니다.

❹-3 ; 소형 부품이나 두께가 얇은 부품은 표면 경화처리를 하지 못하며, 불가피하게 열처리를 해야 할 경우에는 전체 열처리를 지시하던지 요구하는 경도를 갖는 대체 재질을 선택해야 하므로, 개별주서로 지시하지 않아야 합니다.

❹-4 ; 가공부와 주조부의 표준번호와 등급만을 지시했지만, **'가공부'**라는 범위를 표시해야 하고, 주조로는 ①의 암 소재를 마련하면 기능을 상실하게 되므로 **'단조부'** 일반공차 등급을 지시해야 합니다.

❹-5 ; 일반 모떼기의 지시에 있어서 두 숫자 사이에 '×'기호가 누락되어 있습니다.

❹-6 ; ②, ③, ④의 부품에 공통적으로 열처리의 요구사항을 지시할 내용이 없습니다.

❹-7 ; ⑦의 부품은 열처리를 하게 되면 자동적으로 피막이 형성되기 때문에 ②, ③, ④만 지시되어야 합니다.

→ 부품란과 표제란의 올바른 내용

❹-8 ; 주어진 문제의 조립도에서 설계에서는 **'6각 저 너트'**이므로 부품란에 나타낸 **'6각 너트'**는 틀린 부품명칭입니다.

4-9 ; 주어진 문제의 조립도 설계명칭이 'V-벨트 긴장장치'이므로 부품 명칭은 '롤러'라고 이름 붙여야 합니다.

4-10 ; ④의 롤러 재질은 부품의 기능으로 보아 원형봉재의 기계구조용 탄소강이면 가장 적절한 재질 선택입니다.

4-11 ; 부품의 기능으로 보아 명칭은 '드라이브 축'이라고 붙여야 합니다.

4-12 ; 부품의 기능으로 보아 명칭은 '암'이라고 붙여야 합니다.

4-13 ; 부품의 재질은 주강품으로 할 경우 부러질 우려가 있으므로 '단조'에 의해 소재가 마련되어야 합니다.

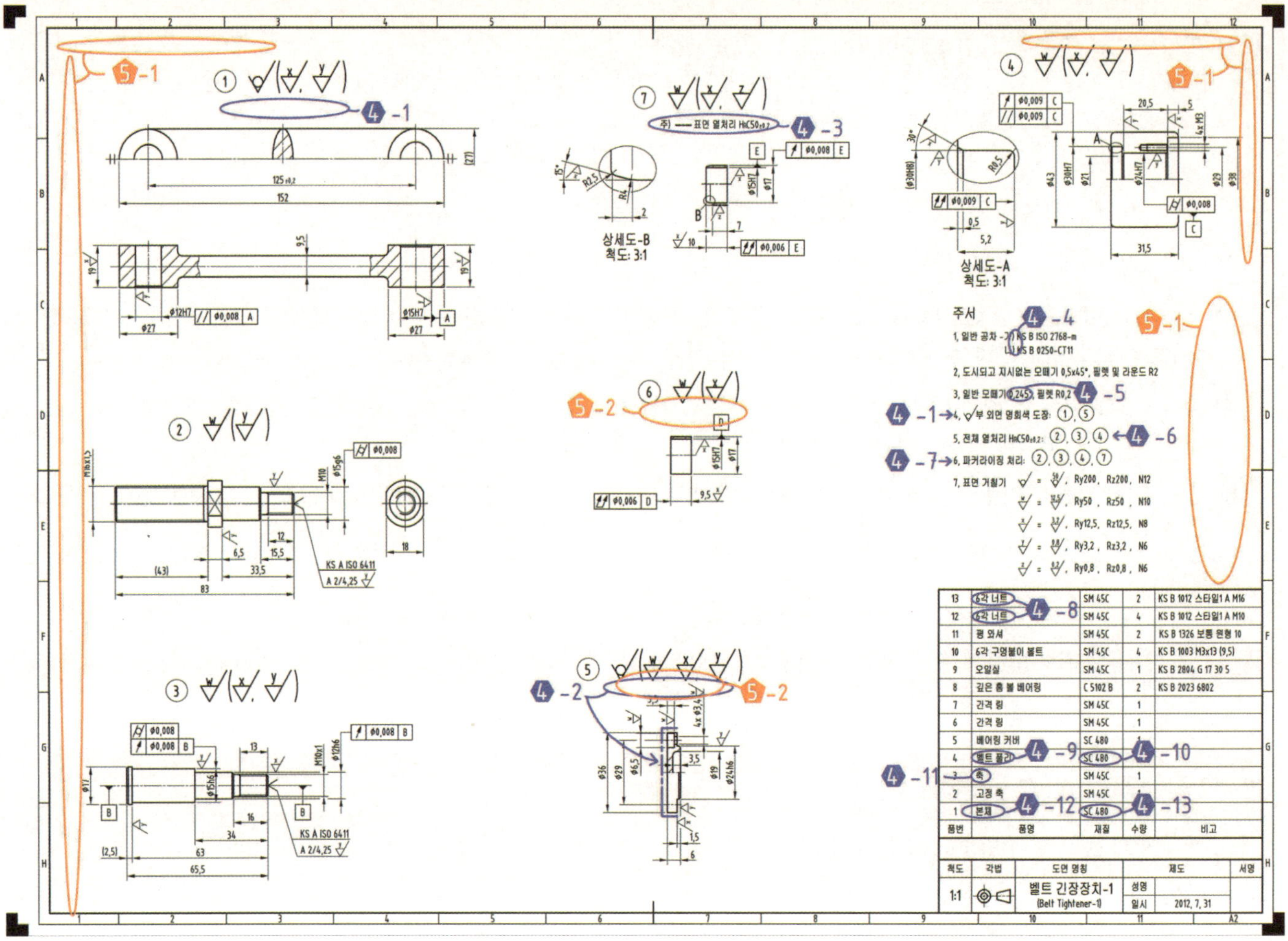

그림 1-101. 주서, 부품란과 표제란, 배치 등의 오류지적 번호 표시

→ 도면의 외관과 배치

도면의 외관은 사전에 제도의 기본을 익힌바가 있어서 중심선의 길이 등은 완벽하나, 도면의 배치에 있어서 요령을 터득하지 못함으로써 부족한 부분이 있어서 채점위원에 따라 2점 만점에 1점 정도가 감점됩니다.

5-1 ; 전체 도면으로 보아 왼쪽의 공간과 오른쪽의 공간이 차이가 나므로 부품도 사이의 간격을 좁혀서라도 오른쪽과 왼쪽의 공간을 일정하게 하여 배치했어야 합니다.
또 위와 아래의 공간 또한 부품의 크기에 따라 배치하기 좋은 공간의 크기를 찾아 배치했어야 하는데, 위의 도면의 표제란 옆의 빈 공간이 크게 보이는 것에 주의해 보면 ④의 부품도가 배치되었어야 함을 알 수 있을 것입니다.

5-2 ; 부품번호와 투상도 사이의 간격은 위의 도면에서 ⑤와 ⑥의 부품번호와 부품도 사이가 너무 협소함을 알 수 있으며, 이러한 간격 유지는 전체적인 도면의 배치에도 영향을 받게 되므로 평소 연습에서 공간을 어느 정도로 유지해야 하는지를 기억해 두는 것이 좋은 방법입니다.

다음 그림의 도면은 앞에서 지적한 내용들을 개선하여 제시하므로 비교해보시기 바라며, 자신이 작성한 결과물 도면의 투상도들의 배치연습을 해보시기 바랍니다.

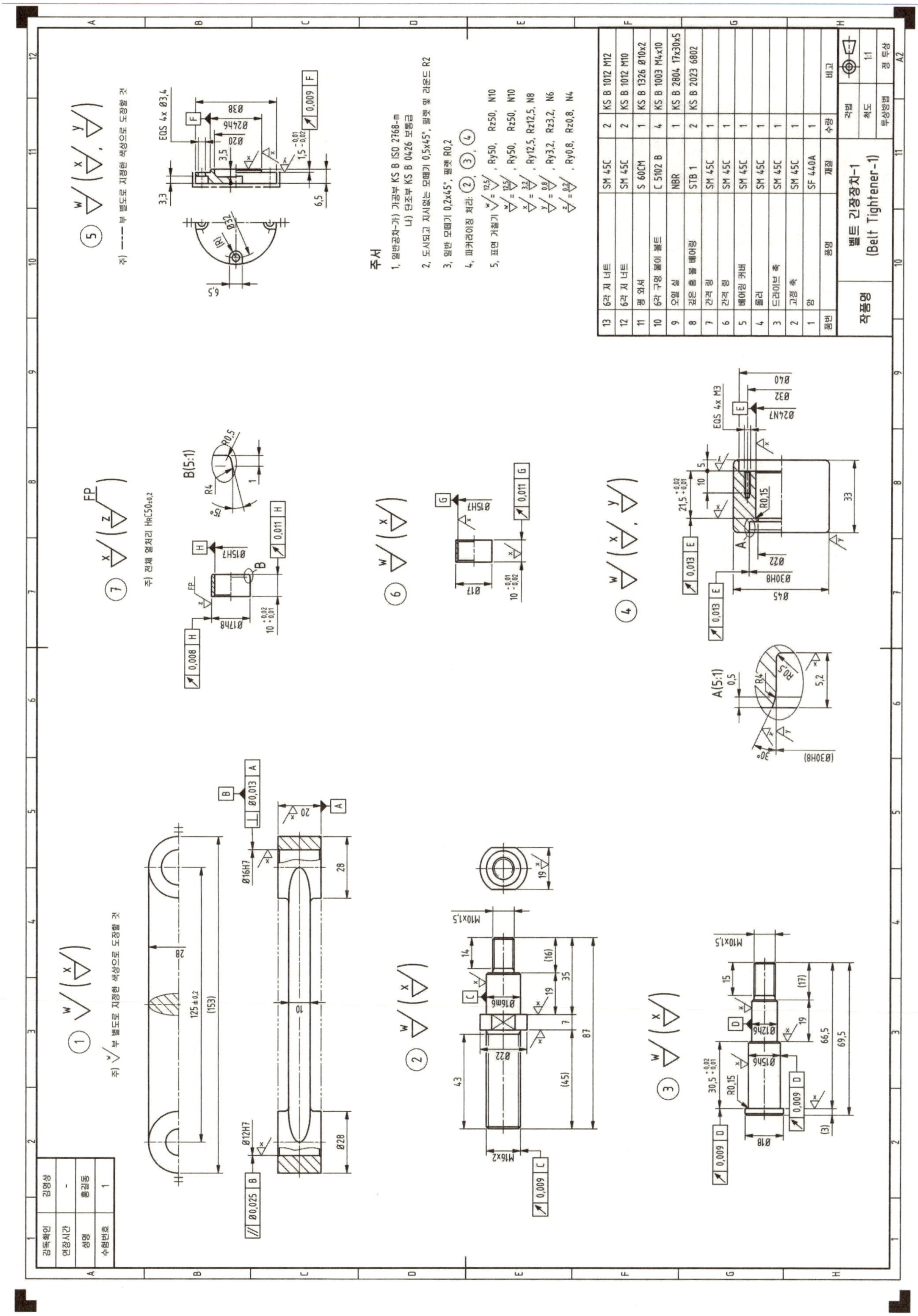

그림 1-102. 부품도, 주서, 부품란과 표제란, 배치 등의 오류를 개선한 모범답안-1

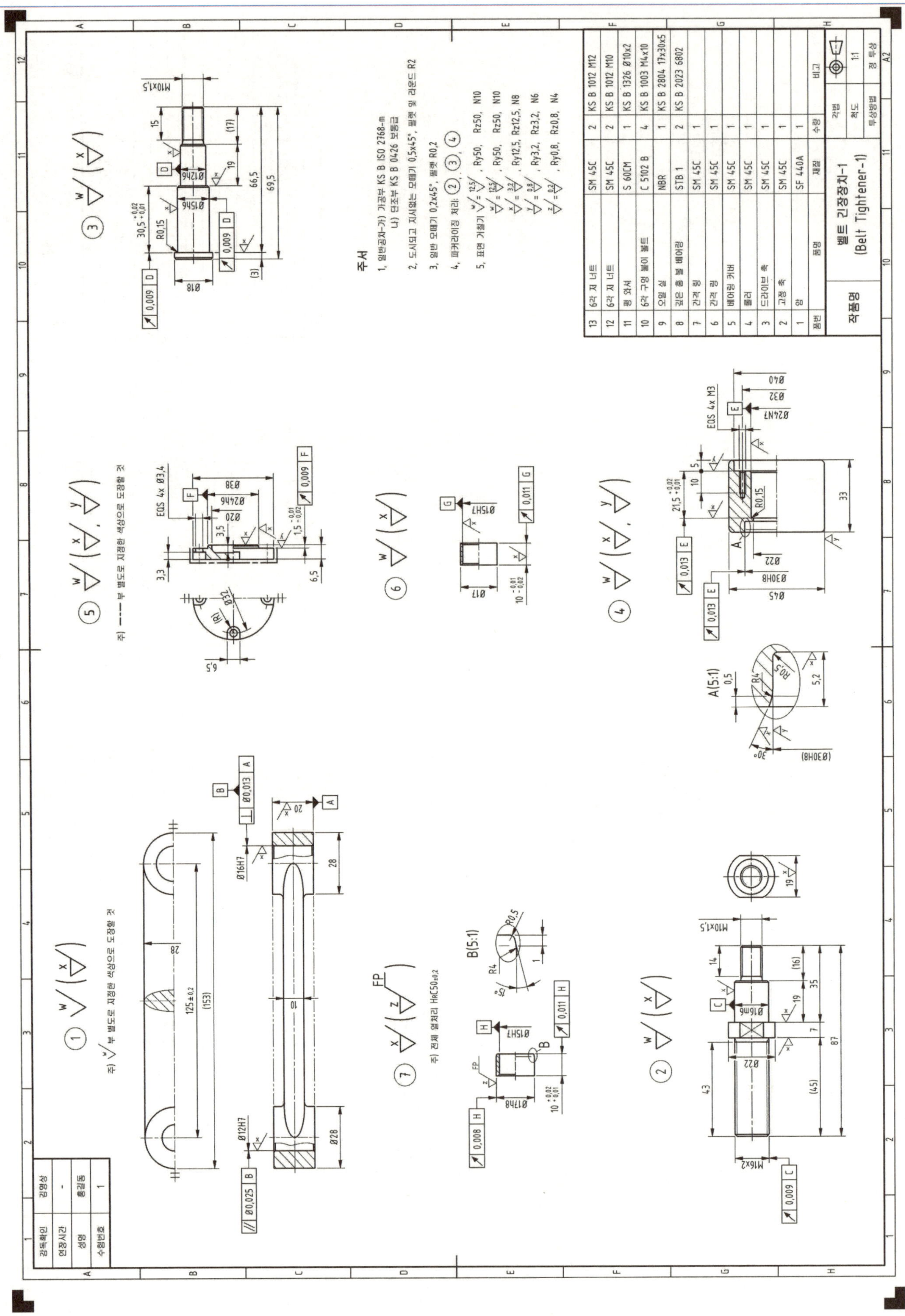

그림 1-103. 부품도, 주서, 부품란과 표제란, 배치 등의 오류를 개선한 모범답안-2

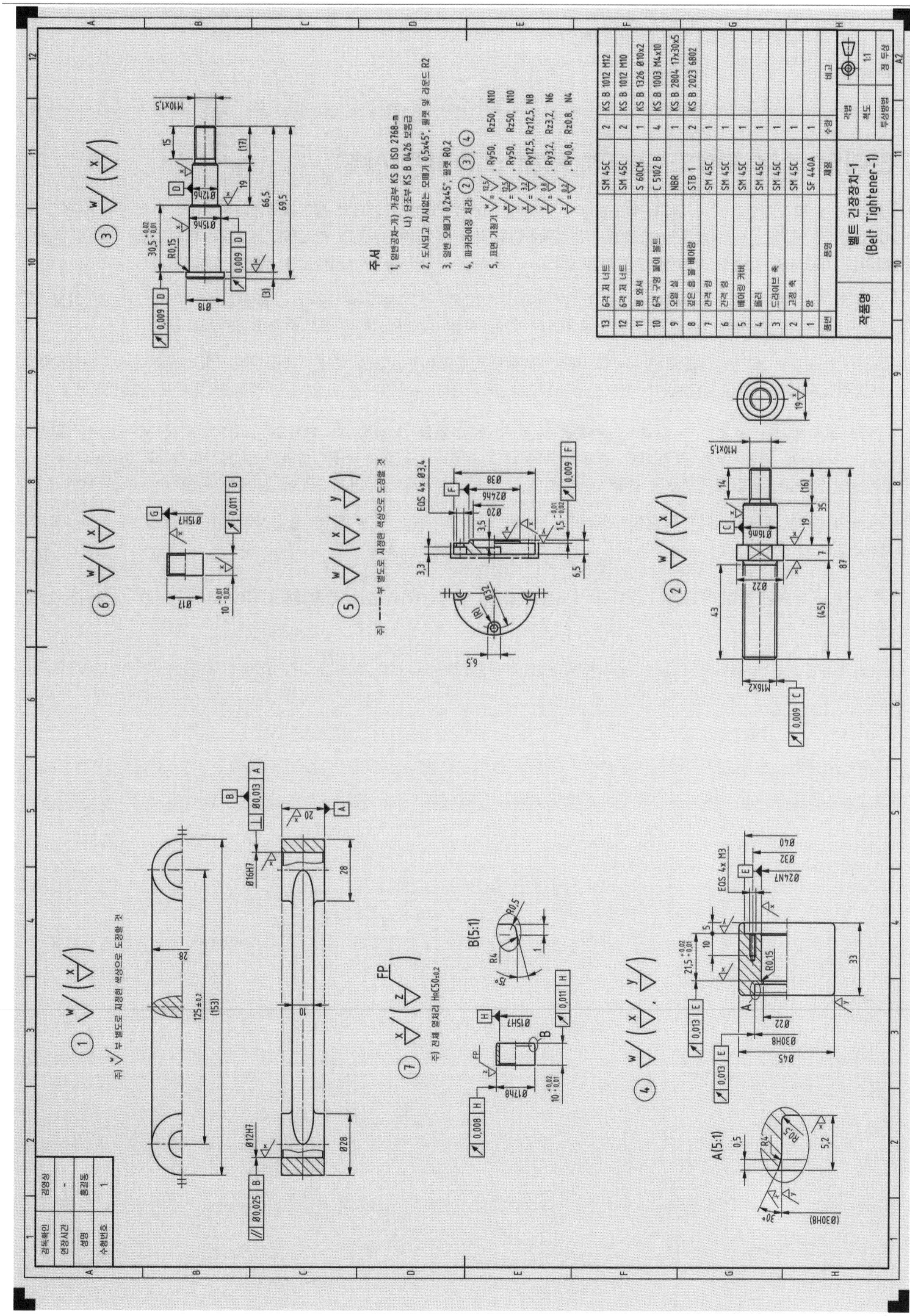

그림 1-104. 부품도, 주서, 부품란과 표제란, 배치 등의 오류를 개선한 모범답안-3

<참고> 앞의 그림 1-102.부터 그림 1-104.는 각 부품도의 오류지적 내용을 개선하여 '**주서, 부품란과 표제란 작성과 올바른 내용**'을 개선한 3종류의 모범답안입니다.

9. 렌더링 등각 투상도 검도에 따른 오류지적 사항

다음 쪽의 오류 지적(검도)을 위한 렌더링 등각도의 결과물은, 국가 기술자격 실기검정에서는 10점 만점에서 5~6점 득점 정도이며, 부품 제작도 채점 결과의 득점에 따라 간신히 합격할 수 있는 수준의 결과물로서 등각 축의 설정, 렌더링 색상 선택, 라이트 기능사용, 라운드와 필렛 부분의 모델링과 프레임 선, 중량 등에서 지적되는 부분이 있습니다.

- 제도자에게 렌더링을 자유롭게 하라고 요구한 바, (a)의 컬러 렌더링 등각도 결과물을 제출하였는데 이를 국가 기술자격 실기검정에서와 같은 조건으로 (b)와 같은 품질 상태인 흑백으로 출력해 보았습니다.
- 국가 기술자격 실기검정에서는 수검자에게 화면(디스플레이) 상에서 어떤 색상으로 렌더링을 하라는 지정이 없으므로 수검자 스스로 결정하여 흑백으로 출력하였을 때 입체감이 잘 표현되는 색상과 농도를 결정해야 합니다.
- 설계 실무에서는 흑색보다 컬러 렌더링을 하는 것이 파일을 이용해 각 부품의 디자인, 색상 등 검토는 물론 디자인 및 설계 안에 대한 경영자의 결재와 부품들의 분해와 조립 순서를 설명하여 생산현장 및 애프터서비스 담당자의 교육용, 카탈로그, 사용 설명서 등의 작성, 광고물 제작 및 인쇄 등 폭 넓게 사용할 수 있도록 합니다.
- 부품의 중량 계산은 해당 부품의 재료비, 운반비 산출과 포장 설계 등에 활용하여 생산비용을 계산하는데 이용됩니다.

다음 쪽에서 부터의 설명은 국가 기술자격 실기검정에서의 채점항목에 따른 채점 때 지적이 되어 감점이 예상되는 내용도 설명합니다.

참고로, 전산응용 기계제도 기능사 실기검정에서는 부품의 중량을 구하라는 요구사항은 없습니다.

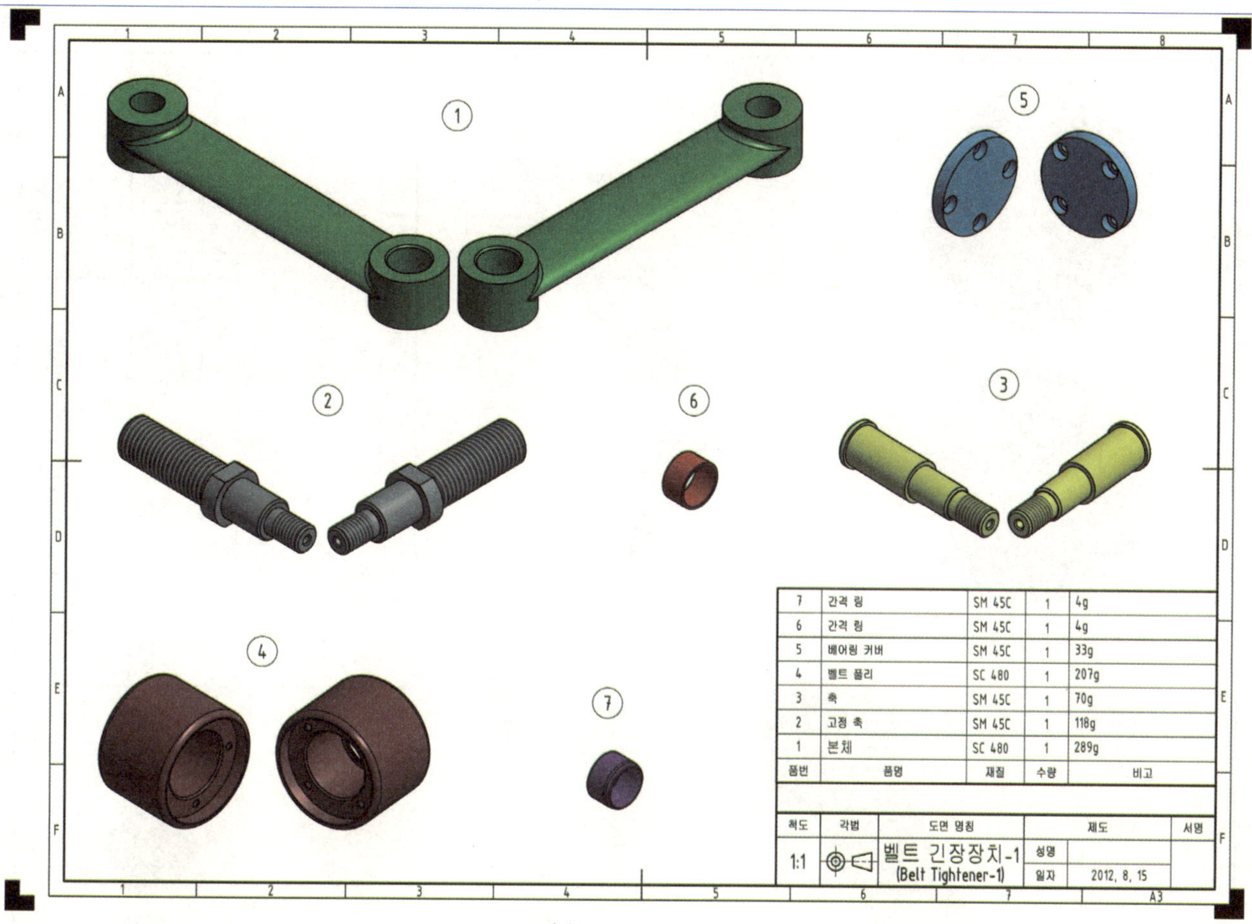

(a) 컬러 렌더링

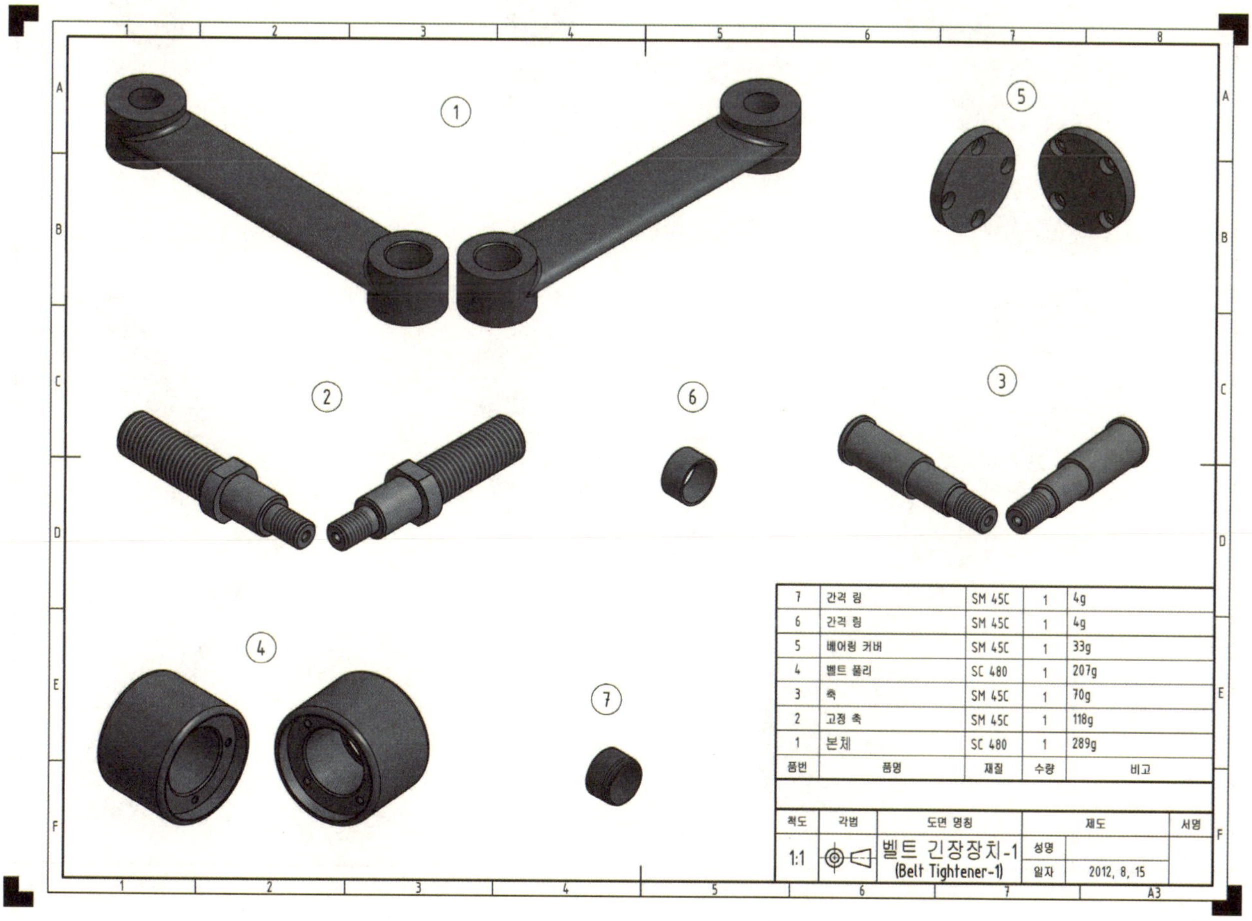

(b) 컬러 렌더링 등각도를 흑백으로 출력할 경우

그림 1-105. 검도를 위한 렌더링 등각 투상도

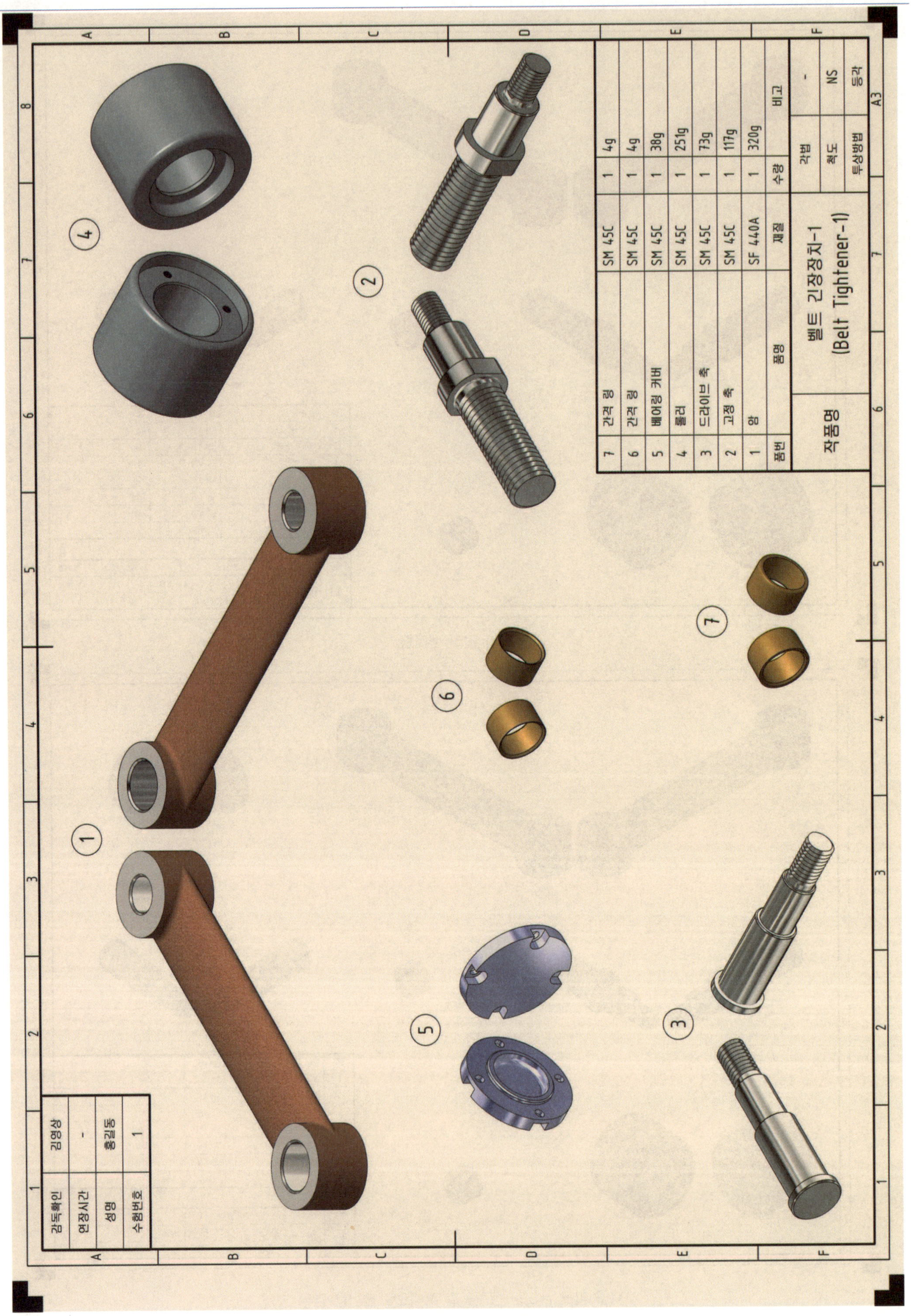

그림 1-106. 컬러 렌더링 등각 투상도 모범답안

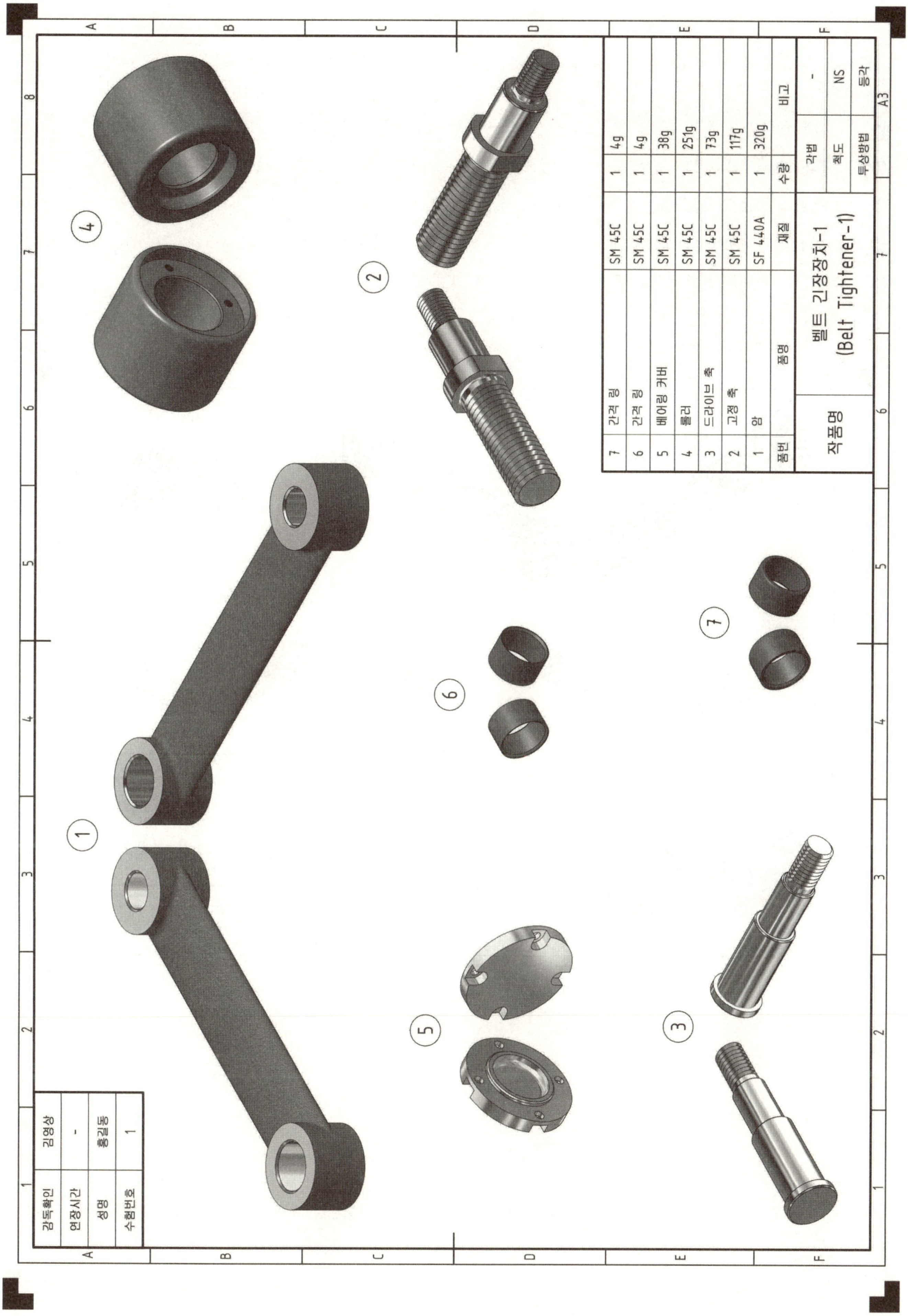

그림 1-107. 컬러 렌더링 등각 투상도를 흑백으로 출력한 경우의 모범답안

(1) 주서

부품 제작도와 같이 기능과 작동 등을 고려한 부품 명칭과 재질 선택으로 중량계산이 되도록 하고, 적절한 공간 확보와 한쪽으로 치우치는 배치가 되지 않아야 하며, 표제란의 표 제목 및 내용이 틀리기 쉬운 부분이므로 주의해야 합니다.

4-1 ; 재질 선택이 기능과 가공을 고려한다면, 기계구조용 탄소강(SM45C)이나 단조강(SF)이어야 합니다.

4-2 ; 벨트의 등 쪽의 면에서 눌러주는 기능으로 보아 부품 명칭은 '**롤러(Roller)**'라고 해야 합니다.

4-3 ; 부품의 기능과 모양으로 보아 부품 명칭은 '**암(Arm)**'이라고 해야 합니다.

4-4 ; 힘을 받는 부품이기 때문에 주조보다는 단조에 의해 마련된 재질이어야 합니다.

4-5 ; 정확한 척도를 정할 수 없으므로 'NS'로 표시해야 합니다.

4-6 ; 표제란 작성 시 이 부분에서 대부분 감점을 당하기 쉬운 부분으로서 '**각법**'은 '**투상방법**'으로, '**3각 방법 기호**'는 '**등각 투상방법**'으로 표시해야 합니다.

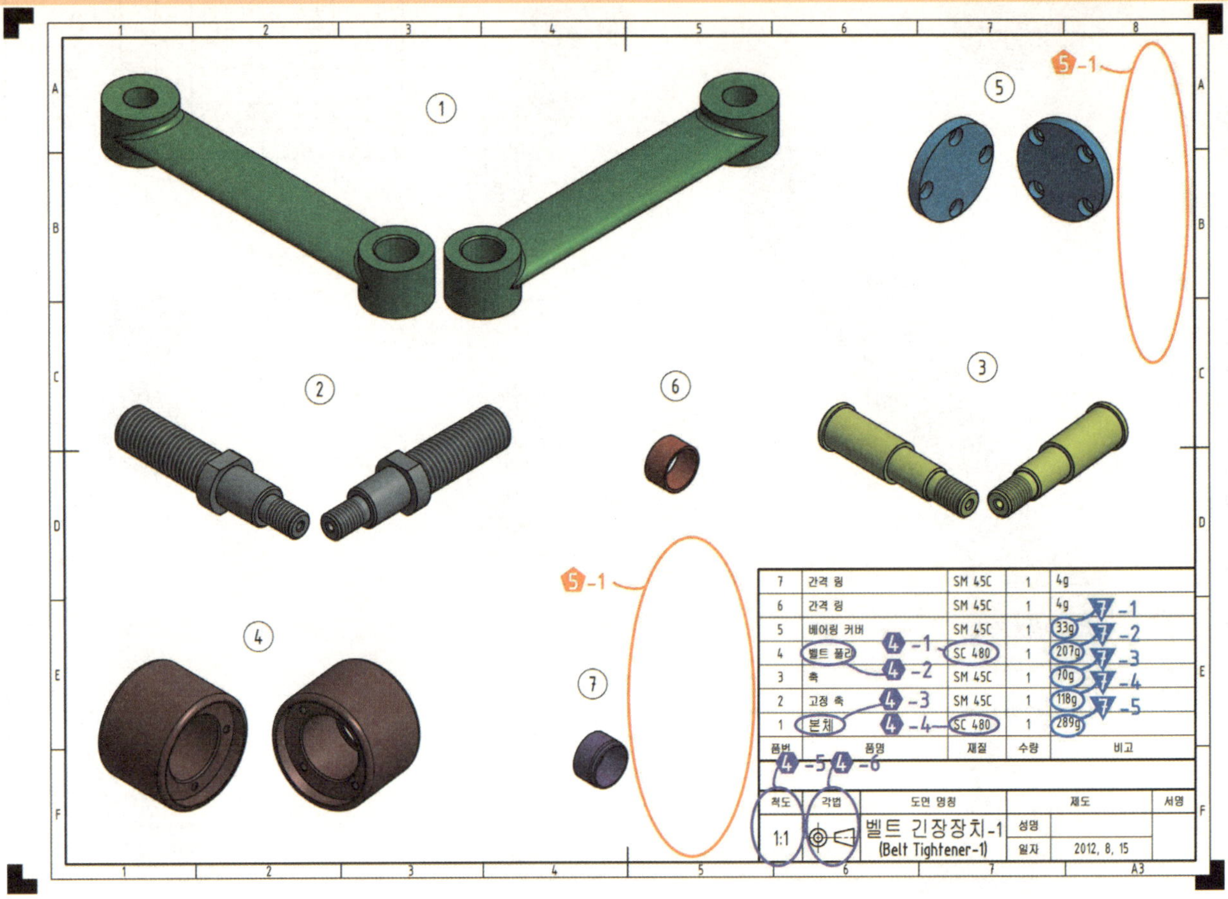

그림 1-108. 주서, 배치, 중량 오류지적을 위한 렌더링 등각도

(2) 배치

5-1 ; 부품 제작도와 같이 도면 전체에 대한 배치는 균형이 있도록 윤곽선 안쪽으로부터 일정한 공간을 갖도록 하고, 부품의 등각 투상도 간격 또한 일정한 공간을 갖도록 배치해야 합니다.

(3) 중량계산

재질 선택을 잘못하여 중량계산을 할 때 비중 값이 달라져 2점이 감점되는 결과물입니다. 실무에서는 자신이 선택한 재료에 의해 중량을 계산하지만, 국가 기술자격 실기검정에서는 요구사항으로 특정한 재질을 지정해주고 중량을 계산하라고 하므로 특히 유의해야 합니다.

7-1 ~ 7-5 ; ①은 320g, ②는 117g, ③은 70g, ④는 251g, ⑤는 38g으로서 ①과 ④의 중량에서 15%이상의 차이가 발생하여 1점 또는 2점이 감점되며 주어진 문제의 조립도에 치수를 작게 측정한 결과로써, 특히 라운드와 필렛 및 모떼기 치수의 차이에 따라 중량차이가 나므로 유의해야 합니다.

(4) 암(①)

등각 축 선정, 음영 렌더링, 부품의 겉모양 표현, 프레임 선 제거 등에서 최소 1점 정도가 감점되는 결과물로서 컬러 렌더링 색상이 원색에 가까워 국가 기술자격 실기검정에서 흑백으로 출력할 경우 렌더링 품질에서 문제가 있고, 특히 필렛 부분의 프레임 선 제거를 하지 않아 감점이 됩니다.

→ 올바른 등각 축 선정

⑥-1 ; 등각 축 선정은 부품의 앞과 뒤 부분의 모양을 모두 나타낼 수 있도록 부품의 위치를 바꾸어 나타내야 합니다.

→ 부품의 겉모양 표현/ 음영 렌더링과 프레임 선 제거

⑦-1 ; 모떼기를 나타내지 않았습니다.
⑦-2 ; 부품의 능선을 표시하여 입체감을 살리고 싶을 때의 능선 표시는 0.18mm의 선 굵기가 가장 적당합니다.

→ 음영 렌더링과 프레임 선 제거

⑧-1 ; 렌더링 색상이 원색에 가까워서 흑백으로 출력할 경우 어둡게 출력되어 입체감을 줄 수 없습니다.

⑧-2 ; 주조 또는 단조 상태의 색상과 가공 부분을 구분하여 색상의 농도로 조절해서 표현되어야 합니다.

⑧-3 ; 렌더링 등각 투상도의 용도는 각종 프리젠테이션 및 인쇄, 광고 등에 이르기까지 다양하므로 반드시 프레임 선을 제거해야 하므로 1점이 감점됩니다. 다만, 현장 실무에서는 설계편의를 위해 프레임 선을 제거하지 않고 사용하나 이는 원칙적인 실무가 아님에 유의합니다.

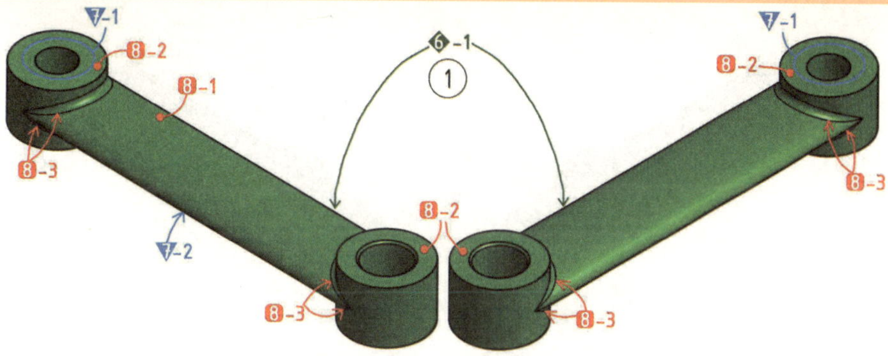

(a) 컬러 렌더링의 오류지적 번호표시

(b) 흑백으로 출력할 경우의 렌더링 품질상태

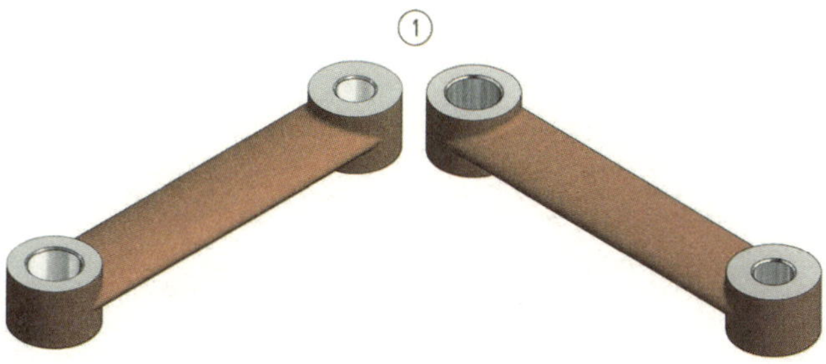

① 적절한 컬러 렌더링

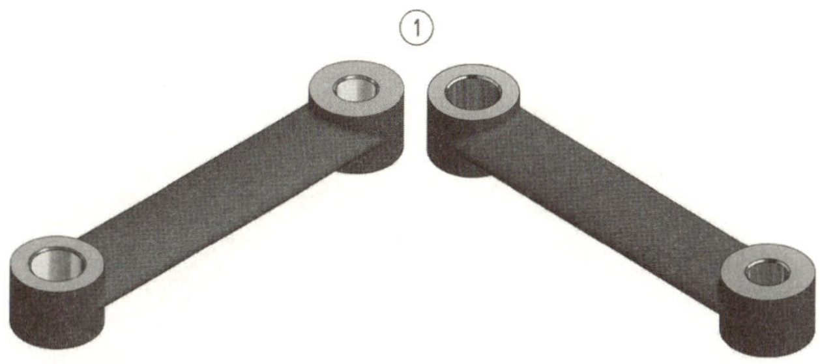

② 적절한 컬러 렌더링 등각도의 흑백으로 출력한 품질상태

(c) 모범 답안

그림 1-109. ①의 암

(5) 고정 축(②)

등각 축 선정, 음영 렌더링, 부품의 겉모양 표현, 프레임 선 제거 등에서 최소 감점되는 결과물로서 흑백 렌더링이 너무 진해서 국가 기술자격 실기검정에서 흑백으로 출력할 경우 렌더링 품질에서 문제가 있고, 특히 나사산의 표시를 S/W에 탑재된 파일에 의해 표시한 것은 감점요인이 됩니다.

→ 올바른 등각 축 선정

6-1 ; 등각 축 선정은 부품의 앞과 뒤 부분의 모양을 모두 나타낼 수 있도록 부품의 위치를 바꾸어 나타내야 합니다.

→ 부품의 겉모양 표현/ 음영 렌더링과 프레임 선 제거

7-1 ; 센터 표시가 필요 없는 부품으로서 중량계산에 영향을 미칩니다.

7-2 ; 나사산의 능선을 표시하여 입체감을 살리고 싶을 때의 능선 표시는 0.18mm의 선 굵기가 가장 적당하며, 특히 직접 솔리드 모델링에 의하지 않고 S/W에 탑재된 파일을 사용할 경우 감점요인이 됩니다.
다만, 실무에서는 설계 효율(설계시간과 편의)을 높이기 위해 사용을 하고 있으나, 변별력을 측정하는 국가 기술자격 실기검정에서나 기능경기대회에서는 직접 솔리드 모델링에 의한 표현을 해야 함에 유의합니다.

→ 음영 렌더링과 프레임 선 제거

8-1 ; 렌더링을 흑백으로 너무 진하게 처리한 결과 국가 기술자격 실기검정을 기준으로 하여 흑백으로 출력할 경우 어둡게 출력되어 입체감이 떨어지므로 약간 밝은 흑백 렌더링을 해야 하며, 평소 렌더링의 적합성은 시험 출력을 하여 확인해야 합니다.

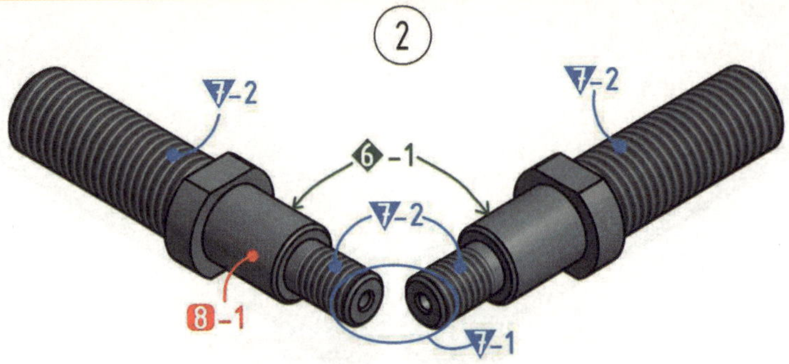

(a) 흑백 렌더링의 오류지적 번호표시

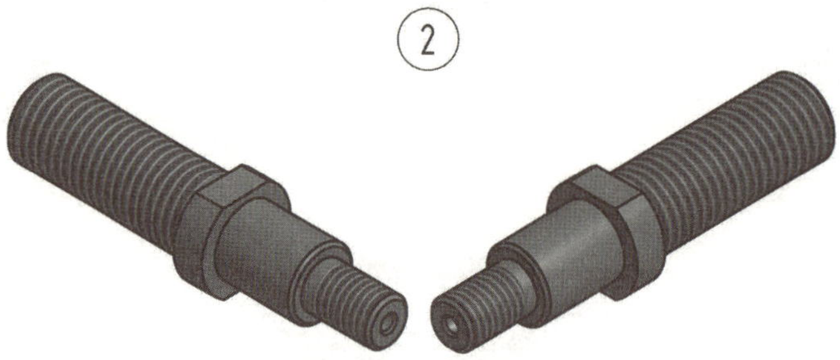

(b) 흑백으로 출력할 경우의 렌더링 품질상태

① 적절한 흑백 렌더링

② 적절한 흑백 렌더링 등각도의 출력한 품질상태

(c) 모범 답안

그림 1-110. ②의 고정 축

(6) 드라이브 축(③)

등각 축 선정, 음영 렌더링, 부품의 겉모양 표현, 프레임 선 제거 등에서 최소 감점되는 결과물로서 컬러 렌더링 처리를 하여 국가 기술자격 실기검정에서 흑백으로 출력할 경우 렌더링 품질에서 문제가 있고, 특히 나사산의 표시를 S/W에 탑재된 파일에 의해 표시한 것은 감점요인이 됩니다.

➜ 올바른 등각 축 선정

6-1 ; 등각 축 선정은 부품의 앞과 뒤 부분의 모양을 모두 나타낼 수 있도록 부품의 위치를 바꾸어 나타내야 합니다.

➜ 부품의 겉모양 표현/ 음영 렌더링과 프레임 선 제거

7-1 ; 모떼기를 표시해야 합니다.
7-2 ; 센터 표시가 필요 없는 부품으로서 중량계산에 영향을 미칩니다.
7-3 ; 베어링의 접촉 구석 둥글기를 설치했을 경우에는 선이 나타나지 않습니다.
7-4 ; 나사산의 능선을 표시하여 입체감을 살리고 싶을 때의 능선 표시는 0.18mm의 선 굵기가 가장 적당합니다.
7-5 ; 부품의 외형 능선 표시는0.18mm의 선 굵기가 가장 적당합니다.

➜ 음영 렌더링과 프레임 선 제거

8-1 ; 렌더링을 컬러로 처리한 결과 국가 기술자격 실기검정을 기준으로 하여 흑백으로 출력할 경우 어둡게 출력되어 입체감이 떨어지므로 약간 밝은 컬러로 해야 하며, 평소 렌더링의 적합성은 시험 출력을 하여 확인해야 합니다.

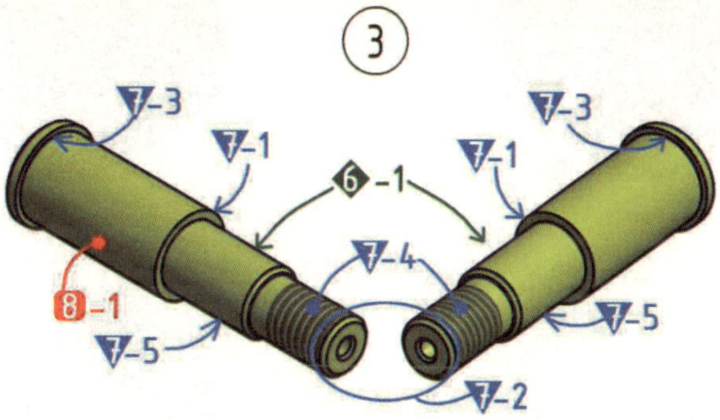

(a) 컬러 렌더링의 오류지적 번호표시

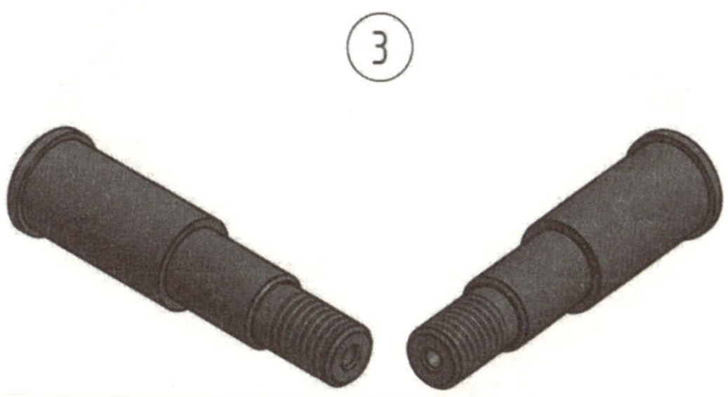

(b) 흑백으로 출력할 경우의 렌더링 품질상태

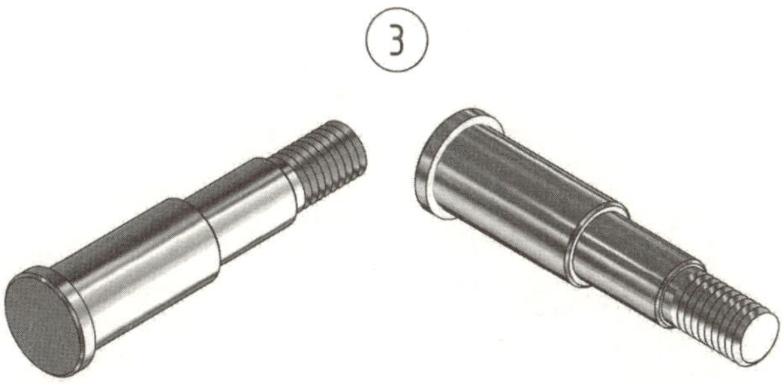

① 적절한 흑백 렌더링

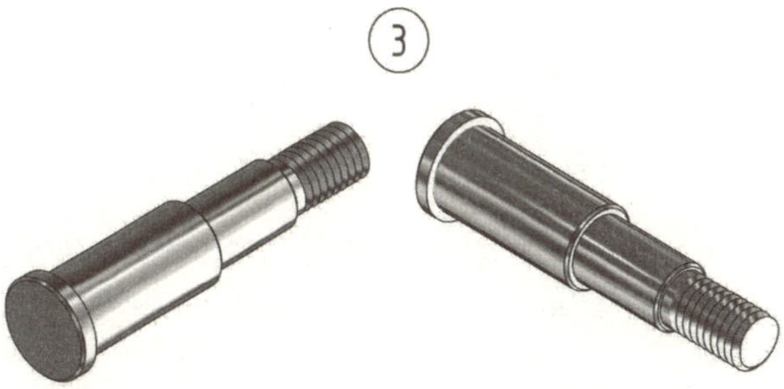

② 적절한 흑백 렌더링 등각도의 출력한 품질상태

(c) 모범 답안

그림 1-111. ③의 드라이브 축

(7) 롤러(④)

등각 축 선정, 음영 렌더링, 부품의 겉모양 표현, 프레임 선 제거 등에서 최소 감점되는 결과물로서 컬러 렌더링 처리가 진하게 되어 있어서 렌더링 품질에서 문제가 있고, 특히 나사산의 표시는 감점요인이 됩니다.

➜ 올바른 등각 축 선정

6-1 ; 등각 축 선정은 부품의 앞과 뒤 부분의 모양을 모두 나타낼 수 있도록 부품의 위치를 바꾸어 나타내야 하는데, 오일 실이 조립되는 부분이 표시되지 않았음에 유의합니다.

➜ 부품의 겉모양 표현/ 음영 렌더링과 프레임 선 제거

7-1 ; S/W에 탑재된 파일을 사용하지 않아야 합니다.
7-2 ; 부품의 외형 능선 표시는0.18mm의 선 굵기가 가장 적당합니다.

➜ 음영 렌더링과 프레임 선 제거

8-1 ; 렌더링을 컬러로 처리한 결과 흑백으로 출력할 경우 어둡게 출력되어 입체감이 많이 떨어집니다.
8-2 ; 모서리 둥글기의 프레임 선을 제거하지 않아서 감점요인이 됩니다.

(a) 컬러 렌더링의 오류지적 번호표시 (b) 흑백으로 출력할 경우의 렌더링 품질상태

① 적절한 흑백 렌더링 ② 적절한 흑백 렌더링 등각도의 출력한 품질상태

(c) 모범 답안

그림 1-112. ④의 롤러

(8) 베어링 커버(⑤)

등각 축 선정, 음영 렌더링, 부품의 겉모양 표현 등에서 최소 감점되는 결과물로서 렌더링 품질에서 문제가 있고, 특히 6각 구멍 붙이 나사의 머리 앉음 자리 모양은 'U'자형 홈으로 설치되어 있지 않아 1점이 감점됩니다.

➜ 올바른 등각 축 선정

6-1 ; 등각 축 선정은 부품의 앞과 뒤 부분의 모양을 모두 나타낼 수 있도록 부품의 위치를 바꾸어 나타내야 하는데, 베어링이 조립되는 구멍으로 삽입되는 작은 지름 부분이 나타나지 않았음에 유의합니다.

➜ 부품의 겉모양 표현/ 음영 렌더링과 프레임 선 제거

7-1 ; 6각 구멍 붙이 볼트의 앉음 자리 모양은 반드시 'U'자형으로 가공된 모양을 나타내야 합니다.
7-2 ; 부품의 외형 능선 표시는0.18mm의 선 굵기가 가장 적당합니다.

→ 음영 렌더링과 프레임 선 제거

8-1 ; 렌더링을 컬러로 처리한 결과 흑백으로 출력할 경우 어둡게 출력되고 입체감이 크게 떨어집니다.

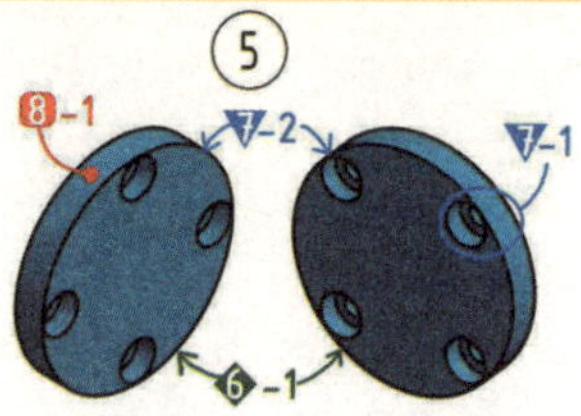

(a) 컬러 렌더링의 오류지적 번호표시

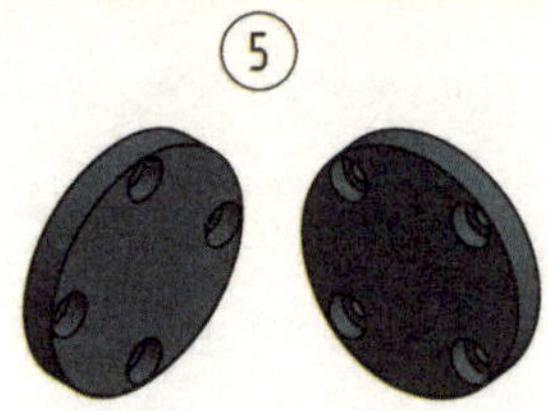

(b) 흑백으로 출력할 경우의 렌더링 품질상태

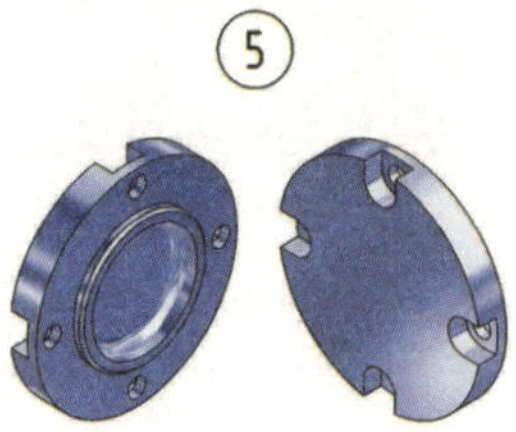

① 적절한 컬러 렌더링

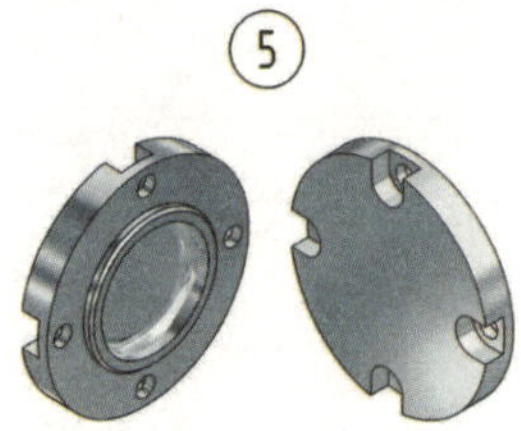

② 적절한 컬러 렌더링 등각도의 출력한 품질상태

(c) 모범 답안

그림 1-113. ⑤의 베어링 커버

(9) 간격 링(⑥, ⑦)

→ 올바른 등각 축 선정

6-1 ; 2개의 등각 축으로 등각 투상도를 나타내지 않았습니다.

→ 부품의 겉모양 표현/ 음영 렌더링과 프레임 선 제거

7-1 ; 부품의 윤곽 능선의 굵기가 두껍습니다.

7-2 ; 모떼기가 나타나지 않았습니다.

→ 음영 렌더링과 프레임 선 제거

8-1 ; 컬러 렌더링 색상이 원색에 가까워서 흑백으로 출력할 경우 품질이 현저하게 떨어집니다.

8-2 ; 오일 실 삽입 안내 경사부의 프레임 선 제거를 하지 않았고, 협소한 부분에서의 라운드 부분 프레임 선을 나타낼 경우에는 부품의 특징을 읽을 수 없습니다.

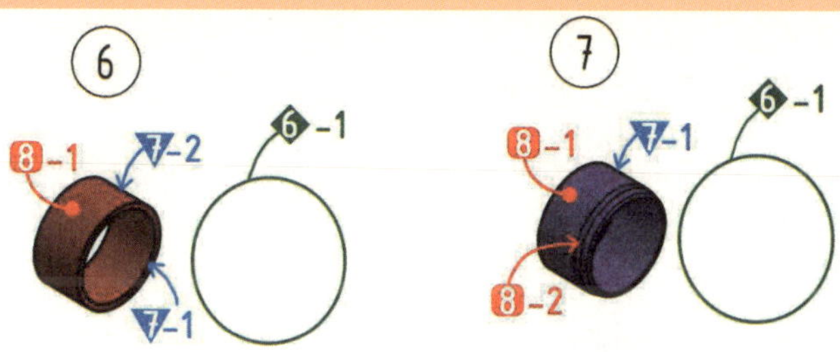

(a) 컬러 렌더링의 오류지적 번호표시

(b) 흑백으로 출력할 경우의 렌더링 품질상태

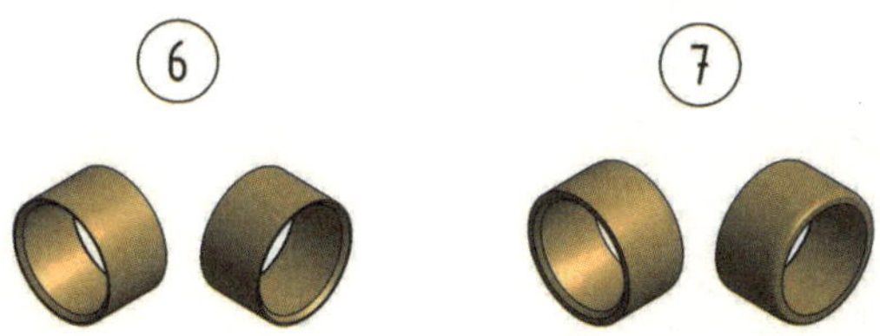

① 적절한 컬러 렌더링

② 적절한 컬러 렌더링 등각도의 출력한 품질상태

(c) 모범 답안

그림 1-114. ⑥과 ⑦의 간격 링

[● 표준 작업시간 : 5시간, ● 연장시간 30분]

1. 요구사항

※ 다음의 (1)의 부품도 제도(2D) 또는 (2)의 렌더링 등각 투상도(3D) 제도의 순서는 관계없으며, 다음의 요구사항들에 의해 제도하시오.

(1) 부품도(2D) 제도

가) 주어진 문제의 조립도면에 표시된 부품번호 ①부터 ⑰의 부품도를 CAD 프로그램을 이용하여 A2용지에 1:1의 척도와 정 투상방법의 제3각 방법으로 제도하시오.

나) 각 부품들은 모양을 잘 나타나도록 투상도와 단면도 등을 빠짐없이 제도하고, 설계 목적에 맞는 가공을 하여 기능 및 작동할 수 있도록 치수 및 치수공차 지시, 끼워 맞춤과 기하 공차 및 표면 거칠기 기호, 표면처리, 열처리, 주서 등 제작에 필요한 모든 사항을 지시하시오.

다) 제도 완료 후, 지급된 A3(420x297) 크기의 트레이싱지 용지에 수험자가 직접 출력하여 확인하고 제출하시오.

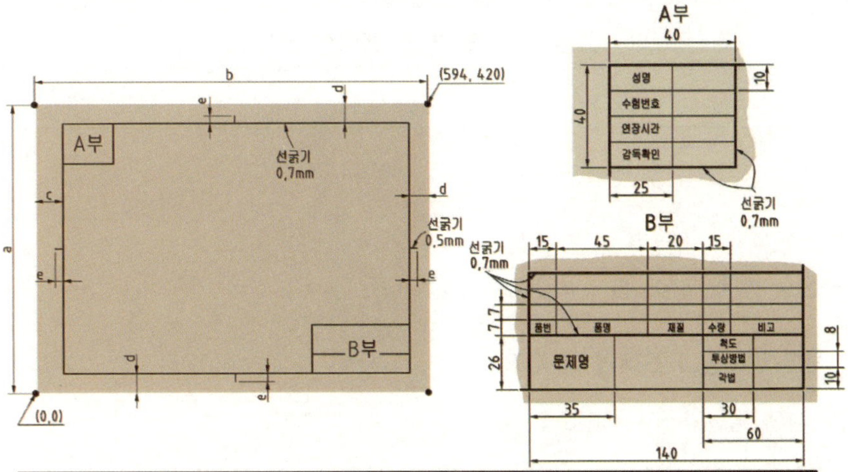

구 분	각 부분 치수				중심 마크 길이
도면크기 \ 기호	a	b	c	d	e
A2(부품도 제도)	420	594	20	10	5 (선 굵기 0.5mm)
A3(렌더링 등각 투상도 제도)	297	420			

(2) 렌더링 등각 투상도(3D) 제도

가) 주어진 문제의 조립도면에 표시된 부품번호 ①, ②, ③, ④, ⑤의 부품을 파라메트릭 솔리드 모델링을 하고 모양과 윤곽을 알아보기 쉽도록 뚜렷한 음영, 렌더링 처리를 하여 A3용지에 제도하시오.

나) 음영과 렌더링 처리는 아래 그림과 같이 둥글기 부분의 프레임 선을 제거하고 겉모양(단면하지 않음)이 잘 나타나는 등각 축 2개를 정해 1:1에 가까운 척도로 제도하시오.

다) 제도 완료 후, 지급된 A3(420x297) 크기의 트레이싱지 용지에 수험자가 직접 출력하여 확인하고 제출하시오.

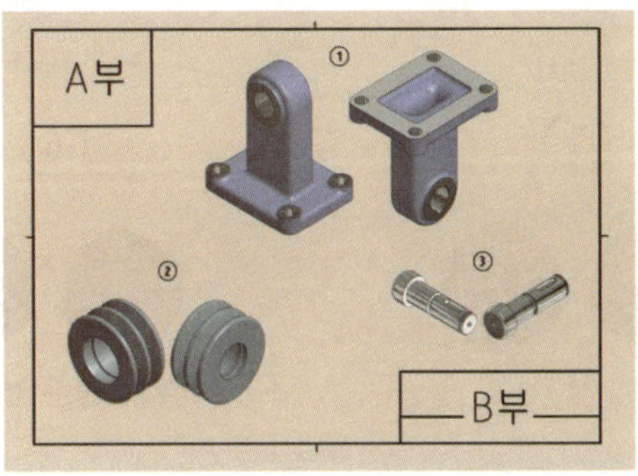

(3) 부품도 제도, 렌더링 등각 투상도 제도-공통

가) 도면의 크기별 한계설정(Limits), 윤곽선 및 중심마크 크기는 다음과 같이 설정하고, a와 b의 도면의 한계선(도면의 가장자리 선)이 출력되지 않도록 하시오.

나) 부품도 제도에 있어서 표제란의 표시할 제3각 방법 기호는 다음 그림크기와 선 굵기(외형선 0.5mm, 중심선 0.25mm)를 같게 하여 각법 란에 표시하시오.

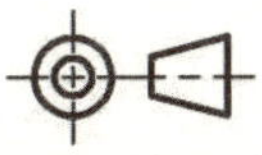

다) 문자, 숫자, 기호의 크기, 선 굵기는 반드시 다음 표에서 지정한 용도별 크기를 구분하는 색상을 지정하여 제도하며, 지정 색상이 구분되는 디스플레이(컴퓨터 모니터)의 바탕화면 색상은 수험자가 조정해 제도하시오.

문자, 숫자, 기호 높이	선 굵기	지정 색상(color)	용도
7.0mm	0.70mm	청(파란)색(Blue)	윤곽선, 표제란과 부품란의 윤곽선 등
5.0mm	0.50mm	갈(밤)색(Brown)	외형선, 부품번호, 개별주서, 중심마크 등
3.5mm	0.35mm	황(노란)색(Yellow)	숨은선, 치수와 기호, 일반주서 등
2.5mm	0.25mm	백(하얀)색(White)	해치선, 치수선, 치수보조선, 중심선, 가상선 등

라) 아라비아 숫자, 로마자는 S/W에 탑재된 ISO표준체를 사용하고, 한글은 굴림 또는 굴림체를 사용하시오.

마) 주서란 작성은 반드시 다음과 같은 내용과 순서로 작성하며, 「표면 거칠기 대조표」의 기호들은 반드시 아래와 같은 순서로 작성하시오.

주서

1, 일반공차

가)주조부 :

나)가공부 :

2, 열처리, 경도 값 표시, 해당 부품번호

3, 표면처리 및 해당 부품번호

4, 도시되고 지시하지 않은 모떼기 크기 치수 및 라운드와 필렛 크기 치수

5, 일반 모떼기 치수

6, 표면거칠기 기호 대조표

Ry50, N10, Rz50,

Ry12,5, N8, Rz12,5,

Ry3,2, N6, Rz3,2,

Ry0,8, N4, Rz0,8,

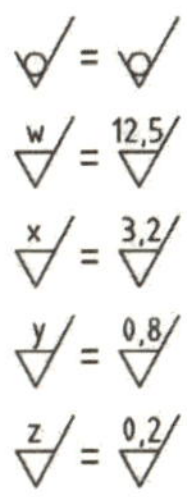

(4) 주의사항(채점대상 제외처리)

1) 시험시간 내에 부품도, 렌더링 등각 투상도 중에서 1개라도 투상도가 제도되지 않은 경우.
2) 도면크기(윤곽선), 표제란, 부품란의 크기와 내용이 요구사항과 일치하지 않은 도면.
3) 주서작성 순서, 각법, 척도가 요구사항과 내용이 일치하지 않은 도면.
4) 아라비아 숫자, 로마자, 한글 이 요구사항과 맞지 않은 도면.
5) KS 제도규격에 의해 제도되지 않았다고 판단된 도면.
6) 끼워 맞춤공차 기호를 부품도에 지시하지 않았거나, 아무 위치에 지시하여 제도한 도면.
7) 끼워 맞춤 공차의 구멍 기호(대문자)와 축 기호(소문자)를 구분하지 않고 지시한 도면.
8) 기하공차 기호를 부품도에도 기호를 지시하지 않았거나, 아무 위치에 지시하여 제도한 도면.
9) 표면 거칠기 기호를 부품도에 기호를 지시하지 않았거나, 아무 위치에 지시하여 제도한 도면.
10) 조립상태로 제도하여 기본지식이 없다고 판단된 경우.
11) 어느 한 부품이라도 프레임 선을 제거하지 않고 제도한 렌더링 등각 투상도면.

해당 자격 종목	전산응용 기계제도기능사-기계설계 · 건설기계 산업기사/기사-생산자동화 산업기사-메카트로닉스 기사-기계가공 · 생산자동화 기능장

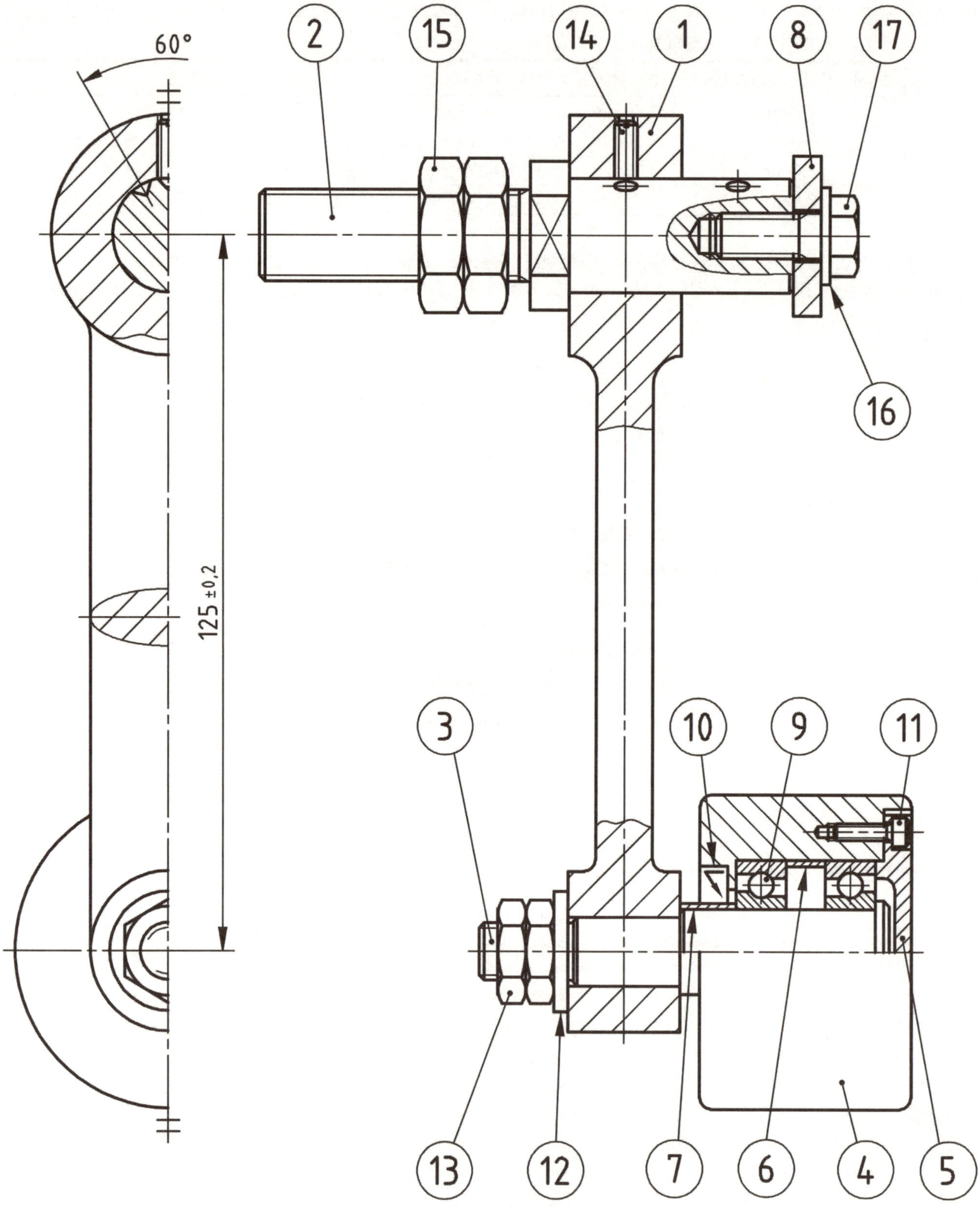

그림 1-115. 벨트 긴장장치-II의 조립도

[● 표준 작업시간 : 5시간, ● 연장시간 30분]

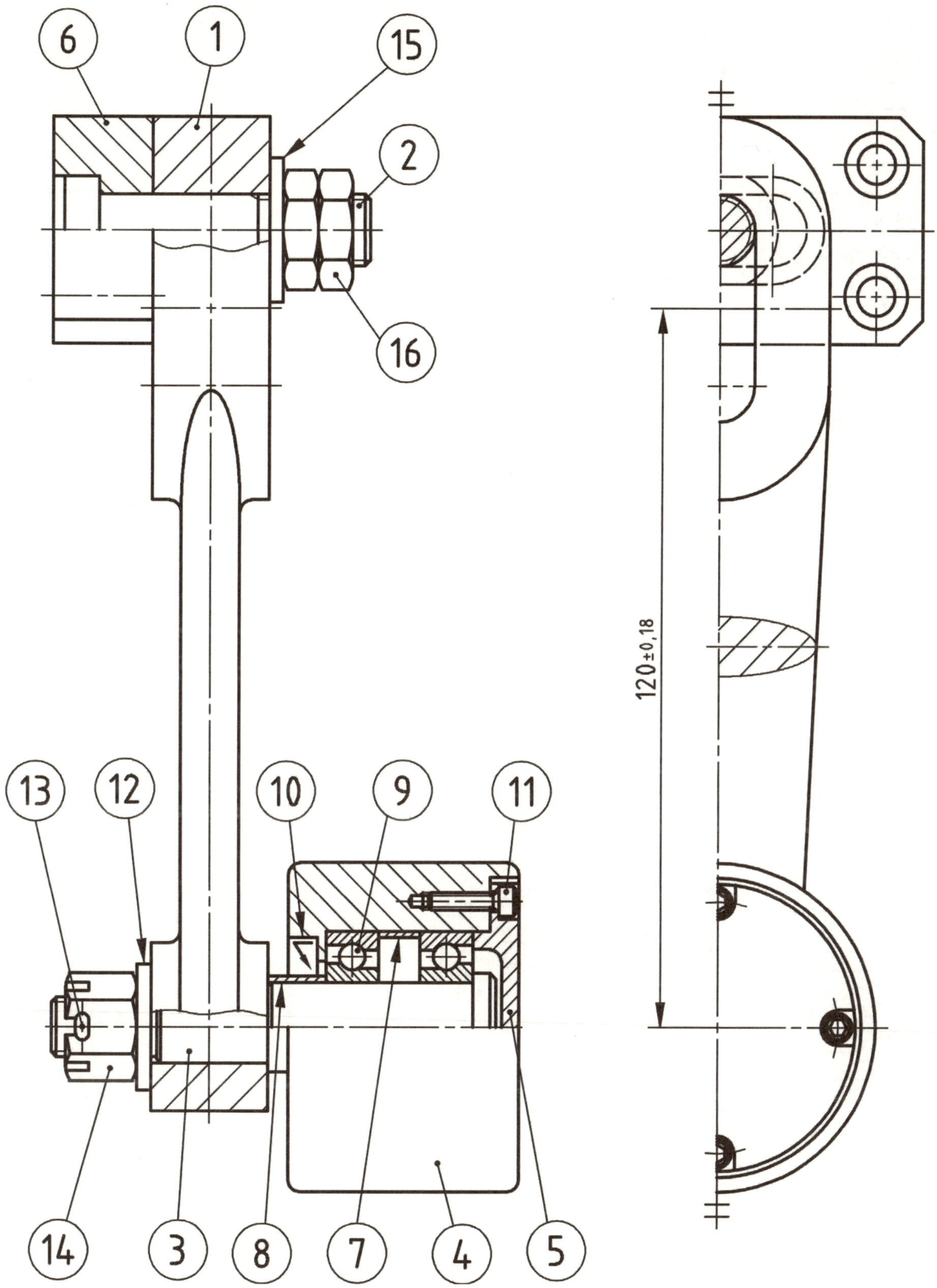

그림 1-116. 벨트 긴장장치-Ⅲ의 조립도

[● 표준 작업시간 : 5시간, ● 연장시간 30분]

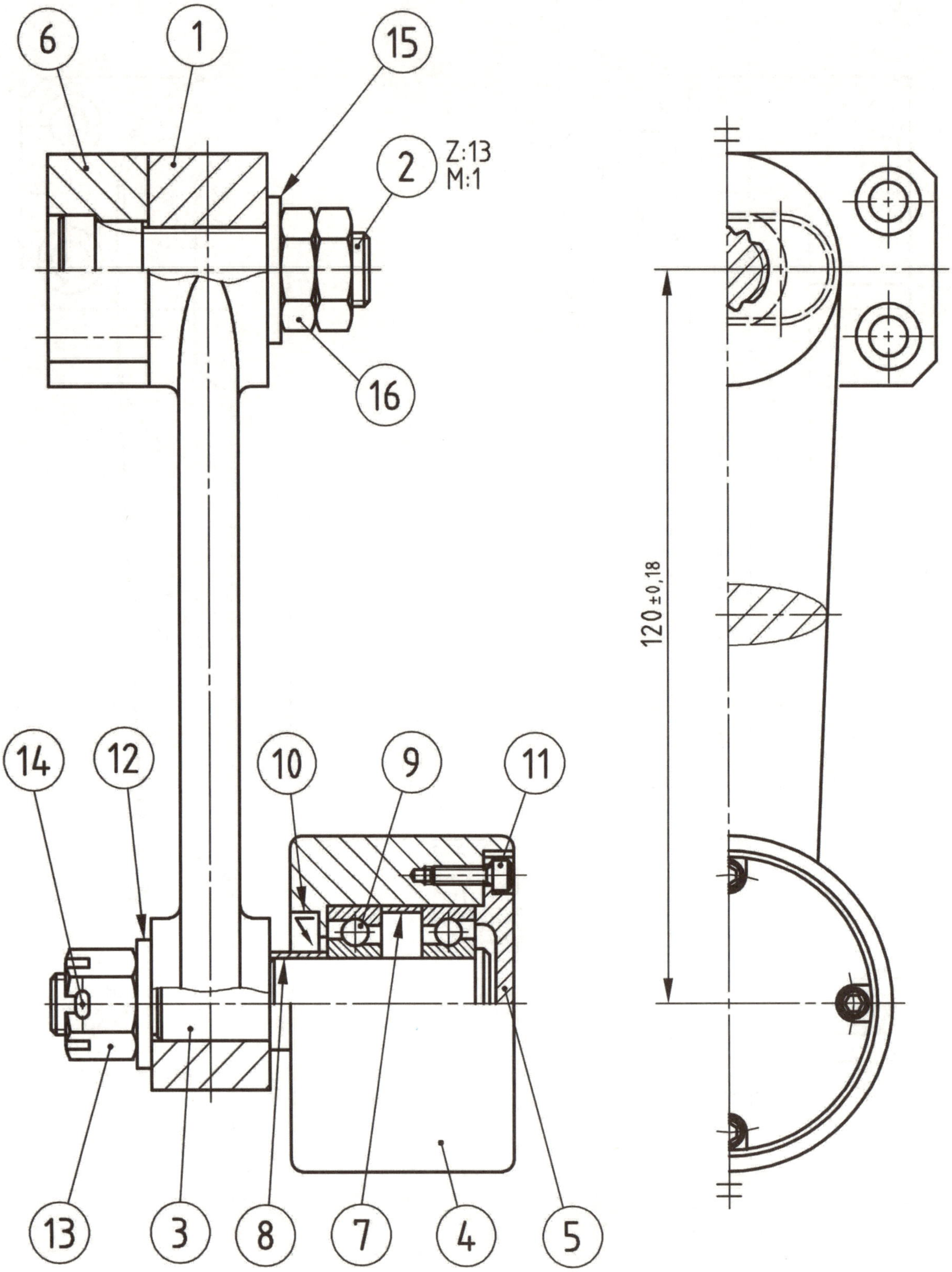

그림 1-117. 벨트 긴장장치-Ⅳ의 조립도

B01-041 → 체인 긴장장치(Chain Tightener)

[● 표준 작업시간 : 5시간, ● 연장시간 30분]

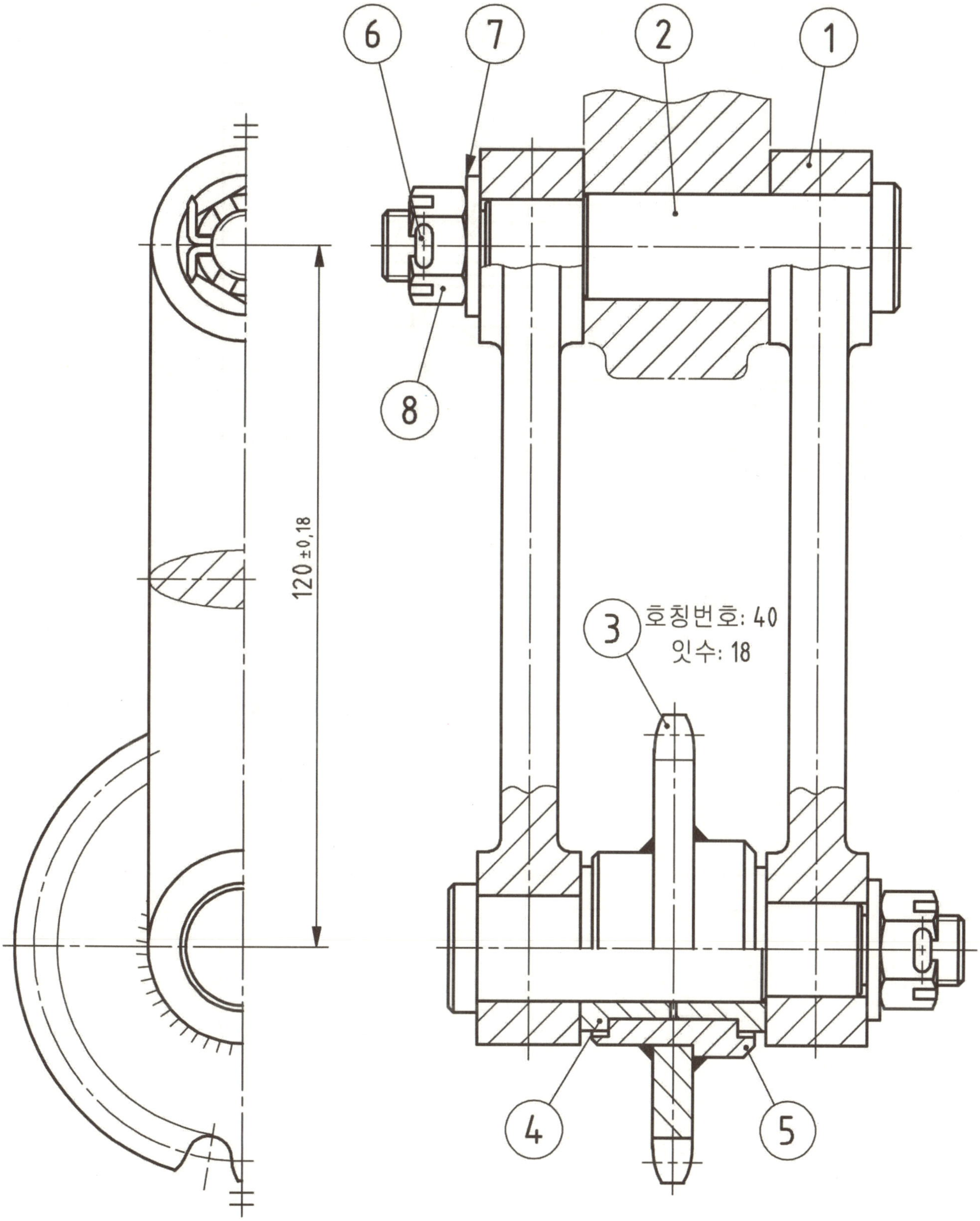

그림 1-118. 체인 긴장장치의 조립도

B01-042→ 평 벨트 긴장장치(Flat Belt Tightener)- I

[● 표준 작업시간 : 5시간, ● 연장시간 30분]

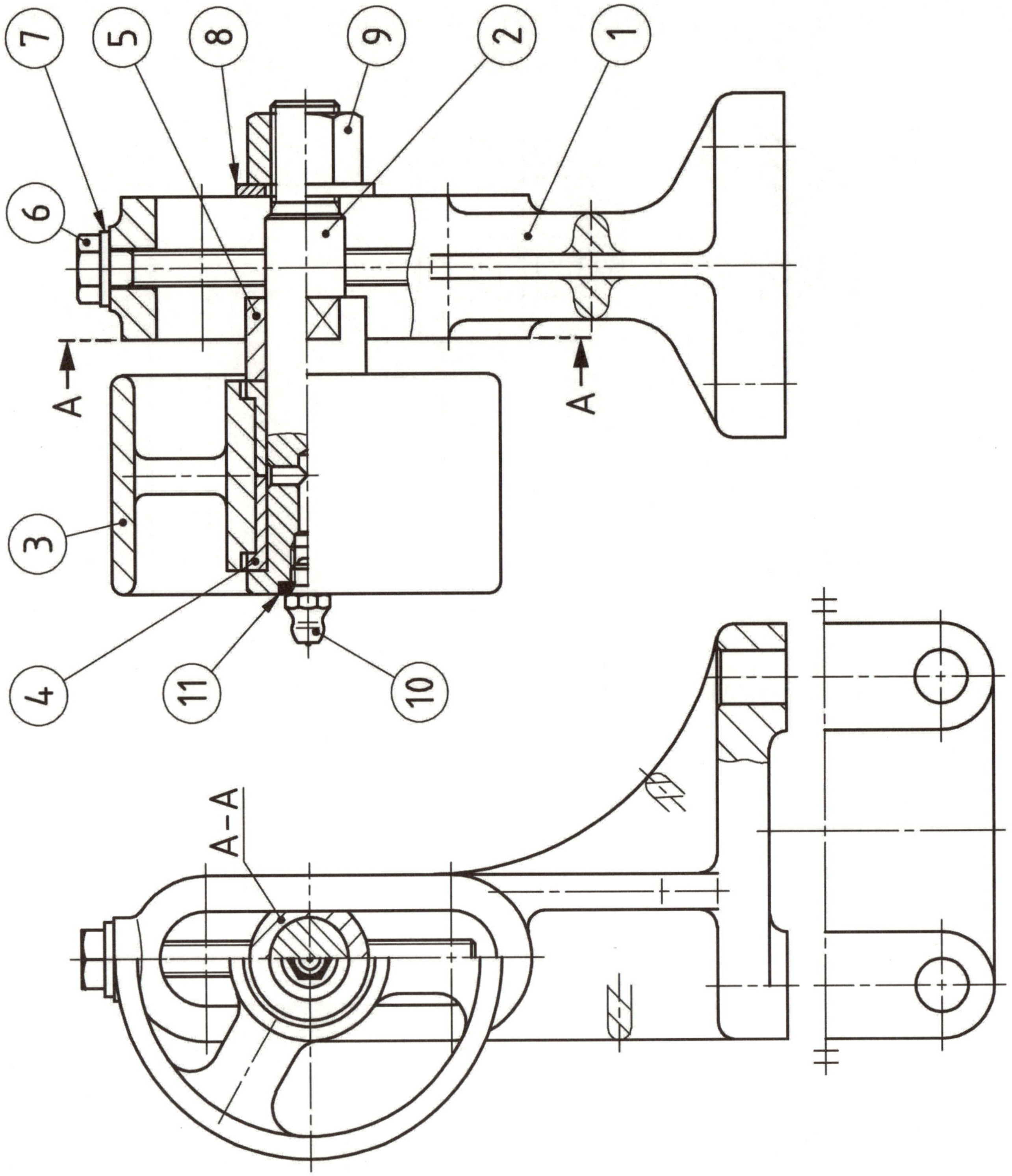

그림 1-119. 평 벨트 긴장장치- I 의 조립도

<항목별 상세 채점 내용>

(1) 투상도와 단면도 선택 수와 배열

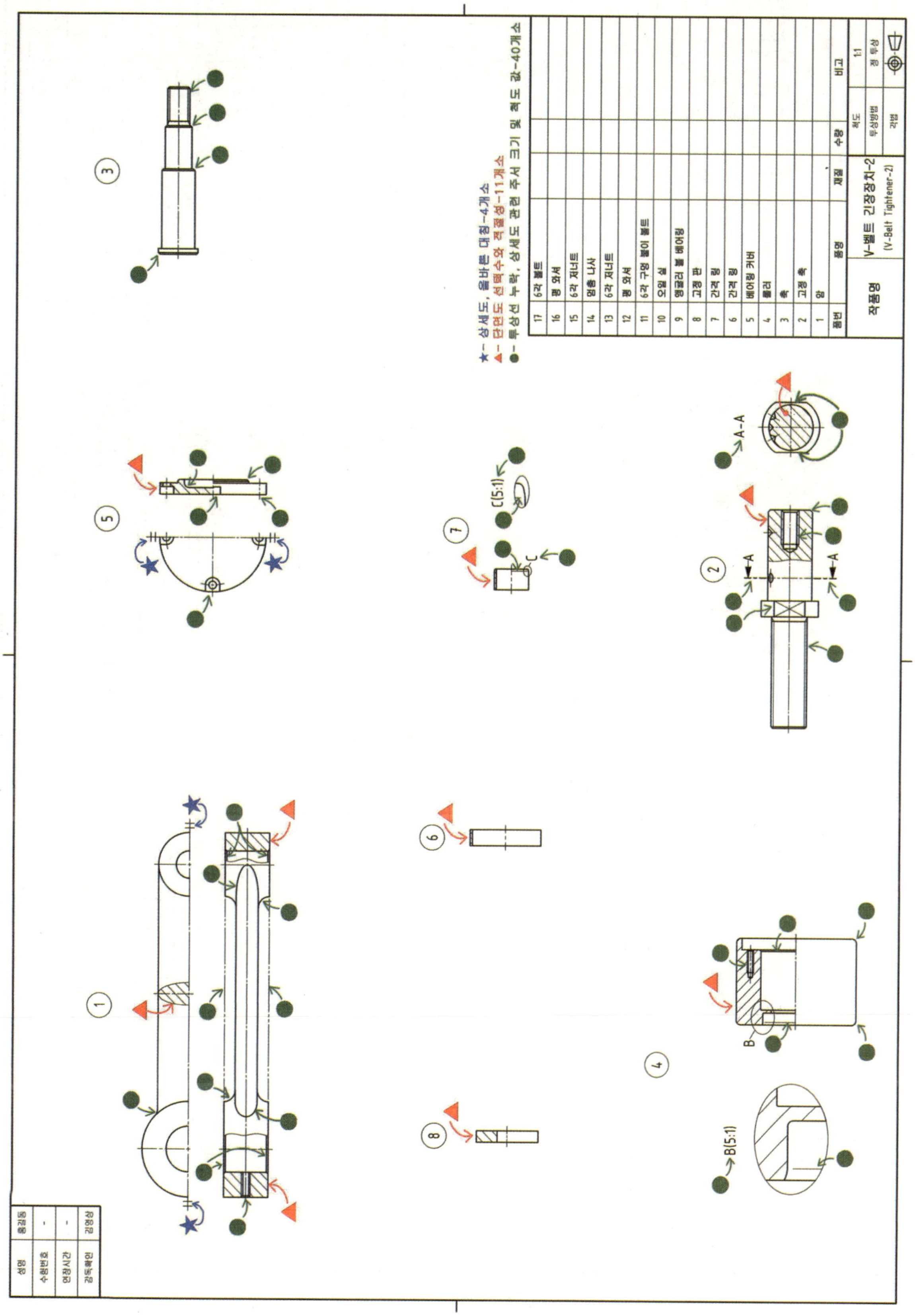

그림 1-120. 투상도와 단면도 선택 수와 배열의 채점부위

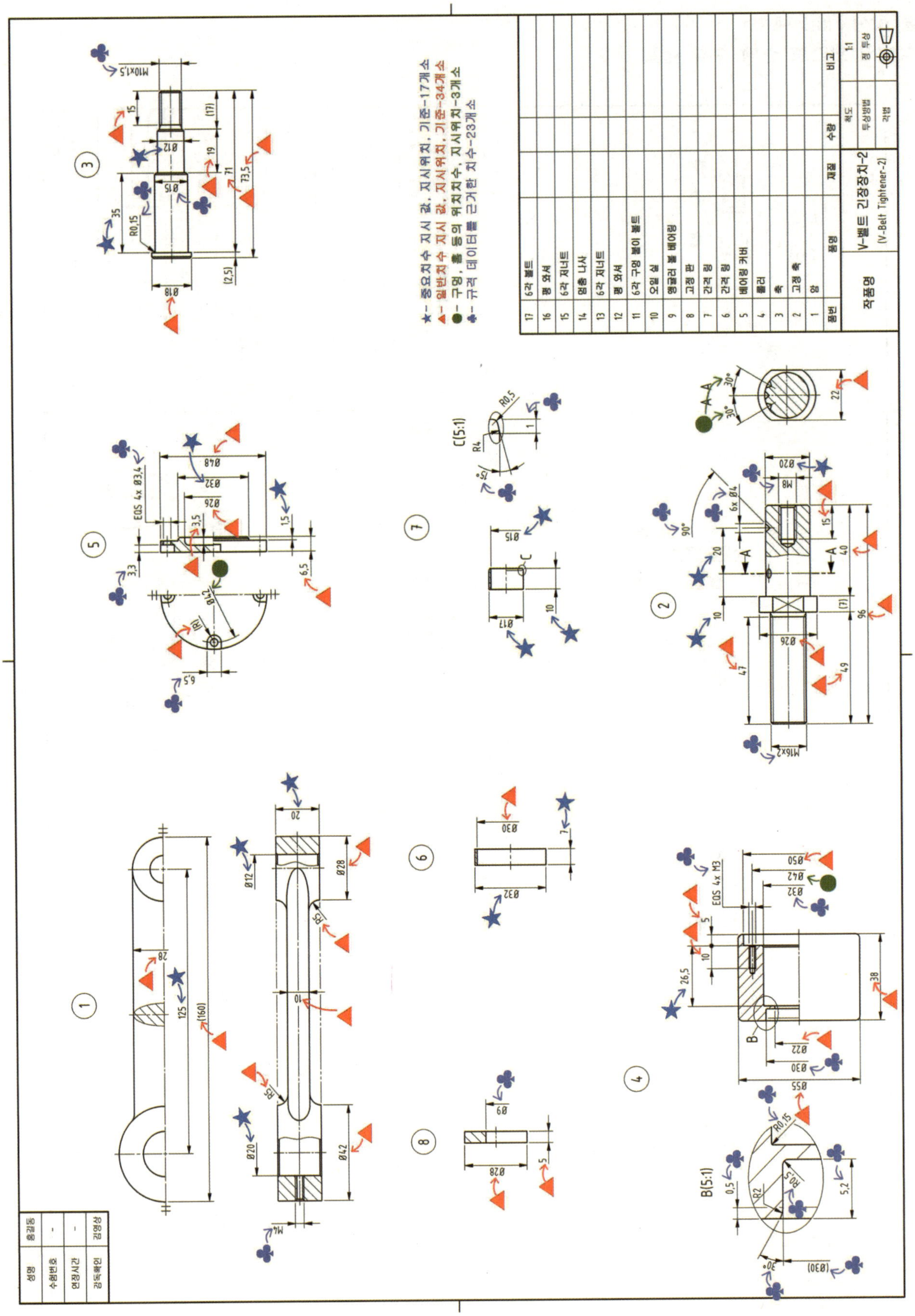

그림 1-121. 치수지시의 채점 부위

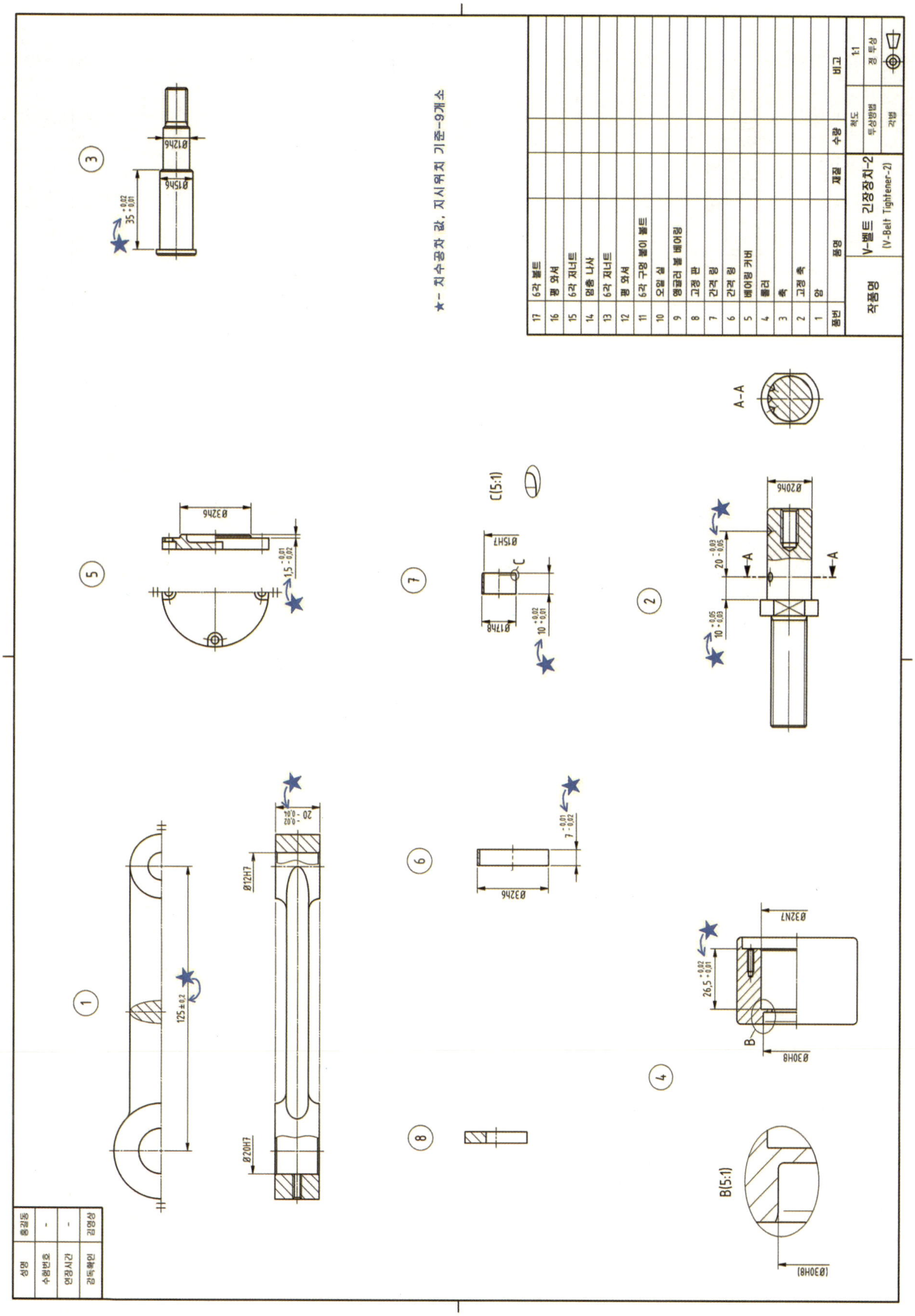

그림 1-122. 치수공차 지시의 채점부위

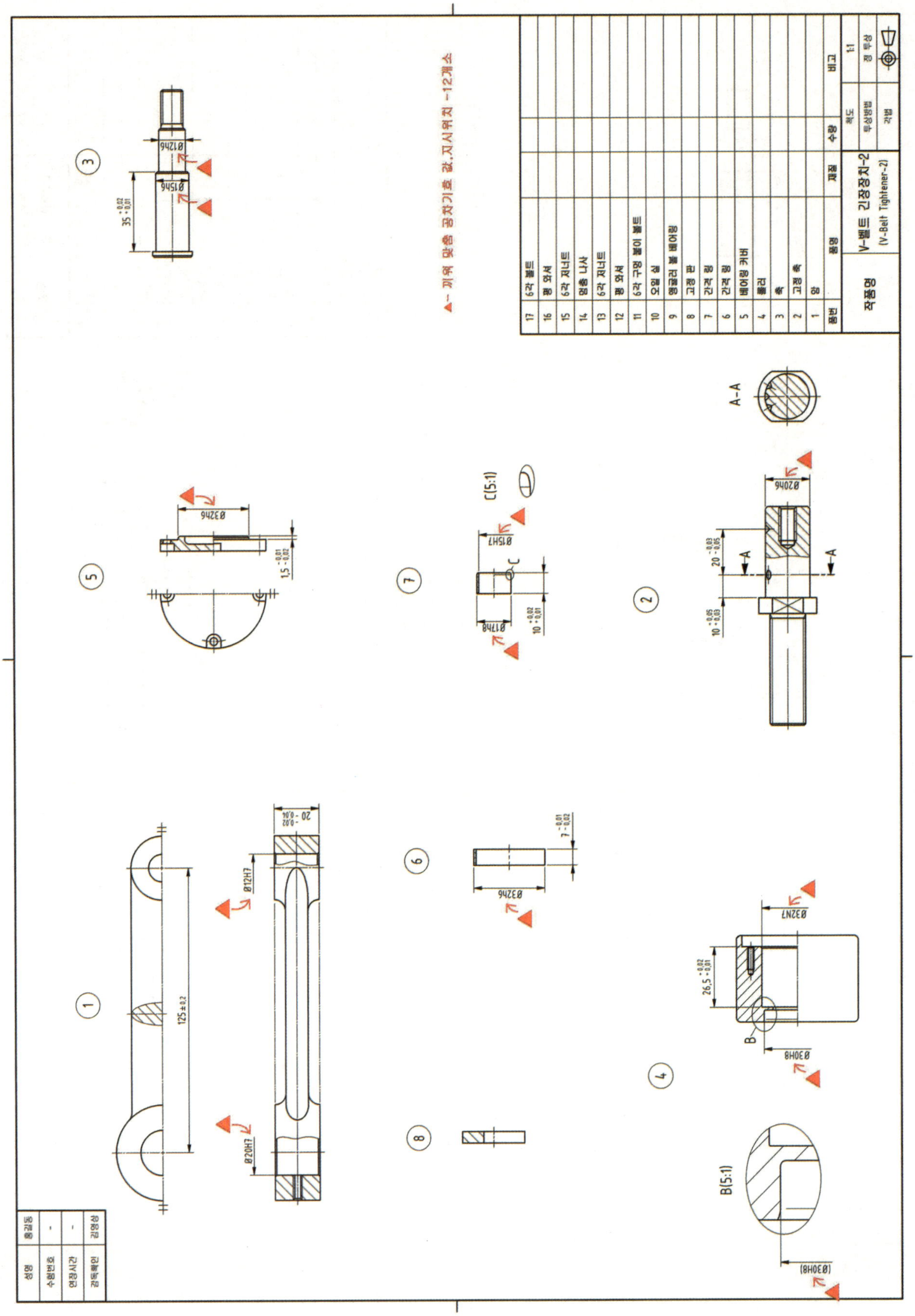

그림 1-123. 끼워 맞춤 공차기호 지시의 채점부위

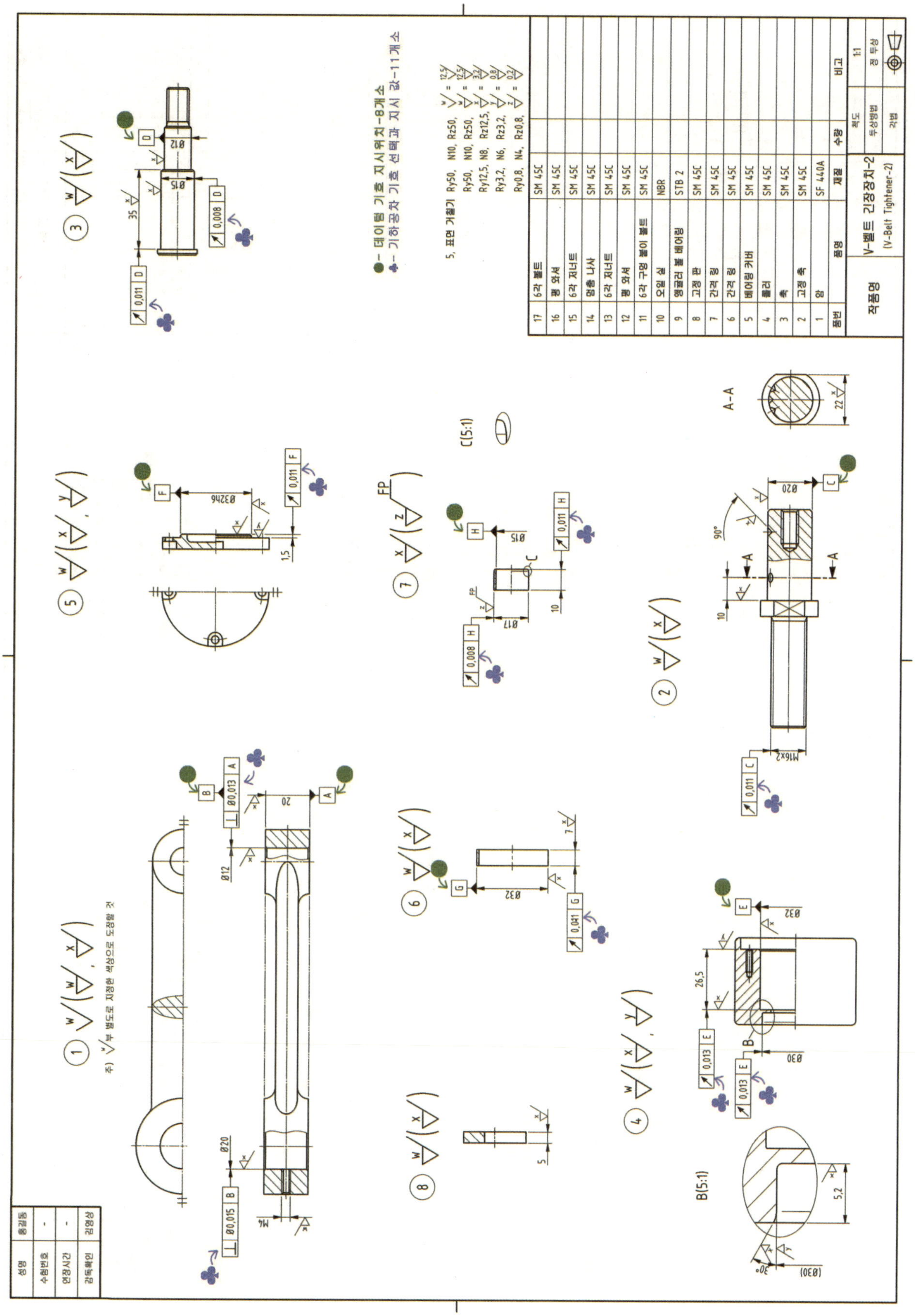

그림 1-124. 끼워 맞춤 공차기호 지시의 채점부위

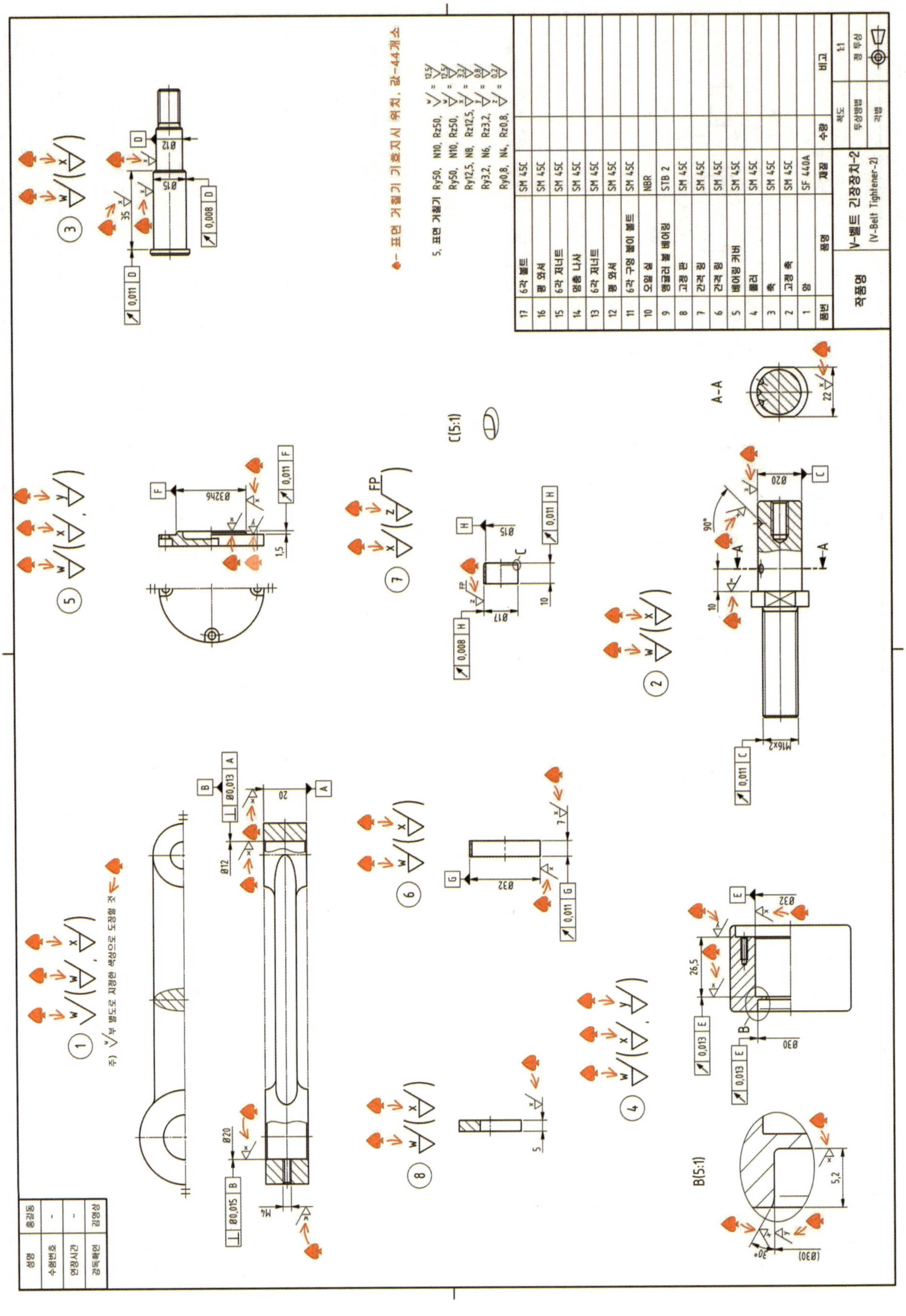

그림 1-125. 끼워 맞춤 공차기호 지시의 채점부위

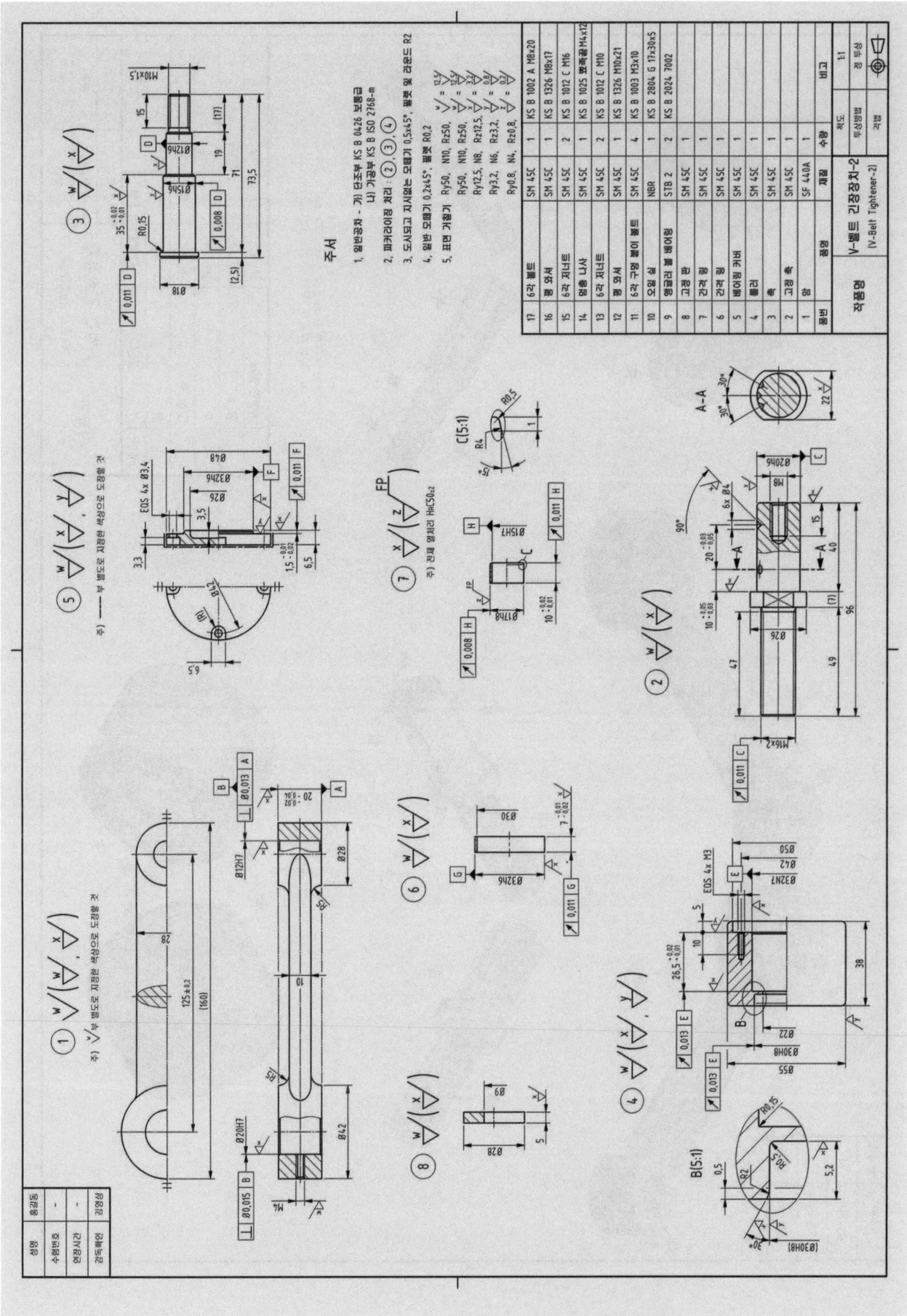

그림 1-126. 주서, 부품란, 표제란, 도면 배치 및 전체 부품도 모범답안

(5) 렌더링 등각 투상도

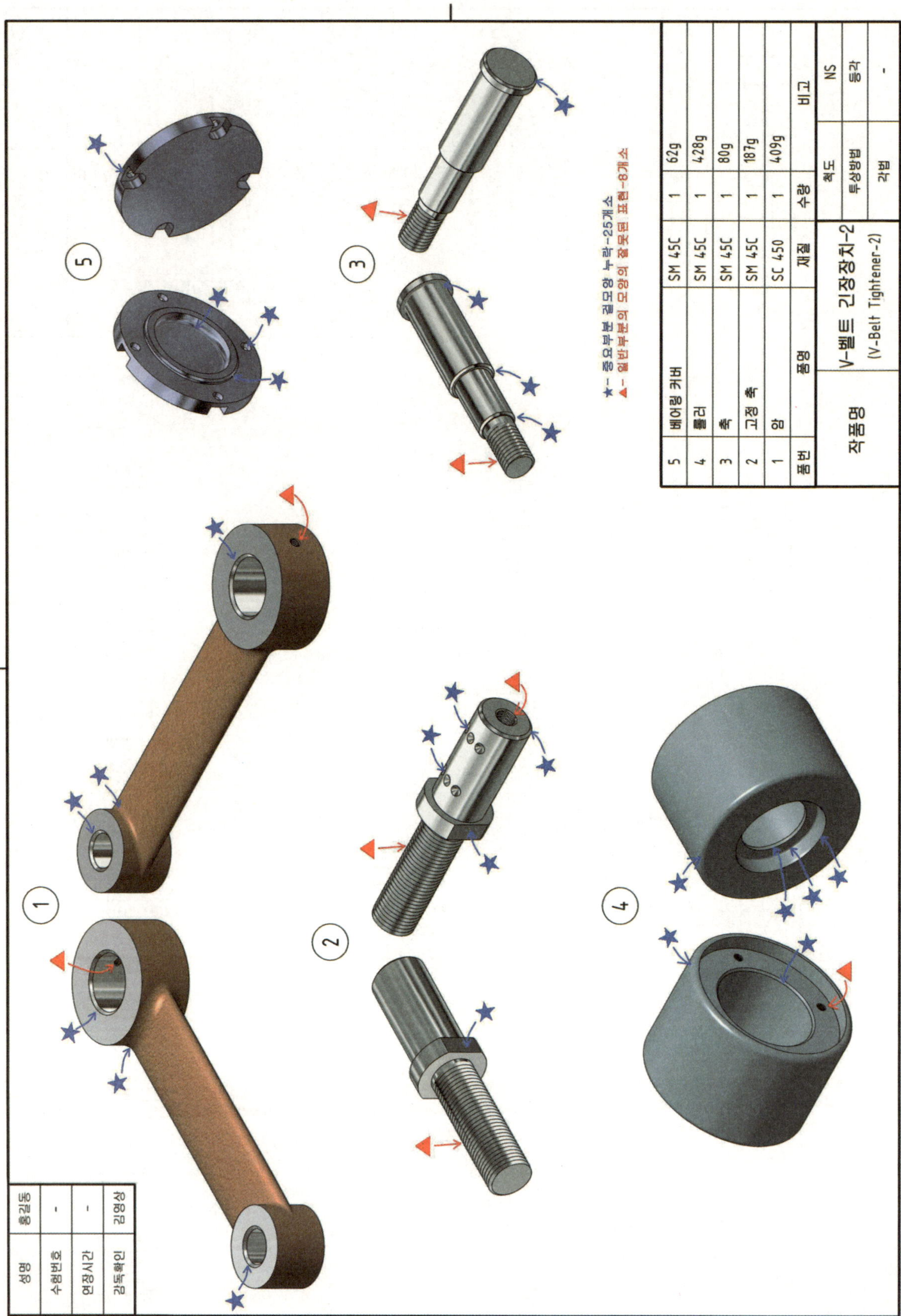

그림 1-127. 렌더링 등각 투상도의 채점부위

기계 장치(Machinery)-2부

B02강의. 유동장치(Idler)- Ⅰ

학습문제	B02-011→ 2중 V-벨트 풀리 유동장치- Ⅰ
보충학습 문제	B02-021→ 평 벨트 풀리 유동장치- Ⅰ
심화학습 문제	B02-031→ 평 벨트 풀리 유동장치-Ⅱ
	B02-032→ 평 벨트 풀리 유동장치-Ⅲ
응용학습 문제	B02-041→ 체인 스프로킷 휠 유동장치
	B02-042→ 이 붙이 풀리 유동장치

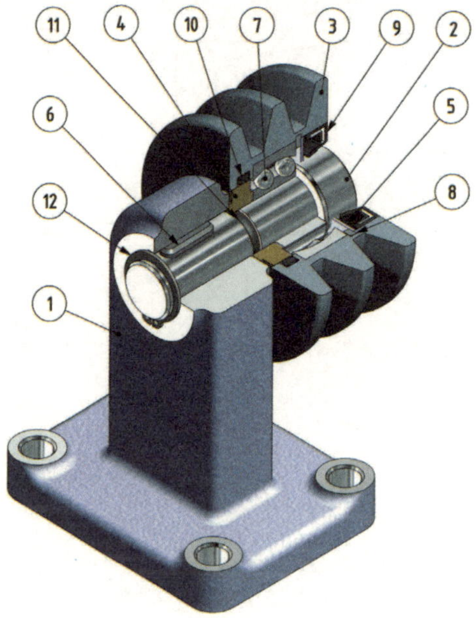

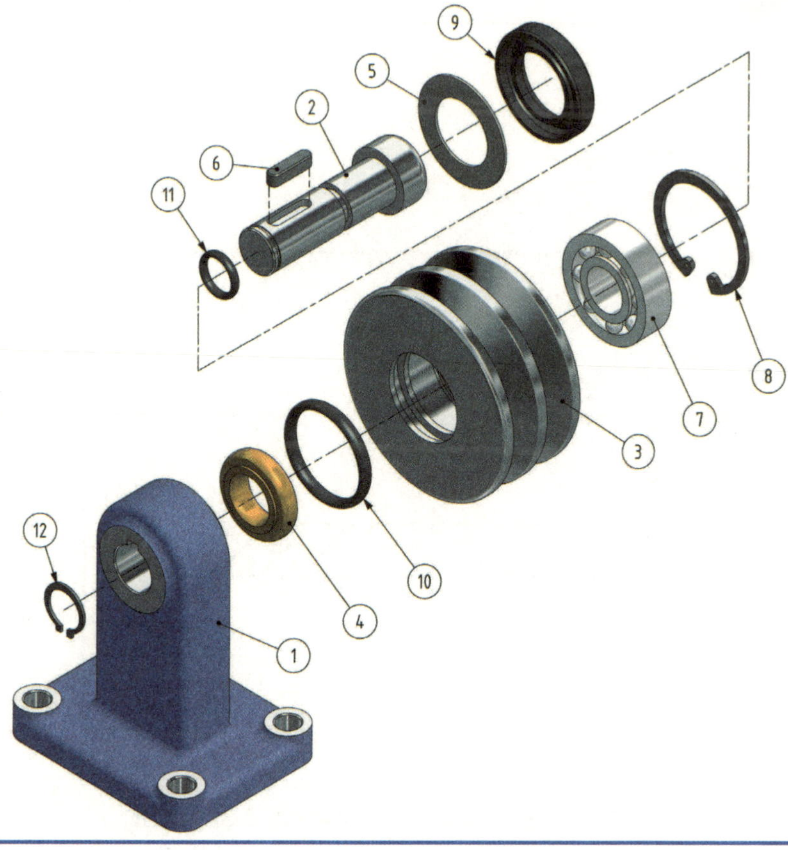

B02-011→ V-벨트 풀리 유동장치(Double V-Belt Pulley Idler)- I 학습 문제

1. 조립도<문제>

➜ 조립도면으로 주어진 문제에서 ①부터 ⑫의 부품도를 A2용지에 제3각 방법의 1:1로 제도하고 A3용지로 출력하시오. 또, A3용지에 ①, ②, ③, ④, ⑤의 파라메트릭 솔리드 모델링 파일로 렌더링을 한 등각 축 2개의 투상도를 1:1에 가까운 크기로 하여 배열하고 각 부품의 중량(g)을 부품란의 비고란에 제도하여 A3용지로 출력 하시오.

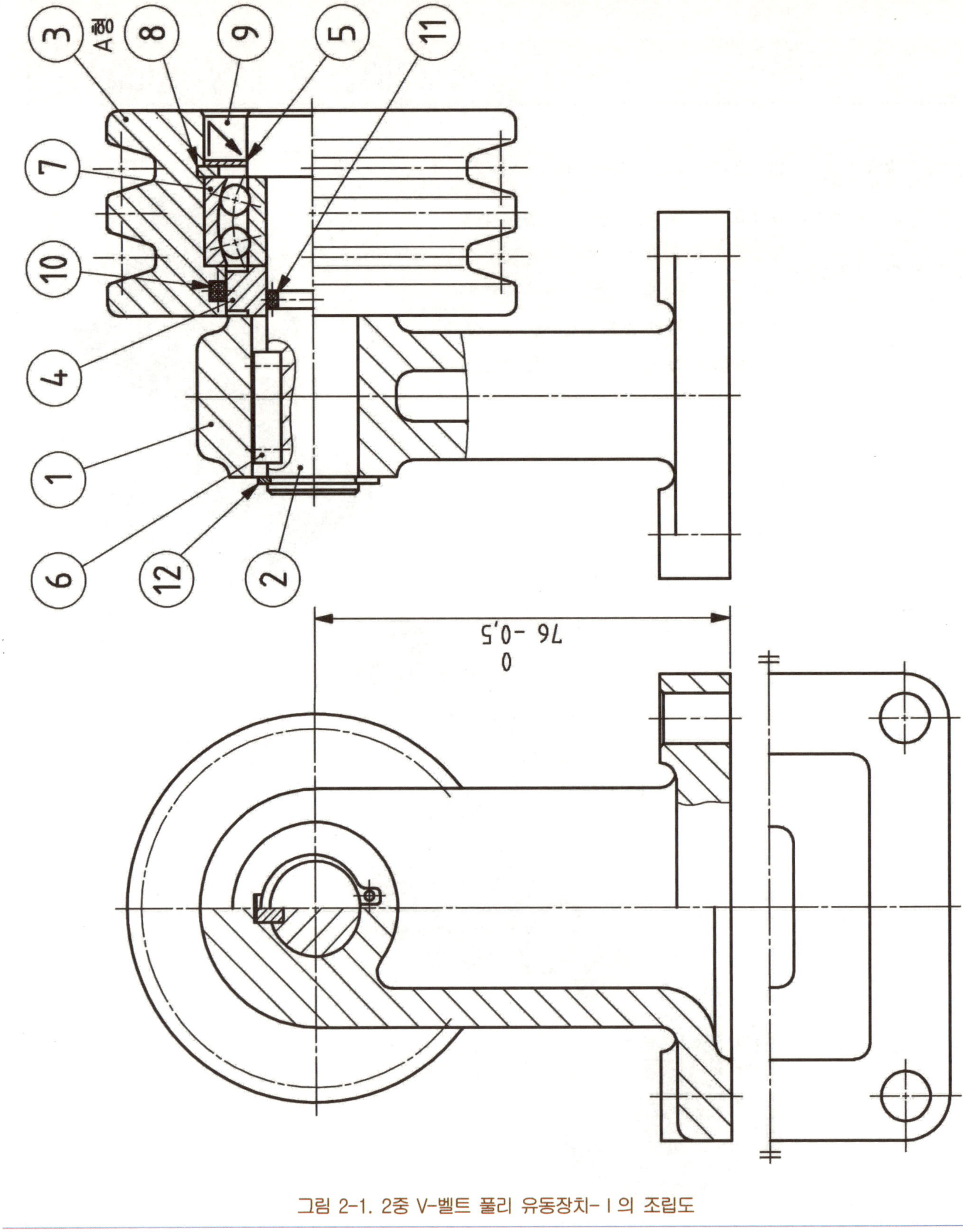

그림 2-1. 2중 V-벨트 풀리 유동장치- I 의 조립도

2. 조립도에서 부품 분해하기

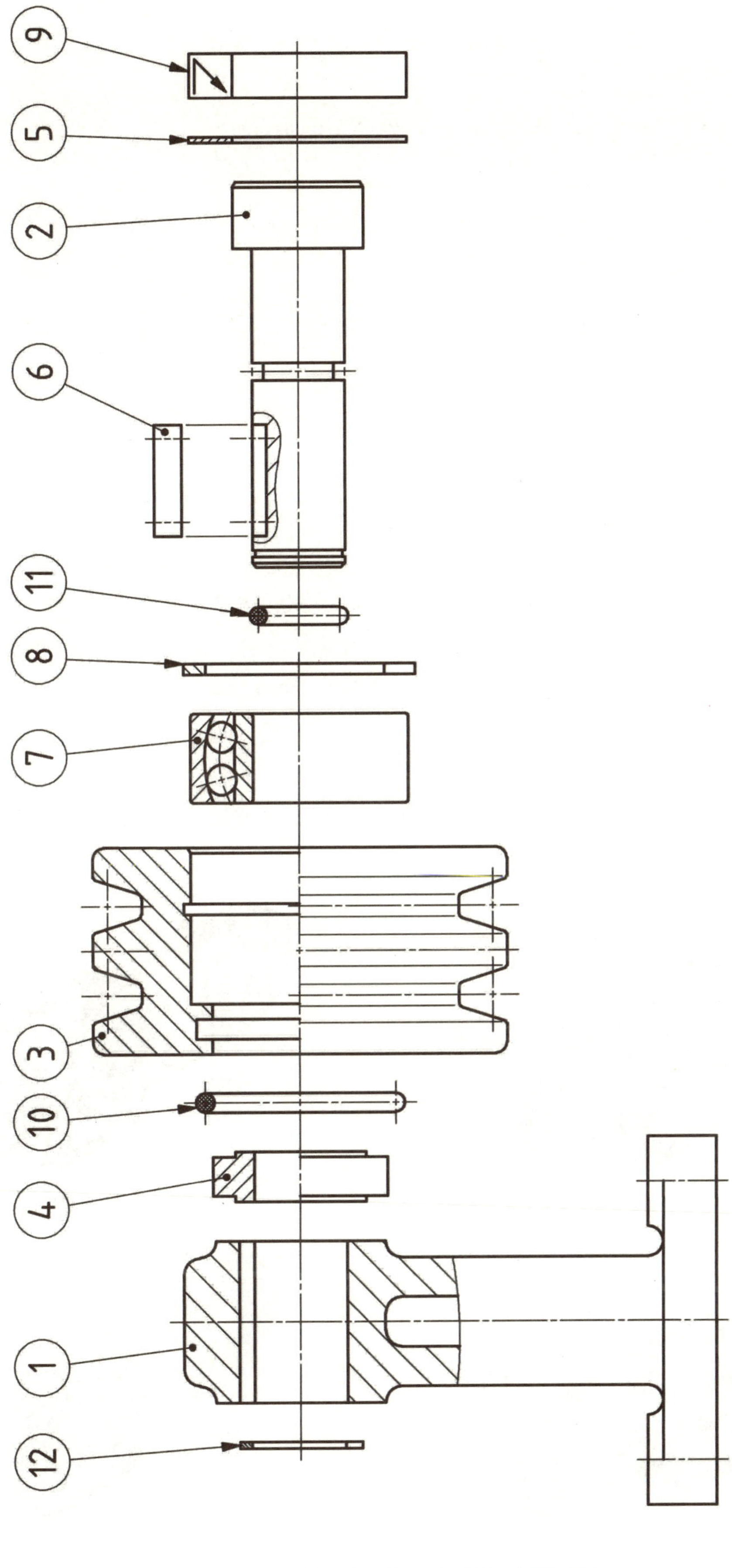

그림 2-2. 정 투상 조립도에서의 조립 · 분해 설명

3. 설계 목적과 부품 기능

(1) 설계 목적

➜ 주어진 조립도의 **2중 V-벨트 풀리 유동장치-Ⅰ**은 원동 축(原動 軸, Driver Shaft)의 동력을 종동 축(從動 軸, Driven Shaft)에 전달함에 있어서,

➜ 두 축의 중심거리가 멀 경우, 벨트가 늘어지게 되어 전동효율이 떨어지게 될 때 긴장 장치의 기능을 발휘하며 회전 방향을 바꾸고자 할 때도 2개의 축 사이에 설치하기 위해 설계했으며 대량생산을 통해 시중판매가 가능한 제품입니다.

➜ V-벨트 전동의 특성상, 중 고속의 유동장치로서 ⑦의 자동조심 볼 베어링이 장시간 동안 안전한 기능 발휘를 하기 위해서는 누유(漏油)를 방지하는 ④의 간격 링, O링(⑩, ⑪)과 관련 부품, ⑨의 오일 실, ②에 설치되는 멈춤 링(Retaining Ring)이 중요한 역할을 하게 됩니다.

➜ V-벨트 풀리 홈이 2개인 것은, 전동력이 가중되어 벨트의 미끄러짐이 심할 경우에는 홈의 수를 2개 또는 그 이상으로 설계를 할 수 있습니다.

➜ 참고로, **기어 유동장치**는 B 04 **강의**에서 다루기로 합니다.

보충설명 유동장치(流動裝置, Idler)란?

➜ 원동 축으로부터 종동 축으로 회전력을 전달시킬 때, 두 축 사이가 멀면 마찰차(摩擦車)나 기어를 사용할 수 없기 때문에 감아 걸기의 전동 요소인 벨트(Belt), 체인(Chain), 로프(Rope)등을 사용하는 설계를 합니다.

➜ 이와 같이 거리가 가깝거나 먼 축의 사이에서 동력전달을 중계하는 역할을 하는 장치를 통틀어 유동장치(流動裝置)라 하며 평 벨트, V-벨트, 이 붙이 벨트 등의 동력전달 요소를 사용한 유동장치를 벨트 유동장치라 합니다.

➜ 본 강의에서는, 동력전달 과정에서 미끄럼(Slip) 발생 정도에 따라 전달 효율이 결정되는 평 벨트와 V-벨트 동력전달 용 유동장치에 한해서 설명합니다.

➜ 아래 그림은 두 축의 거리가 10m이상의 평 벨트전동, 5m이상의 V-벨트전동, 10~25m 이상의 로프전동, 4m이상의 체인 전동 조건에서 유동장치를 설계한 보기입니다.

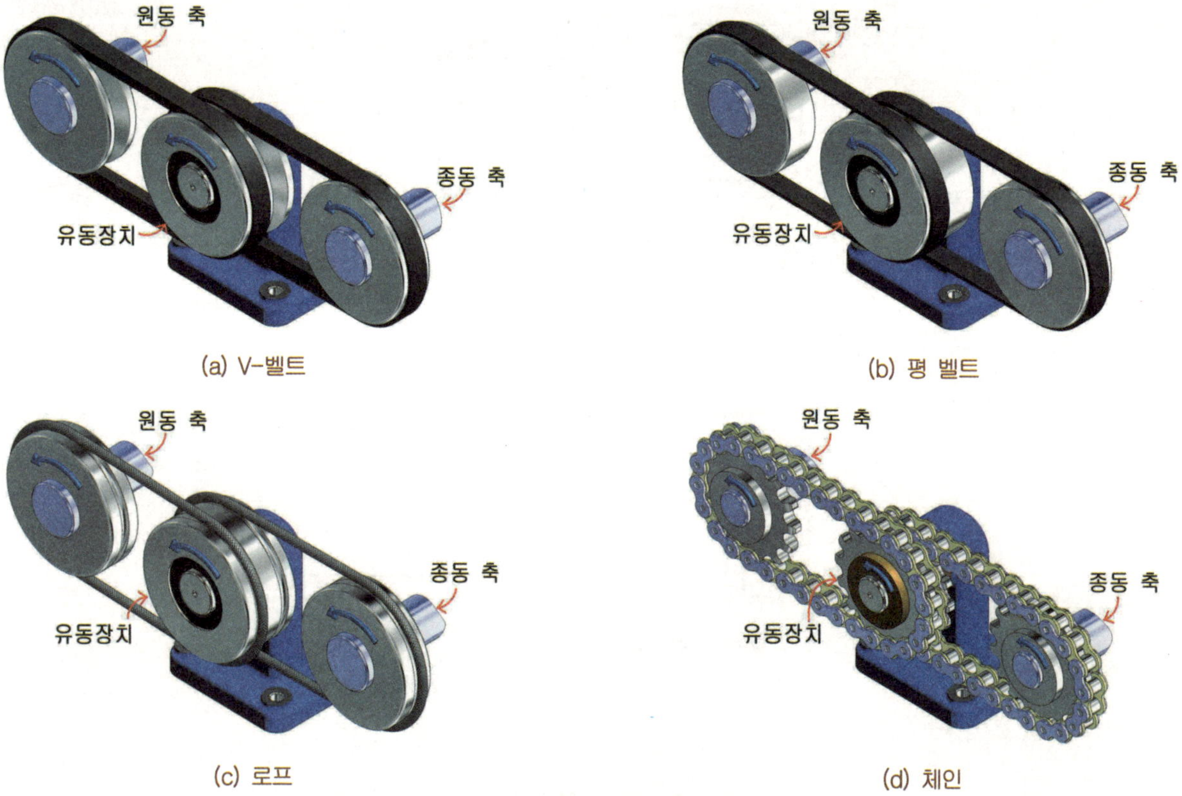

그림 2-3. 전동 요소와 유동장치

➜ 아래 그림의 (a)는 원동 축과 종동 축의 전달 조건에서 원동축의 회전 방향과 회전수(증속 또는 감속)가 같은 경우, (b)는 회전수를 바꾸어 전달하고자 할 때 유동장치의 휠을 크거나 작게 한 보기입니다.

➜ 그러나, 기어 동력전달과 같이 두 축 사이가 가깝지만 회전 방향을 바꾸거나 회전 속도에 변화를 주고자 할 때도 원동 축과 종동 축 사이에 설치하는 **기어 유동장치(Gear Idler)**가 있습니다.

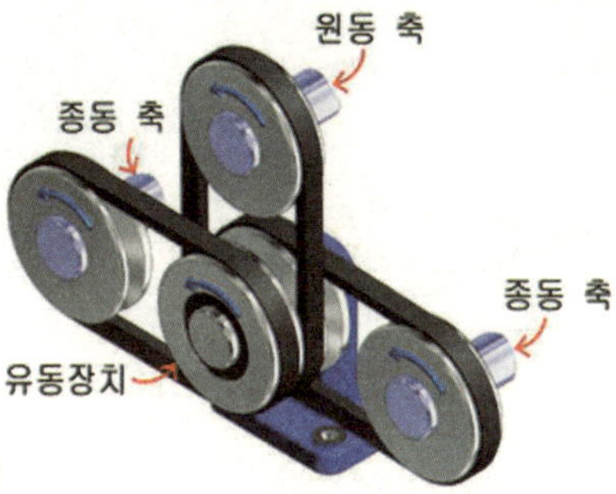

(a) 회전 방향과 회전수가 같은 경우

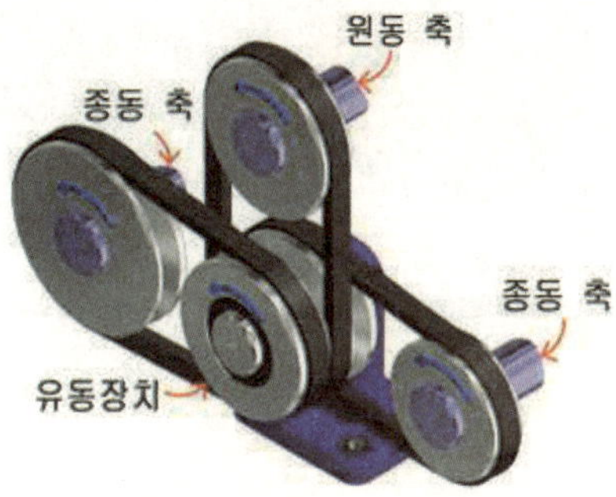

(b) 회전수를 바꾸어 전달할 경우

그림 2-4. V-벨트 전동에서 회전수 변환을 위한 유동장치

➜ 아래 그림은 V-벨트 전동장치에서 유동장치의 위치를 설명하며 (a)와 같이 이완 측에 설치하는 방법과 (b)와 같이 긴장 측에 설치하는 방법이 있습니다.

➜ 유동장치는 원동 축과 종동 축의 거리 조정이 불가능한 경우와 같이 기능적으로 반드시 필요한 경우에만 사용해야 하는데, 이는 동력전달 효율이 떨어지고 수명이 짧아지기 때문이며 가급적 이완 측에 설치하는 것이 좋습니다.

➜ 유동장치는 원동 축과 종동 축 바깥쪽에 설치할 경우에는 아래 그림의 (a)와 (b)의 ①과 같이 원동 풀리의 50% 이상의 지름이어야 하고 안쪽에 설치할 경우에는 (a)와 (b)의 ②와 같이 원동 축의 풀리 지름과 같아야 합니다.

참고로, 유동장치의 휠 지름이 원동 축의 휠 지름보다 작을 경우에는 휠과 벨트의 접촉각이 커져서 그 만큼 마모가 증가하고 굽힘 응력이 증가하기 때문에 벨트 수명이 현저하게 감소됩니다.

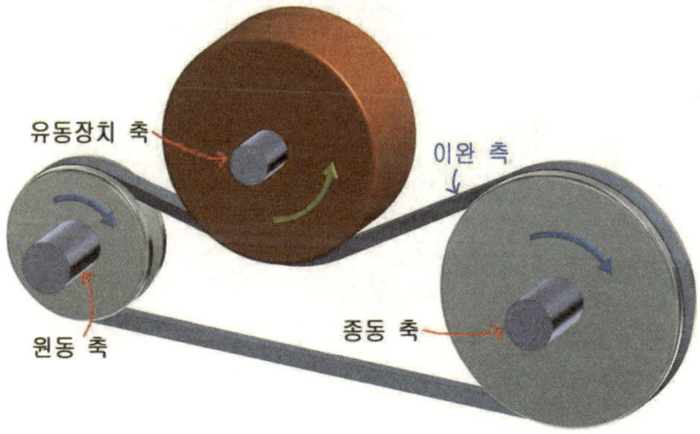

① 바깥쪽

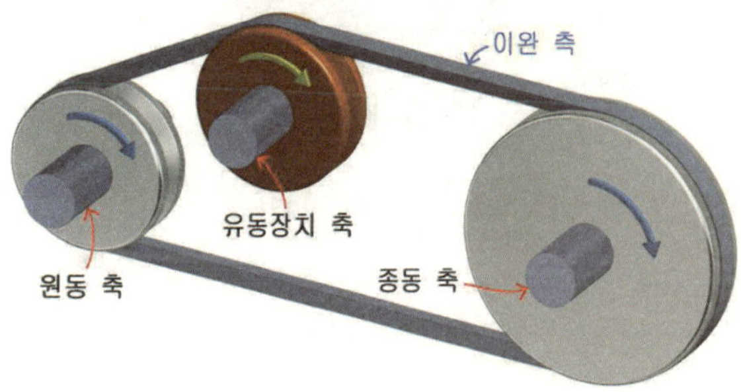

② 안쪽

(a) 이완 측에 설치

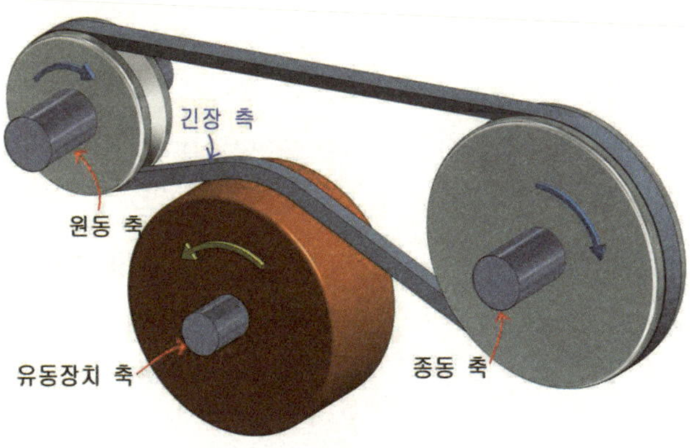

① 바깥쪽

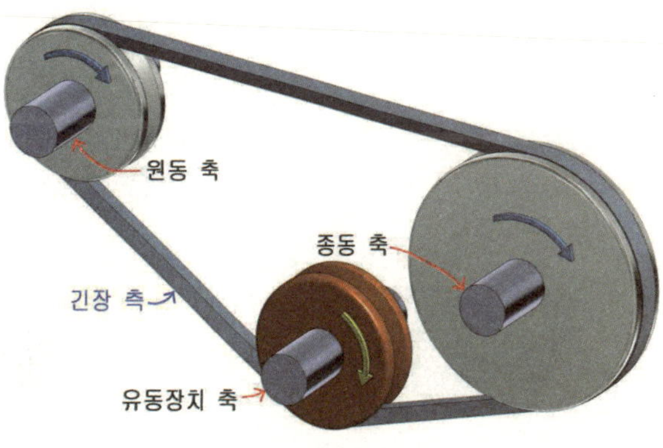

② 안쪽

(b) 긴장 측에 설치

그림 2-5. V-벨트 전동의 유동장치 위치

→ 유동장치는 두 축의 풀리와 벨트가 접촉하는 각도는 미끄럼(slip) 현상발생으로 인한 전동효율 손실을 줄여주기 위해 가급적 아래 그림과 같이 2개의 풀리가 동일한 접촉각을 갖도록 하는 것이 바람직합니다.

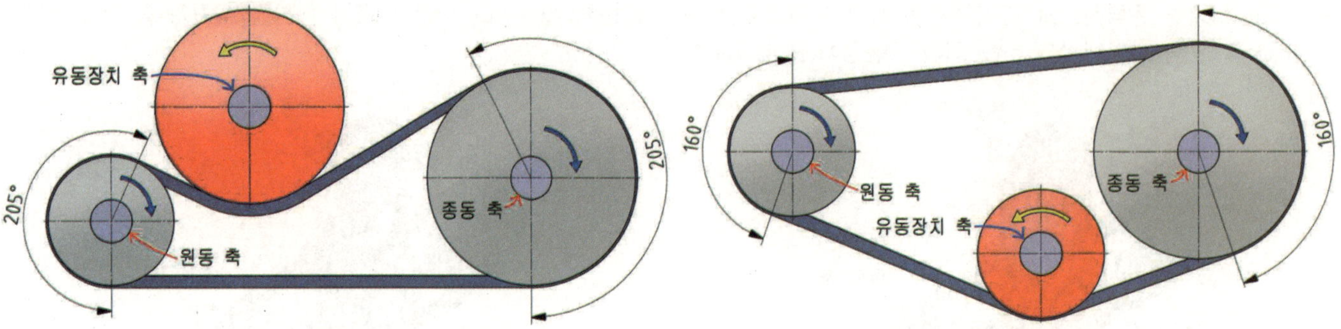

① 바깥쪽　　② 안쪽

그림 2-6. 벨트 전동의 접촉각과 유동장치 위치

보충설명 V-벨트의 특징, 단면구조, 종류

→ V-벨트의 특징은, 운전 중 마찰 소음이 적고 진동이나 충격을 잘 흡수하며, 평 벨트에 비해 적은 장력(張力, Tension)과 접촉 압력이 커서 큰 동력을 전달 할 수 있고 바로 걸기로만 동력을 전달할 수 있습니다.

→ V-벨트의 단면 구조는, 아래 그림의 (a)와 같이 풀리를 통과할 때 늘어나는 신장(伸張)부, 벨트의 길이를 지탱해 주는 중심(中心)부, 풀리를 통과할 때 줄어드는 압축(壓縮)부, 이들을 감싸주며 수명을 보장해주는 외피(外皮)부로 나눕니다.

또, V-벨트는 풀리에 감기지 않은 자유 상태에서 40°의 각을 가진 외피 부의 명칭은 (b)와 같습니다.

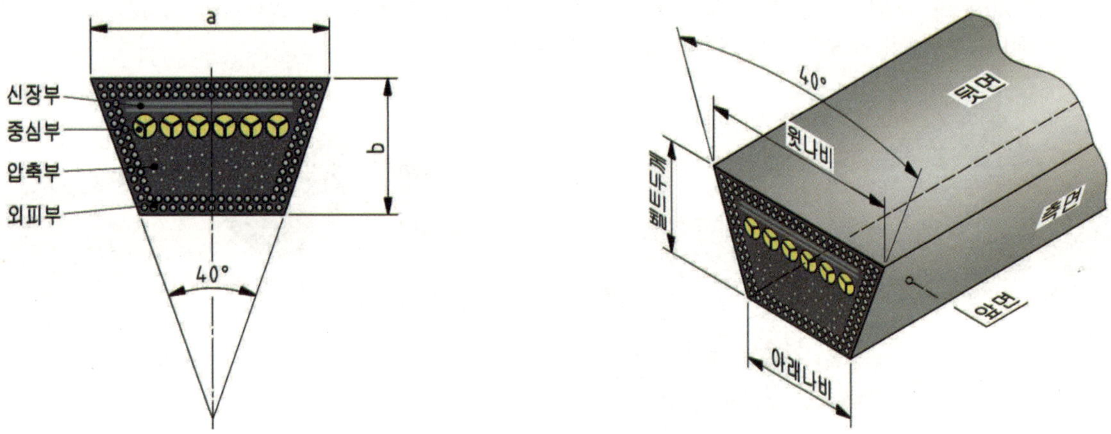

(a) 단면 구조　　(b) 명칭

그림 2-7. V-벨트의 단면 구조

→ V-벨트의 종류는 각종 기계 및 자동화 장치에 사용하는 일반 산업용, 잘 늘어나지 않고 내유성, 내열성, 내 충격성이 적으면서 고속회전을 하는데 적합한 자동차용, 농기계용이 있습니다.

→ 아래 그림은 일반 산업용 V-벨트가 자유 상태일 경우와 풀리에 감겨있을 때의 변형된 단면 모양을 설명하며 (c)는 두 축 사이에 과다한 장력이 작용한 V-벨트 단면 모양으로써 두 축에 설치된 베어링의 파손 원인이 됩니다.

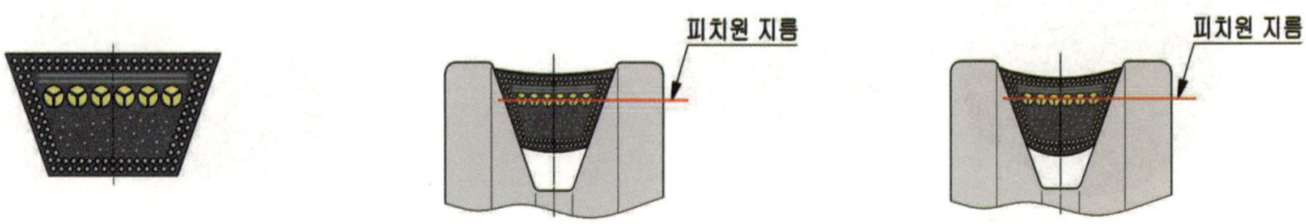

(a) 자유 상태　　(b) 풀리에 감겼을 때(적절한 장력작용)　　(c) 풀리에 감겼을 때(과다한 장력작용)

그림 2-8. V-벨트의 변형된 단면

→ V-벨트의 마찰력은 전달할 동력 크기를 결정하는 것으로써 풀리에 감겼을 때의 마찰력이 작용하는 모양은 오른쪽 그림에서 설명합니다.

여기서, F는 풀리의 반지름 방향으로 장력에 의해 누르는 힘이며,
N/2는 풀리 홈의 한쪽 면에 수직으로 작용하는 반력이고,
μN/2는 풀리의 반지름 방향으로 작용하는 마찰력입니다.

→ V-벨트는 아래 그림과 같이 다중으로 엮어진 여러 종류의 결합 벨트가 있는데, 제작비용의 현저한 절감과 동력전달 효율을 증가시킬 수 있으며 고속전달이 가능하고 수명이 길어집니다.

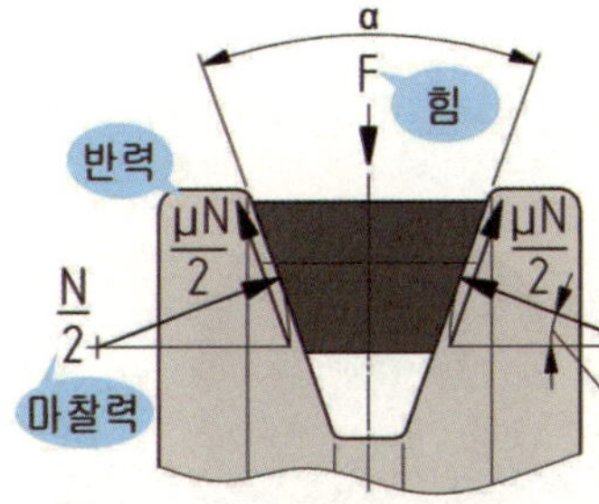

그림 2-9. V-벨트의 마찰력 작용

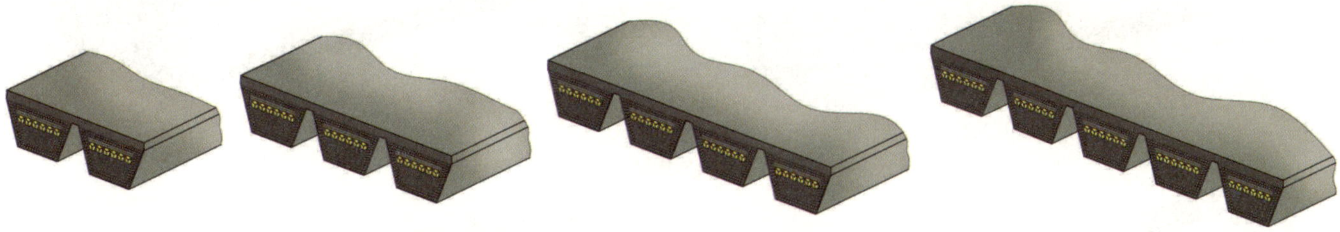

(a) 2중 V-벨트 (b) 3중 V-벨트 (c) 4중 V-벨트 (d) 5중 V-벨트

그림 2-10. 다중 V-벨트 종류

→ 참고로, 일반 산업용 V-벨트 풀리의 지름 결정은 피치원 지름(d_p), 가는 나비 V-벨트 풀리는 바깥지름(d_e)으로 결정하게 됩니다.

- 일반 산업용 V-벨트 풀리는 A형 → $d_m = d_e - 9.2$mm, B형 → $d_m = d_e - 12.5$mm,
  C형 → $d_m = d_e - 16.9$mm으로 계산하여 지름을 결정하며,
- 일반 산업용 가는 나비 V-벨트 풀리는 SPZ형 → de = d_m + 최소 2mm, SPA형 → de = d_m + 최소 2.75mm,
  SPB형 → de = d_m + 최소 3.5mm으로 계산하여 지름을 결정합니다.

→ 가는 나비 V-벨트 풀리 주요 치수는 규격 KS B 1401이 KS B ISO 4183으로 변경되면서 표준 V-벨트 Y, Z, A, B, C, D, E형과 가는 나비 V-벨트 홈 붙이 풀리의 기준 나비 SPZ, SPA, SPB, SPC형에 의해 규정됩니다.

보충설명 벨트 전동에서의 긴장 측과 이완 측 구분

→ 벨트(평 벨트, V-벨트, 이 붙이 벨트), 로프, 체인 전동장치에서는 아래 그림과 같이 원동 축의 회전 방향에 따라 전동 요소가 팽팽해지는 긴장 측과 느슨해지는 이완 측으로 구분됩니다.

원동 축 휠이 종동 축 휠의 벨트를 당기는 힘과 종동 축이 회전하지 않으려는 반력(反力)에 의해 벨트가 팽팽해지는 긴장 측과 원동 축에서 밀어낸 벨트가 종동 축의 휠로 가지 않으려하고 잡아당기지 않아 느슨해지는 이완 측으로 구분됩니다.

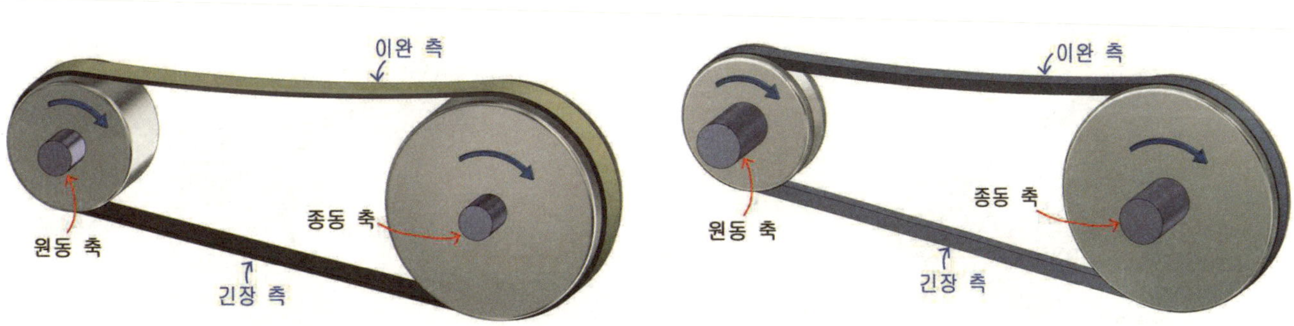

(a) 평 벨트 (b) V-벨트

그림 2-11. 벨트의 긴장 측과 이완 측

보충설명 **평 벨트 전동의 유동장치 위치**

→ 아래 그림은 평 벨트 전동장치에서 회전 방향이 같을 경우의 긴장장치와 유동장치를 겸용한 설계 보기로서 유동장치를 설치할 수 있는 부분의 구조 등에 따라 위치를 다르게 설계할 수 있습니다.

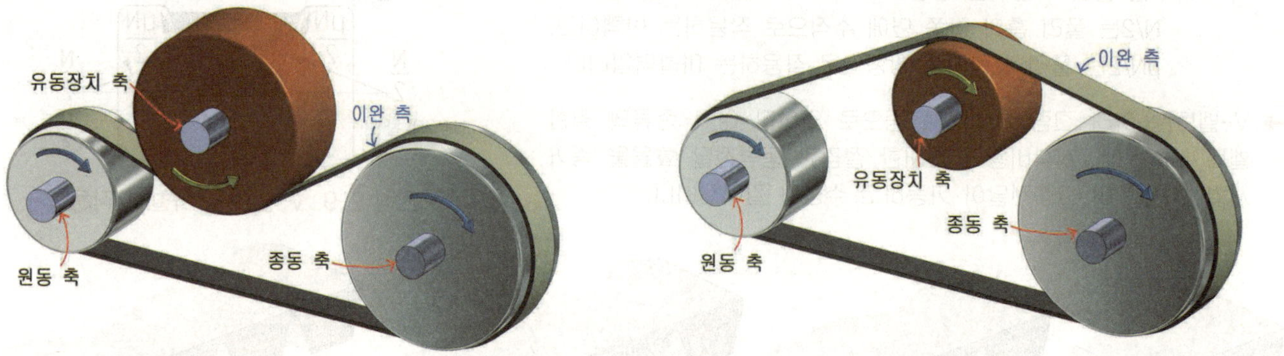

① 바깥쪽　　② 안쪽

(a) 이완 측에 설치

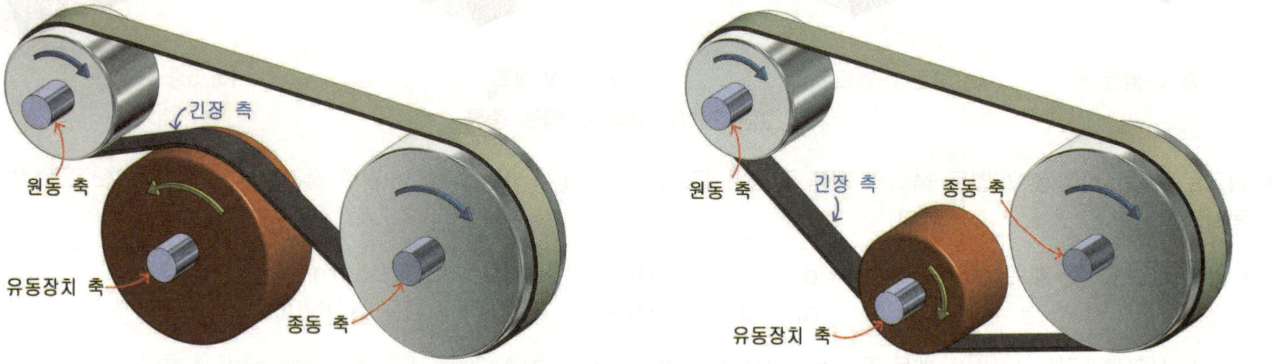

① 바깥쪽　　② 안쪽

(b) 긴장 측에 설치

그림 2-12. 평 벨트 전동의 유동장치 위치

→ 아래 그림은 축 방향전환 유동장치의 설계 보기로서 회전방향 또는 축 방향 변환의 동력전달 목적과 설치할 수 있는 부분의 구조 등에 따라 위치를 다르게 설계할 수 있습니다.

(a) 회전 방향 전환　　(b) 축 방향 전환(엇갈림)

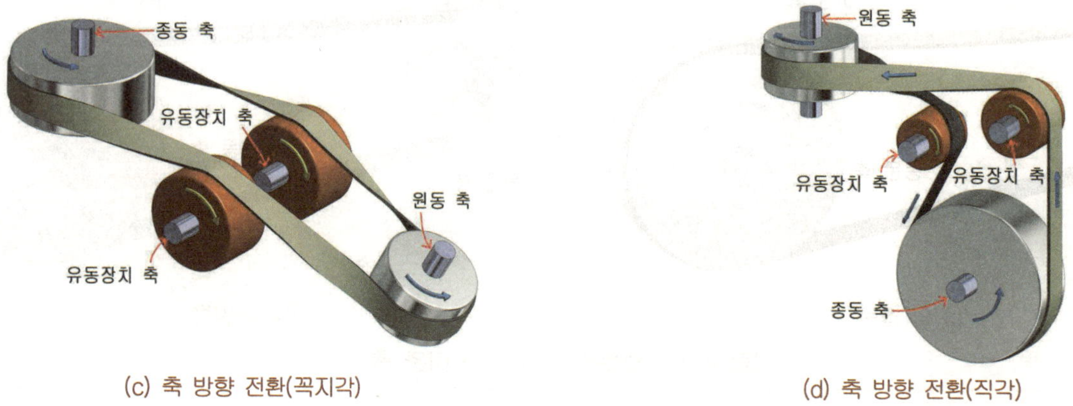

(c) 축 방향 전환(꼭지각)　　(d) 축 방향 전환(직각)

그림 2-13. 평 벨트 전동의 방향전환 유동장치

(2) 부품 기능

→ ①의 본체(Body)는, 원동 축과 종동 축 사이에 설치되어 축이 수평 자세를 유지하도록 고정하여 두 축으로부터 수직 상태로 회전하는 풀리로부터 V-벨트가 벗겨지지 않도록 하는 기능을 갖습니다.

→ ②의 축(Shaft)은, 본체로부터 수평자세를 유지하고 자동조심 볼 베어링에 의해 수직상태로 풀리가 회전하도록 합니다.

→ ③의 2중 V-벨트 풀리(Double V-Belt Pulley)는, 축으로부터 자동조심 볼 베어링에 의해 V-벨트를 원동 축과 종동 축 사이에서 회전력을 전달하면서 회전 방향을 바꾸어 줍니다.

→ ④의 간격 링(Space Ring)은, 축의 단으로부터 자동조심 볼 베어링의 내륜과 본체 사이의 간격을 유지시켜 결국 풀리의 위치를 결정해 줍니다.

안지름 쪽은 축에 설치된 O링과 밀봉상태를 유지하여 베어링의 오일이 새 나가지 못하도록 하고, 바깥지름 부는 풀리에 삽입되어 있는 O링과 미끄럼 접촉을 하면서 베어링 오일이 새나가지 못하게 합니다.

→ ⑤의 오일 실 백업 링(Oil Seal Backup Ring)은, 실이 안쪽으로 밀려들어가 립(Lip)의 손상방지 차단 벽 기능을 합니다.

→ ⑥의 평행키(Parallel Key)는, 풀리가 중 고속으로 회전할 때 본체에 고정된 축 또한 따라 회전하려는 것을 막아주면서 본체와 축의 이음역할을 합니다.

→ ⑦의 자동 조심 볼 베어링(Self-Aligning Ball Bearing)은, 축 상에서 외륜이 풀리와 함께 중 고속의 회전을 할 때 축 직각 방향으로 흔들리는 것을 최소화 시켜줍니다.

B 01. 강의인 **긴장장치**에서 설명한 바와 같이 본 학습문제의 V-벨트 유동장치에서도 베어링의 설치 간격이 좁을 때는 폭이 넓은 베어링(자동 조심 베어링)으로 대체하여 설계합니다.

→ ⑧, ⑫의 C형 멈춤 링(C-Type Retaining Ring)은, 풀리의 안쪽에 끼워진 ⑧의 경우 자동조심 볼 베어링 외륜이 이탈되지 않도록 하여 중 고속으로 회전하며 축 방향으로 흔들리는 풀리가 결국 축으로부터 이탈되는 것까지 막아줍니다.

⑫는 풀리가 중 고속으로 회전할 때 축이 본체로부터 이탈하게 되면, 유동장치 기능을 상실하게 되므로 이와 같은 문제 발생을 방지합니다.

→ ⑨의 오일 실(Oil Seal)은, 풀리의 안지름에 끼워져서 립이 축에 끼워진 자동 조심 볼 베어링의 오일이 새나가는 것을 예방하고, 밖으로부터 이물질이 유입되어 베어링이 파손되는 것을 방지해 줍니다.

풀리가 중 고속으로 회전할 때 축 중심방향으로 충격이 반복적으로 가해져서 풀리로부터 이탈이 우려되면 백업 링을 바깥쪽에도 설치할 수 있습니다.

→ ⑩, ⑪의 O링(O-Ring)은, 축과 풀리에 끼워져 간격 링과 함께 자동조심 볼 베어링의 오일이 밖으로 새나가지 않도록 하며, ⑩은 고정용이고, ⑪은 바깥지름이 간격 링과 미끄럼 접촉을 하는 운동용입니다.

보충설명 멈춤 링의 종류와 설치 설계제도

→ 멈춤 링은, 축이나 구멍에 주로 베어링이나 부품이 빠지지 않도록 저지(沮止)시켜주는 역할을 하는 부품이며, 아래 그림과 같이 구멍용에는 C형, C형 동심 멈춤 링이 있으며, 축용에는 C형, E형 멈춤 링이 있습니다.

→ 참고로, E형은 적용하는 축의 지름 25~38mm이하에서만 사용하며 저지력이 C형과 C형 동심 멈춤 링보다 결속력이 약합니다.

① C형 ② C형 동심

(a) 구멍용

① C형 ② E형(작은 지름용)

(b) 축용

그림 2-14. 멈춤 링의 종류

➜ 멈춤 링의 설치설계에서 아래 그림 (a)는 구멍의 공차지시에서 나쁜 보기와 옳은 보기이며, (b)는 축의 공차지시에서 나쁜 보기와 옳은 보기를 설명합니다.

즉, 구멍이나 축에 베어링 등의 부품 폭과 멈춤 링 사이의 틈새는 조립에 필요한 틈새를 제외한 더 큰 틈새의 허용을 하지 않는 공차지시가 되어야 합니다.

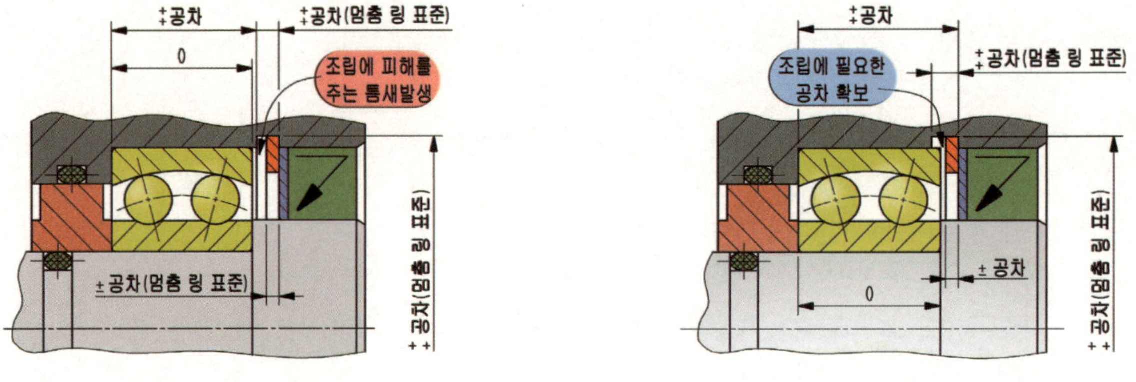

① 나쁜 보기　　② 옳은 보기

(a) 구멍의 공차지시

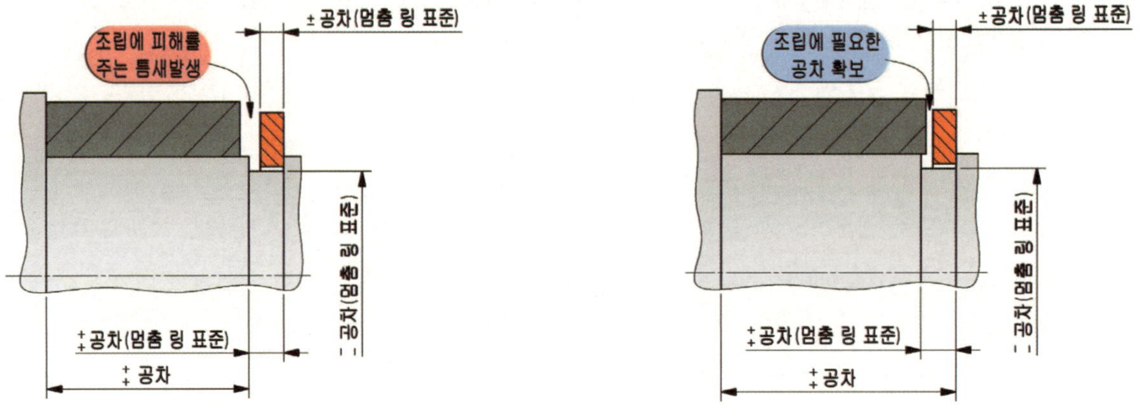

① 나쁜 보기　　② 옳은 보기

(b) 축의 공차지시

그림 2-15. 멈춤 링 설치의 공차지시

➜ 구멍에 설치되는 베어링을 고정할 때 큰 공차지시가 되거나 공차지시 위치가 잘못되었을 경우에는 아래 그림과 같이 길이 방향으로 움직이게 되어 베어링 파손의 원인이 됩니다.

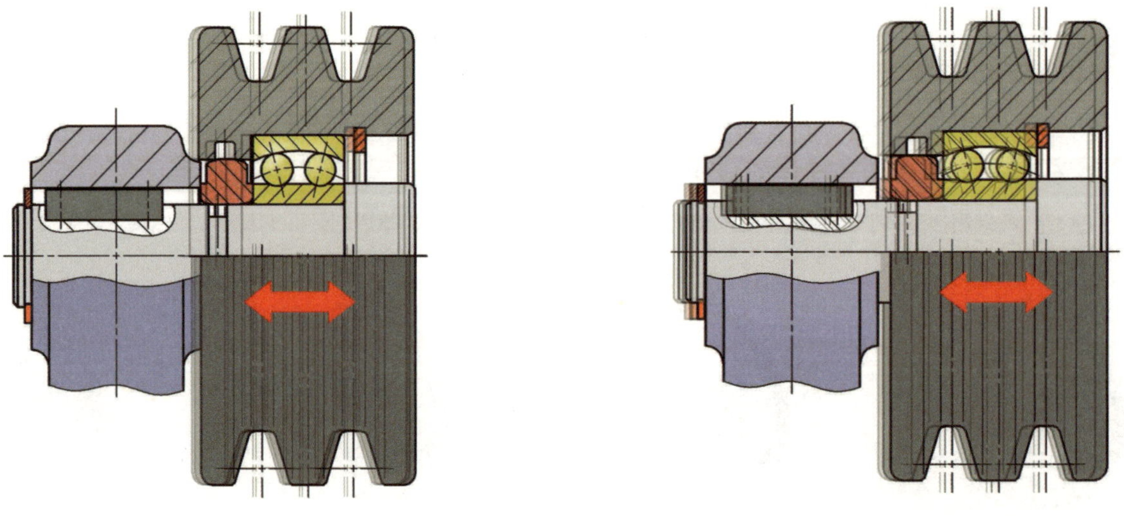

(a) 구멍　　(b) 축

그림 2-16. 나쁜 공차지시의 경우에 구멍과 축에 조립된 베어링 상태

보충설명 O링(O-Ring)과 링 개스킷(Ring Gasket)이란?

➜ O링은, 니트릴 고무, 합성고무, 내열성 고무 등 용도에 알맞은 재질로 만들어진 개스킷(Gasket)의 일종으로서 아래 그림과 같이 여러 가지 단면을 가진 링 중에서 (a)와 같이 단면이 O형의 고리모양(圓環體,Torus) 링을 말합니다.

➜ 즉, 원형 단면이 아닌 것을 통틀어 링 개스킷(Ring Gasket)라고 하는데, O-링과 링 개스킷은 구멍과 축 사이에 설치하여 액체나 기체가 밖으로 새나가지 못하게 합니다.

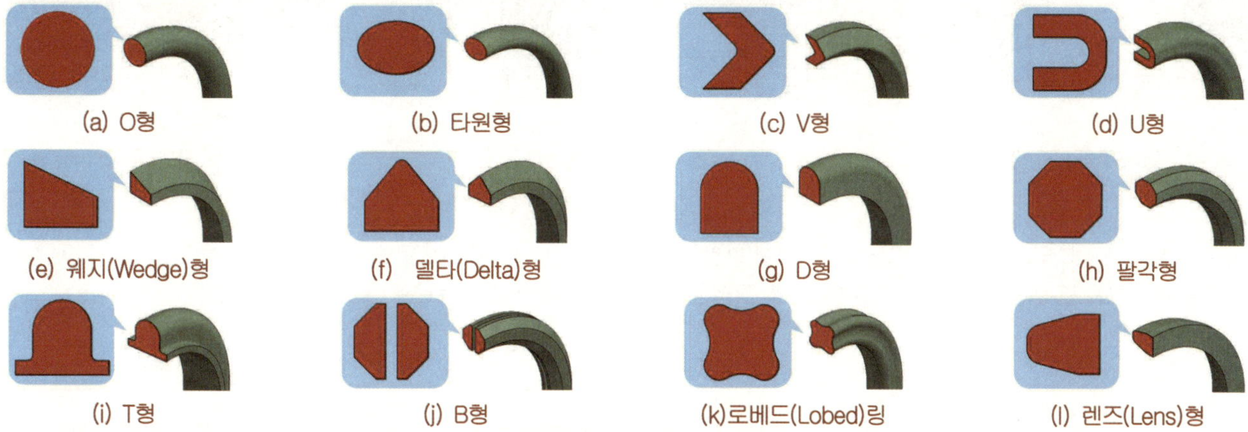

그림 2-17. O-링과 링 개스킷의 단면모양(자유 상태)과 종류

➜ 아래 그림은 링 개스킷이 구멍과 축에 설치되어 단면이 변형된 상태를 보여줍니다.

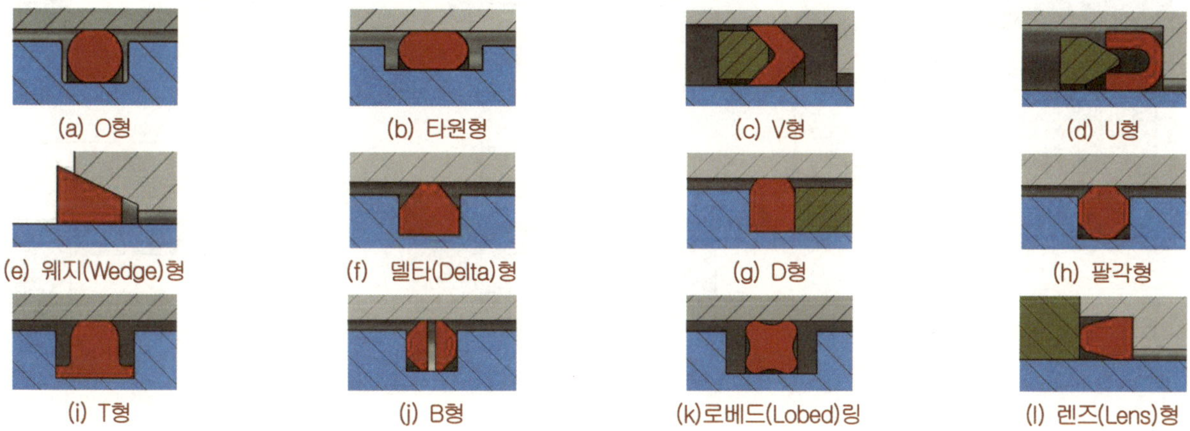

그림 2-18. O-링과 링 개스킷의 변형된 단면모양(눌림 상태)

➜ 아래 그림은 O-링과 링 개스킷을 설치하는 설계 보기입니다.

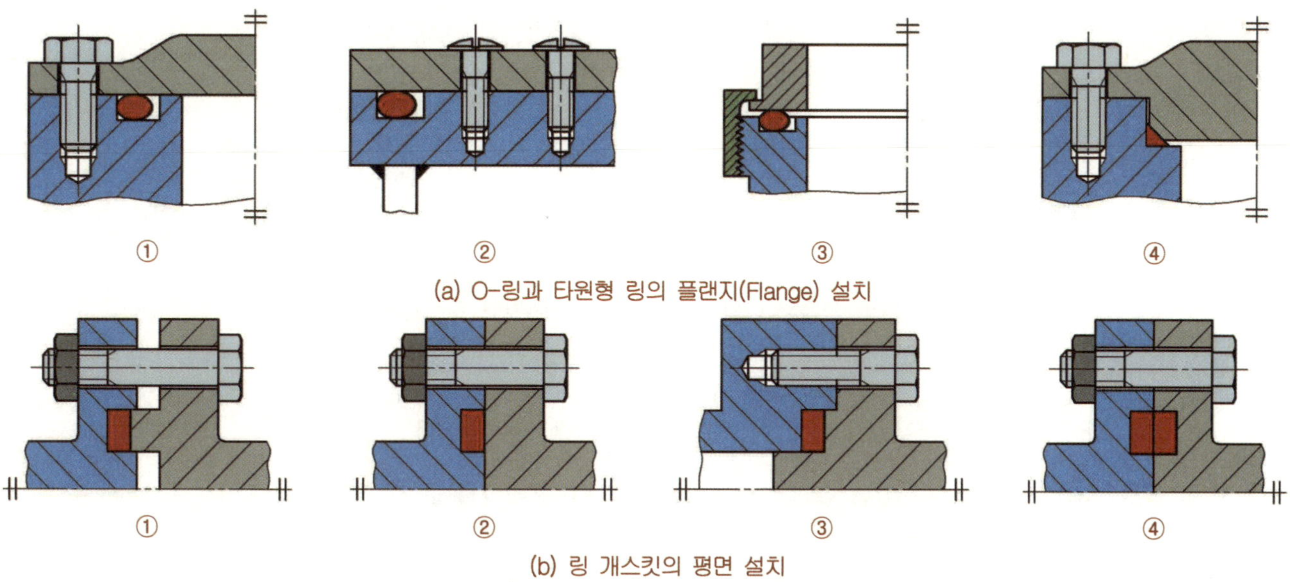

그림 2-19. 링 개스킷의 설치 설계

➜ 설치하기가 쉬운 밀봉(密封)용으로서 카메라, 시계, 항공기, 기계, 유 · 공기압 기기, 차량, 농기계, 전자제품 등에 사용하며 평면 밀봉용과 원통 밀봉용으로 분류되며, 평면 밀봉용은 아래 그림과 같이 외부 및 내부 압력용으로 다시 구분됩니다.

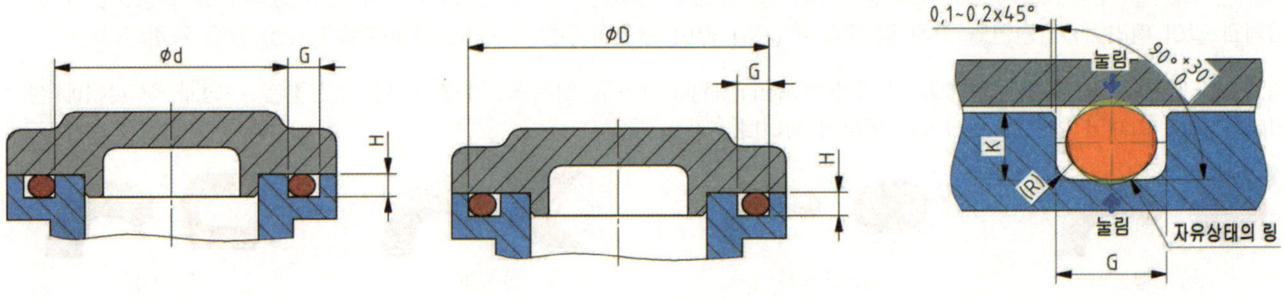

(a) 외부 압력용 (b) 내부 압력용 (c) 홈의 모떼기와 구석 둥글기

그림 2-20. 평면 밀봉용 O링

➜ 원통 밀봉용 또한 두 면 사이에 밀착되어 기체(基體), 유체(流體)가 새나가지 못하게 하거나, 안쪽으로 들어가지 못하게 하는 부품으로서 운동용, 고정용으로 구분하며 고정용은 외부 및 내부 압력용으로 구분합니다.

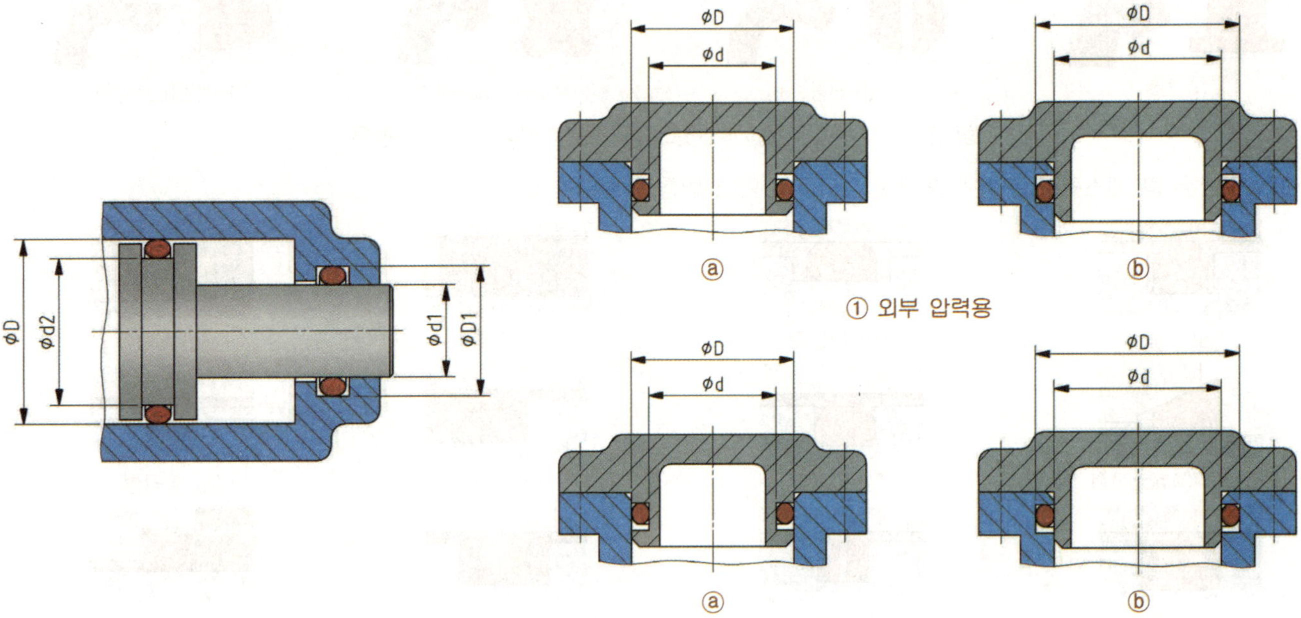

② 내부 압력용

(a) 운동용 (b) 고정용

그림 2-21. 원통 밀봉용 O링

➜ 원통 밀봉용 O링의 설치 홈 모서리 및 구석 둥글기 크기는 아래 그림과 같이 일체형과 분할형이 있습니다.

(a) 일체형 (b) 분할형

그림 2-22. 원통 밀봉용 O링의 설치 홈의 모떼기와 구석 둥글기 크기

➜ O링과 링 개스킷의 밀봉 능력은, 긴 체인(Chain)으로 연결되는 화학적 고리(Polymer)분자의 고 강성(高 强性) 재질이 압착 불가능한 기체, 유체에 대항하는 표면 장력(表面 張力)으로 원래의 상태를 유지하려는 특성(Elastomer)에 있습니다.

➜ 재질은, 오일 실과 같이 용도에 따라 선택하게 되며, 기기에 설치할 때에는 나사부나 예리한 모서리 부분 등으로 인해 상처가 날 우려가 있는 경우에는 끼워 넣을 때 다음 쪽 그림과 같이 조립 지그를 사용합니다.

➜ 구멍에 안전한 조립을 위해서는 모서리 부분을 모떼기 하는 것보다 다음 쪽 그림과 같이 둥글기를 주는 것이 좋으며, 축에 O링을 끼워 구멍에 삽입시킬 때 상처가 나지 않도록 다음 쪽의 그림과 같이 부품도를 제도합니다.

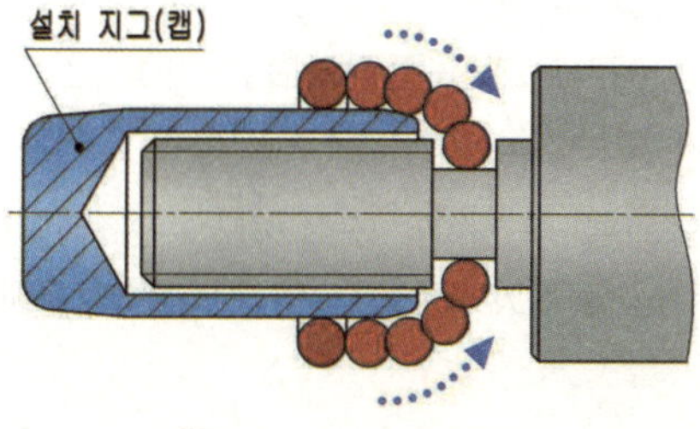

그림 2-23. O링의 조립 지그 사용 예

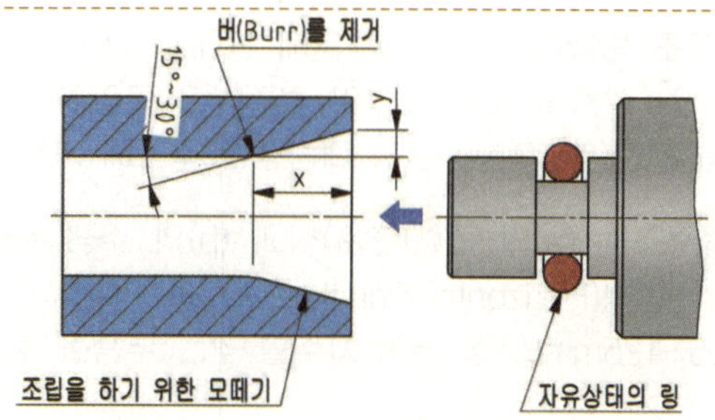

그림 2-24. O링 조립을 위한 모떼기

➜ 7Mpa(메가 파스칼) 이상의 고압에서는 O링이 빠지거나 손상되므로 아래 그림과 같이 백업 링(Backup Ring)을 사용합니다.

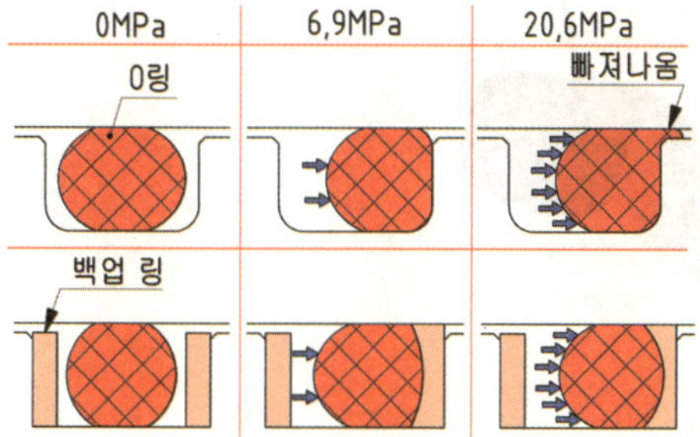

그림 2-25. O링의 백업 링 설치

보충설명 **주조(鑄造, Casting) 방법의 종류**

➜ **주조는**, 기계가공이 곤란한 모양의 부품, 표면 거칠기 정밀도가 높은 부품, 치밀한 조직과 안정된 강도를 필요로 하는 부품 등의 소재를 마련할 때 용해된 금속을 주형(鑄型)틀 속에 주입하여 응고시키는 방법을 말합니다.

➜ 주형틀은 모래, 점토, 수분을 주성분으로 하는 재료의 주형사(鑄型沙, Molding Sand)의 틀을 만든 사형(沙型)틀과 금속(金屬) 틀(거푸집)로 만든 금형(金型, Metal Mold)틀이 있습니다.

➜ **주조방법**은, 대표적으로 사형(沙型, 모래)주조 방법, 원심(圓心)주조 방법, 저압(低壓)주조 방법, 금형(金型) 중력 주조 방법, 인베스트먼트(Investment Casting) 주조 방법, 다이캐스팅(Die Casting) 방법, 연속(連續)주조 방법 등 이외에도 여러 가지가 있는데 이를 통칭해 주조라고 부릅니다.

➜ **사형주조 방법**은, 아래 그림과 같은 구조의 주조방법으로써 주로 기계 등의 몸체나 구조를 이루는 부품으로서 모양이 단순하며 무거운 대형 부품으로서 소량 생산을 할 때 주로 많이 사용하는 주조 방법입니다.

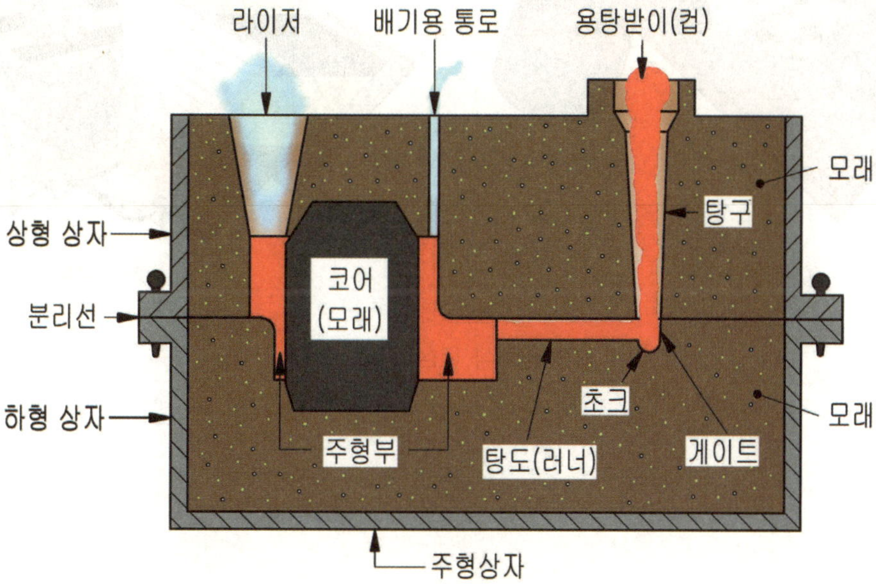

그림 2-26. 사형 주조의 구조

➜ **원심주조 방법**은, 원통주형 안에 용해된 금속 용탕(鎔湯)을 붓고 주형(사형, 금형)을 고속 회전시켜 원심력으로 주형의 구석까지 쇳물을 보내 조직이 치밀하고 균일하며 강도가 높은 주조 방법으로써 재료가 절약되고 기어, 스프로킷 휠, 벨트 풀리, 관(管, Pipe) 등의 대량생산 주조에 사용하며, 지름이 크고 속이 빈 축 등의 주조에사용합니다.

원심 주조는 (a)의 공랭(空冷)식과 (b)의 수랭(水冷)식 냉각 방법으로 일감을 주조하며 주형 회전축의 설치방향에 따라 ①의 수평식(Horizontal Rotation)과 ②의 수직식(Vertical Rotation)의 원심 주조기계가 있으며, 3m의 지름과 15m 길이 및 2.5~125mm의 살 두께 치수를 갖는 부품을 주조할 수 있습니다.

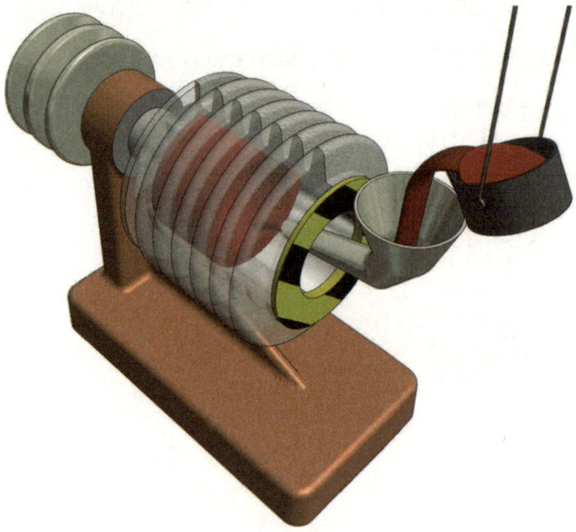

① 수평식

② 수직식

(a) 공랭식

① 수평식

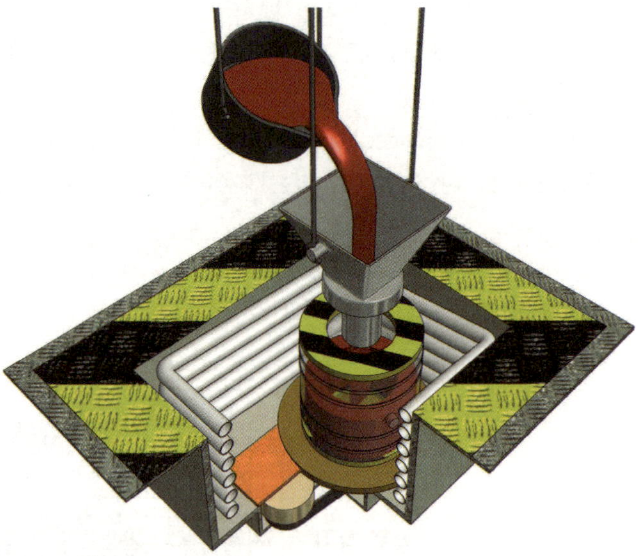

② 수직식

(b) 수랭식

그림 2-27. 공랭식 원심 주조기계의 간략도

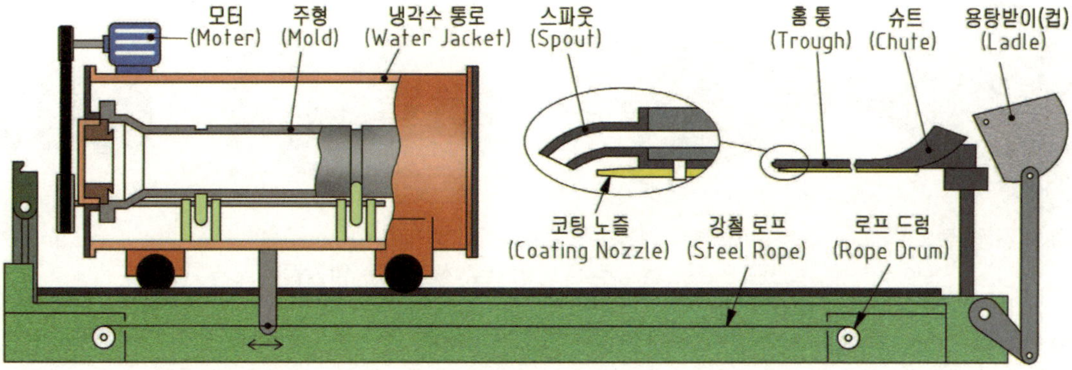

(a) 준비 단계

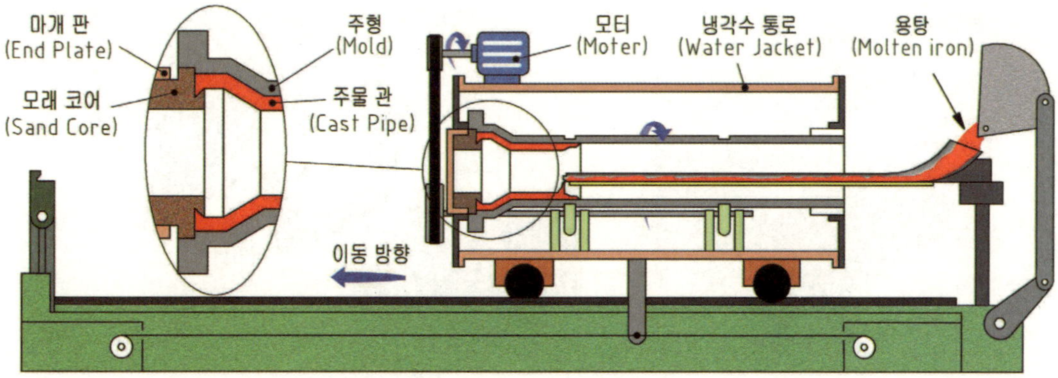

(b) 주조 단계

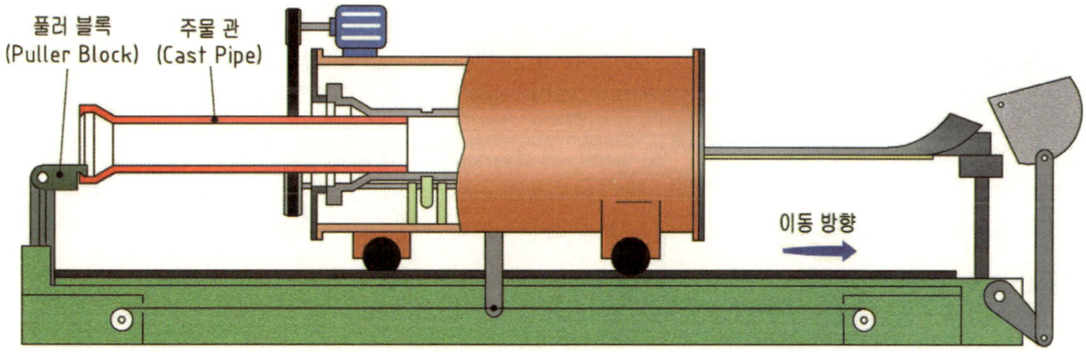

(c) 주조한 일감 추출 단계

그림 2-28. 수랭식 원심 주조기계와 주조 순서 간략도

원심주조 방법의 장점으로는,

- 속에 빈 공간이 있는 주형 안에 설치하는 또 다른 틀인 코어(Core)가 불필요합니다.
- 합금(合金)재료에 제한을 받지 않으며 치밀하고 강도가 큰 일감을 주조할 수 있습니다.
- 일감에 기포(氣泡)가 생기는 현상이 적습니다.
- 용탕(쇳물)을 부어 주형에 이르도록 하는 탕구(湯口)가 불필요합니다.
- 주형에 쇳물을 부은 양만큼 주형 내의 공기를 외부에 방출하거나 주형 내에 발생하는 가스, 슬러그, 모래 등을 흘려 내리고 쇳물의 흐름 상태를 들여다보는 구멍의 라이저(Riser)가 불필요합니다.
- 탕구와 주조할 일감과의 사이에 설치되어 고온의 용탕에 압력을 가하는 겸용의 탕구로서 압탕을 하는 효과가 좋고 찌꺼기를 뜨게 하는 역할도 하는 압탕구(壓湯口)가 불필요합니다.
- 용탕이 주형 안에서 응고하는 도중 수축하는 것을 억제하지 않는 것 때문에 잔류응력(殘留應力)이 미미합니다.

단점으로는,

- 주형을 회전시키는 구조나 장치가 필요하여 주조기를 마련하는 초기 비용이 많이 듭니다.
- 주조한 일감 안쪽에 불순물이 포함되어 일감을 거르는데 필요한 장비로 비용이 추가되고 검사 시간이 더 필요합니다.

원심주조 방법으로 생산할 수 있는 일감은 아래 그림과 같이 대량생산이 필요한 일감을 주조하는 것이 원가를 낮출 수 있습니다.

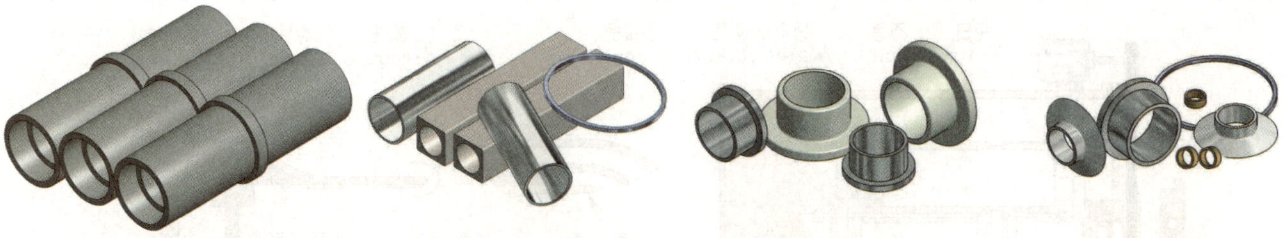

(a) 대형 관(管)류　(b) 중형 관류　(c) 플랜지(Flange)류　(d) 소형

그림 2-29. 원심주조 방법으로 생산하는 일감들

→ **금형 중력주조(중력 다이캐스팅) 방법**은, Al합금, 황동합금의 용탕을 영구적인 금속 틀에 부어 외부 압력이 없이 부어 주조하며 조직의 세밀화, 기계적 성질, 절삭성질이 우수한 일감을 주조하므로 비용절감과 품질이 좋습니다.

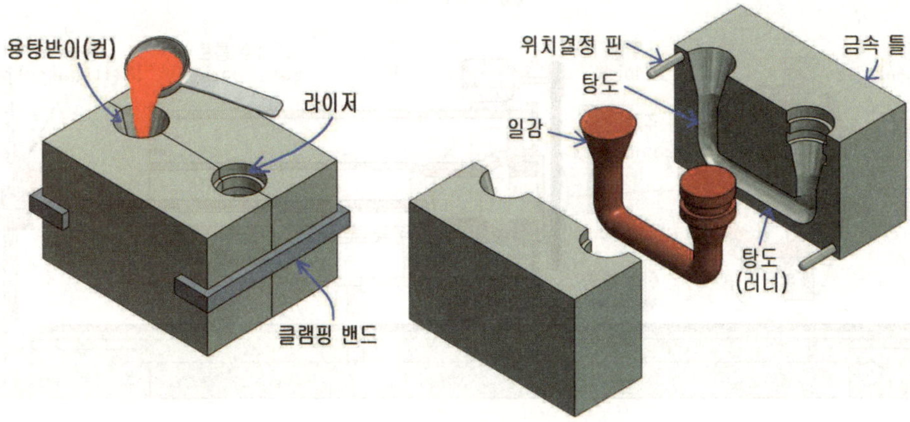

그림 2-30. 중력주조 금형 틀

→ **인베스트먼트 주조 방법**은, 다음 쪽 그림의 순서와 같이 모형을 왁스로 제작하여 내화물질을 바른 후 원형을 녹인 후 쇳물을 채워 주조하는 방법으로서 일감의 치수가 정확하고 깨끗하며 복잡한 모양도 주조할 수 있습니다.

제트엔진, 가스 터빈, 증기터빈, 항공기 기체, 내연 기관, 자동차, 철도차량, 식품기계, 인쇄기계, 제지기계, 압축기, 밸브, 펌프, 전기장치, 통신기, 계측기, 방직기, 공업용 재봉기, 총기, 화기, 사무기기, 원자로 등 기타 정밀 고강도 기계부품 주조에 널리 이용되고 심지어 장신구, 생활용품 등도 주조할 수 있습니다.

주조 순서는 다음과 같습니다.

(a) 일감의 모형을 만들어 금형 틀의 공간에 가두고 왁스를 부어
(b) 왁스 모형(2회 작업)을 틀에서 꺼냅니다.
(c) 2개를 연결하고 탕구와 러너(Runner) 등을 설치하여 조립합니다.
(d) 조립된 모형의 표면에 왁스 모형 주위를 내화제(耐火劑)로 둘러줍니다.
(e) 접착제를 뿌린 후 다시 모래를 뿌려 도포(塗布)합니다.
(f) 건조합니다.
(g) 주형제가 굳어진 틀을 뒤집고 가열하여 주형제의 안에 있는 왁스 모형이 녹아서 완전히 흘러내리게 합니다.
(h) 주형틀을 다시 뒤집은 후 용탕을 탕구에 부어 주조한 후 내화제와 틀을 해체하고 꺼내어 분리합니다.

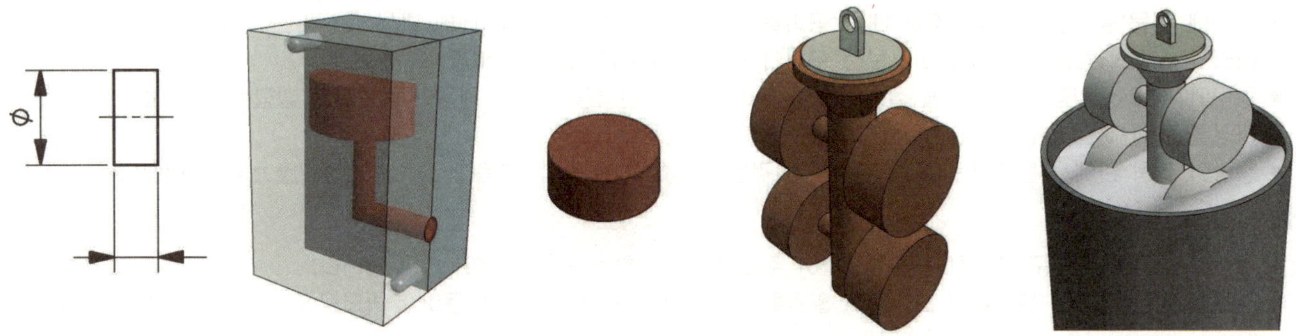

일감 도면　(a) 모형 제작용 금형　(b) 왁스 모형　(c) 모형 트리 조립　(d) 내화제 피복

그림 2-31. 인베스트 주조 순서(계속)

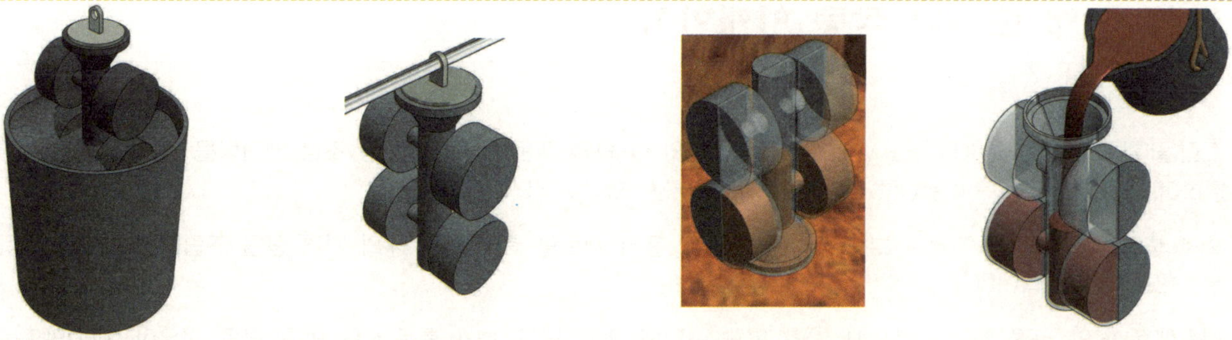

(e) 모래 도포 (f) 건조 (g) 주형 가열(가열) (h) 완성 주형에 용탕 주입

그림 2-31. 인베스트 주조 순서

➜ **다이캐스팅(Die Casting) 주조 방법**은, 정밀 금속 주형틀에 고압, 고속으로 용탕을 주입하여 응고 중에 압력을 유지하여 일감을 얻는 주조 방법으로써 Al합금, Zn합금, Sn합금 등의 주조재료에 의해 정밀하고 소형 일감의 기계, 자동차, 전기기기, 통신기기 등의 부품과 생활용품 등을 주조합니다.

이 주조 방법의 정점은,

- 일감의 정밀도가 높고, 표면이 깨끗하여 주조 후 다듬질 부분이 적습니다.
- 주조한 일감의 조직이 치밀하고 강도가 높습니다.
- 일감의 얇은 살 두께도 주조가 가능하여 경량화(輕量化)를 할 수 있습니다.
- 주조시간이 빠르기 때문에 대량생산으로 원가를 낮출 수 있습니다.

단점으로는,

- 주조기계 설치비용과 주조 형틀 제작비가 비싸므로 소량생산에는 부적합 합니다.
- 주조 형틀의 내열강도(耐熱强度)가 낮아서 용융점(鎔融點)이 낮은 비철금속의 주조재료에만 이용합니다.
- 소형 일감만 가능한 주조 방법입니다.

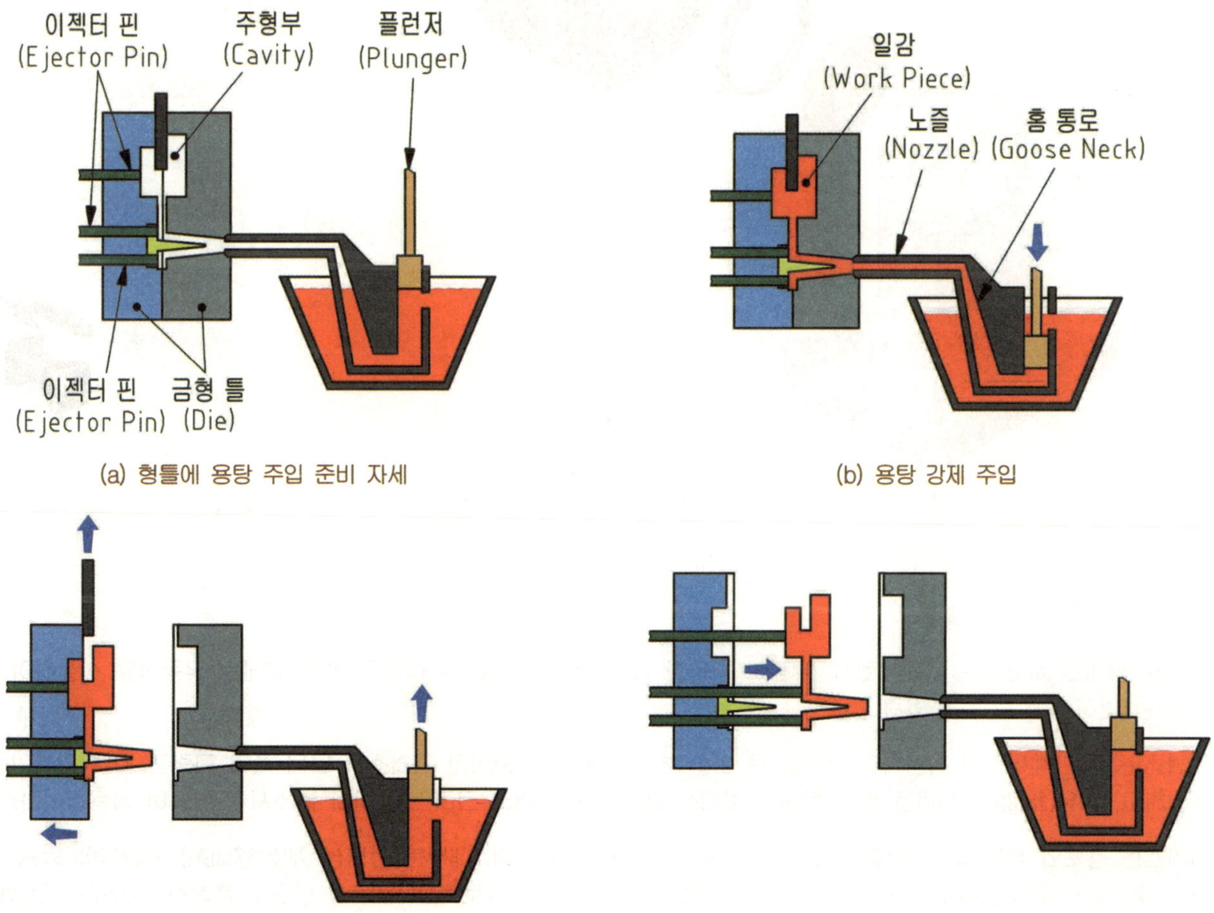

(a) 형틀에 용탕 주입 준비 자세 (b) 용탕 강제 주입

(c) 일감 분리-1 (d) 일감 분리-2

그림 2-32. 다이캐스팅 주조 원리와 순서

4. 조립·분해 순서와 작동 이해하기

(1) 조립 및 분해 순서

→ 조립을 할 때는, 먼저 ③의 2중 V-벨트 풀리에 ⑩의 O-링을 끼운 후 ⑦의 자동 조심 베어링을 그리스(Grease)를 듬뿍 칠하여 끼운 후 ⑧의 구멍용 C형 멈춤 링을 끼워 부분 조립을 합니다.

→ ②의 축에 ⑪의 O링을 끼우고 부분 조립된 V-벨트 풀리 세트를 축에 끼워 ④의 간격 링을 조립하면 2차로 유동장치의 부분 조립이 완료됩니다.

→ 다음에는 ⑥의 키를 끼운 상태에서 ①의 본체 구멍에 끼워 넣고 ⑫의 축용 C형 멈춤 링을 끼우며, 마지막으로 ⑤의 백업 링을 끼운 후 ⑨의 오일 실을 끼워 넣으면 전체 조립이 완료됩니다.

→ 분해 순서는 조립 순서의 반대 순서이며, 아래 그림과 같습니다.

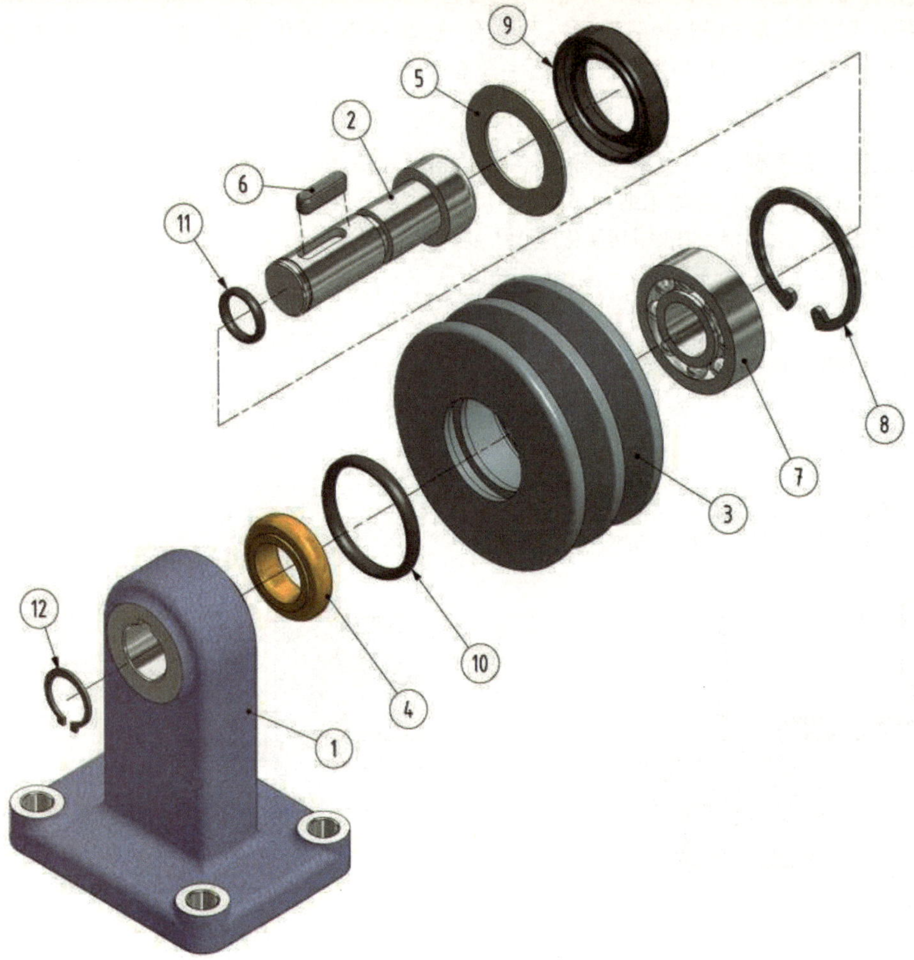

그림 2-33. 각 부품의 조립과 분해순서를 설명하는 렌더링 등각 투상도

보충설명 그리스(Grease)란?

→ 반고체 상태로 사용하는 윤활유로서, 부품이 작동할 때는 액체 상태이며 작동을 멈출 때에는 유동성을 상실하여 반고체가 되는 것이 특징을 갖고 있습니다.

→ 그리스는 주로 베어링에 회전축의 하중이 큰 마찰 부분은 용기에 담겨진 그리스를 다음 쪽의 그림과 같은 압축기로 눌러 주입하고, 급유(給油)가 어려운 부분 등에 설치되는 베어링에는 미리 그리스를 미리 발라서 조립하여 사용합니다.

→ 그리스는 용도와 성분 및 성질에 따라 여러 가지 제품으로 분류하며, 대부분 광물성 계열(鑛油系) 윤활유에 칼슘, 알루미늄, 리튬 등의 지방산염이 사용된 금속비누와 소량의 물을 가하여 콜로이드(colloid) 상태로 혼합하여 제조한 것입니다.

→ 그리스는 기계의 운동에 의하여 마찰 변형을 받거나 온도가 상승하면 속에서 용해 작용이 일어나며 그리스컵이나 부품 안에 한 번 급유해 두면 장시간 윤활작용을 하는데, 광유 대신 실리콘유의 합성유도 사용됩니다.

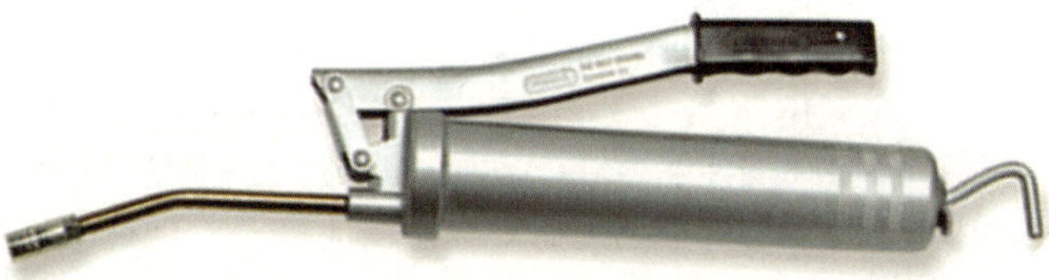

(a) 그리스 건

(b) 그리스 에어 펌프

그림 2-34. 그리스 주입기

(2) 작동 설명

➜ 각 부품이 조립된 2중 V-벨트 풀리 유동장치 세트는 원동 축과 종동 축 사이가 멀어서 벨트가 늘어지게 되어 전동 효율이 떨어지게 될 때 긴장 장치의 기능발휘와 회전 방향을 바꾸고자 할 때 모두 두 축 사이에서 본체를 고정됩니다.

➜ 두 개의 O링은 자동 조심 볼 베어링을 조립할 때 칠한 그리스가 축 회전으로 발생한 열에 녹은 그리스의 누유(漏油)를 예방하며, 오일 실은 안쪽으로부터 누유와 밖으로부터 베어링 쪽으로 이물질 유입을 예방하기 위해 설치된 것입니다.

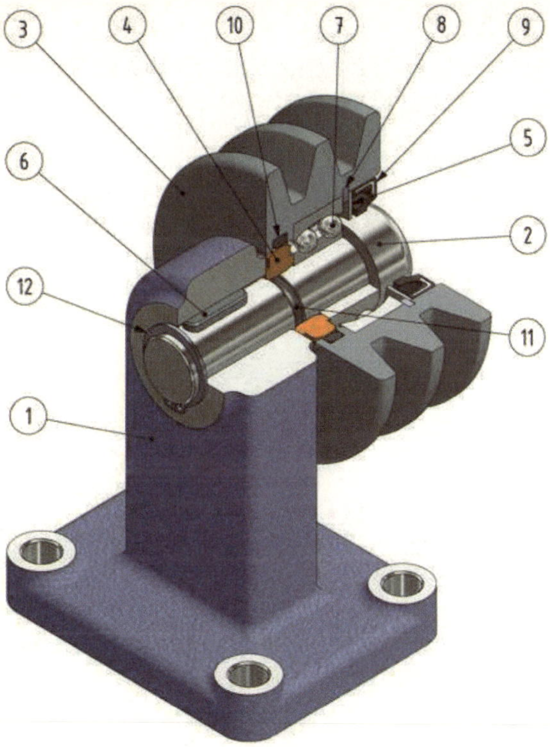

그림 2-35. 각 부품의 조립 상태를 설명하는 렌더링 등각 투상도

(3) 2중 V-벨트 풀리 유동장치의 기능발휘

➜ 각 부품은 고유의 기능을 발휘하기 위해서는 ①의 본체 바닥 면과 ②가 끼워지는 구멍의 자세는 전체 조립의 자세 유지 정밀도를 결정하게 되며, 외륜 회전운동을 할 때 축이나 V-벨트 풀리가 흔들리지 않아야 합니다.

➜ 이 유동장치는, 특성상 중 · 고속 회전운동을 하므로 사용 중에 축이 본체로부터 빠지지 않아야 하고 축 중심 방향으로도 움직이지 않아야 하고 본체와 축의 조립은 구멍 및 축 중심방향과 일치하도록 키의 설치에 의해 결정됩니다.

➜ O링, 오일 실이 닿는 축이나 구멍의 원통 면은 운동용일 경우 O링의 재질 특성상 마모를 예방할 수 있는 조치(표면 거칠기, 처리 등)가 중요하며, ④의 안지름과 바깥지름의 끼워 맞춤 기호의 기입에 유의합니다.

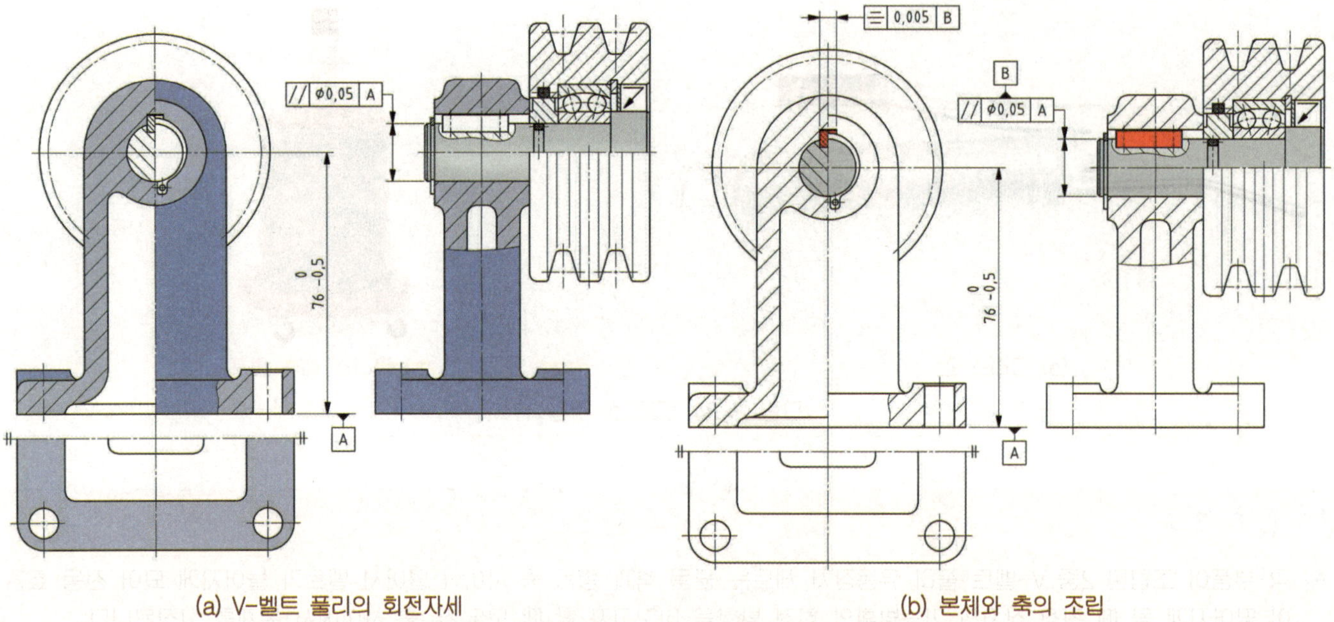

(a) V-벨트 풀리의 회전자세　　(b) 본체와 축의 조립

그림 2-36. V-벨트 유동장치의 자세와 기능발휘를 위한 기하 공차의 해석

(4) 장치의 자세와 기능발휘 정밀도 해석

➜ 주어진 문제의 장치 조립도에서 설치 면을 기준으로 한 자세와 기능발휘를 위한 정밀도는 각 부품 간에 다음 그림과 같이 기하 공차에 만족하는 지시에 의해 결정됩니다.

키 홈에 대한 대칭도 기하 공차 기호 규제에 대한 근거는 KS B 1311의 해설 5.에서 언급된 내용과 일치시킴은 물론 현장 설계실무에서 키를 안장한 축을 구멍에 삽입 조립할 때와 기능에 관련하여 대칭도 규제를 지시하고 있기 때문입니다.

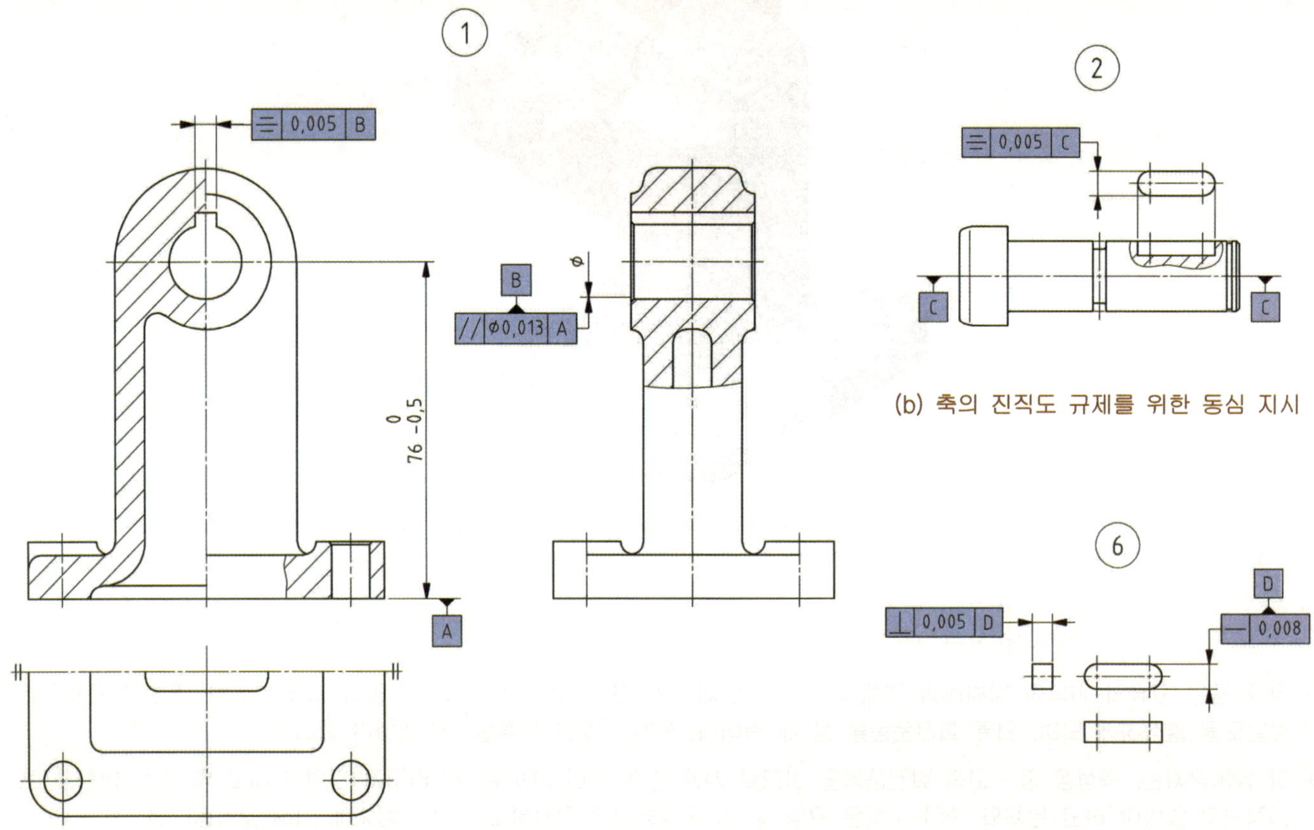

(a) 구멍의 자세와 키 홈의 위치 지시　　(b) 축의 진직도 규제를 위한 동심 지시　　(c) 축과 구멍의 연결할 키의 지시

그림 2-37. 장치의 자세와 기능발휘를 위한 각 부품의 정밀도 지시

5. 각 부품의 투상도 선택과 수 및 배열

① 본체(Body)

➜ 주어진 문제의 왼쪽에 배열된 정면도와 같이 부품도 제도에서도 주어진 문제의 조립도와 같이 정면도로 결정합니다.

➜ 안쪽 모양과 살 두께를 보여주기 위해 한쪽 단면 및 밑면 볼트 구멍의 크기와 제세를 보여주기 위해 부분 단면을 한 정면도, 구멍과 안쪽의 벽 두께를 보여주기 위해 부분 단면을 한 우측면도, 대칭기호로 도형 생략을 한 보조 투상 저면도 선택의 3면도로 배열합니다.

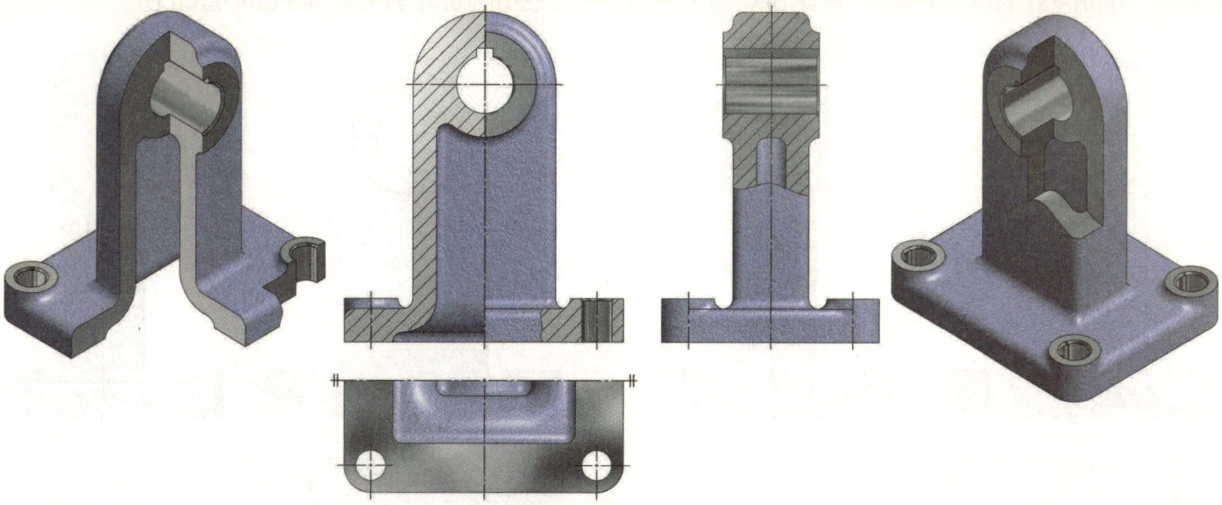

그림 2-38. 3면도로 배열한 본체

② 축(Shaft)

➜ 주어진 문제에서 축은 끝부분의 지름이 큰 쪽이 오른쪽에 있는 자세로 뉘어져 있지만 선반가공 상태와 가공 공정(工程)이 많은 쪽이 오른쪽에 위치하도록 뉘인 상태로 하여 가장 큰 지름부분을 왼쪽에 있도록 하여 투상을 함으로써 원형의 정면도가 생략된 1면도로 도시합니다.

➜ 이 때, 키 홈은 '특징적인 부분은 특별한 이유가 없는 한 위쪽에 있도록 하여 투상을 한다.'는 '제도 원칙'에 따라 키 홈의 깊이부분 모양을 부분 단면을 하여 도시하고 키 홈의 폭과 모양의 도시는 국부 투상을 하여 도시합니다.

➜ O링 삽입 부, O링 홈, 멈춤 링 홈 등은 부분 확대도로 치수 기입의 복잡함을 해소시켜 도면을 읽는데 도움을 주도록 제도해야 하며, 척도는 '5:1'로 하여 보다 확실하게 읽을 수 있도록 제도합니다.

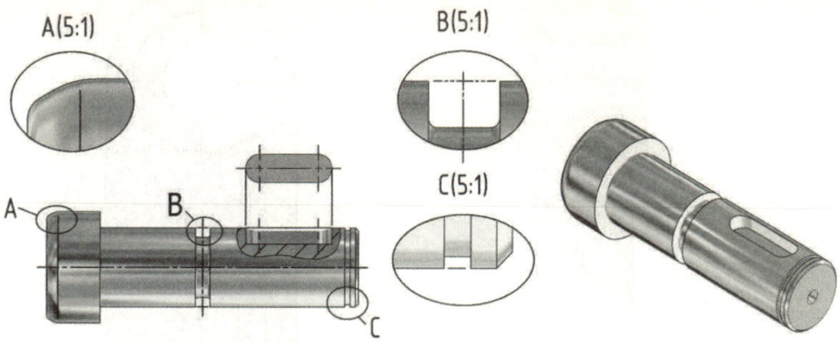

그림 2-39. 정면도를 생략한 주 투상도 도시의 축

보충설명 제도 원칙이란?

➜ 용도에 맞는 선 굿기 형식 , 문자체, 기호의 사용, 투상도, 단면도, 치수 지시, 치수 공차, 끼워 맞춤 공차, 기하 공차, 표면 거칠기 및 주서 등은 한 도면 안에서 표준에서 정한 한 가지로 제도해야 합니다.

➜ 투상도나 단면도의 선택 수가 많으면 제도의 실수가 많아서 도면을 이해하는데 시간과 노력이 더 필요하고 잘못 이해할 우려가 있으므로 가급적 투상도나 단면도 등의 수를 적게 선택해야 합니다.

→ 보이지 않는 부분의 투상은 온(전) 단면도, 한쪽(반) 단면도, 부분 단면도, 회전 단면도, 복합 단면도 등을 활용하고 가급적 숨은선을 적게 사용하여 단순하게 제도해야 합니다.

만약 아래 그림의 투상도에서 평면도를 선택하여 투상을 한 경우에는 안쪽을 숨은선으로 도시해야 할 부분이 많으나 보조 투상도로 제도할 경우에는 숨은선으로 나타내야 할 부분이 없게 됩니다.

→ 투상도 제도에 있어서 도형의 단축이나 교체배열을 통해 아래 그림과 같이 도면 용지의 여백을 경제적으로 활용할 수 있도록 제도해야 합니다.

또, 아래 그림에서와 같이 단면을 한 면과 하지 않은 면이 서로 대조비교하기 쉽도록 제도해야 합니다.

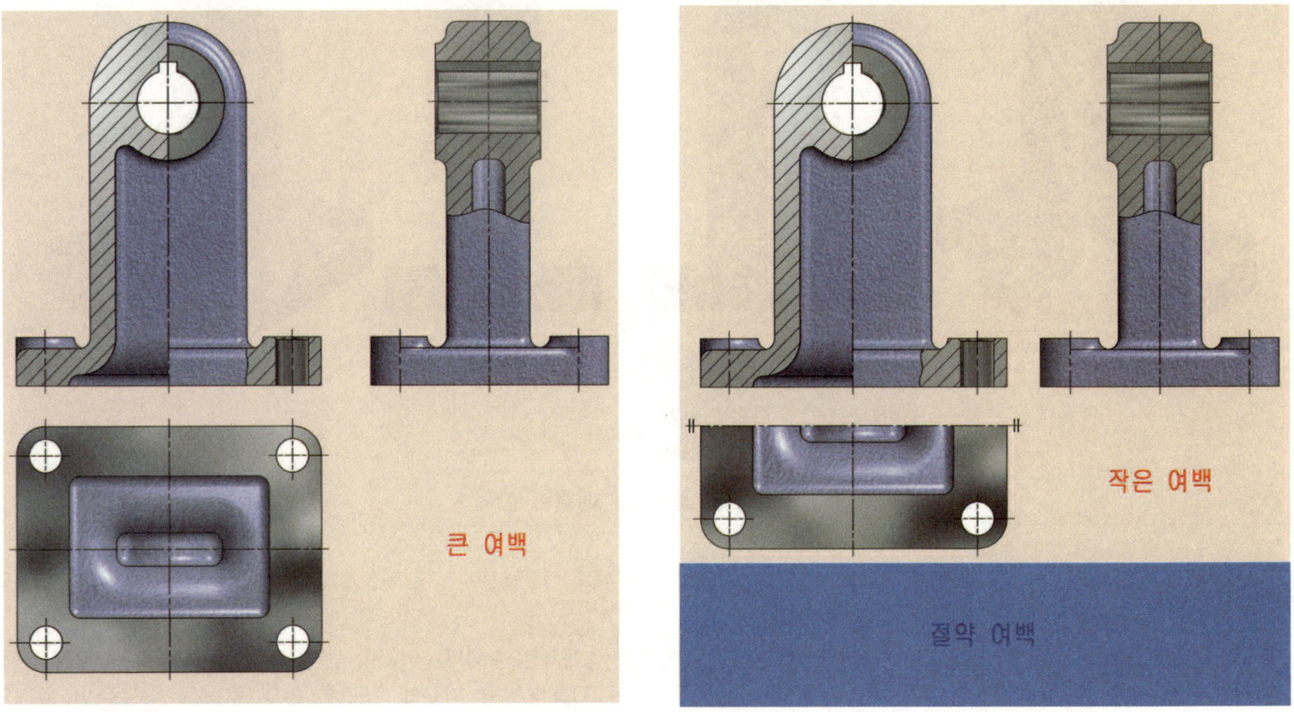

(a) 나쁜 보기 (b) 좋은 보기

그림 2-40. 도면의 여백 활용

→ 투상도는 아래 그림 (a)와 같이 모양을 이해하는데 지장을 주지 않도록 가급적 간단하고 명료하게 제도해야 하며, 아래 그림 (b)와 같이 파라메트릭 솔리드 모델링 파일을 변환한 정 투상도에서 프레임 선을 반드시 제거해야 합니다.

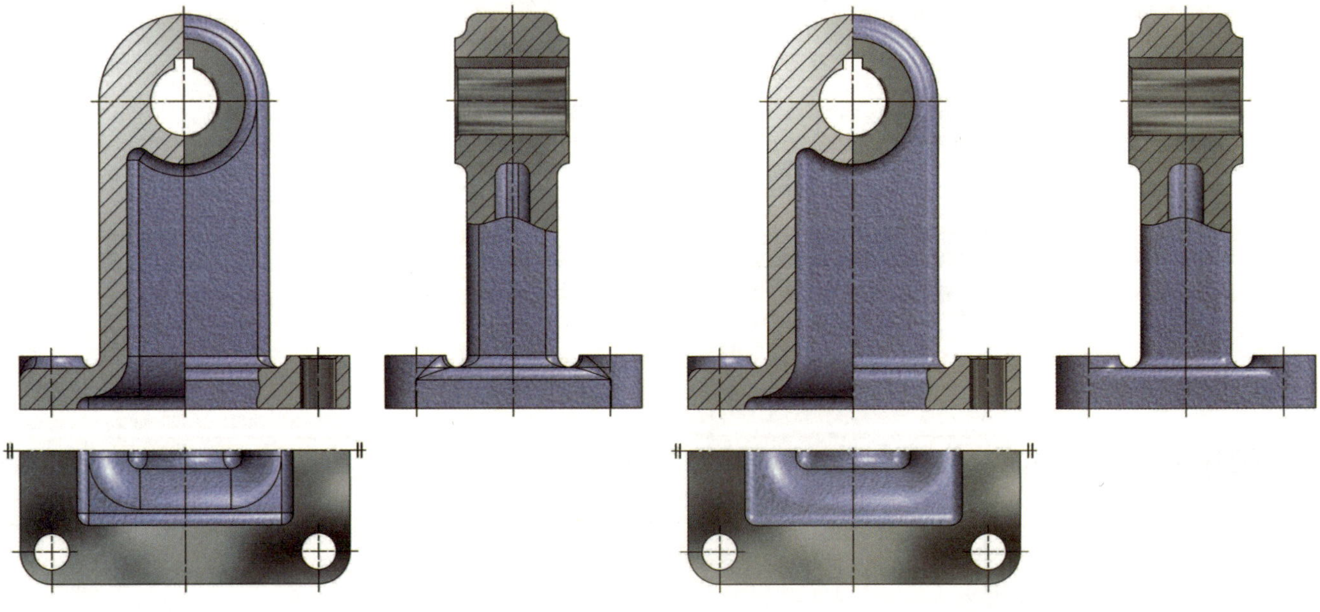

(a) 프레임 선 나타냄 (b) 프레임 선 제거

그림 2-41. 프레임 선 제거

➜ 치수는 아래 그림과 같이 공정별로 구분하여 지시해야 합니다.

(a)의 경우는, 기준면과 멈춤 링의 위치는 아래에, O-링의 홈 및 키 홈의 위치는 위에 구분하여 지시함을 설명합니다.

(b)의 경우는, 풀리의 겉모양 치수는 아래에, 안쪽 지름의 깊이는 위에 구분하여 지시하는 것을 설명합니다.

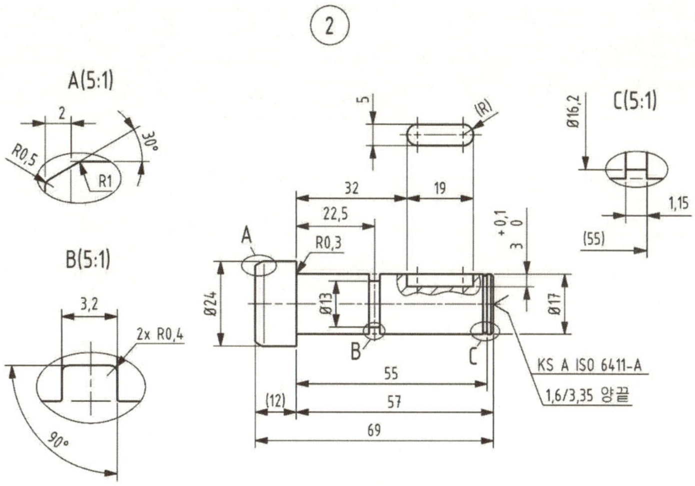

(a) 축의 경우

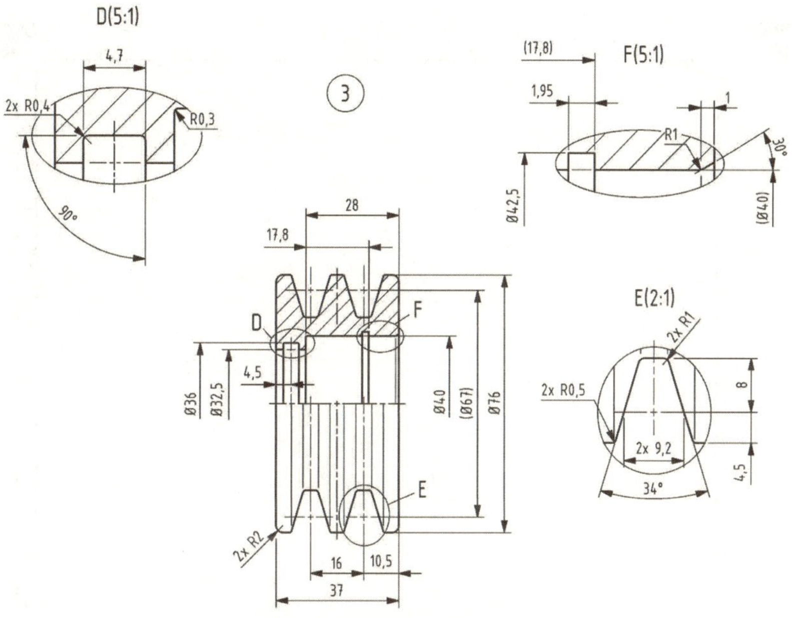

(b) 한쪽 단면의 경우

그림 2-42. 가공 공정별 치수 지시

➜ 부품의 모양이 작거나 상세한 부분은 표준에서 정한 척도 값에 의해 확대하여 제도해야 하므로 척도 값을 1:3, 1:4 또는 3:1, 4:1등과 같이 표준에서 정하지 않은 값을 적용하지 않아야 합니다.

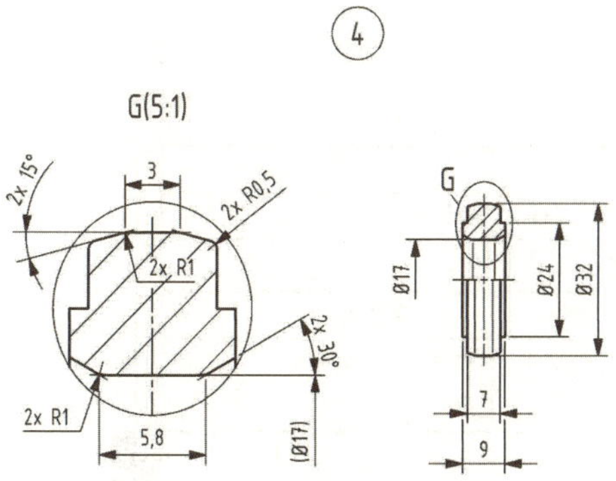

(a) 부분 확대도의 척도 값

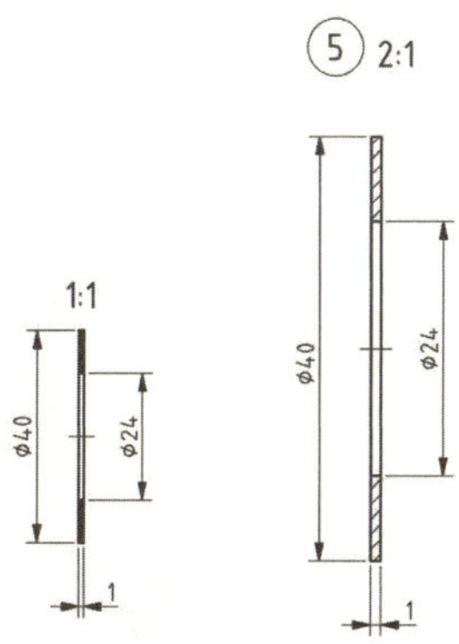

(b) 작은 부품의 척도 값

그림 2-43. 가공 공정별 치수 지시

보충설명 척도의 사용과 개별주서의 위치

➜ 도면은 실물과 같은 크기의 현척으로 그리는 것이 원칙이나, 축척 또는 배척인 경우에는 KS 규격에서 정한 아래 표의 표준 척도 값에 의해 제도해야 합니다.

척도의 종류	우선순위	척 도 값
축 척	1	1 : 2, 1 : 5 , 1 : 10 , 1 : 20, 1 : 50, 1 : 100, 1 : 200
	2	1 : $\sqrt{2}$, 1 : 2.5, 1 : 2$\sqrt{2}$, 1 : 3 , 1 : 4 , 1 : 5$\sqrt{2}$, 1 : 25, 1 : 250
현 척	–	1 : 1
배 척	1	2 : 1, 5 : 1, 10 : 1, 20 : 1, 50 : 1
	2	$\sqrt{2}$: 1, 2.5$\sqrt{2}$: 1, 100 : 1

[주] 1란의 척도 값을 우선적으로 사용한다.

➜ 부품이 작을 경우에는 아래 그림과 같이 먼저 부품도를 배척으로 제도한 다음, 실제 크기와 혼동하지 않도록 현척으로 그린 투상도만을 표제란 근처에 제도하고 개별 주서 또한 아래 그림과 같이 제도합니다.

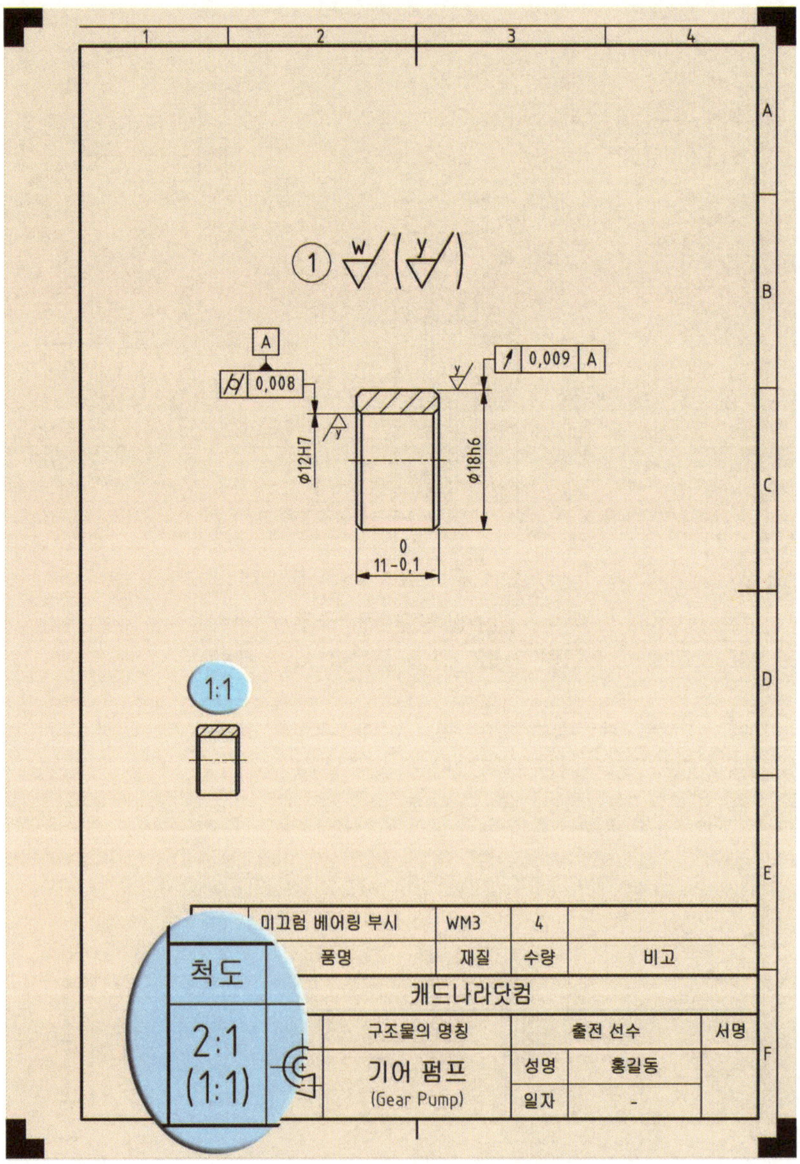

그림 2-44. 작은 부품의 척도 값 사용과 부품도 제도

→ 일부 한 도면 안에서 부품도의 척도를 각각 달리해야 할 경우(즉, 한 도면에서 공통으로 정한 척도 값과 다르게 해야 할 경우)에는 아래 그림의 (a)와 같이 부품번호 옆 또는 아래에 개별 주서로 제도하고, (b)와 같이 부품란에 괄호를 사용하여 척도 값을 제도해야 합니다.

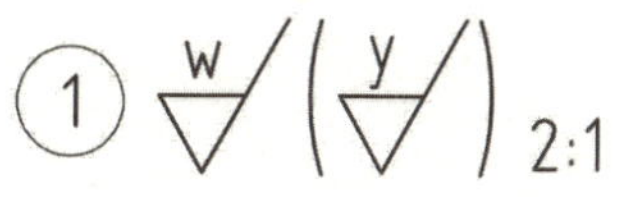

(a) 부품 번호 옆에 표시

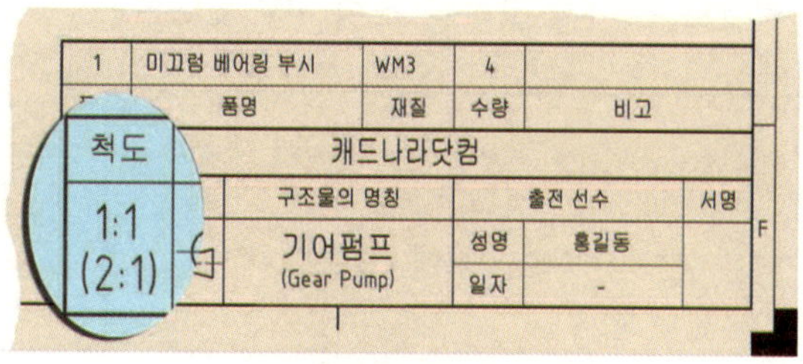

(b) 표제란에 표시

그림 2-45. 일부 부품도의 척도를 달리한 경우

→ 일부를 표준으로 규정된 척도 값으로 제도하지 못할 경우에는 다음 쪽 그림의 (a)와 같이 부품번호의 옆에 실제 척도 값을 반드시 표시합니다.

또, (b)와 같이 괄호를 사용하여 '**비례척이 아님**' 을 표시하는 'NS(none scale)' 로 표시하고 다만, 특별한 경우가 아니라면 이 방법은 사용하지 않는 것이 좋습니다.

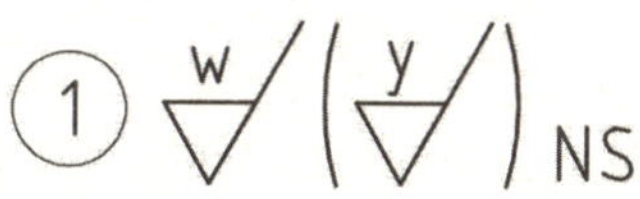

(a)

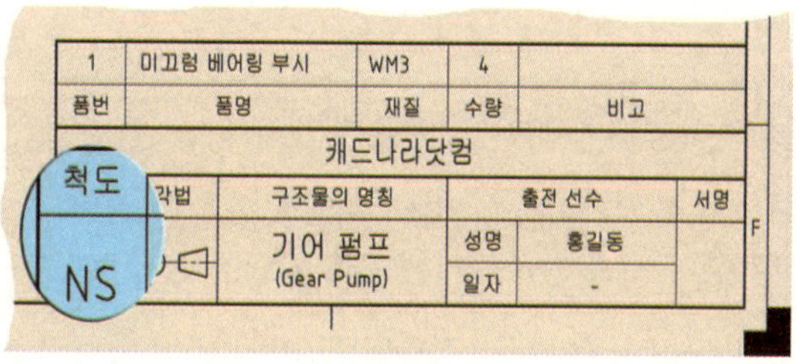

(b)

그림 2-46. 척도 값의 지시

→ 부품도의 일부분을 확대해서 상세도를 제도해야 할 경우에는 아래 그림과 같이 확대할 부분을 표시한 부분으로부터 가까운 위치에 표준에서 정한 척도 값으로 해당 부분을 제도하고 그 위에 개별 주서를 표시해야 합니다.

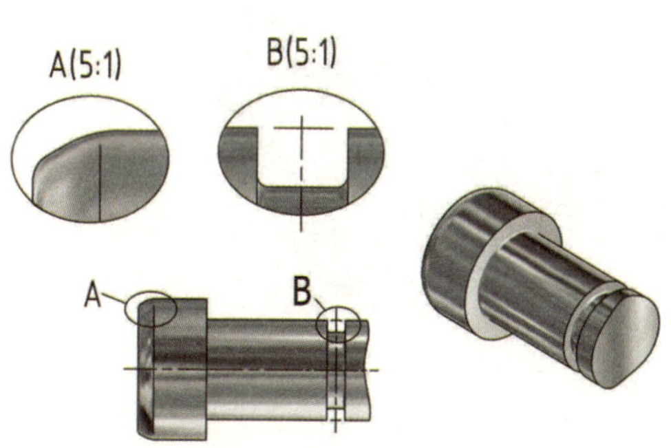

(a)

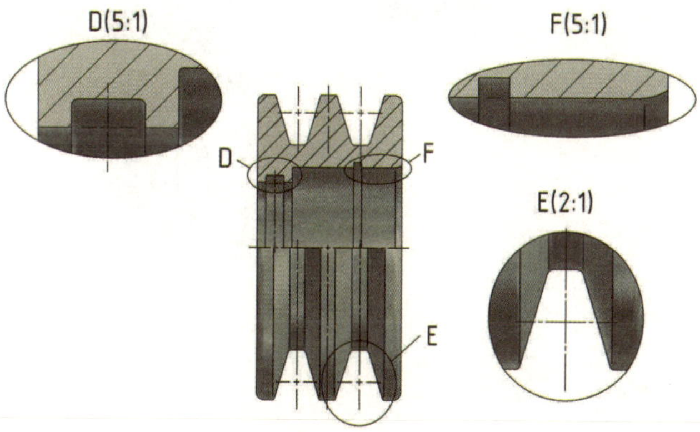

(b)

그림 2-47. 부품도의 일부분의 상세도와 개별주서의 위치

→ 부품도 모양은 같으나 크기를 수정해야 할 경우에는 아래 그림과 같이 치수에 밑줄을 그어서 표시합니다.

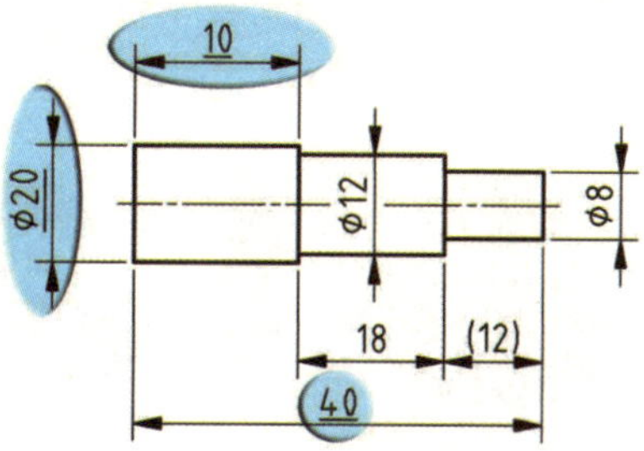

그림 2-48. 부품도의 수정

보충설명 도면의 연장 사이즈

➜ 부품이 길고 중간을 생략하여 제도할 수 없고 늬어서 제도해야 할 경우에는 표준에서 정한 바에 따라 아래 그림과 같이 연장한 용지의 크기를 선택하여 제도할 수 있습니다.

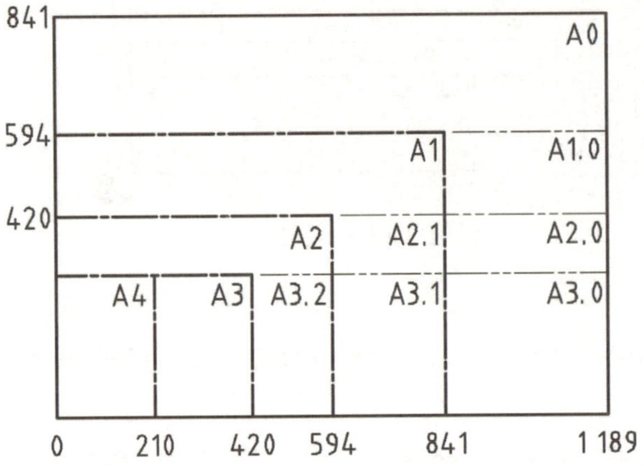

➜ **도면의 연장 사이즈 호칭방법**

항공기, 선박, 철도 차량, 높은 건축물, 플랜트 등에 따라 A0 용지를 1.4씩 확대한 용지와 연장사이즈도 사용합니다.

- A3용지의 A2용지까지의 연장 사이즈 호칭 : A3.2
- A3용지의 A1용지까지의 연장 사이즈 호칭 : A3.1
- A3용지의 A0용지까지의 연장 사이즈 호칭 : A3.0

- A2용지의 A1용지까지의 연장 사이즈 호칭 : A2.1
- A2용지의 A0용지까지의 연장 사이즈 호칭 : A2.0

- A1용지의 A0용지까지의 연장 사이즈 호칭 : A1.0

그림 2-49. 도면의 연장 사이즈

③ 2중 V-벨트 풀리(Double V-Belt Pulley)

➜ 풀리는 크기가 작은 원통의 기본 구조를 가지고 있어서 안쪽과 바깥쪽 모양을 동시에 나타낼 수 있는 한쪽 단면을 한 원형의 정면도 도시가 생략된 1면도와 필요한 경우 부분 확대도로 제도합니다.

➜ 특징에 의한 투상도 명칭은 '**좌측면도**'이나 치수 보조기호에 의해 지름을 표시할 수 있어서 정면도를 생략하고 1면도로 제도해야 하며, 이 투상도 명칭은 '**주 투상도**'라고 해야 합니다.

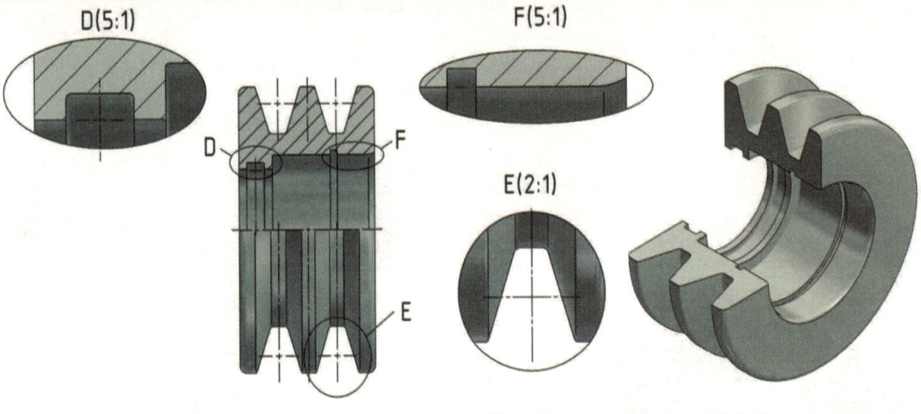

그림 2-50. 정면도 도시가 생략된 한쪽 단면의 주 투상도

④ 간격 링(Space Ring)

➜ 안지름은 ⑨의 축용과 ⑩의 구멍용 O링과 끼워질 때 부품 가공 완성 후 O링 삽입 안내 모떼기가 한쪽일 경우 조립 불량의 원인이 될 수 있으므로 축 중심방향의 양쪽으로 삽입 안내 모떼기를 도시합니다.

➜ 정면도 도시가 생략된 한쪽 단면 주 투상도의 1면도로 도시하며, O링과 관계되는 안쪽 및 바깥지름의 양쪽 O링 삽입 모떼기는 다음쪽 그림과 같이 부분 확대도로 도시합니다.

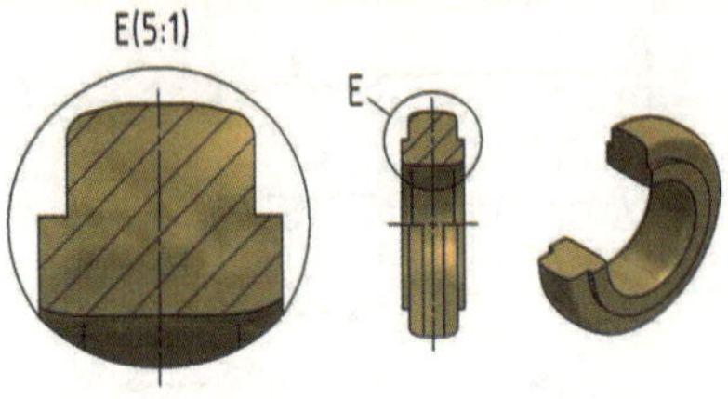

그림 2-51. 정면도 도시가 생략된 한쪽 단면의 주 투상도

⑤ 오일 실 백업 링(Oil Seal Backup Ring)

➜ 주어진 문제에서와 같은 얇은 부품의 투상도는 아래 그림의 (a)와 같이 원형의 정면도의 1면도로 도시하여 KS B ISO 129-1에서 규정한 표준과 같이 두께를 나타내는 문자기호 't='를 사용하여 두께 치수를 지시합니다.

➜ (b)는 지름기호를 사용하여 모양 설명을 대신하고 정면도를 생략으로 한 주 투상도의 1면도를 보여주며 이 때, 실제 두께의 표시는 같은 도면에서 사용한 외형선 두께보다 굵은 실선으로 제도합니다.

➜ (c)는 (b)의 경우와 다르게 두께를 실제보다 의도적으로 더 두껍게 제도하고 두께 치수 밑에 밑줄을 그어 투상도와 비례 척도로 제도하지 않았음을 표시하여 치수를 지시합니다.

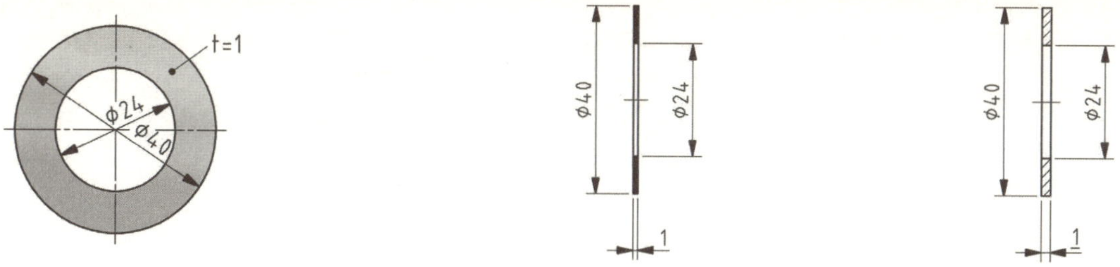

(a) 1면도(정면도) (b) 두께를 굵은 실선으로 도시 (c) 변형 제도

그림 2-52. 정면도 도시가 생략된 전 단면의 주 투상도

보충설명 선과 선의 간격 제도와 선의 해석

➜ 선 긋기가 가까울 경우에는 도면을 축소할 경우 알아보기가 어렵거나 투상도의 해석에 오류가 있기 때문에 아래 그림의 (a)의 ①과 같이 밀집한 교차선의 경우 선 굵기를 기준으로 4배 이상의 간격을 유지하도록 제도해야 합니다.

➜ 또한, ②와 같이 다수의 선이 한 점에 집중할 경우 선 간격이 선 굵기의 3배 이상의 위치까지만 긋습니다.

➜ (b)의 ①과 같이 두 선의 간격이 정의되므로 두 선의 간격이 좁을 경우에는 ②와 같이 두 선의 안쪽 간격으로 제도해야 합니다.

➜ 만약, (b)의 ②와 같이 제도할 수 없을 경우에는 ③과 같이 아주 굵은 실선으로 긋습니다.

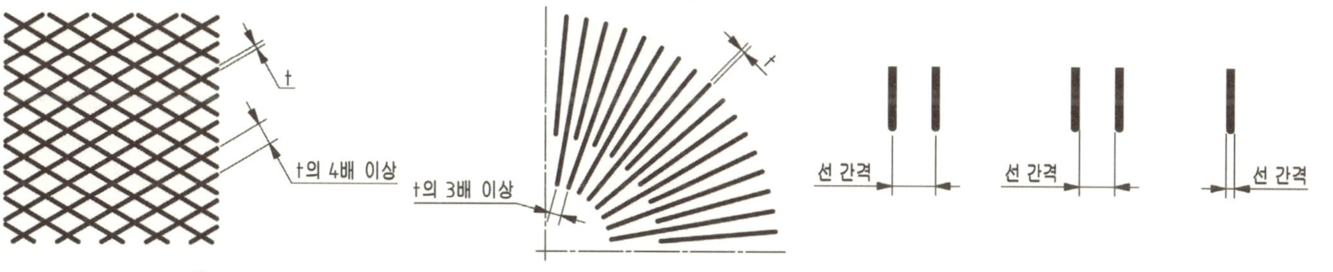

① ② ① 정의 ② 좁을 경우-1 ③ 좁을 경우-2

(a) 경사 선 긋기의 간격 (b) 수평, 수직선의 간격

그림 2-53. 얇은 판의 제도와 외형선

6. 부품도 제도 해설

① 본체(Body)

➜ 투상도 선택 수 및 배열 문제의 조립도에서와 같이 한쪽 단면을 한 정면도, 부분 단면을 한 우측면도, 대칭도형의 보조 투상을 한 저면도를 선택하여 배열하며, 축 구멍 양쪽과 볼트의 앉음 자리 쪽에 반드시 모떼기를 도시해야 합니다.

특히, 대칭 구조이므로 축이 어느 쪽으로도 삽입을 할 수 있도록 우측면도에서 축 구멍의 양쪽에 모떼기를 해야 합니다.

참고로, 주철품은 소형 부품보다는 대형부품(밀링, 선반의 몸체나 칼럼)에 사용되며 살을 두껍게 하여 주조합니다.

①

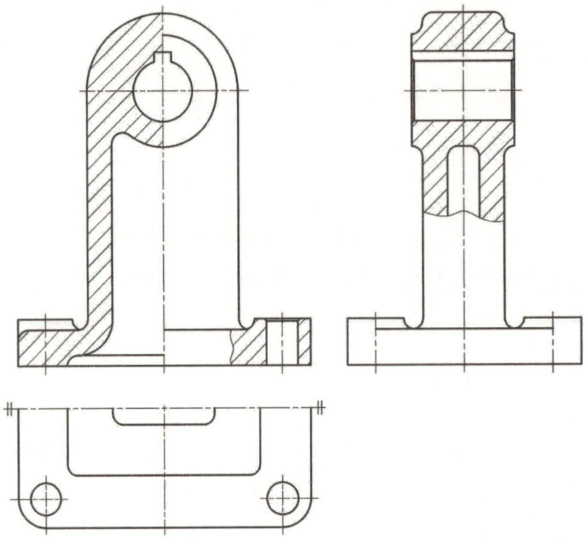

그림 2-54. 본체의 투상도 선택 수 및 배열

보충설명 정면도의 한쪽 단면과 부분 단면 우측면도의 관계

➜ 정면도의 한쪽 단면과 부분 단면 우측면도는 아래 그림과 같이 서로 대조비교하기 쉬운 관계에 있어야 합니다.

이 때, 절단면 설치와 개별 주서를 사용하면 더 명확한 투상도 제도가 됩니다.

①

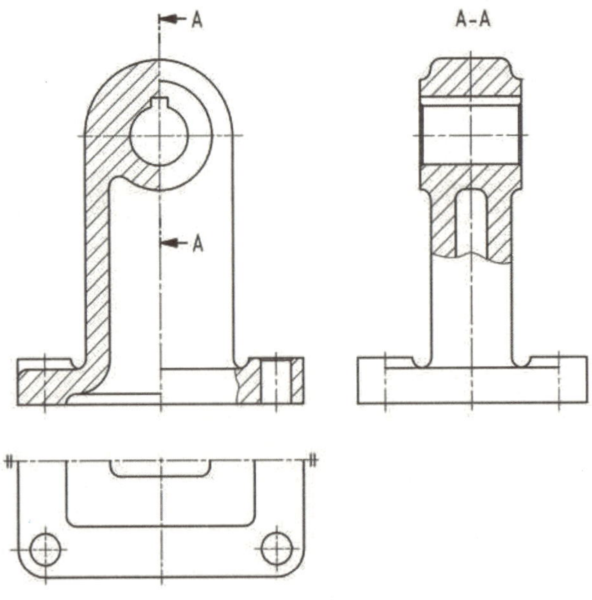

그림 2-55. 한쪽 단면도와 부분 단면도의 관계

➜ 기준면 설정과 치수지시 밑면과 축 구멍거리는 설치와 기능에 직접 영향을 미치므로 밑면이 기준면이며, 다른 치수들은 투상도와 단면 목적에 맞도록 대칭치수를 지시합니다.

반지름 치수 등과 같이 직접 치수선을 사용한 지시는 가급적 오른쪽으로 기울어진 치수선을 그어 치수를 지시하고, 저면도에는 볼트 구멍의 위치치수가 지시되어야 하고, 라운드 치수지시는 다음의 '보충설명'과 같이 지시합니다.

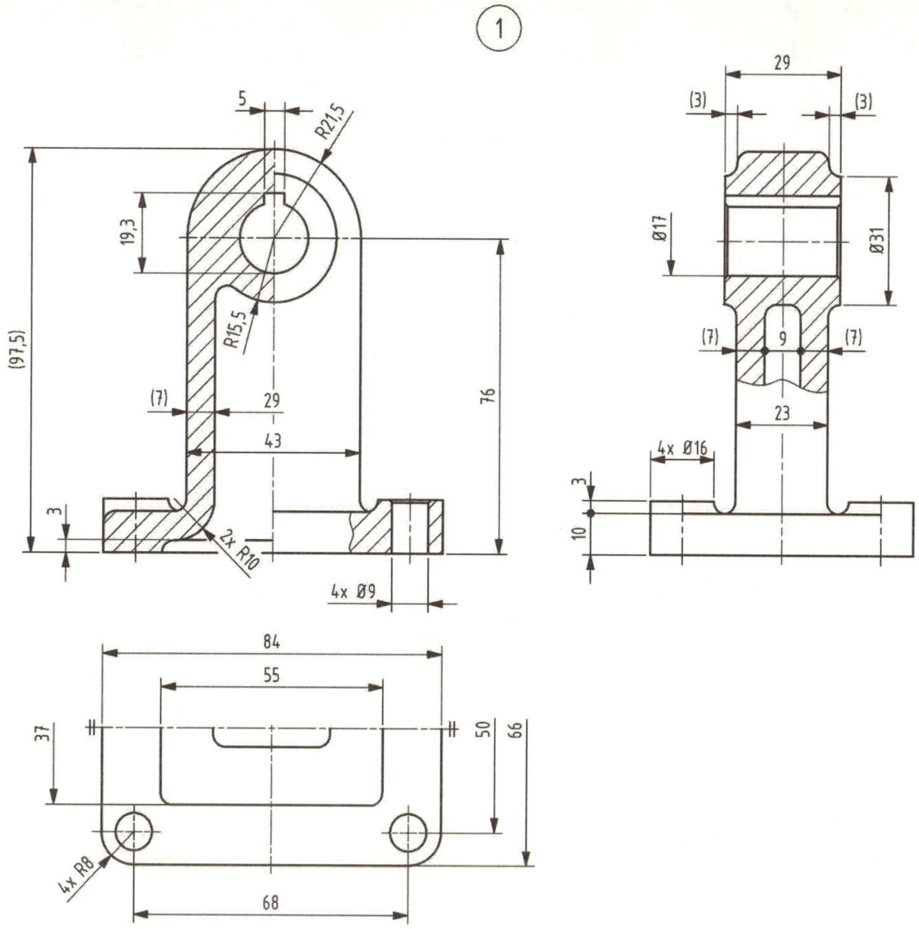

그림 2-56. 본체의 기준 면 설정과 치수지시

보충설명 볼트 앉음 자리 부의 치수지시 원리

➜ 주조로 소재가 마련되는 몸체 등에서의 볼트 앉음 자리 부 치수지시는 목형 제작을 기준으로 한 치수지시가 되어야 합니다.

보통 몸체에 원판을 앉음 자리 부에 얹어 접착제 고정을 한 후 원통 주위를 따라 메꿈작업을 하여 목형을 완성하므로 아래 그림 (a)의 경우에는 목형 제작자가 치수를 계산해야 하는 불편함과 함께 치수를 잘못 읽을 우려가 있기 때문입니다.

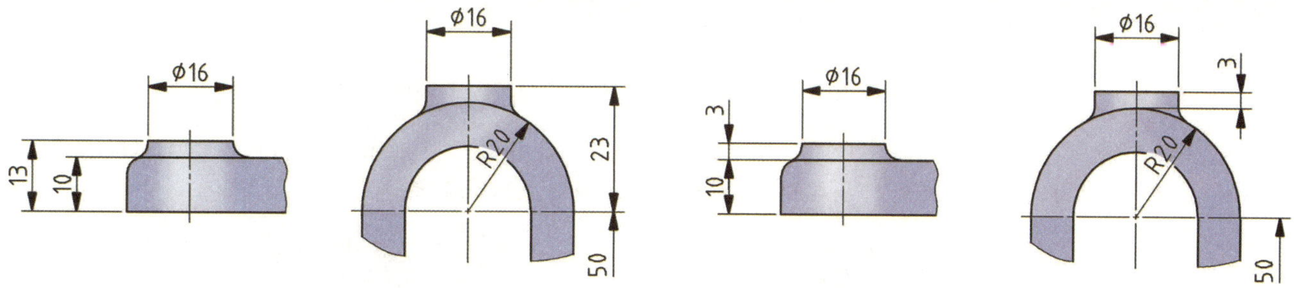

① 평판 몸체 ② 원통 및 구의 몸체

(a) 나쁨(X)

① 평판 몸체 ② 원통 및 구의 몸체

(b) 좋음(O)

그림 2-57. 볼트 앉음 자리 부의 치수지시 원리

보충설명 모서리와 구석 둥글기(Rounds & Fillets)의 치수선 긋기 방향

➜ 모서리나 구석 둥글기의 치수는 가급적 오른쪽 방향에서 읽을 수 있도록 아래 그림과 같이 치수선을 그어야 합니다.

(a) (b) (c) (d) (e) (f)

그림 2-58. 모서리와 구석 둥글기 치수의 치수선 긋기 방향(45°)

➜ 긴 구멍의 둥글기 치수 또한 오른쪽 방향에서 읽을 수 있도록 가급적 아래 그림과 같이 치수선을 그어야 합니다.

(a) (b) (c) (d)

그림 2-59. 모서리와 구석 둥글기 치수의 치수선 긋기 방향(수직 또는 수평으로부터 45°)

보충설명 모떼기, 구석 둥글기, 수의 표시기호

➜ 개정된 ISO 129-1(제도-치수와 공차 지시 일반원칙)에 따르면, 모떼기, 모서리와 구석 둥글기, 구멍 수의 기호 지시는 다음과의 원칙에 따라 그 수를 지시해야 합니다.

➜ 현재의 치수 지시방법과 같이 수 다음에 대시기호(−)를 당분간 사용(아직 폐지되지 않았기 때문)해도 되며, 아래 그림과 같이 모떼기 수와 치수는 '4−2×45°, 4−C2'로 모서리와 구석 둥글기는 '4−R2'로 지시해도 됩니다.

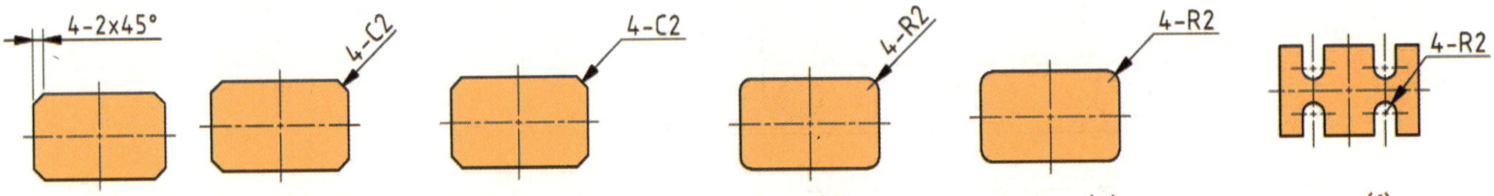

(a) (b) (c) (d) (e) (f)

그림 2-60. 모떼기, 모서리와 구석 둥글기 수의 기호(당분간 사용)

➜ 그러나, 앞으로는 같은 투상 면에 적용되는 모떼기 크기와 각도를 같이 지시하는 경우, 수가 2개 이상부터는 아래 그림과 같이 모떼기 수 다음에 '×'를 지시하고 한 칸을 띄어 모떼기 크기와 '×'에 이어 각도를 지시합니다.

➜ 같은 투상 면에 나타난 모떼기는 'C'와 모떼기 크기를 같이 지시하는 경우에도 모떼기 수가 2개 이상부터는 모떼기 수 다음에 '×'기호를 지시하고 한 칸을 띄어 모떼기 기호 'C'기호에 덧붙여 크기를 지시합니다.

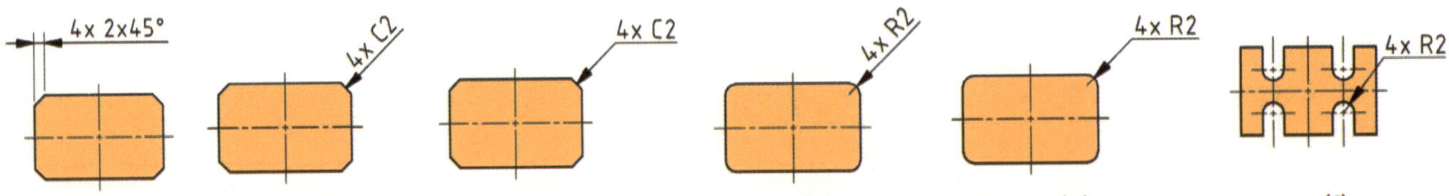

(a) (b) (c) (d) (e) (f)

그림 2-61. 모떼기, 모서리와 구석 둥글기, 구멍 수의 기호

➜ 참고로 수는 해당 투상도에서의 수를 지시해야 함과 아래 왼쪽 그림과 같이 반드시 '×'기호 다음에는 띄어서 크기치수를 지시해야 함에 주의하고, '−' 기호의 사용과 '×'기호를 한 도면에서 혼용하지 말아야 합니다.

(a) 붙임 (b) 한 칸 띄움

그림 2-62. 개수를 표시하는 기호의 사용과 간격

➜ 구멍의 수 또한 아래 왼쪽의 그림과 같이 하나의 투상 면에 나타난 구멍 수와 크기를 지시하는 경우에도 **(a)**, **(c)**는 '–'를 당분간 사용해도 되나 **(b)**, **(d)**는 '×'를 사용해야 하며 **(e)**와 같이 한 도면의 투상도들에서는 혼용하지 말아야 합니다.

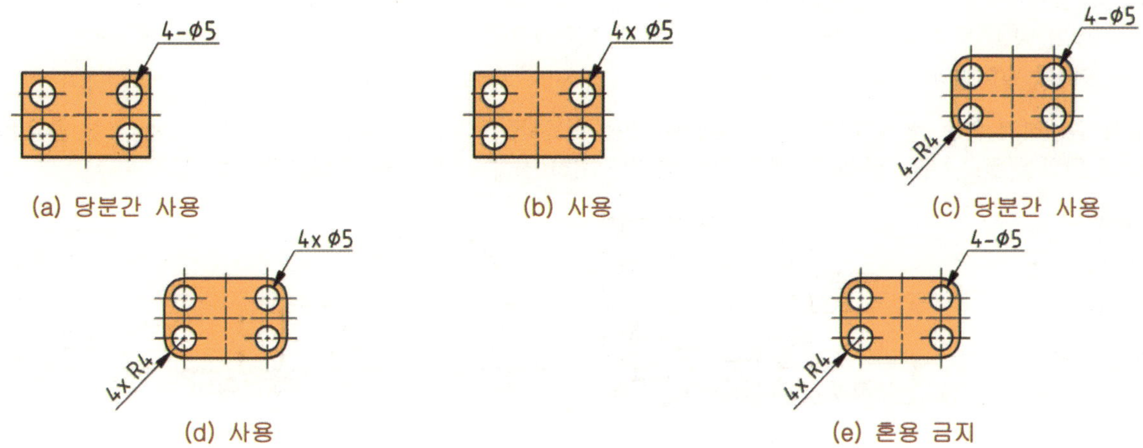

그림 2-63. 구멍 수의 기호

➜ 치수 공차의 지시 축 구멍 위치와 폭 치수를 제외한 부분은 주조부 보통급 'KS B 0250의 CT 11'을 적용하며, 일반가공부 치수는 'KS B ISO 2768의 **보통급(m)**'을 적용합니다.

밑면으로부터의 축 구멍 높이치수에는 다른 장치(입력 또는 출력 장치)와의 연결을 위해 일정한 범위 안에 있도록 일반 치수 공차보다 정밀한 치수 공차를 적용합니다.

그러나, 가급적 'KS B ISO 496 : **원동 및 종동기계-축 높이**'의 **표 2(제한 편차)**에서 정한 표준 이내의 값을 적용(참고하고 평행도 기하 공차는 **표 3** 참조)해야 합니다.

축 지름 방향으로 조립되는 폭의 기준 치수에는 조립에 필요한 치수 공차(-, -)만을 확보한 값으로 지시합니다.

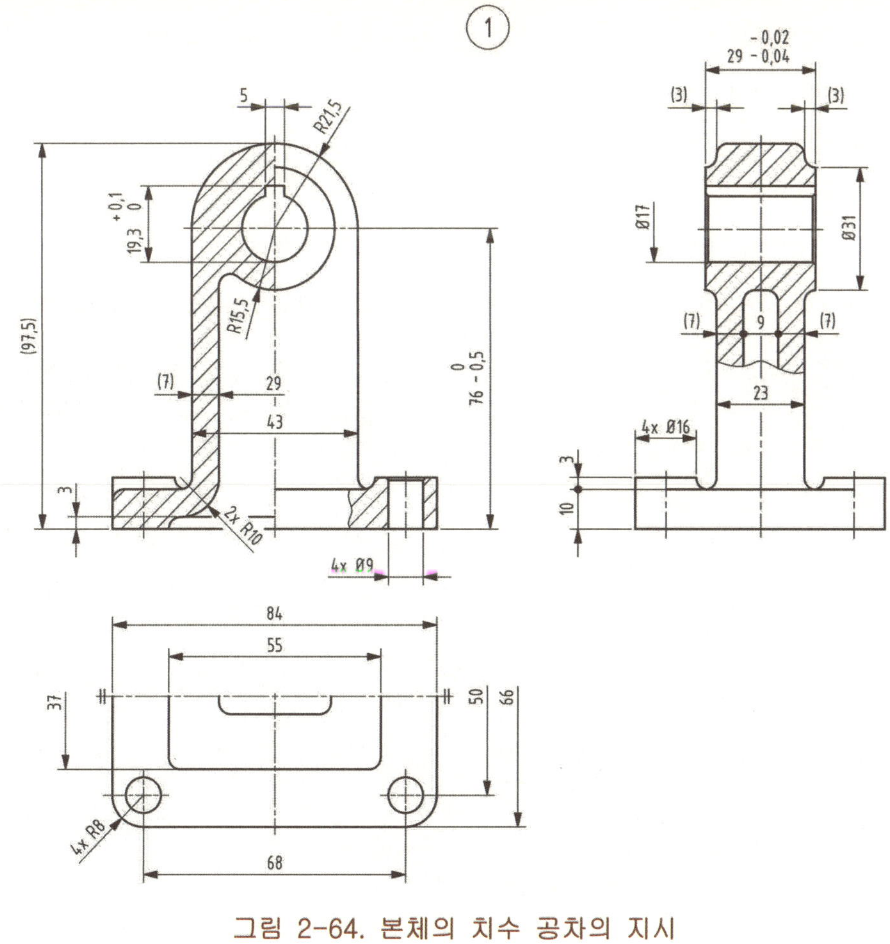

그림 2-64. 본체의 치수 공차의 지시

보충설명 KS B ISO 496 : 원동 및 종동 기계-축 높이

➜ 원동 및 종동 기계의 축 높이라 함은, 아래 그림의 (a)와 같이 동력원으로부터 직접 연결되어 동력을 전달하는 원동 기계 또는 (b)와 같이 동력원으로부터 동력을 전달 받아 종동 기계로 연결해주는 종동 기계 등이 설치되는 바닥 면으로부터의 축 높이를 말합니다.

표준에서 규정하고 있는 축 높이의 허용차 표준은 원동 및 종동 기계의 축 높이 치수에 적용하는 치수 공차(KS B ISO 496의 표 2)와 밑면으로부터 축의 양 끝 지점의 평행도 기하 공차 값(표 3)을 규정하고 있습니다.

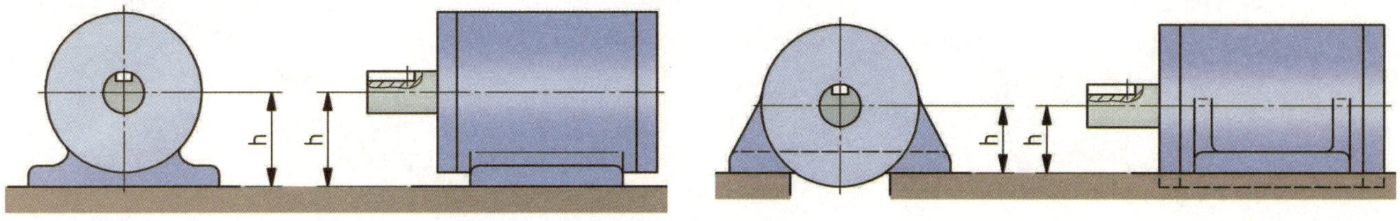

① ②

(a) 원동 기계 장치(모터)

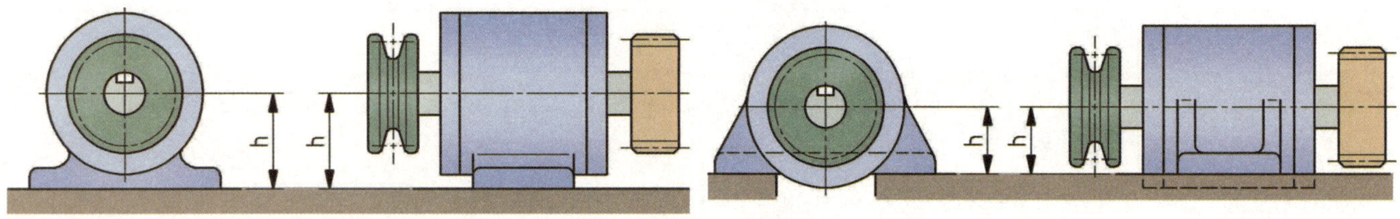

① ②

(b) 종동 기계 장치

그림 2-65. 원동 및 종동 기계

➜ 축의 높이 공차와 평행도 기하 공차는 아래 내용과 같은 경우에 대해서는 표준에서 정한 값보다 설계자가 임의로 작은 예외 값을 적용할 수 있습니다.

즉, 표준에서 정한 아래 표에서의 값보다 작은 값의 공차를 적용해도 된다는 의미입니다.

- 장치를 조립하는 동안의 정렬에서 축의 휨을 고려하여 더 정밀하거나 또는 덜 정밀한 공차 값이 필요한 경우.
- 다른 장치와의 연결하는데 있어서 열팽창으로 밑면에 받쳐줄 쐐기(높이나 평행도를 조정해주기 위한 얇은 판) 등의 두께와 관련하여 문제가 발생할 경우.
- 또 다른 이유로 인해 표준에서 정한 공차 값에서 벗어난 값이 필요할 경우 등.

KS B ISO 496의 표 2의 제한 편차

축 높이(h)		축 높이에 대한 제한 편차	
		전기 기계, 피동 기계, 감속기, 선박 프로펠러를 위한 구동 기구 등	전기 모터 이외의 구동 기계 및 선박 프로펠러를 위한 구동 기구 등
부터	까지	단위:mm	
25	50	0 −0.4	+0.4 0
50	250	0 −0.5	+0.5 0
250	630	0 −1.0	+1.0 0
630	1 000	0 −1.5	+1.5 0
1 000		0 −2.0	+2.0 0

KS B ISO 496의 표 3의 최대 평행도 편차

축 높이(h)		축의 양 끝을 측정 지점으로 할 때 길이에 따른 두 측정 지점 사이의 최대 하용 평행도 편차 단위:mm		
부터	까지	2.5h > l	2.5h ≤ l ≤ 4h	l > 4h
25	50	0.2	0.3	0.4
50	250	0.25	0.4	0.5
250	630	0.5	0.75	1.0
630	1 000	0.75	1.0	1.5
1 000		1.0	1.5	2.0

<주의> 설계에서 사용하는 숫자의 표시에 있어서 천 단위부터는 표에서와 같이 띄어쓰기를 해야 합니다.

보충설명 KS B ISO 129-1에서 규정한 치수 공차의 숫자 크기와 간격

➜ 표준에서 규정하고 있는 치수 공차의 숫자 크기와 간격은 아래 그림과 같습니다.

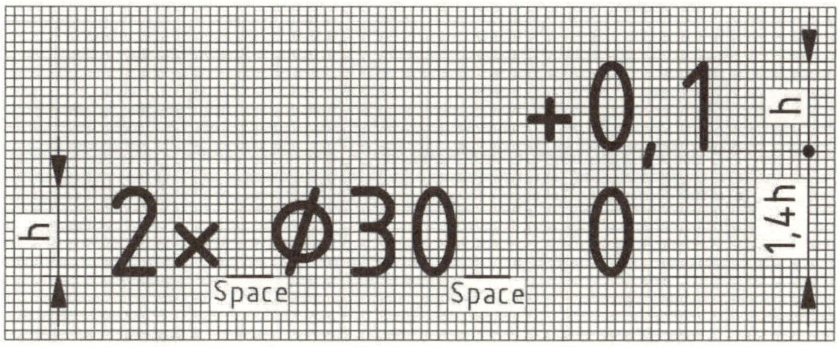

(a)

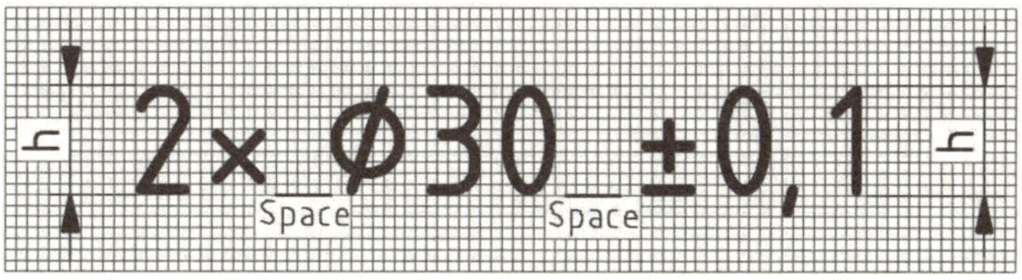

(b)

그림 2-66. 치수 공차의 숫자 크기와 간격

보충설명 KS A ISO 3098에서 규정한 제도에 사용하는 숫자와 문자

➜ 표준에서 규정하고 있는 제도에 사용하는 문자의 모양과 크기는 아래 그림과 같으므로 표준에서 규정한 아라비아 숫자 및 로마자의 문자체와 유사하므로 '**굴림체**'의 한글체를 사용하는 것을 권장합니다.

이는 한 도면에서 다른 표준이나 제도방법을 사용하지 말아야 한다는 '**제도원칙**'에 따르기 위함이기도 하며, KS A ISO 3098에서 규정한 문자 디자인에 따르면 끝부분이 둥글어야하기 때문입니다.

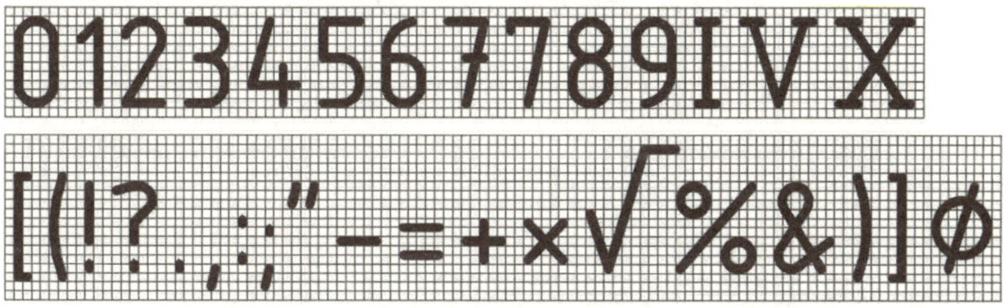

(a) 아라비아 숫자

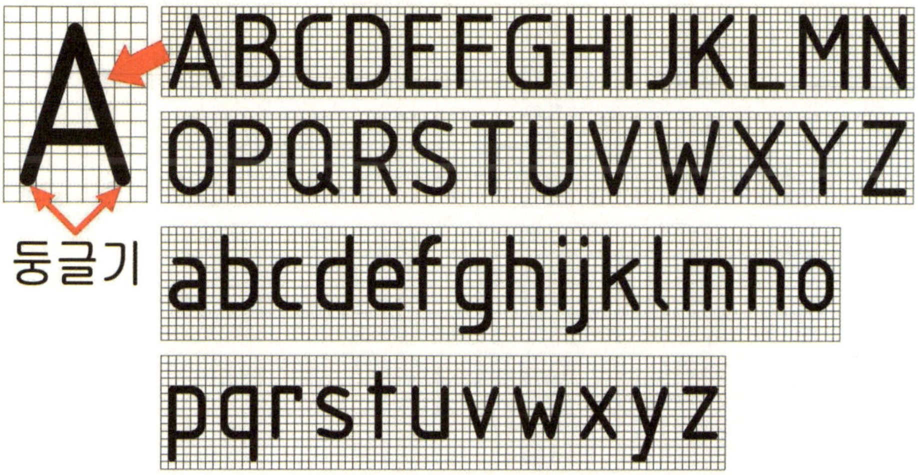

(b) 로마자(대문자, 소문자)

그림 2-67. 제도에 사용하는 숫자와 문자의 종류 및 자세한 디자인

→ 끼워 맞춤 공차 기호의 지시　축과 조립되는 구멍은 구멍 기준식 끼워 맞춤 공차 기호(H7)를 지시합니다.

키 홈에는 KS B 1311(묻힘 키와 그 키 홈)의 표준에서 인용한 기호를 지시합니다.

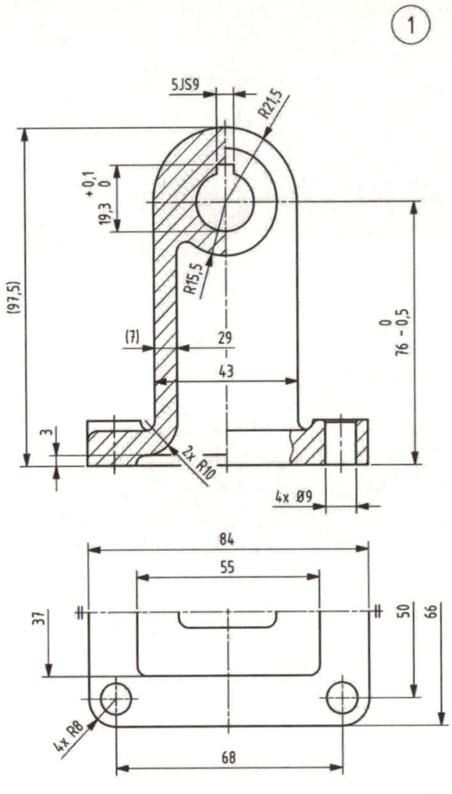

그림 2-68. 본체의 끼워 맞춤 공차 기호의 지시

→ 기하 공차 기호의 지시　구멍의 자세가 밑면으로부터 평행을 이루지 못할 경우 벨트가 비스듬히 걸리기 때문에 벨트가 벗겨질 우려가 있고, 편 마모를 일으킬 수 있기에 밑면을 데이텀으로 하여 평행도를 유지하는 기호를 규제합니다.

키 홈에는 구멍의 중심과 대칭 위치에 있도록 구멍에 지시한 평행도를 2차 데이텀으로 하여 대칭도를 지시합니다.

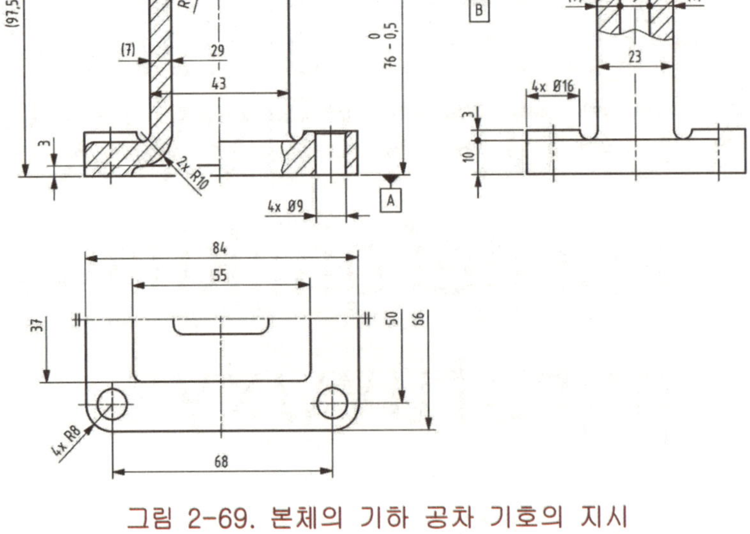

그림 2-69. 본체의 기하 공차 기호의 지시

보충설명 구멍의 키 홈에 대칭도 기하 공차 기호를 지시하는 이유

➜ 그 동안 관례적으로 축이나 구멍에 설치하는 키 홈에는 중심의 길이 방향으로 홈의 위치를 규제하는 대칭도를 지시하지 않았으나, 축이나 구멍의 중심과 대칭 위치를 규제하지 않으면 아래 그림의 (a)와 같이 조립 및 작동할 때 키의 파괴를 불러 올 수 있으므로 (b)와 같이 대칭도를 지시해야 합니다.

참고로, KS B 1311에서는 대칭도의 표준화에 대해 필요성을 언급하고 있으며, 산업현장에서는 키와 홈에 대한 조립, 기능, 작동에 문제 발생이 되지 않도록 반드시 측정으로 품질관리를 하고 있음에 유의합니다.

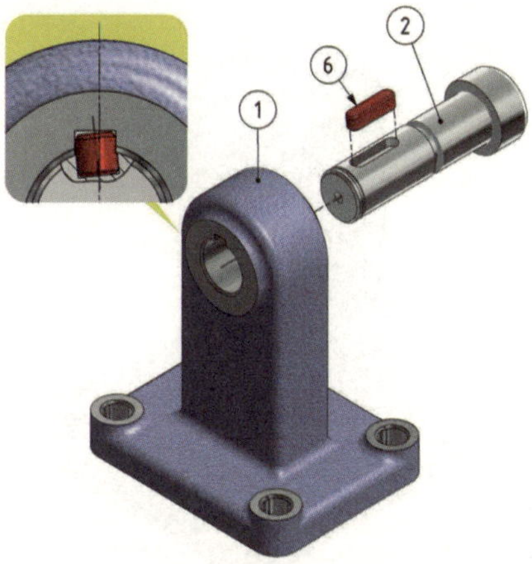

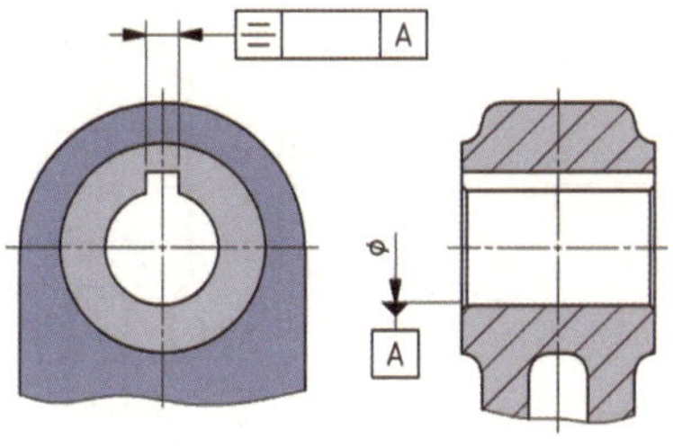

① 구멍

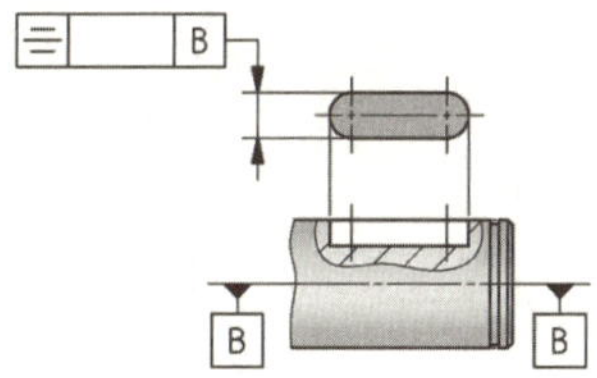

② 축

(a) 키 홈의 대칭도가 지시되지 않을 경우

(b) 키 홈의 대칭도 기하 공차 기호 지시

그림 2-70. 키 홈의 대칭도 지시

➜ **표면 거칠기 기호의 지시** 주조로 소재를 마련하여 가공한 조건으로 제도한 것으로서, 밀링과 리밍, 정삭(精削)과 황삭(荒削)부분으로 구분하여 지시합니다.

밑면의 고정 부는 연삭(硏削)부가 아닌 부분일 수가 많으므로 연삭할 필요 없이 밀링으로 정삭 수준의 거칠기만을, 축의 양 측면 또한 밀링으로 정삭을 하는 수준의 거칠기만을 지시합니다.

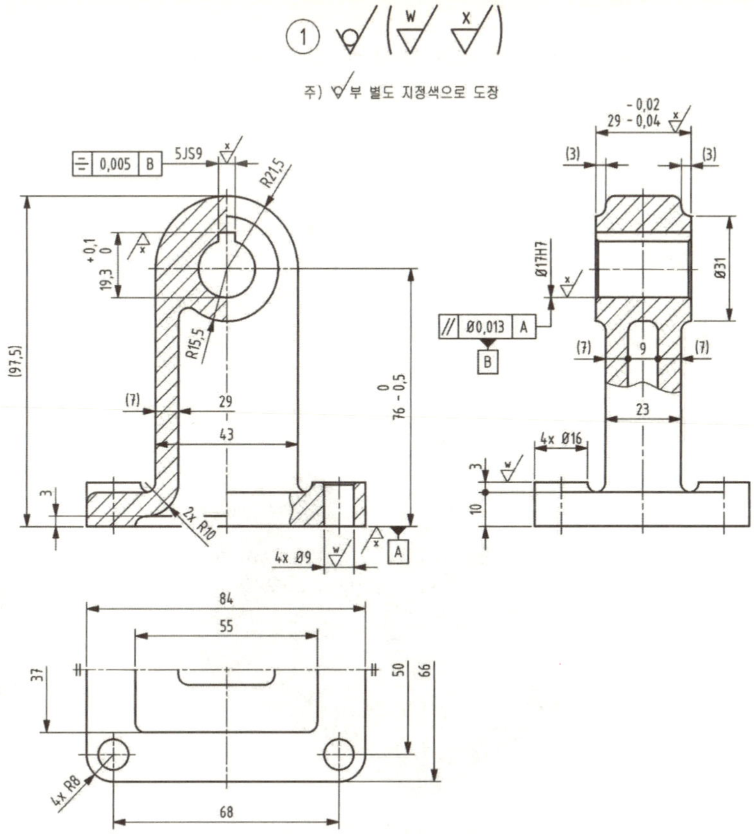

그림 2-71. 본체의 표면 거칠기 기호의 지시

→ **열처리 및 표면처리의 지시** 탄소 주강품(炭素 鑄鋼品)으로 소재를 마련하였기 때문에 표면의 단단함보다는 강도(强度)가 필요함을 충족시키는 재질입니다.

따라서, 가공하지 않은 면만 도장(도장 방법, 색 선택은 생산자, 판매자가 정함.)처리를 하도록 지시합니다.

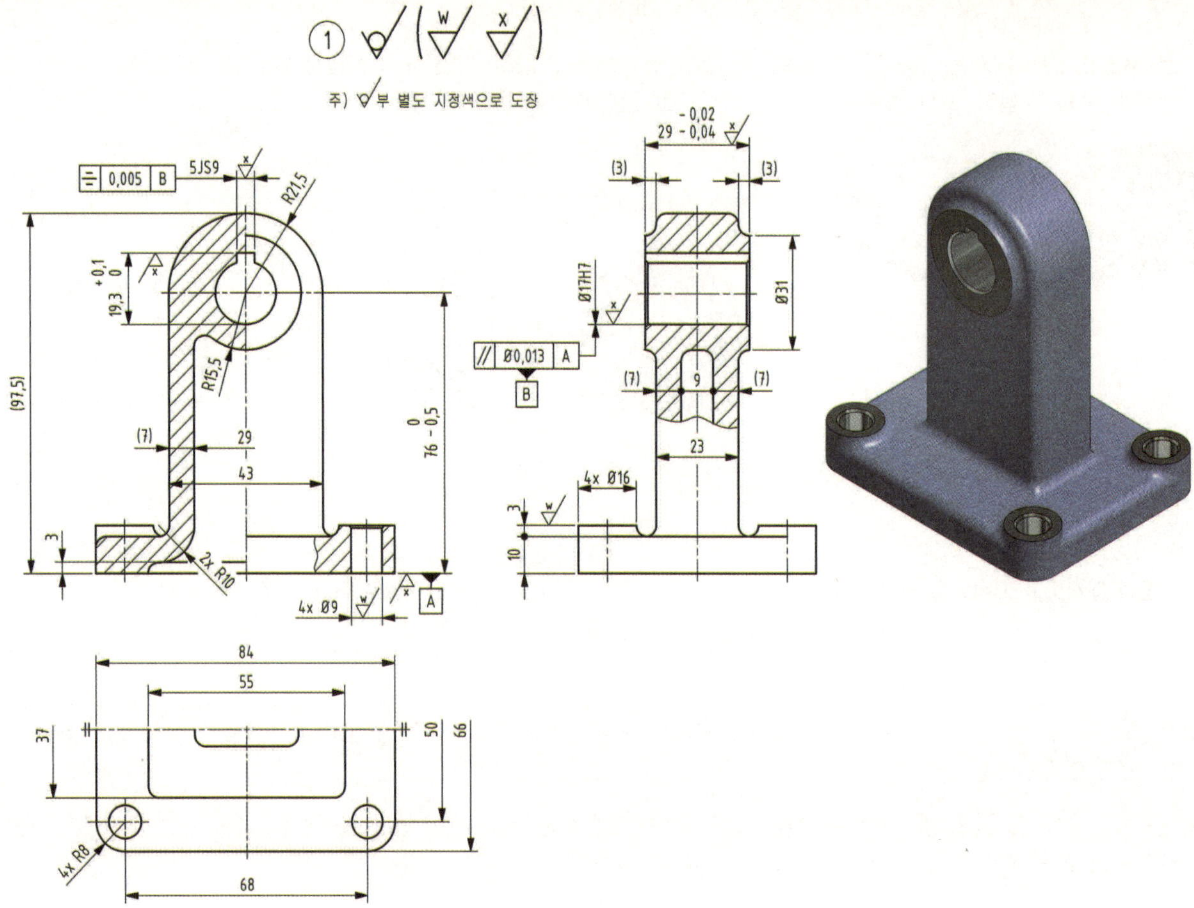

그림 2-72. 본체의 열처리 및 표면처리의 지시

보충설명 본체(Body)의 가공순서

(a) 가공 여유를 주어 주조(Casting)로 완성가공 전의 부품 소재(素材) 마련.
(b) 기준면 설정을 위해 먼저 밑면 가공(T자로 작업대 위에서 보조 받침대 사용) 후,
(c) 양쪽 측면을 밑면과 수직으로 밀링.
(d) 4개의 볼트 앉음 자리 밀링 후 4개의 구멍위치 표시.
(e) 볼트 구멍 4개 드릴링 후 모떼기.
(f) 밑면을 기준한 높이의 구멍 드릴링.
(g) 구멍의 양 측면 모떼기.
(h) 주어진 공차 값으로 구멍 리밍 또는 보링.
(i) 구멍에 키 홈의 브로칭(Broaching).
(j) 주요부 검사(밑면으로부터 구멍 높이, 측면 폭, 구멍, 키 홈)

(a) 소재 마련 (b) 밑면 밀링(밀링 지그 사용) (c) 양 측면 밀링

그림 2-73. 본체의 가공 순서(계속)

(d) 앉음 자리 밀링과 마킹

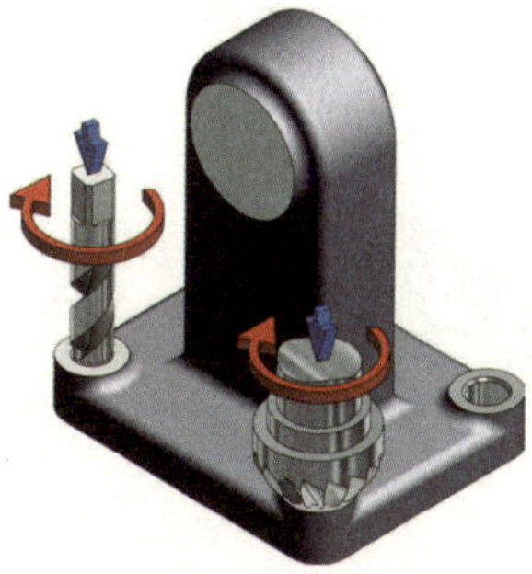

(e) 볼트구멍 드릴링, 모떼기

(f) 축 조립 구멍 드릴링

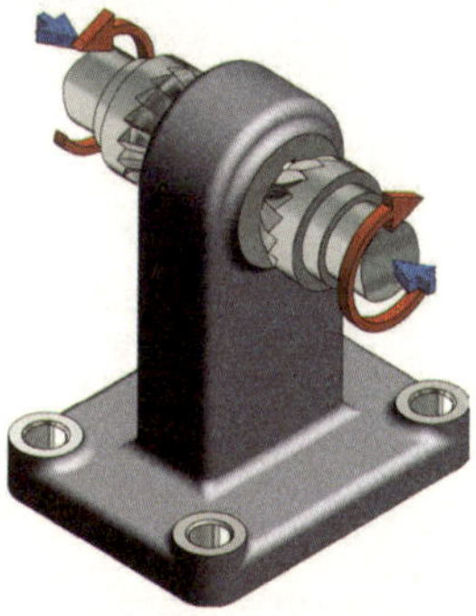

(g) 축 구멍 양측 모떼기

(h) 축 구멍의 공차 값 리밍

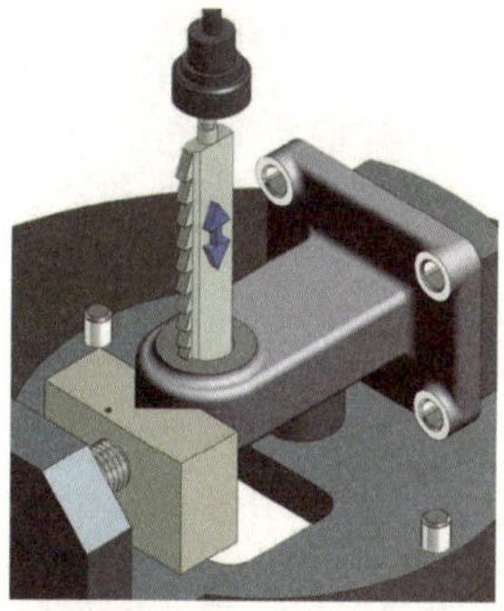

(i) 축 구멍 브로우칭

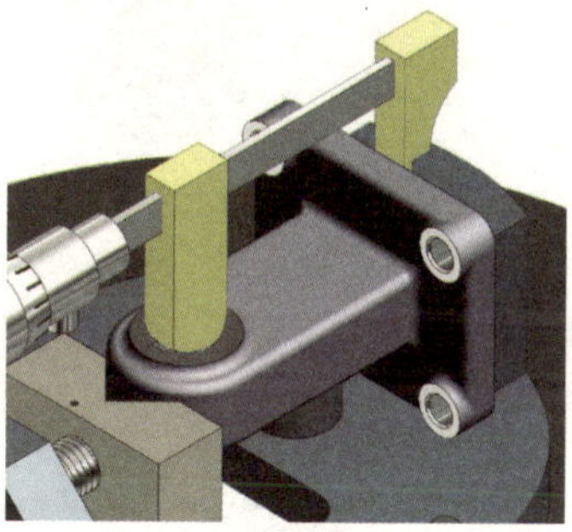

① 구멍 위치

② 구멍 측면 폭

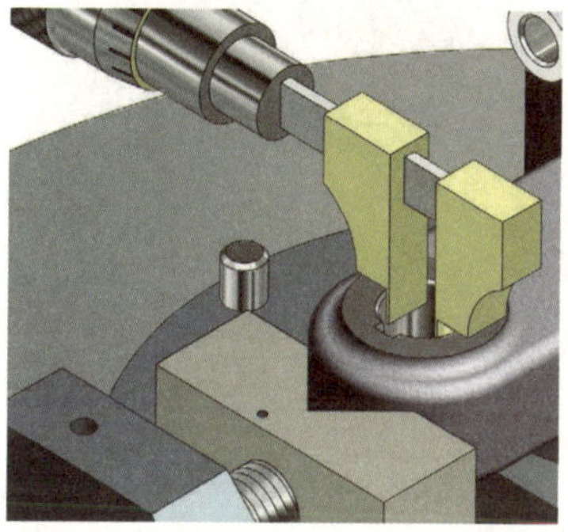

③ 구멍 및 키 홈

(j) 검사

그림 2-73. 본체의 가공 순서

보충설명 브로치 기계(Broach Machine)의 구조와 기능

➜ 브로치 기계는 아래 그림과 같이 유압 실린더를 이용한(예전에는 기구 왕복운동 방식)한 구조로서, 브로치(Broach) 공구를 구멍에 끼운 후 밀거나 당겨서 공작물의 복잡한 모양의 구멍을 가공하는 기계입니다.

➜ 브로치 공구를 기계의 축에 장치하여 밀거나 당겨서 가공하게 되고 공구의 방향에 따라 밀어 가공하는 펀치(Punch)형과 당기면서 가공하는 인발(引拔, Drawing)형으로 구분합니다.

➜ 또, 브로치 공구의 설치방향에 따라 수직형과 수평형으로 구분하기도 합니다.

➜ 브로치 가공의 장점으로는 완성치수로 공구가 마련되므로 복잡하고 다양한 모양의 내면 및 외면 가공을 간단하게 정확한 공차를 갖는 부품 가공을 할 수 있어서 호환성을 갖는 부품의 대량생산에 이용합니다.

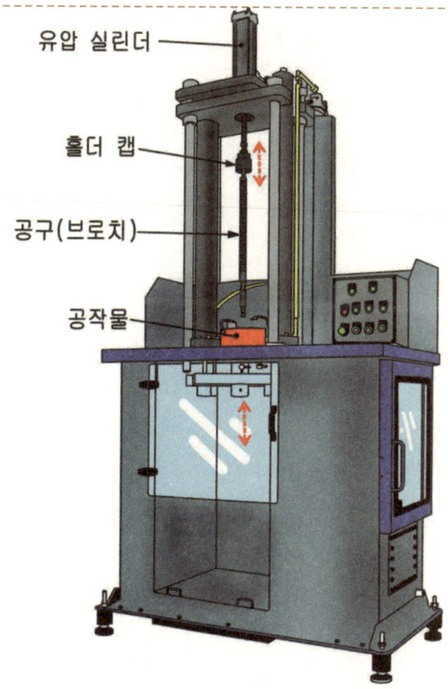

그림 2-74. 브로치 기계의 구조

→ 브로치 가공은 한쪽 기울기(Slope)의 절삭 날(브로치 날)을 막대에 배치하여 새겨진 각각의 날 높이의 차이에 의해 절삭 량이 결정되며 구멍에 1회를 통과시켜 누적된 한쪽 기울기의 절삭 량으로 가공을 하는 원리입니다.

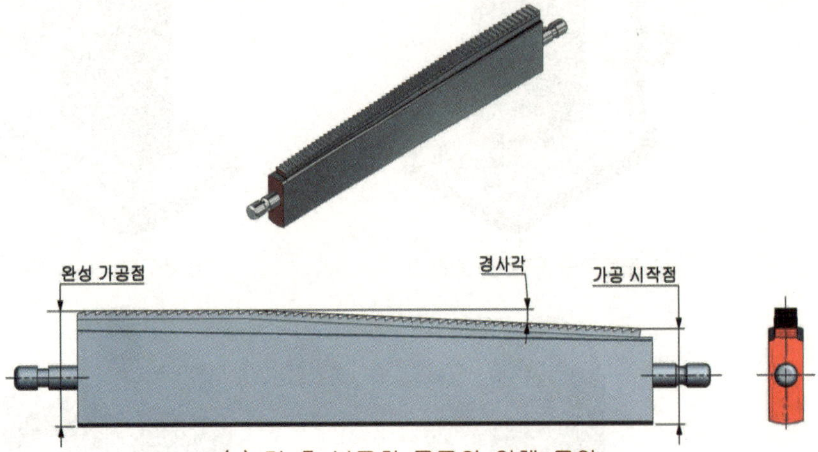

(a) 키 홈 브로치 공구의 입체 모양

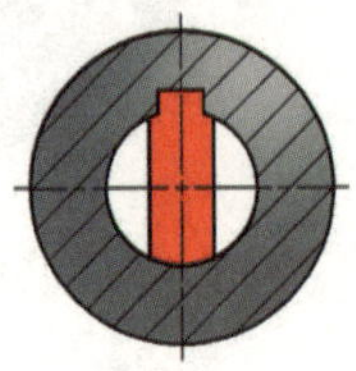

(b) 브로칭 단면 모양

그림 2-75. 키 홈 브로치와 가공단면 모양

→ 브로치 공구는 아래 그림과 같이 키(Key) 홈, 스플라인(Spline) 구멍, 세레이션(Serration) 구멍, 생크(Shank) 등 기계 부품의 특별한 모양의 구멍을 가공하기도 하지만, 외면의 특별한 모양을 가공합니다.

→ 브로칭은 매분 5~10mm의 빠른 절삭 속도를 갖고 있으며, 아래 그림은 수직펀치 인발형의 복합 브로칭의 보기입니다.

(a) 복합 브로칭 보기

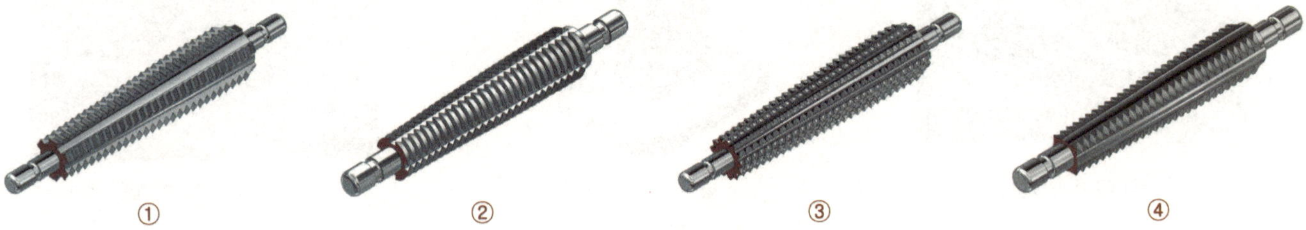

(b) 브로치 공구 종류

그림 2-76. 브로칭 모양과 공구

② 축(Shaft)

→ 투상도 선택 수 및 배열 조립도의 ①에서 분리하여 가공 수가 많은 쪽에 우측에 있도록 뉘어서 정면도 도시를 생략한 1면도로 선택하며, 키 홈은 깊이는 부분단면, 폭과 모양은 국부 투상도로 제도합니다.

O링 삽입부, O링 홈, 멈춤 링 홈 등 척도 5:1의 부분 확대도로 제도합니다.

참고로, 원형으로 나타낸 투상도가 정면도이며 길이 방향으로 뉘인 상태에서 공정 수가 많은 쪽이 우측에 있어서 자동적으로 좌측면도가 됩니다.

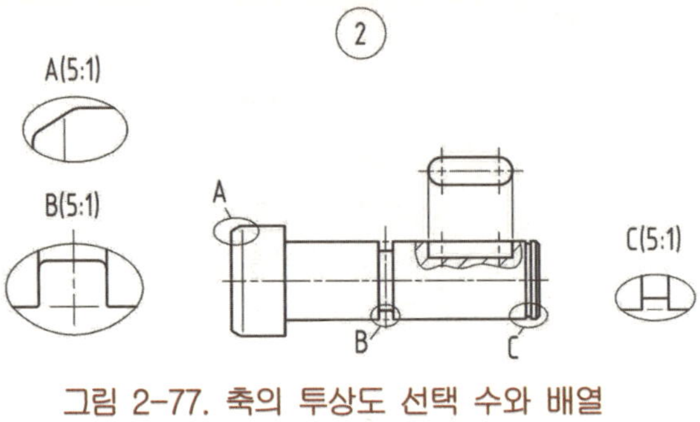

그림 2-77. 축의 투상도 선택 수와 배열

보충설명 축의 길이방향 투상도가 좌측면도가 되는 이유

➜ 축은 물체의 특징으로 본 투상도 명칭으로는 원형으로 나타낸 투상도가 정면도이나 지름기호인 'Ø'를 덧붙여 지름 크기를 지시하게 되므로 원형으로 나타나는 정면도는 생략하여 제도하게 됩니다.

➜ ②의 축은 가공 공정 상태로 조립도의 자세를 바꾸어 왼쪽에 큰 지름이 위치하도록 하면 겉으로 보이는 지름 모두를 나타나도록 투상을 해야 합니다.

따라서, 길이 방향으로 축의 오른쪽에 정면도가 위치해야 하나 아래 그림과 같이 정면도가 생략 되었으므로 좌측면도가 되는 것입니다.

②의 부품도에 사용된 물체의 특징에 따른 투상도 명칭은 좌측면도와 국부 투상도가 사용되며, 배열에 따른 명칭은 부분단면을 한 주 투상도와 국부 투상도가 됩니다.

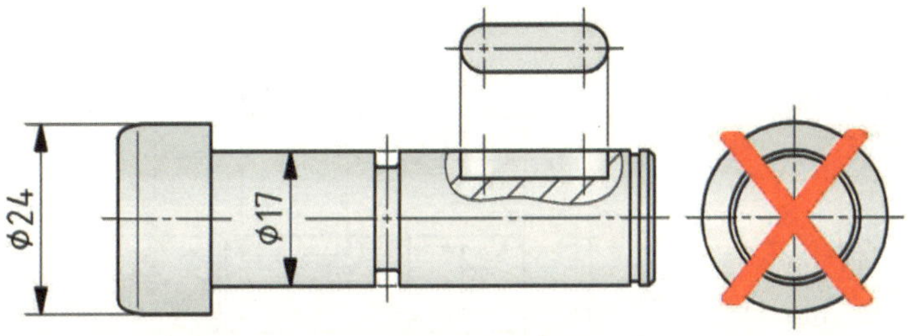

그림 2-78. 축의 정면도 생략과 좌측면도

➜ **기준면 설정과 치수지시** ⑦의 자동 조심 베어링과 조립되는 턱 부분을 기준면으로 하여 ⑦, ④, ①, ⑫의 두께를 더한 치수가 지시되어야 합니다.

이는 축에 끼워지는 본체, 간격 링, 베어링 길이를 더하여 멈춤 링은 조립에 필요한 틈새만을 확보하는 치수 공차를지시하기 위해서입니다.

이 때, O-링 홈의 가공은 기준면으로부터 22.5mm만큼 이동한 총형 바이트(끝 부분은 상세도에서와 같이 구석 둥글기를 갖는)에 의해 가공되며, 키 홈은 물론 멈춤 링의 홈도 기준면으로부터의 위치에 가공하라는 지시가 됩니다.

참고로, 축의 전체 길이를 지시할 경우에는 오일 실과 접촉하는 큰 지름의 길이가 '**주서**'에서 지시된 '**가공부**' 일반 공차 범위 내에서 길거나 짧아져서 기능에 관계가 없으므로 괄호를 붙인 참고치수로 지시합니다.

반지름 치수는 아래 그림의 확대도 'A(5:1)'의 'R1, 'B(5:1)'의 '2× R0.4' 및 주 투상도의 'R0.3'과 같이 치수지시의 방향이 표준에서 정한 방향으로 지시하기 곤란한 경우에는 지시 선을 수평으로 그어 지시합니다.

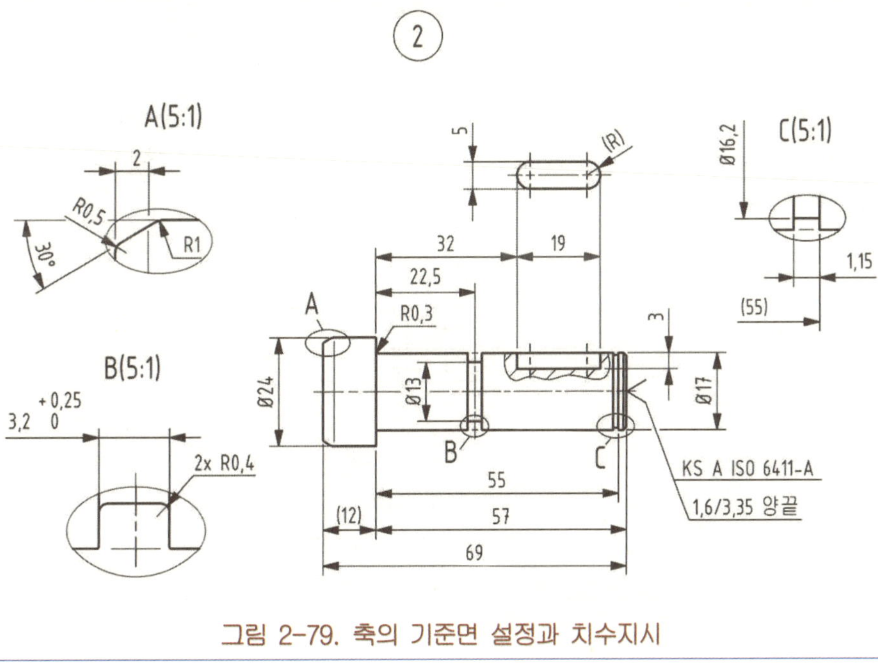

그림 2-79. 축의 기준면 설정과 치수지시

➜ 치수 공차의 지시 ①, ④, ⑦을 조립하여 V-벨트 풀리가 자동 조심 볼베어링의 외륜과 함께 원활하게 회전이 가능하도록 ⑫의 멈춤 링을 끼울 수 있는 조립 공간을 확보하기 위한 치수 공차를 지시합니다.

부품의 크기가 작을 때는 아래 그림과 같이 확대도에 의해 치수와 함께 공차를 지시하고 길이의 치수 공차는 괄호로 참고 치수를 지시하면 도면을 읽기에 편리합니다.

또한, 키 홈의 길이와 깊이 치수 및 O-링의 홈 치수는 해당 규격의 표준에서 인용한 치수 공차를 지시합니다.

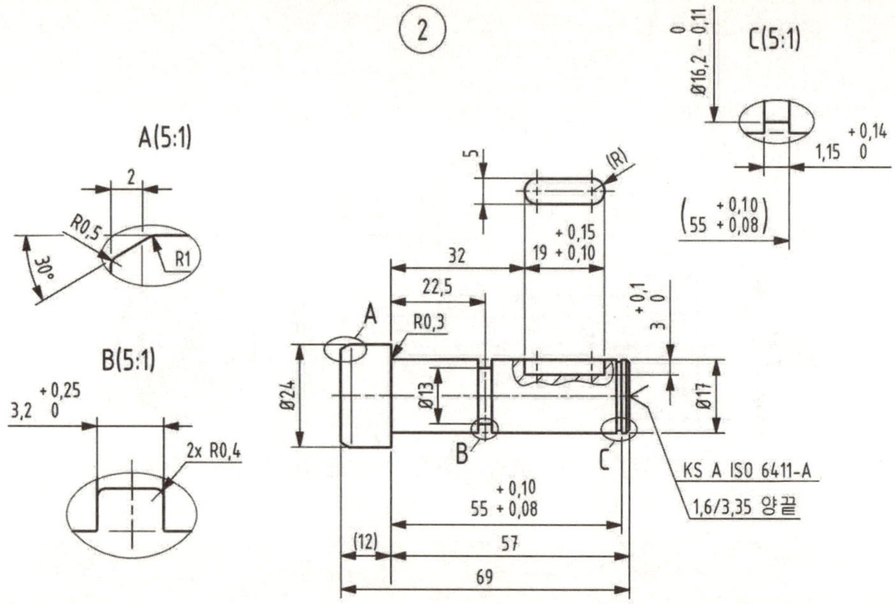

그림 2-80. 축의 기준면 설정과 치수지시

➜ 끼워 맞춤 공차 기호의 지시 ①, ④, ⑦과 조립되는 조건이 다를 경우에는 기능과 작동을 고려하여 지시해야 하는데, 벨트 풀리가 외륜 회전 하중조건으로서 'h6'을 지시(본체의 구멍과 축은 조립되어 회전 하지 않음)하면 자동적으로 축 기준 끼워 맞춤 공차 기호를 지시가 됩니다.

이 때 ④의 안지름은 억지 끼워 맞춤으로 하면 풀리가 회전할 때 O링과 맞닿는 안지름은 풀리와 함께 회전하지 않는 조건을 만족시키게 됩니다.

키 홈, 오일 실의 립과 닿는 원통 면(Ø24), O-링의 바닥 면(Ø13)은 해당 규격의 표준에서 인용한 끼워 맞춤 공차 기호를 지시합니다.

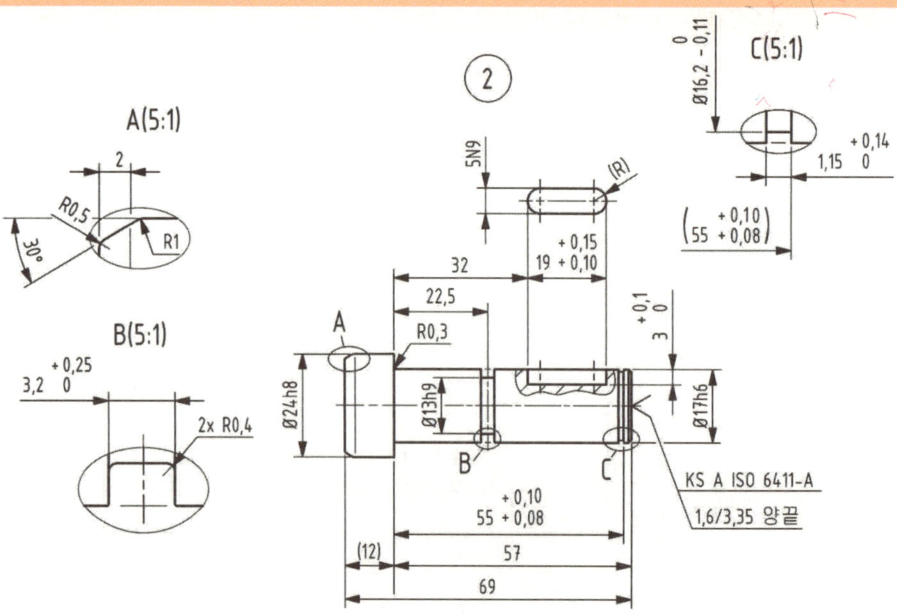

그림 2-81. 축의 끼워 맞춤 공차 기호의 지시

보충설명 O-링의 설치 설계제도

O-링의 설치는 운동용과 고정에 따른 기능을 발휘하기 위한 다음 그림들에서 설명한 이상의 표면 거칠기를 확보하도록 지시해야 하며, 설치할 때 손상예방을 고려한 모양의 홈이나 접촉면이 되도록 설계제도를 해야 합니다.

➜ O-링이 설치되는 실린더(Cylinder)와 축의 원통 면 표면 거칠기는 운동용과 고정용으로 구분하여 아래 그림과 같은 거칠기 값으로 지시합니다.

$\overset{z}{\triangledown}$는 거칠기 값을 '0.05a ~ 0.4a'을 가진 'GL(연삭래핑)'이나 'FP(폴리싱)'가공을 하며 기호로는 $\overset{z}{\triangledown}$ GL, $\overset{z}{\triangledown}$ FP로 지시를 하고, $\overset{y}{\triangledown}$는 거칠기 값을 '0.8a ~ 1.6a'을 가진 'G(연삭)' 가공을 하며 기호로는 $\overset{y}{\triangledown}$ G로 지시합니다.

(a) 운동용　　(b) 고정용

그림 2-82. 운동 및 고정용의 원통 면 표면 거칠기 값

➜ 홈의 밑면 및 측면의 표면 거칠기도 운동용과 고정용으로 구분하여 다음 그림과 같은 거칠기 값으로 지시합니다.

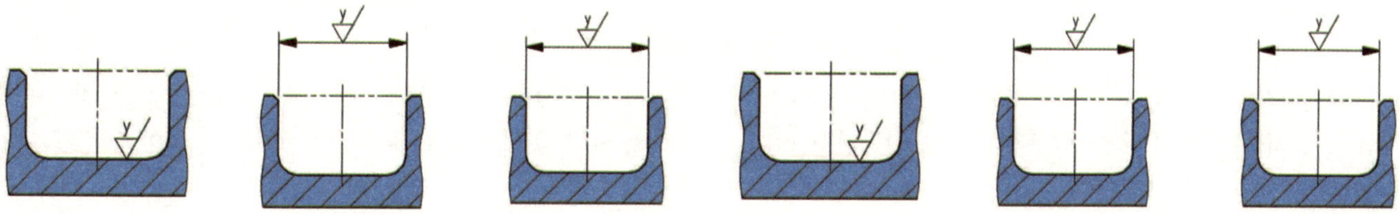

(a) 운동용: ① 밑면, ② 측면 (백업 링 있음, 백업 링 없음)

(b) 고정용: ① 밑면, ② 측면 (백업 링 있음, 백업 링 없음)

그림 2-83. 운동 및 고정용의 홈과 측면 표면 거칠기 값

➜ 고정용 평면은 다음 그림과 같은 거칠기 값으로 지시합니다.

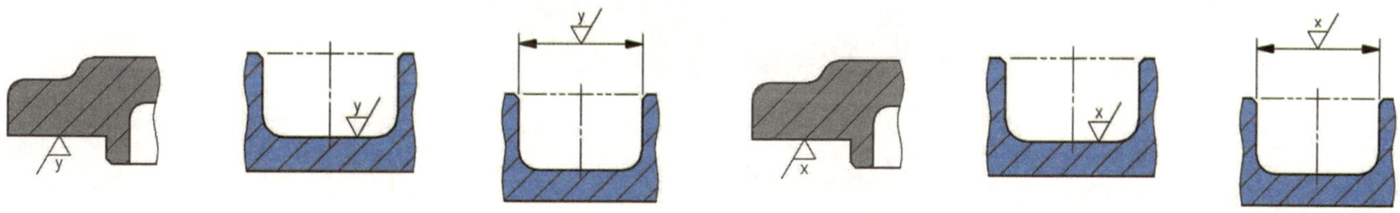

(a) 압력이나 압력 변화가 큰 경우: ① 플랜지 면과 같은 접촉 면, ② 홈의 밑면, ③ 홈의 측면

(b) 압력이나 압력 변화가 작은 경우: ① 플랜지 면과 같은 접촉 면, ② 홈의 밑면, ③ 홈의 측면

그림 2-84. 고정용 평면의 표면 거칠기 값

➜ O-링이 끼워지는 실린더의 원통 면 입구와 축의 입구의 예리한 모서리를 제거하기 위해서는 아래 그림 및 표를 기준으로 설계제도를 해야 합니다.

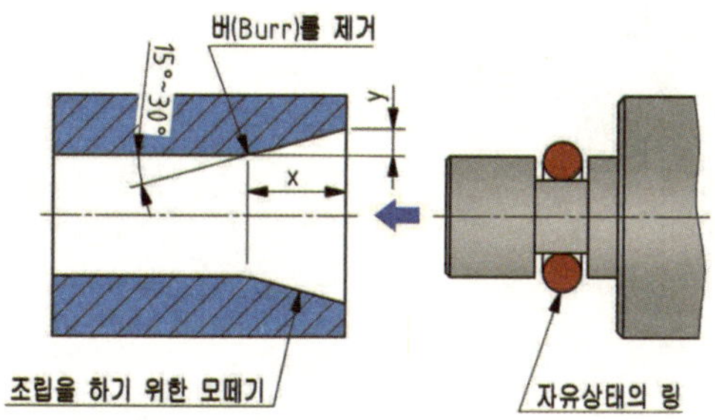

O-링 호칭 번호		O-링 굵기(∅)	Y(최대)	X	
				15°	30°
G 계열	25 ~ 145	3.1±0.10	1.1	4.1	1.0
	150 ~ 300	5.7±0.15	1.3	4.9	2.3
P 계열	3 ~ 10	1.9±0.07	0.9	3.4	1.6
	10A ~ 22	2.4±0.07			
	22A ~ 50	3.5±0.10	1.1	4.1	1.9
	48A ~ 150	5.7±0.15	1.3	4.9	2.3
	150A ~ 400	8.4±0.15	1.5	5.6	2.6

그림 2-85. O-링을 구멍과 축에 설치하는 모서리 제거

보충설명 **베어링의 기능, 작동, 수명을 고려한 멈춤 링의 설치 설계제도**

축의 설계제도에서 멈춤 링의 설치는 베어링의 기능, 작동, 수명에 직접적으로 영향을 미치게 되므로 멈춤 링의 설치에 필요한 공차 지시가 중요합니다.

➜ 아래 그림은 축의 단부터 멈춤 링 홈의 바깥 면까지에 '−, −', 본체 폭과 간격 링까지에 '+, +'의 공차, 베어링이 닿는 안지름 면부터 멈춤 링 홈의 바깥 면까지에 '−, −'로, 멈춤 링이 끼워 는 홈에 '+, +'공차를 지시한 보기입니다.

축 중심방향으로 각 부품들 사이에 누적 죔 새를 발생하게 하여 각 부품들을 조립하기가 불가능하므로 잘못된 공차 지시로써 어느 한 부품의 수정한 공차 값으로 재가공하여 조립할 수밖에 없습니다.

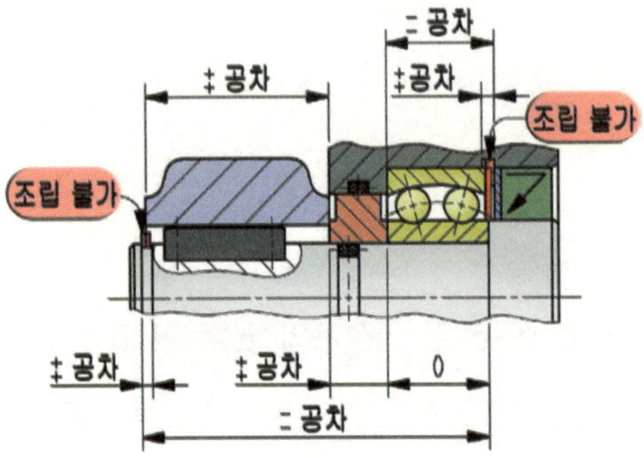

그림 2-86. 각 부품들의 조립이 불가능한 공차의 지시 보기

➜ 아래 그림은 축의 단부터 멈춤 링 홈의 바깥 면까지에 '+, +', 본체 폭에 '−, −', 간격 링의 홈 폭에 '+, +'를, 베어링이 닿는 안지름 면부터 멈춤 링 홈의 바깥 면까지에 '+, +'로, 멈춤 링이 끼워지는 홈에 '+, +'공차를 지시하여 멈춤 링을 조립할 수 있는 틈새만 확보하게 되므로 좋은 공차의 지시 보기입니다.

다만, 과도한 공차 값 지정으로 각 부품들 사이에 틈새가 발생하여 중 고속으로 회전할 때 벨트 흔들림이 축 방향으로 심하게 전달되어 베어링의 파손원인이 되므로 공차 값 지정에 주의하셔야 합니다.

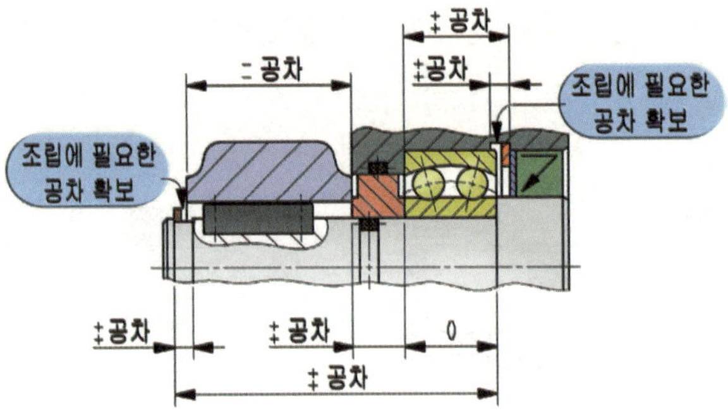

그림 2-87. 좋은 공차의 지시 보기-1

➜ 아래 그림은 축의 단부터 멈춤 링 홈의 바깥 측면까지에 '+, +', 본체 폭과 간격 링까지에 '−, −'의 공차, 베어링이 닿는 안지름 면부터 멈춤 링 홈의 바깥 면까지에 '+, +'로, 멈춤 링이 끼워지는 홈에 '+, +'공차을 지시하여 멈춤 링을 조립할 수 있는 틈새만 확보하게 되므로 좋은 공차의 지시 보기입니다. 다만, 공차 값 지정에 주의하셔야 합니다.

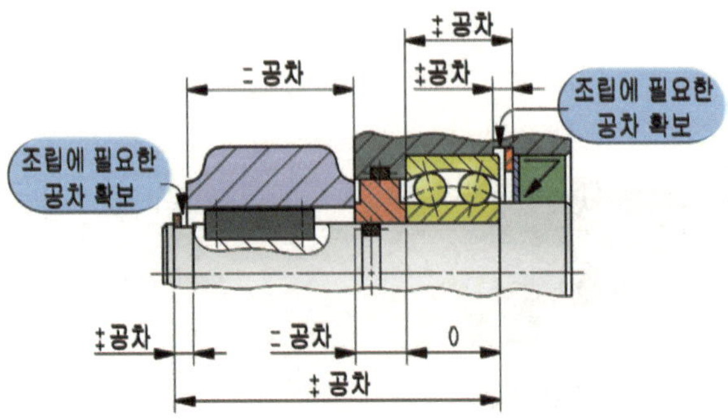

그림 2-88. 좋은 공차의 지시 보기-2

→ 기하 공차 기호의 지시 오일 실과의 작동관계에 있어서 표면 경도를 확보하기 위해 선삭(旋削) 후 열처리를 하여 연삭과 검사를 위해 설치한 센터구멍을 설치하게 됩니다.

축의 양끝은 축 중심이 되므로 이를 기준으로 큰 지름을 비롯해 O링 홈 및 본체와 끼워지는 지름은 동심을 규제하기 위해 축의 지름을 측정하는 원주 흔들림을 지시합니다.

키 홈의 국부 투상도에는 축 중심과 대칭에 위치하도록 양쪽의 센터 구멍을 데이텀으로 하여 대칭도를 지시해야 하는데, 축에 키를 끼운 상태로 본체의 구멍에 끼울 경우 중심으로부터 대칭상태에 있지 않으면 끼워 넣을 수 없습니다.

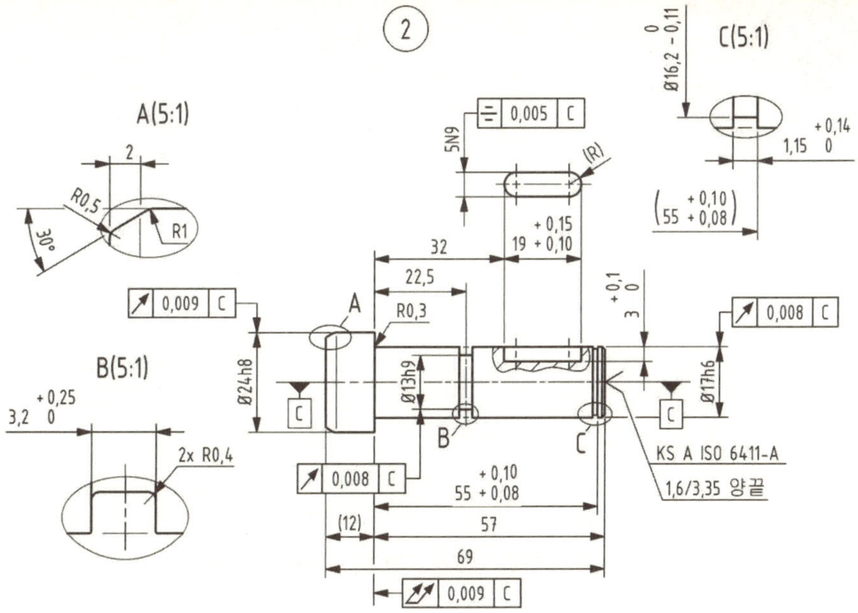

그림 2-89. 축의 기하 공차 기호의 지시

→ 표면 거칠기 기호의 지시 오일 실의 립(Lip)과 회전마찰에 의한 마모를 줄이기 위해 열처리 또는 표면경화 처리를 하게 되며, 축이 휨으로써 풀리가 고속 회전을 할 때 흔들리게 되어 베어링 파손의 원인이 됩니다.

따라서, 연삭과 폴리싱(또는 코팅)을 해야 하기 때문에 연삭과 폴리싱을 염두에 두는 표면 거칠기 지시를 해야 합니다.

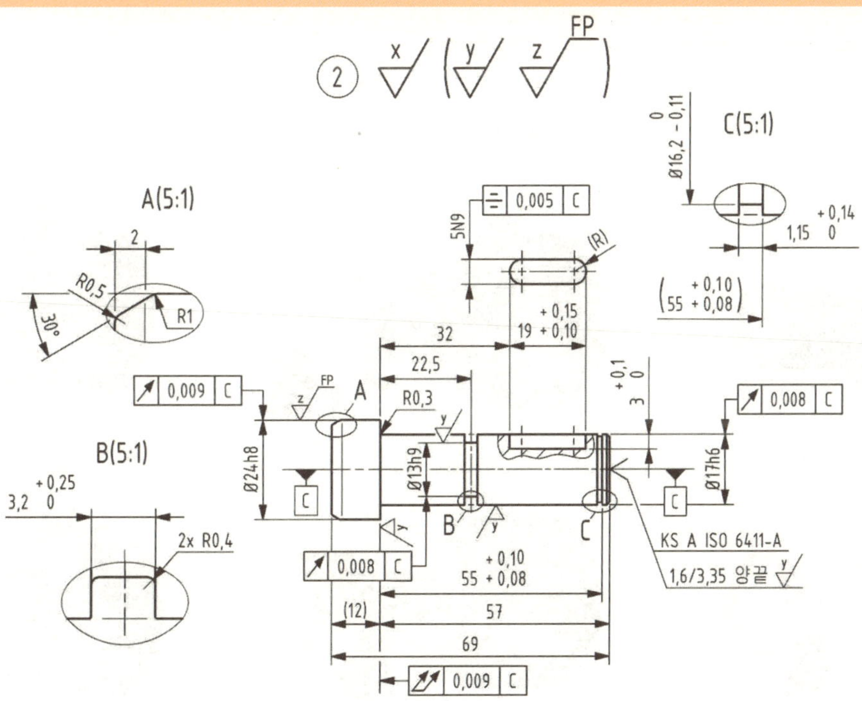

그림 2-90. 축의 표면 거칠기 기호의 지시

→ **열처리 및 표면처리의 지시** 표면 경도(硬度)를 가져야 하는 부품의 기능 조건과 작은 부품이기 때문에 전체 열처리 또는 표면 경화처리를 지시합니다.

또한, 녹 발생방지(파커라이징) 처리 지시합니다.

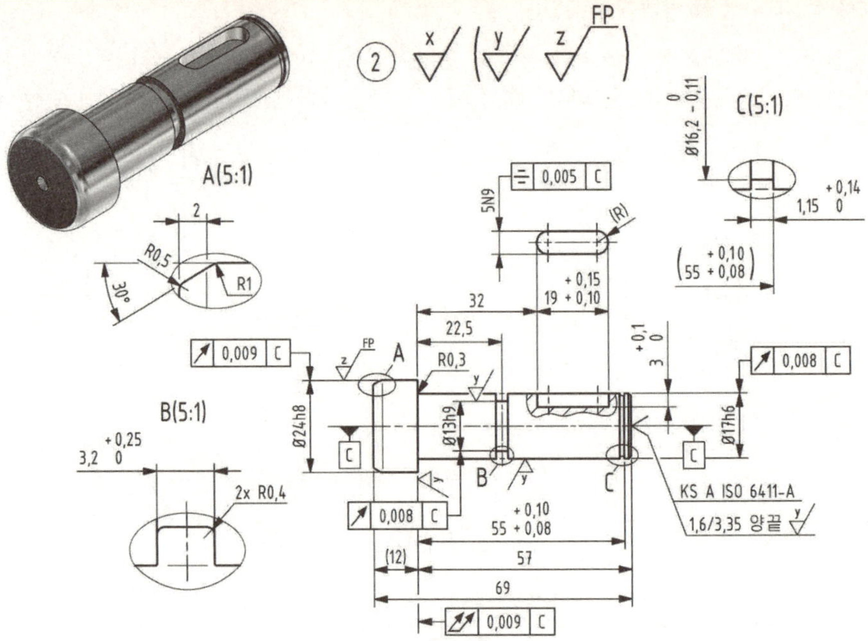

그림 2-91. 축의 열처리 및 표면처리의 지시

보충설명 축(Shaft)의 가공 순서

길이와 지름부에 가공 여유를 준 원형 봉의 부품 소재(素材)를 마련하며, 열처리 경우에는 연삭 여유를 주어 가공함.

(a) 주축대의 척(Chuck)에 물린 후 중심 잡기와 센터링.

(b) 오른 쪽의 축 끝 자르기.

(c) 가장 큰 지름 가공.

(d) ①과 ⑦의 끼워 맞춤 지름 가공(⑦을 기준).

(e) ⑦과 닿은 단으로부터 O링 홈 및 멈춤 링의 홈 가공.

(f) 끝 부분 지름 모떼기.

(g) ⑨가 삽입되는 큰 지름 끝부분 오일 실 삽입 안내 모떼기.

(h) 큰 지름 끝 절단 및 센터링.

(i) 키 홈 엔드밀 가공.

(j) 열처리 후 작은 지름 부 물림과 연삭.

(k) 큰 지름 부 폴리싱(코팅의 경우 열처리 하지 않으며, 해당 부분 폭에 한하여 코팅 두께를 감안한 가공).

(l) 검사.

(a) 중심잡기, 센터링

(b) 끝 자르기

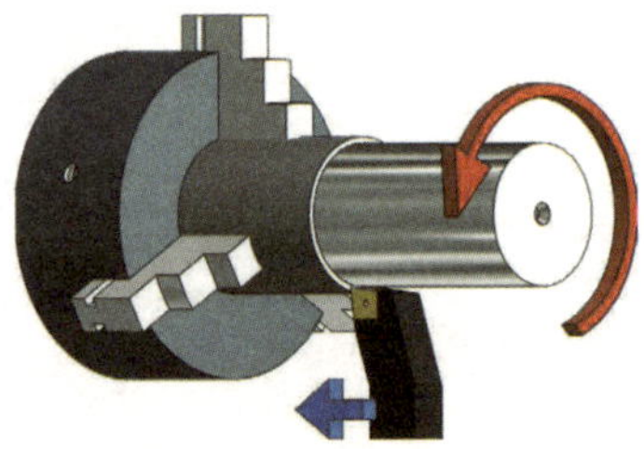

(c) 큰 지름 가공

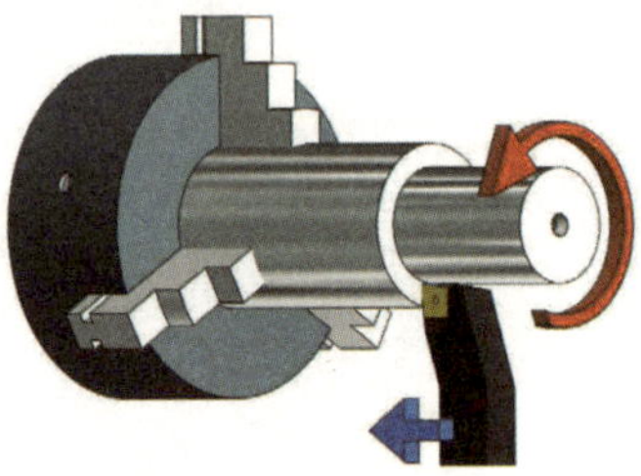

(d) 작은 지름 가공

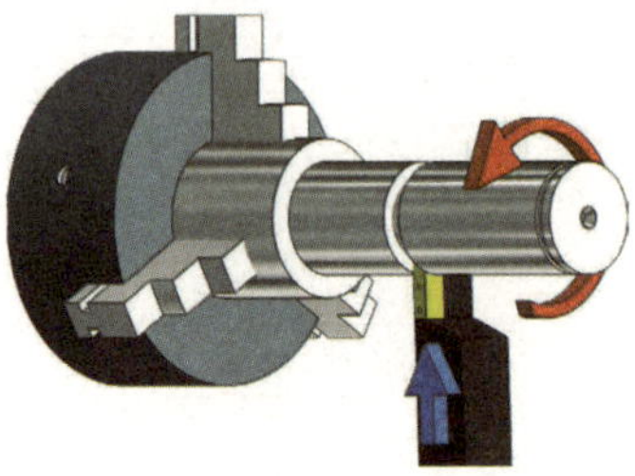

(e) O링, 멈춤 링 홈

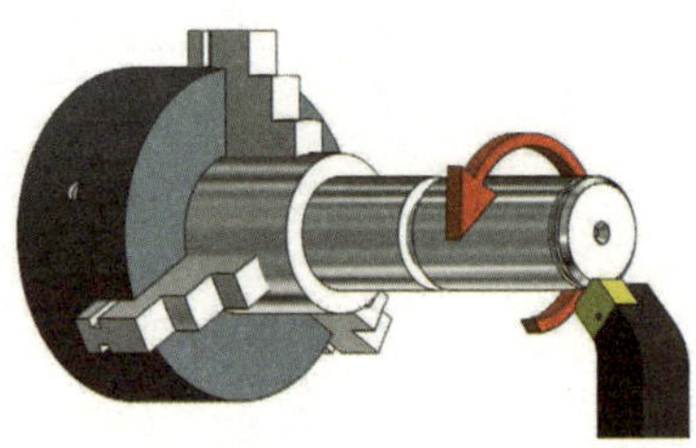

(f) 끝부분 모떼기

그림 2-92. 축의 가공 순서(계속)

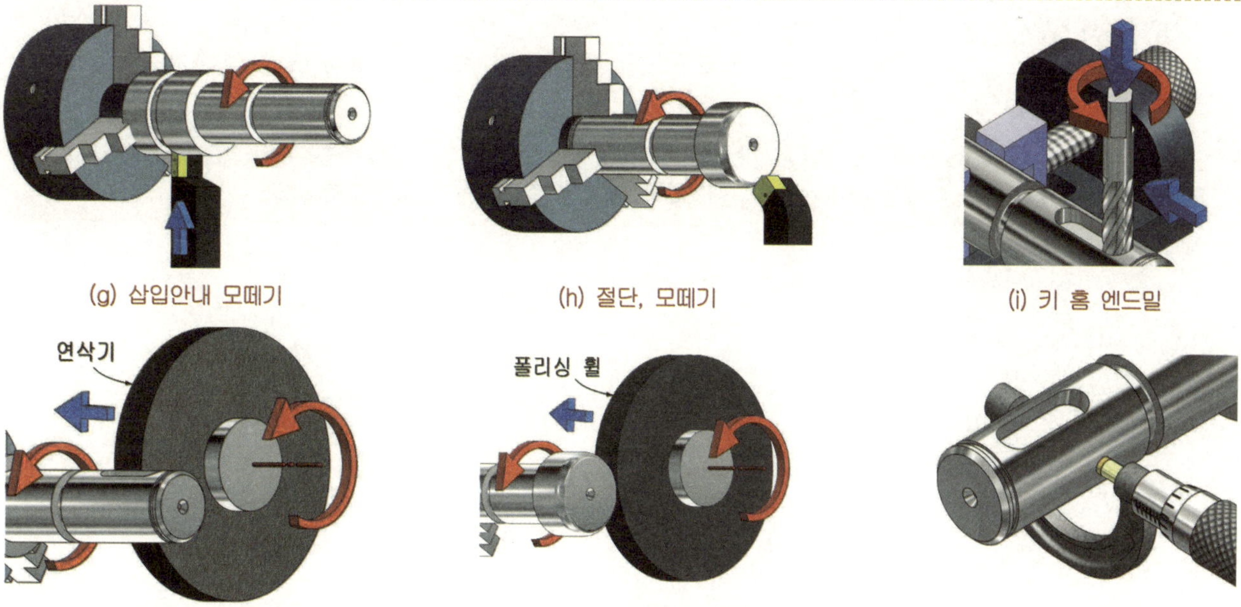

(g) 삽입안내 모떼기 (h) 절단, 모떼기 (i) 키 홈 엔드밀

(j) 열처리 후 연삭 (k) 폴리싱 (l) 검사

그림 2-92. 축의 가공 순서

③ 2중 V-벨트 풀리(Double V-Belt Pulley)

➜ 투상도 선택 수 및 배열 원형의 정면도 도시를 생략한 한쪽 단면의 1면도와 부분 확대도를 제도합니다.

또 외형선으로 원형을 많이 나타낼 수 있는 쪽이 정면도이나 생략되었으므로 배열 상태로 보면 좌측면도가 됩니다.

단면을 한 안쪽 부분에 치수 지시가 복잡할 경우는 각 부분 또는 전체를 확대하여 도시하는 것도 좋은 방법입니다.

확대도의 배치는 인출한 부분과 대조비교가 쉽도록 가급적 가까운 위치에 배치하고, 인출한 기호와 척도 값의 개별주서는 아래 그림과 같이 반드시 확대도의 위에 제도해야 합니다.

확대도의 척도 값은 반드시 표준에서 정한 값을 사용해야 합니다.

아래 그림에서 인출한 부분은 두 지름부의 간격이 좁기 때문에 가는 실선으로 제도하지만 확대도 'D'에서는 확대한 투상도로서 두 부분의 지름이 같다는 표시로 이점쇄선으로 제도해야 합니다.

모서리와 구석 둥글기의 상관선은 표준에서 규정한 바와 같이 가는 실선으로 제도해야 합니다.

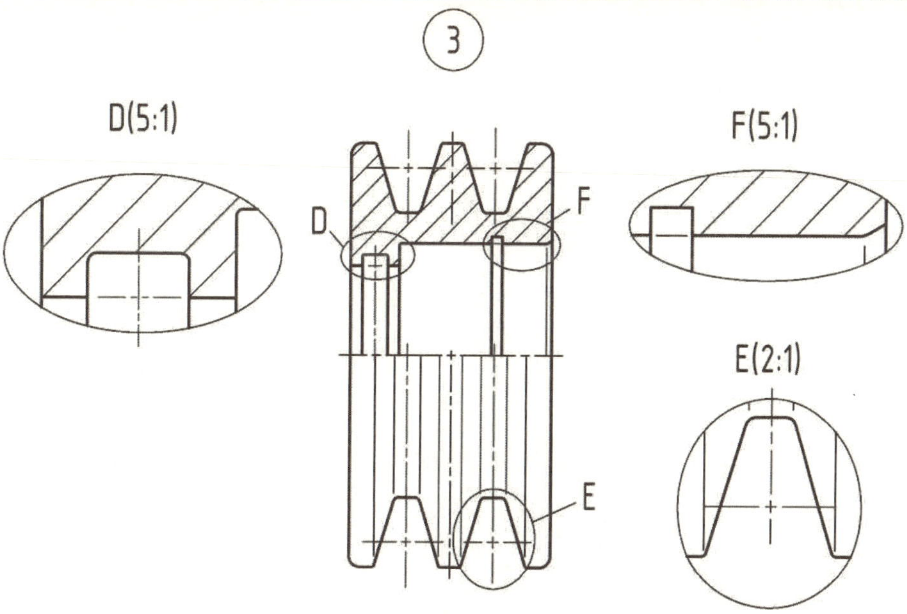

그림 2-93. 2중 V-벨트 풀리의 투상도 선택 수 및 배열

→ **기준면 설정과 치수지시** 주어진 문제의 오른쪽 측면으로부터 ⑦의 베어링 좌측면까지의 깊이는 ②의 축으로부터 ③의 풀리의 위치가 결정되며, 앞에서 학습한 바와 같이 베어링의 좌측면 깊이로부터 ⑧의 멈춤 링 기준치수를 더하여 멈춤 링의 홈 거리를 지시해야 합니다.

한쪽 단면을 한 목적에 따라 외형부분의 치수와 안쪽의 치수를 공정으로 구분하여 치수를 지시하고, 확대도와 같이 표준에서 정한 방향으로 지시하기 어려울 경우 둥글기 치수는 지시선을 수평으로 그어 지시합니다.

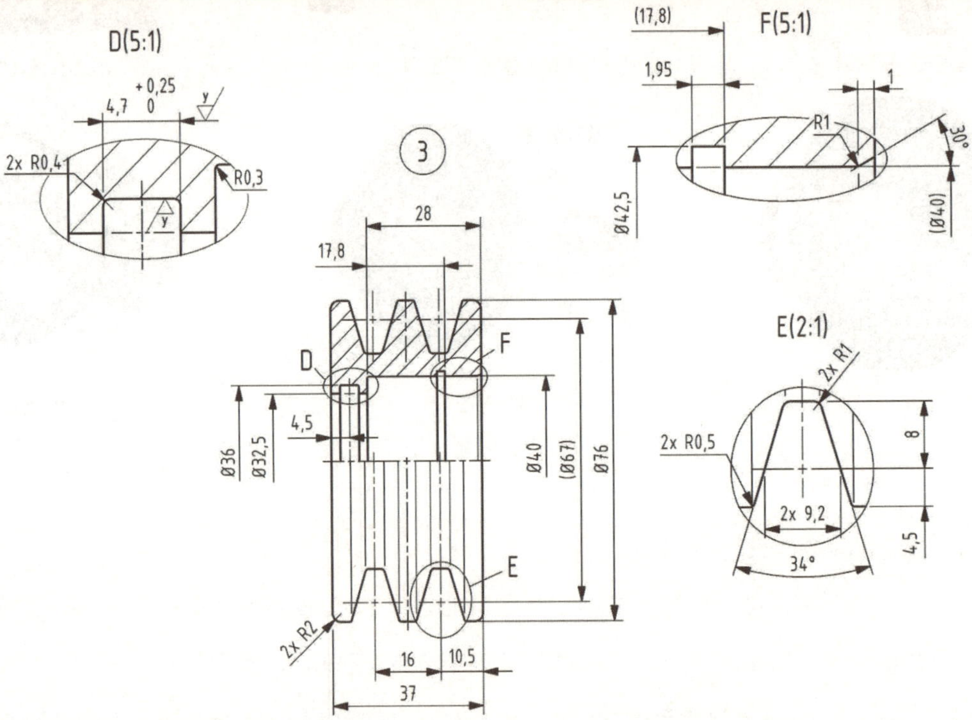

그림 2-94. 2중 V-벨트 풀리의 기준면 설정과 치수 지시

→ **치수 공차의 지시** ⑦의 베어링과 ⑧의 멈춤 링이 조립되는 안지름 깊이 즉, 멈춤 링의 홈 위치치수는 조립 여유만을 주어진 기준 치수의 지시에 의해 부품의 기능과 수명이 결정된다는 것을 생각합니다.

멈춤 링 및 ⑩의 O-링 홈 기준 치수에는 호칭 지름에 해당하는 치수 공차 값을 표준에서 정한 값으로 지시합니다.

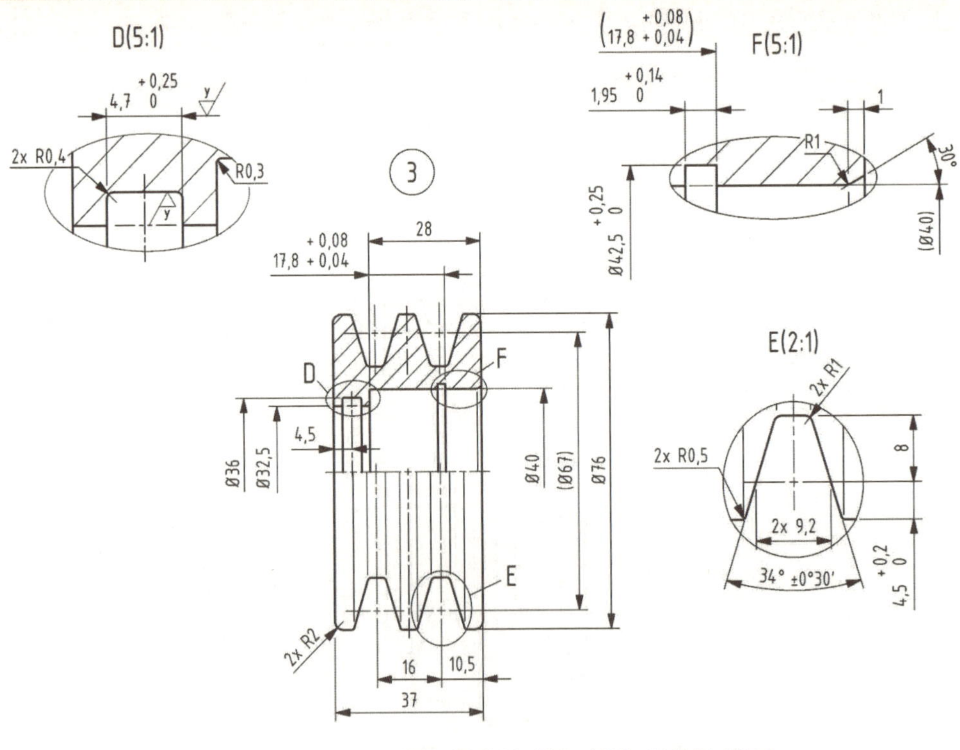

그림 2-95. 2중 V-벨트 풀리의 치수 공차 기호의 지시

→ **끼워 맞춤 공차 기호의 지시** 베어링의 설치 조건이 벨트는 중속 또는 고속의 외륜 회전이며 하중은 벨트의 눌러주는 정도를 경 하중 보다는 중 하중의 조건이 안전율을 감안한 것이므로 이에 준한 끼워 맞춤 공차 기호를 지시합니다.

베어링, 멈춤 링, 백업 링, 오일 실이 같은 지름에 끼워질 때는 베어링의 조립 상태가 기준이 되는 끼워 맞춤 공차 기호를 우선하여 지시해야 합니다.

또, O-링이 끼워지는 홈의 지름은 운동용을 기준한 끼워 맞춤 공차 기호를 지시합니다.

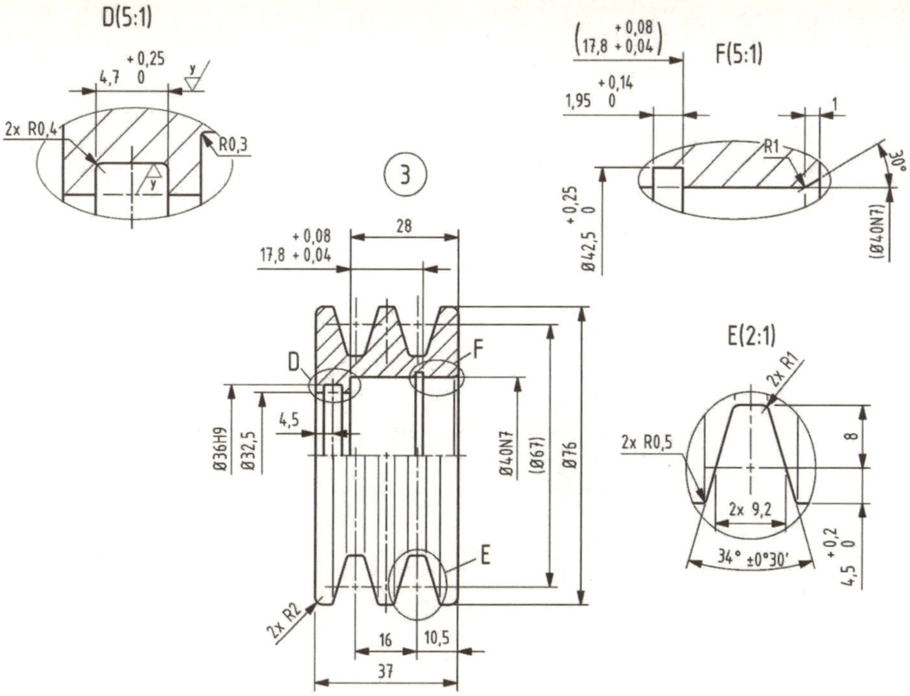

그림 2-96. 2중 V-벨트 풀리의 끼워 맞춤 공차 기호의 지시

→ **기하 공차 기호의 지시** ⑦의 베어링과 조립되는 안지름을 기준으로 하여 ⑩의 O-링 홈 축 중심과 동심을 규제하는 원주 흔들림을 지시합니다.

안지름을 가공한 후 이를 기준으로 하여 ③의 풀리 바깥지름을 가공하게 되므로 원주 흔들림을 규제하고, 베어링과 닿는 측면이 직각도를 규제하는 온 흔들림를 지시합니다.

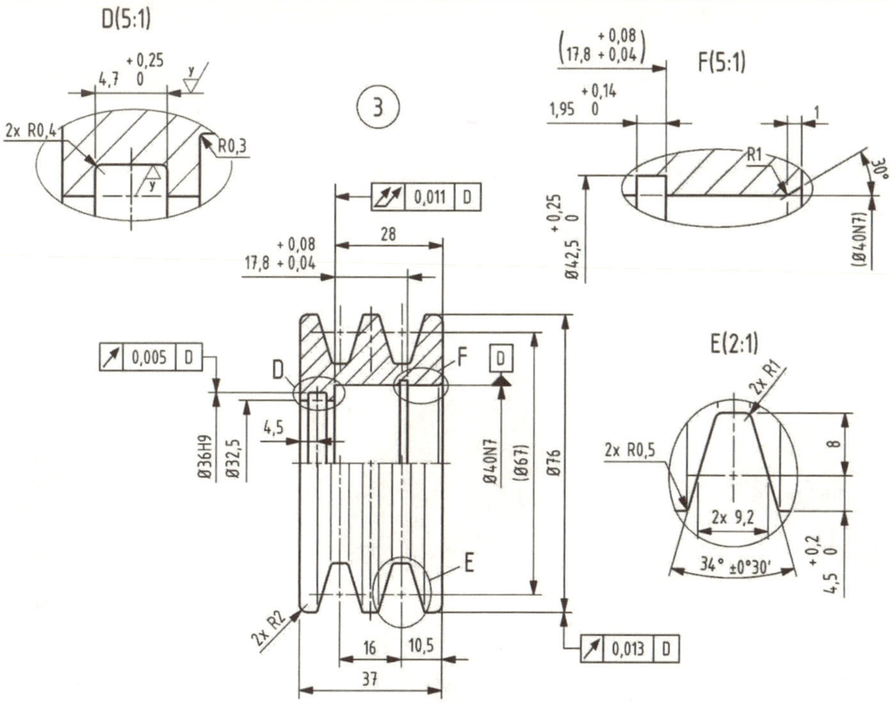

그림 2-97. 2중 V-벨트 풀리의 기하 공차 기호의 지시

➜ **표면 거칠기 기호의 지시** 본 문제의 모범답안에서는 주강품으로 주조를 하여 소재를 마련하였으나, 지시하지 않은 면은 '$\overset{x}{\checkmark}$'으로 지시합니다.

그 이유는 보통, 주조품에서 가공하지 않은 부분과 다른 부품과의 기능과 작동 등에 관련한 부분만을 가공한다고 하여 제거가공을 하지 않도록 지시해야하기 때문입니다.

다만, 본 문제의 경우 풀리의 회전 조건이 중 고속이므로, 주조할 때 생기는 플래시(Flash)에 의해 회전 밸런스가 맞지 않아 흔들리게 되면 베어링 파손의 원인이 되므로 이를 제거(KS 구격에서 '$\overset{x}{\checkmark}$'를 나타낸 이유임.)하기 위함입니다.

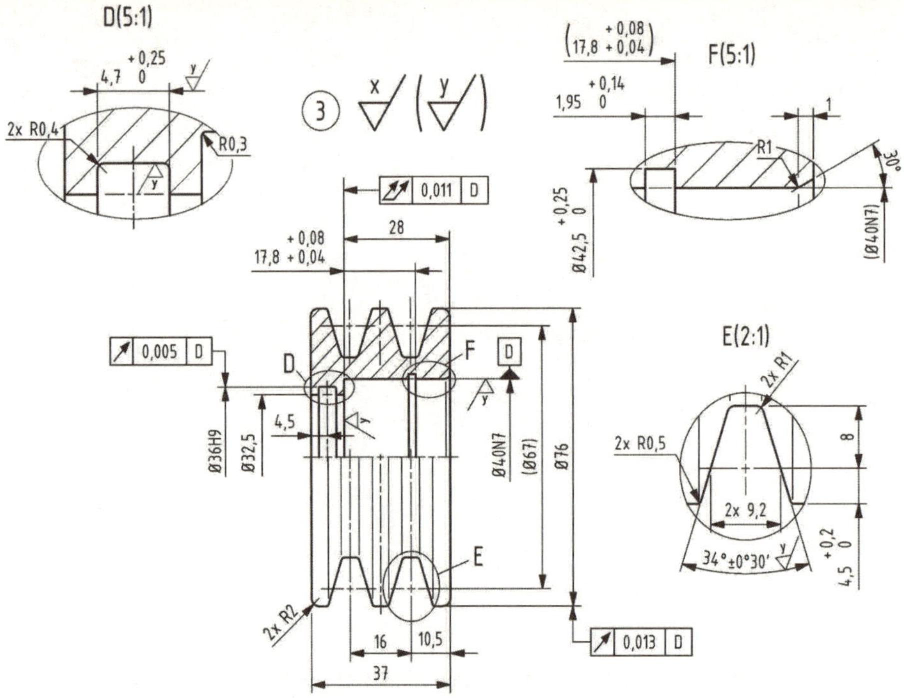

그림 2-98. 2중 V-벨트 풀리의 표면 거칠기 기호의 지시

보충설명 **플래시(Flash)란?**

➜ 어떤 틀 안에서 액체가 압력이나 열을 받아 팽창하여 틀의 틈새사이로 흘러넘쳐 굳어진 것을 말합니다.

버(Burr)라고 불리기도 하며 플래시는 외관상 좋지 않고, 다른 부품과의 결합에서 부품에 상처를 내기도 하며 도금 불량의 원인이기 쉽기 때문에 도금 전에 제거하는 것이 좋습니다. 대표적인 예로는,

(a) 단조에서 용융된 재료를 형틀에 놓고 압력을 가했을 때 연결 면의 틈새에서 재료가 빠져나와 굳는 것.
(b) 맞댄 붕어빵 틀 사이에서 반죽이 흘러나와 구워진 것.
(c) 모양 틀 보다 약간 많은 량의 지점토를 틀에 넣고 양쪽에서 압력을 가했을 때 빠져나오는 거스러미.

(a) 주물품 (b) 붕어빵 (c) 지점토 공예

그림 2-99. 플래시 예

→ 열처리 및 표면처리의 지시 본 문제의 경우 모범답안에서 주강품의 소재에 의해 제작되도록 제도되어 있으나, 제조 원가를 고려한 설계에 의해 알루미늄 합금 재질을 선택할 수 있습니다.

완성 가공 후 V홈이 벨트와의 마찰에 의한 마모를 방지하고 부식을 방지하기 위해 아노다이징(Anodizing) 또는 알루마이트 처리를 반드시 해주어야 합니다.

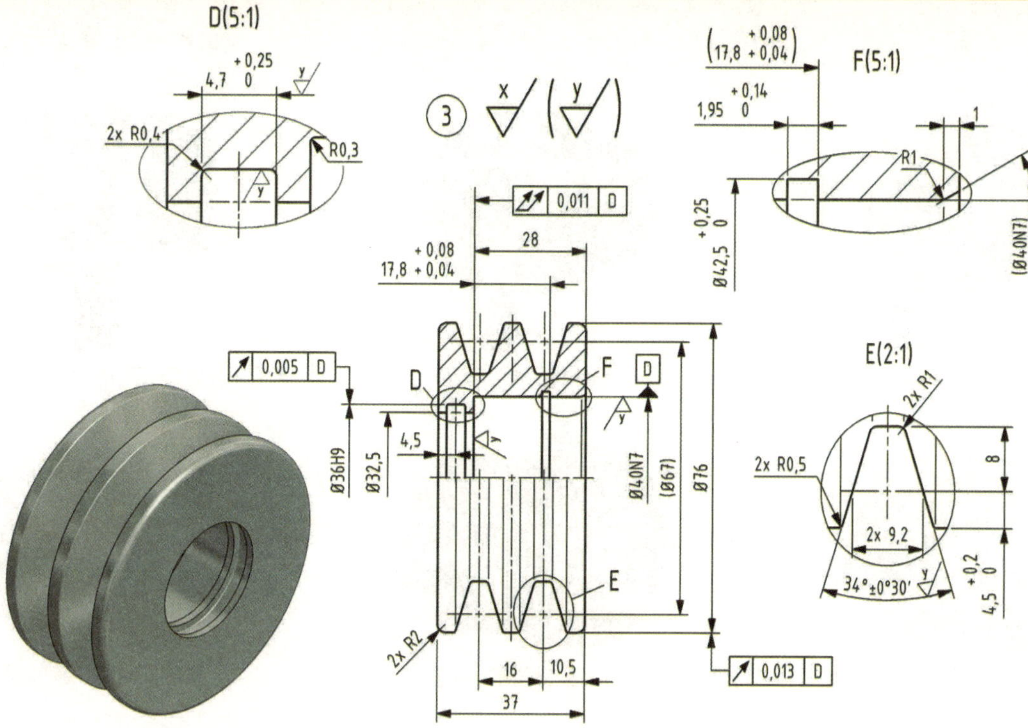

그림 2-100. 2중 V-벨트 풀리의 열처리 및 표면처리의 지시

보충설명 아노다이징(Anodizing)이란?

→ 알루미늄 합금 재료의 표면에 산화알루미늄 피막을 입히는 처리를 말하며, 전기적인 처리 방법과 화학적 처리 방법이 있으며 전기적 처리 방법을 아노다이징 또는 알루마이트(Alumite)처리라고도 합니다.

→ 전기적 처리 방법은 알루미늄 부품을 전해액에 담가 양극(+)으로 만들고, 전해액에 음극(-)의 전극을 흘려보내는 전기분해로 인해 알루미늄 표면이 산화되어 피막이 생기게 되어 양극 산화방법(Anodizing Method)라 부르기도 합니다.

전기적 아노다이징은 최소 0.005부터 최대 0.2mm까지의 두께로 산화 피막을 입힐 수 있으며, 0.005부터 0.02mm까지의 두께가 절연성과 강도가 높고 부식에도 강합니다.

→ 화학적 아노다이징은 제품의 크기에 상관없으며 생산 효율이 높으나, 표면에 다른 색상의 도장 처리 전에 처리하는데 사용하는 방법입니다.

피막을 입힐 경우 내식성, 내마모성이 증가하며, 염색까지 가능하기 때문에 오늘 날에 미관상 목적으로도 많이 이용되며 도장 밀착성도 우수해 도장 전의 처리방법으로 많이 이용됩니다.

그림 2-101. 장신구의 여러 가지 아노다이징 예

보충설명 2중 V-벨트 풀리(Double V-Belt Pulley)의 가공 순서

가공 여유를 주어 주조(Casting)로 완성가공 전의 부품 소재(素材) 마련하여,

(a) 주축대의 척(Chuck)에 안지름을 물려 중심을 잡은 후 큰 지름 쪽 측면 가공.
(b) 풀리 바깥지름 가공
(c) V홈 성형 바이트로 2개의 V홈 가공.
(d) 작은 안지름 가공.
(e) 큰 안지름 가공.
(f) O링 홈 가공.
(g) 멈춤 링 홈 가공.
(h) 삽입 모떼기.
(i) 검사.

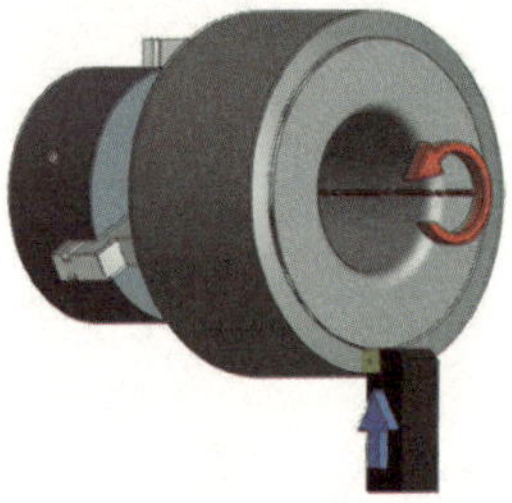

(a) 중심 잡은 후 큰 지름 측면가공

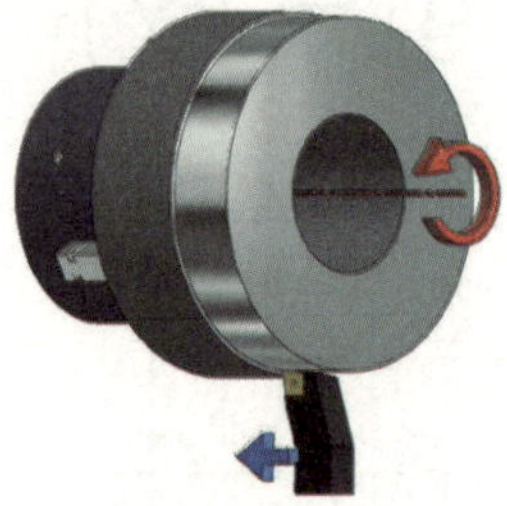

(b) 바깥지름 가공

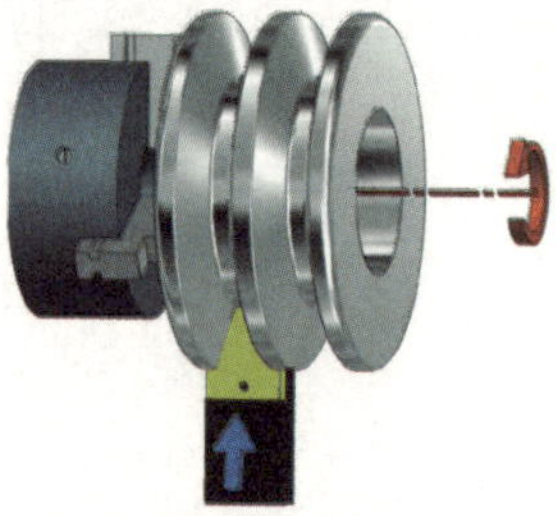

(c) V홈 가공(총형 바이트에 의해)

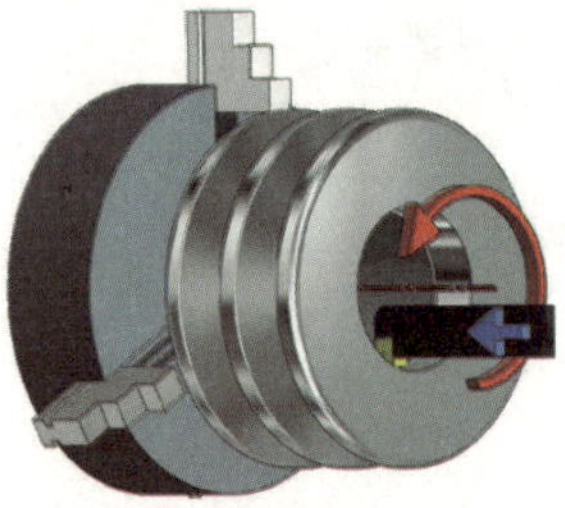

(d) 안지름 가공

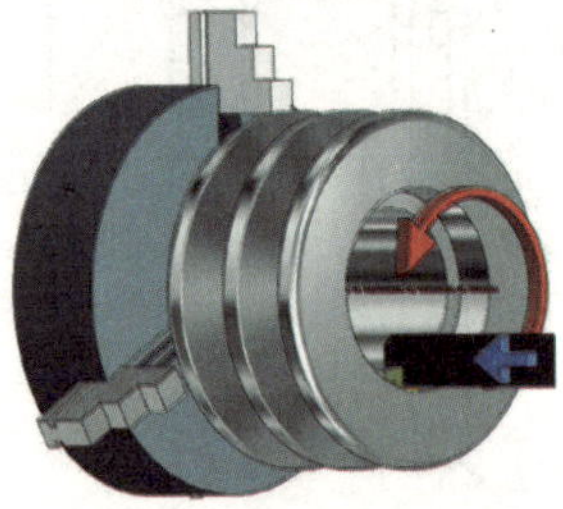

(e) 큰 안지름 가공

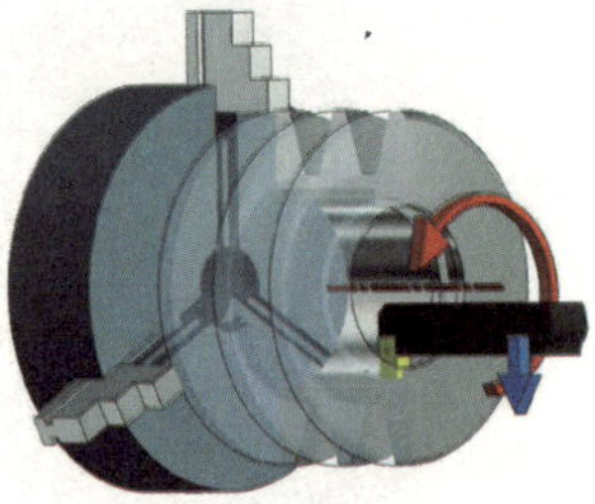

(f) O링 홈 가공

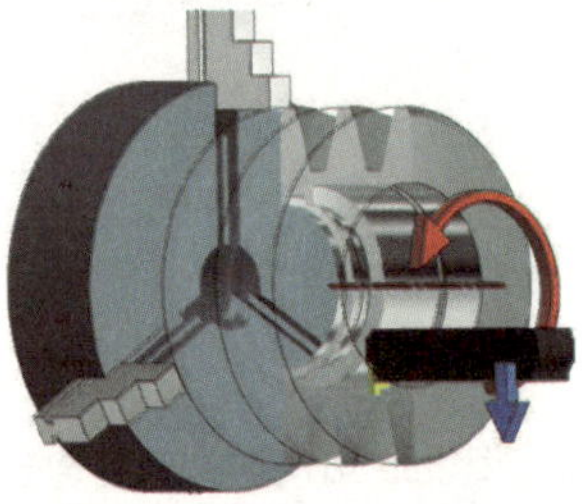

(g) 멈춤 링 홈 가공

(h) 삽입 모떼기

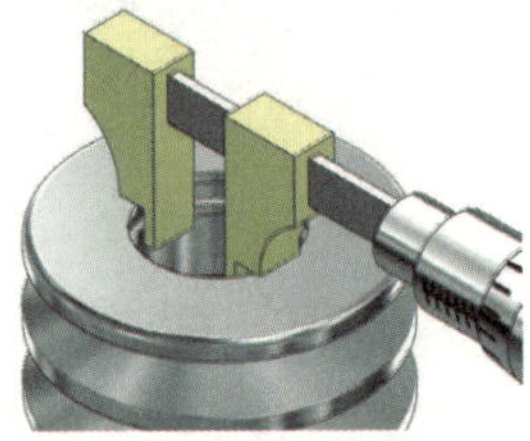

(i) 검사

그림 2-102. 2중 V-벨트 풀리의 가공 순서

④ 간격 링(Space Ring)

➜ 투상도 선택 수 및 배열 주어진 조립도에서 조립되는 부품들을 분해하면 원통형으로서 정면도 도시를 생략한 한쪽 단면의 주 투상도로 만족하며 ⑩과 ⑪의 O-링의 삽입부 치수기입이 복잡할 경우 상세도를 별도로 제도합니다.

길이방향의 양쪽에 O-링 삽입안내 모떼기를 해주는 것은 조립 시 어느 방향으로라도 조립이 가능하도록 하는 조치이며, 길이방향의 좌우는 대칭모양이기 때문에 반드시 수직의 중심선을 제도해야 합니다.

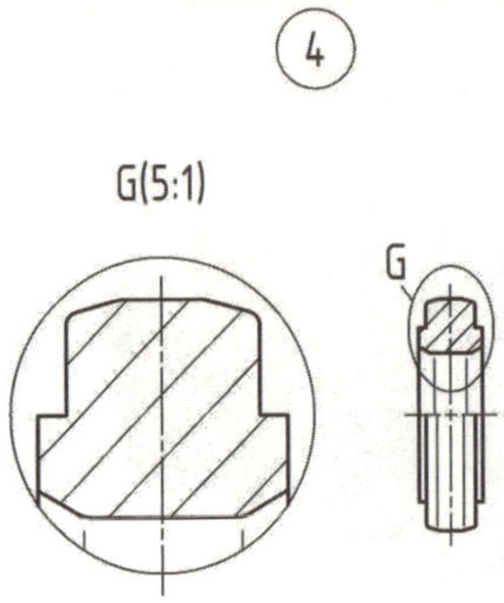

그림 2-103. 간격 링의 투상도 선택 수 및 배열

→ 기준면 설정과 치수지시 모양을 감안하여 길이방향의 수직 중심선을 기준으로 하여 대칭 치수로 지시하며, 안지름과 바깥 지름의 양 측면에 O링 삽입 안내 모떼기 치수를 지시합니다.

확대도에서와 같이 둥글기 치수는 읽을 때 오해하지 않도록 오른쪽에서 읽을 수 있도록 하고, 불가피한 경우에는 지시선을 수평으로 꺾어 그은 선 위에 지시합니다.

안지름 치수는 한쪽 단면을 한 주 투상도에 지시할 경우에는 확대도에서는 참고치수로 지시합니다.

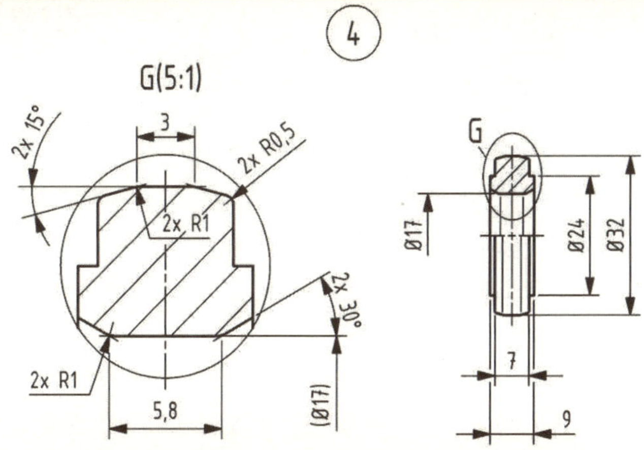

그림 2-104. 간격 링의 기준 면 설정과 치수지시

→ 치수 공차의 지시 ②에 끼워지는 ⑦과 같이 ⑫의 조립 여유를 갖기 위해서는 마이너스 공차의 범위를 공차 값으로 결정하여 지시합니다.

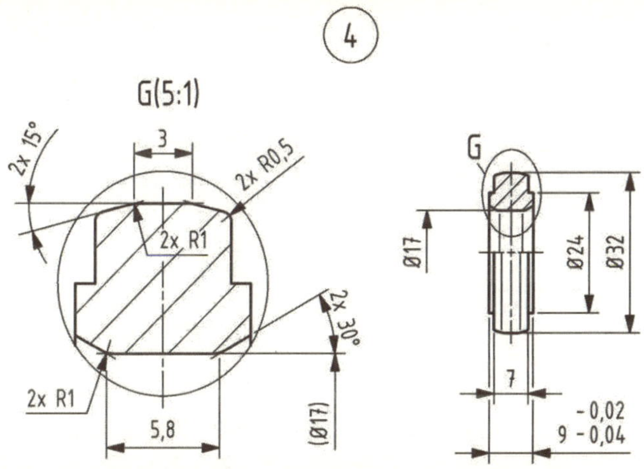

그림 2-105. 간격 링의 치수 공차의 지시

→ 끼워 맞춤 공차 기호의 지시 ②와 ③의 조립과 작동관계를 파악해 보면 ③에 끼워진 O링이 고속 회전을 할 때 안지름은 ②에 끼워진 채로 회전하지 못하는 끼워 맞춤이 되어야 하므로 'N7'의 끼워 맞춤 공차 기호로 지시합니다.

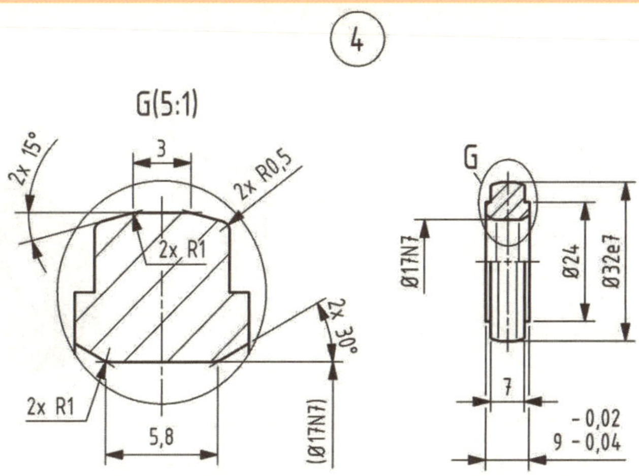

그림 2-106. 간격 링의 끼워 맞춤 공차 기호의 지시

➜ 기하 공차 기호의 지시 안지름과 바깥지름은 축 방향 중심 위치 정밀도(동심)가 규제되도록 안지름을 데이텀으로 하여 원주 흔들림을 규제합니다.

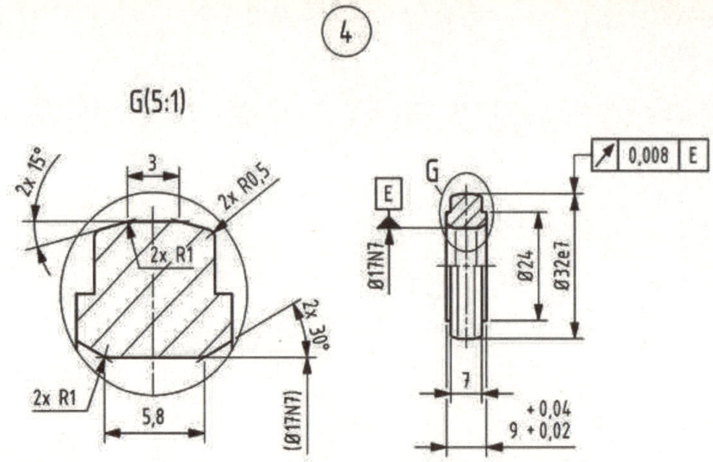

그림 2-107. 간격 링의 기하 공차 기호의 지시

➜ 표면 거칠기 기호의 지시 바깥지름은 O링과 마찰접촉을 하므로 폴리싱 이상의 표면 거칠기를 갖도록 지시하며, 안지름의 경우 마찰운동을 하지 않더라도 기밀(오일 유출) 유지를 위해 정밀 연삭 또는 폴리싱의 표면 거칠기를 지시합니다.

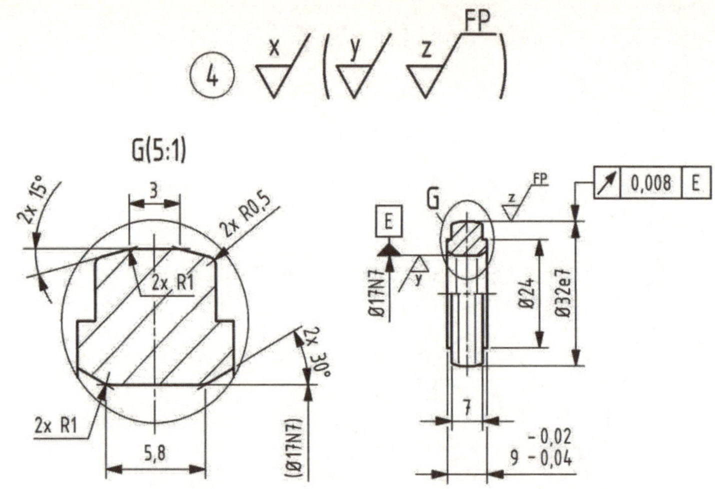

그림 2-108. 간격 링의 표면 거칠기 기호의 지시

➜ 열처리 및 표면처리의 지시 바깥지름은 O링과 마찰접촉을 하므로 최소한 표면 경도를 높여주는 처리(부품 크기로 보아 전체 열처리)를 지시합니다.

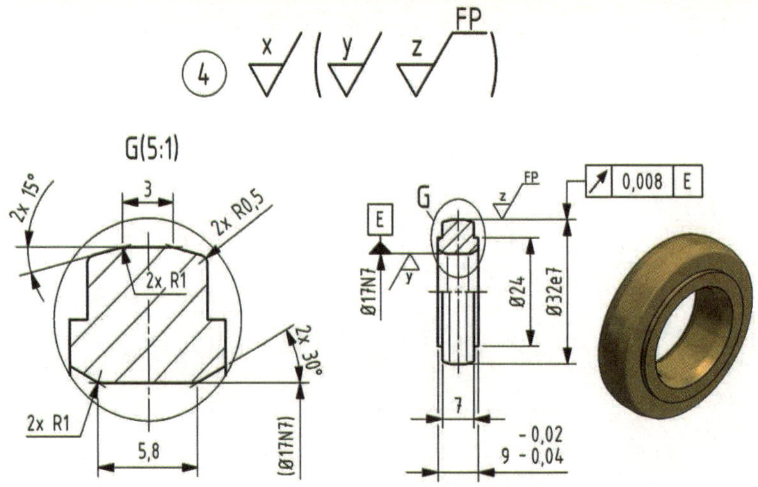

그림 2-109. 간격 링의 열처리 및 표면처리의 지시

보충설명 간격 링의 가공 순서

길이와 지름부에 가공 여유를 준 원형 봉 소재(素材)를 마련하며, 열처리의 경우에는 연삭 여유를 주어 가공함.

(a) 척(Chuck)에 물려 중심잡기 및 가장 큰 바깥지름가공과 측면 가공.
(b) 큰 바깥지름 가공
(c) 안지름 드릴링.
(d) 안지름 끼워 맞춤 가공.
(e) 삽입 모떼기.
(f) 큰 지름 부의 양쪽 단 가공.
(g) 열처리 후 안쪽 및 바깥지름 연삭.
(h) 바깥지름 부 폴리싱.
(i) 검사

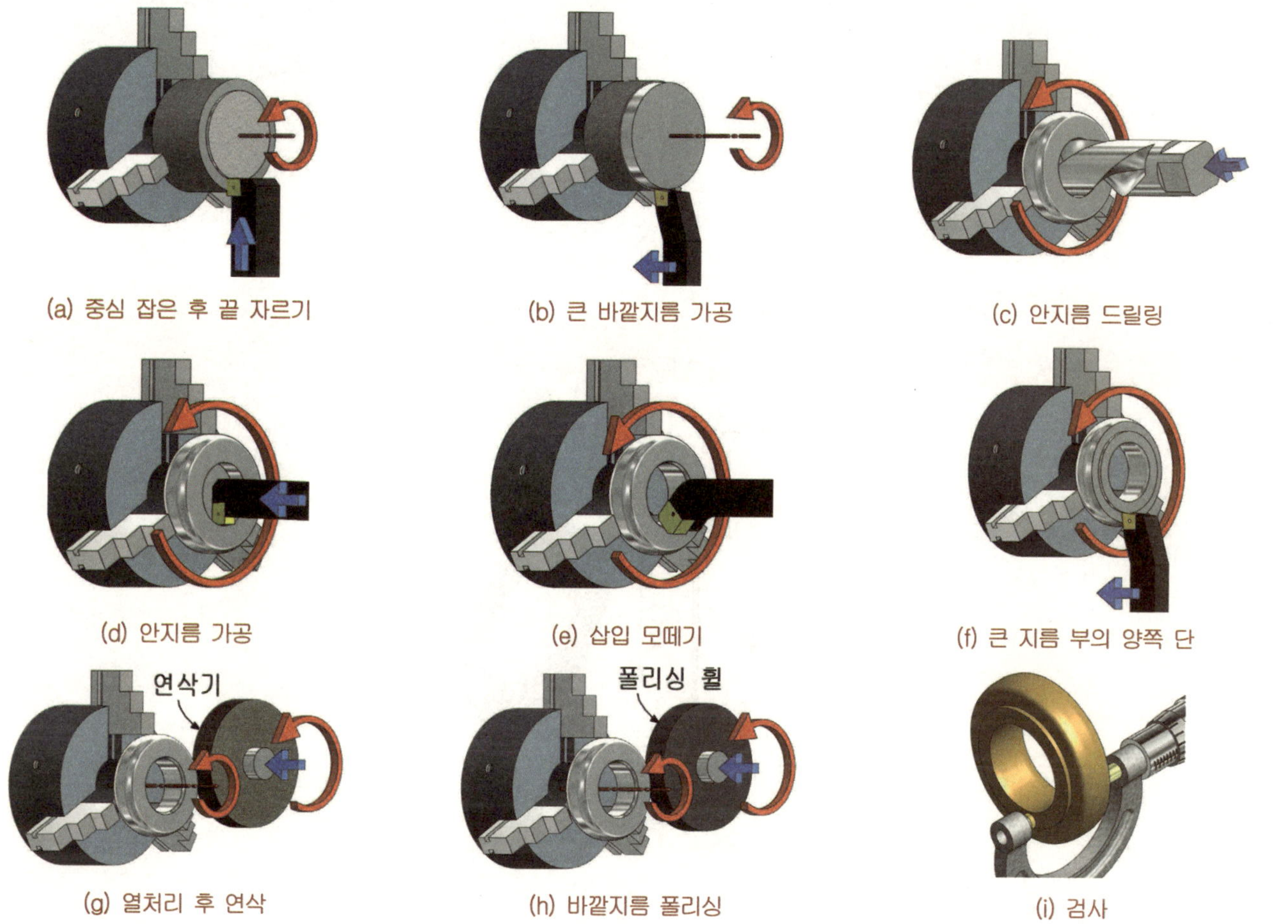

그림 21-110. 간격 링의 가공 순서

⑤ 오일 실 백업 링(Oil Seal Backup Ring)

➔ 투상도 선택 수 및 배열 원형의 정면도를 생략하고 온 단면(두께가 얇은 부품은 한쪽(반) 단면도로 제도할 수 없음)을 한 온단면을 한 주 투상 1면도로 도시하거나 원형의 정면도로만 제도할 수 있으며, 얇은 판이므로 굵은 실선으로 두께를 제도합니다.

그림 2-111. 백업 링의 투상도 선택 수 및 배열

→ **기준 면 설정과 치수 지시** 온 단면을 한 주 투상도에 두께를 지시할 경우에는 아래 그림의 (a)와 같이 두께의 바깥쪽으로부터 그은 치수 보조선에 의해 두께 치수를 지시합니다.

원형의 정면도로만 제도할 경우에는 (b)와 같이 인출선을 사용하여 't=' 기호와 함께 두께를 지시합니다.

(a) 온 단면도에서의 두께치수 지시 (b) 정면도에서의 두께치수 지시

그림 2-112. 백업 링의 기준 면 설정과 치수 지시

→ **표면 거칠기 기호의 지시** NBR 판재(板材)를 소재로 마련하여 가공할 부분에만 제거가공 기호와 거칠기를 지시하며, 판재를 만들 때 이미 표면 거칠기가 정해지기 때문입니다.

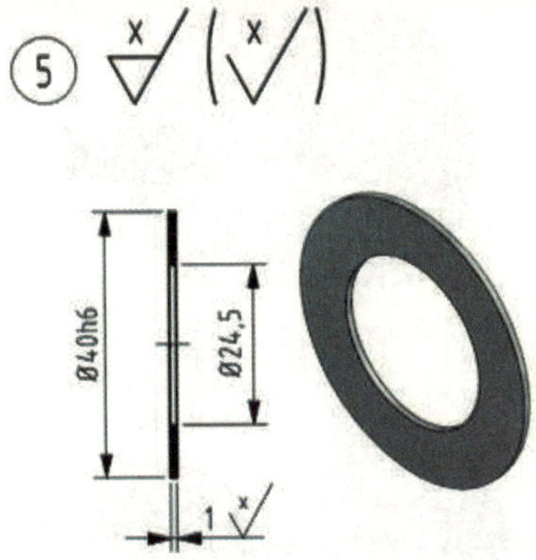

그림 2-113. 백업 링의 표면 거칠기 기호의 지시

보충설명 대상 면 지시기호

→ 아래 그림의 (a)는 대상 면 지시기호는 제거가공 여부를 묻지 않을 때 사용하는 기호이며, (b)는 투명 플라스틱 자로서 제품의 표면을 가공하지 않고 금형(金型)에 의해 생산하여 눈금을 새긴 제품입니다.

→ 우리가 자주 사용하는 생활용품들 중에는 단조(鍛造), 전조(轉造), 압연(壓延), 인발(引拔)등에 의해 생산되는 제품은 모두 금형(金形)틀에 의해 상품화가 됩니다.

→ 우리가 주로 사용하는 책받침은 압연에 의해 생산된 판재(板材)를 일정한 크기(대량 생산일 경우에는 프레스 금형에 의한 생산)로 잘라서 만든 제품이며, 플라스틱 연필통은 플라스틱 사출금형에 의해 생산된 제품들 입니다.

(a) 대상 면 지시기호 (b) 사출금형에 의해 생산된 플라스틱 자

그림 2-114. 백업 링의 가공 순서

→ 아래 그림의 (a)는 대상 면 지시기호는 제거가공 여부를 묻지 않을 때 사용하는 기호이며, (b)는 투명 플라스틱 자로서 제품의 표면을 가공하지 않고 금형(金型)에 의해 생산하여 눈금을 새긴 제품입니다.

→ 우리가 자주 사용하는 생활용품들 중에는 단조(鍛造), 전조(轉造), 압연(壓延), 인발(引拔)등에 의해 생산되는 제품은 모두 금형(金形)틀에 의해 상품화가 됩니다.

→ 우리가 주로 사용하는 책받침은 압연에 의해 생산된 판재(板材)를 일정한 크기로 잘라서 만든 제품이며, 플라스틱 연필통은 플라스틱 사출금형에 의해 생산된 제품들입니다.

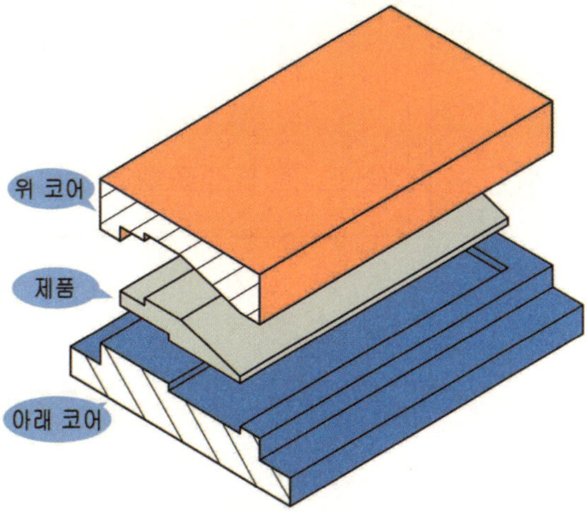

(a) 플라스틱 사출금형의 간략 투상도

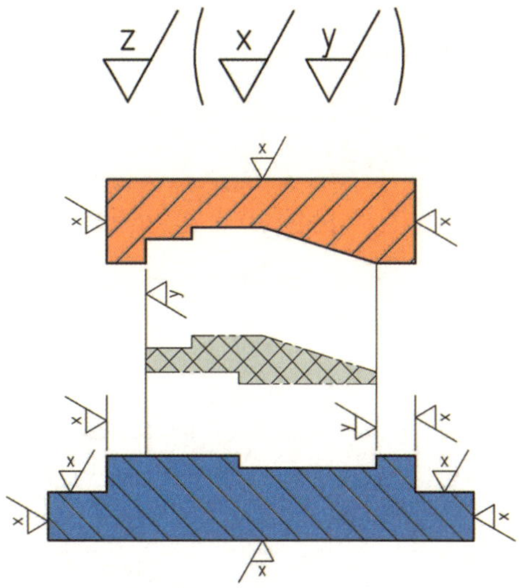

(b) 금형의 부품도에 지시된 표면 거칠기 기호

그림 2-115. 대상면 지시기호와 표면 거칠기 기호 지시

보충설명 백업 링(Backup Ring)의 가공 순서

비철 금속(여기서는, NBR재질) 1mm 두께의 판재(板材)를 소재(素材)로 마련하여,
(a) 일정한 두께의 나무나 고무판 위에 펼침.
(b) 안지름과 바깥지름 동시절단 펀칭공구 마련.
(c) 펀칭 공구를 판재 위에 수직상태로 올려놓음.
(d) 해머로 펀칭 공구를 내리침.
(e) 검사.

(a) 고무판에 펼침 (b) 펀칭공구 마련 (c) 펀칭공구 자세 (d) 펀칭 (e) 검사

그림 2-116. 백업 링의 가공 순서

7. 검도가 필요한 도면(부품도)

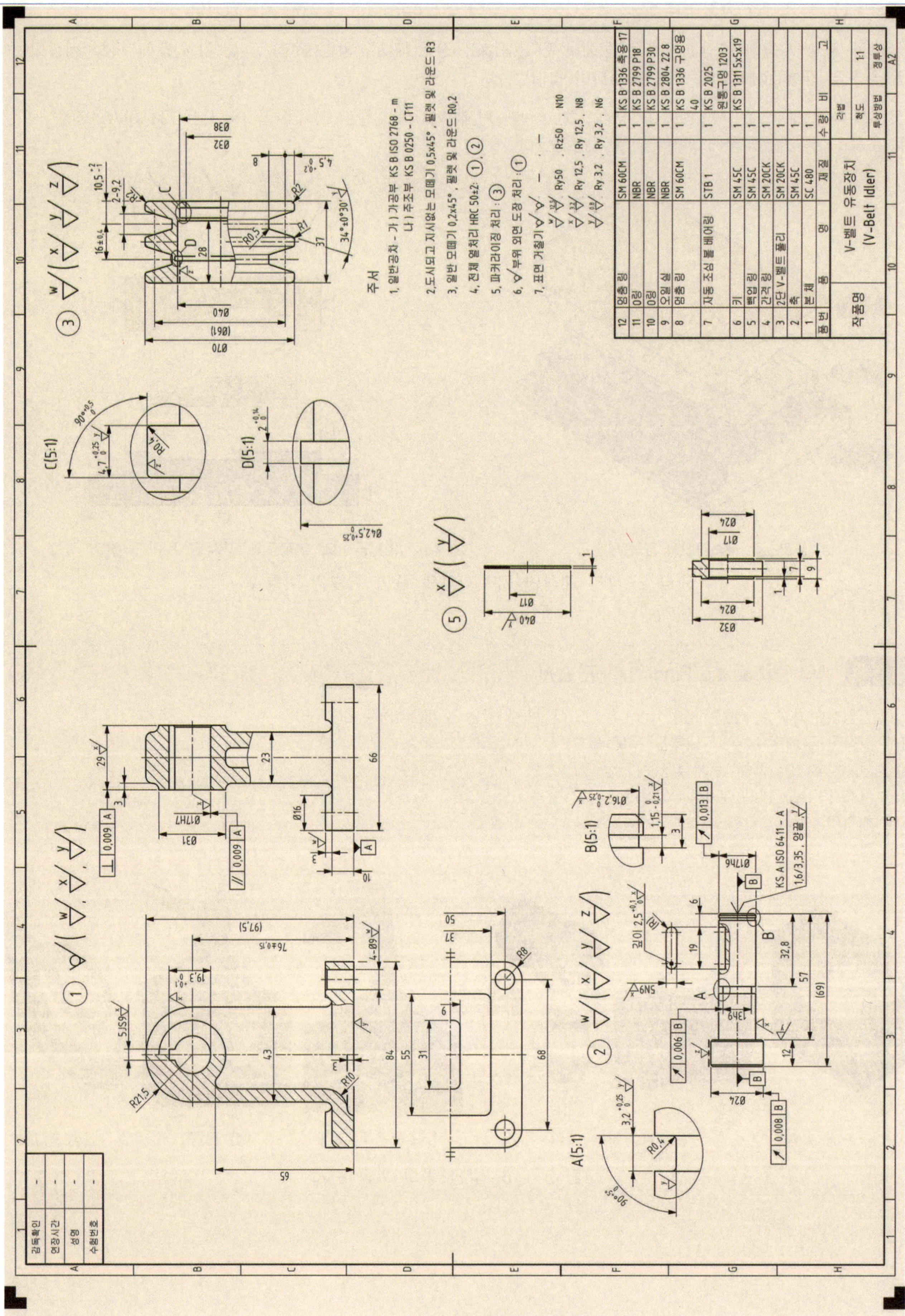

그림 2-117. 오류지적(검도)을 위한 부품도

8. 부품도 검도에 따른 오류지적 사항

앞의 부품 제작도 결과물은, 국가 기술자격 실기검정에서는 90점 만점에서 65~72점 득점정도이며, 렌더링 등각 투상도 채점 결과에 따라 합격할 수 있는 수준의 결과물이고 선, 문자, 기호 및 양식 등의 제도 기본과 제도 능력을 어느 정도 갖춘 결과물이나, 자세히 살피면 여러 곳의 오류 개선은 물론 조립도를 정확히 재는 것까지 개선할 부분이 많습니다.

다음의 설명은 국가 기술자격 실기검정에서의 채점항목에 따른 채점을 했을 때 예상되는 감점내용도 설명합니다.

(1) 본체(①)

➜ 투상도 선택 수와 배열

주어진 문제와 같이 3면도로 선택하여 배열한 투상도의 제도는 만점이나, 제도한 내용을 상세하게 채점하면 다음과 같으며, 약 2~3점의 감점요인이 있습니다.

- 1-1 ; 단면부위는 특별하지 않는 한 중심선을 긋지 않아야 하지만, 단면을 한 뒤쪽에 원통을 투상할 경우에는 중심선을 그어야 합니다.
- 1-2 ; 부품의 특성상 좌우로 대칭모양이어서 부품들을 조립할 때 작업자가 어느 쪽으로도 조립이 가능하도록 모떼기를 해야 합니다.
- 1-3 ; 중심선 긋기는 숨은선 긋기와 마찬가지로 도면의 품질에 큰 영향을 주므로 서로 교차하는 중심선 긋기는 가급적 짧은 대시 또는 긴 대시끼리 교차하도록 나타내야 합니다.
- 1-4 ; 특히 원의 중심선 긋기는 가급적 짧은 대시 또는 긴 대시끼리 교차(원이 작은 경우에는 가는 실선)하도록 나타내야 합니다.
- 1-5 ; 중심선 긋기는 가급적 짧은 대시 또는 긴 대시끼리 교차하도록 나타내야 합니다.
- 1-6 ; 대칭기호의 크기와 선 굵기가 표준에서 규정한 내용과 틀립니다.
- 1-7 ; 특히 원의 중심선 긋기는 가급적 짧은 대시 또는 긴 대시끼리 교차(원이 작은 경우에는 가는 실선)하도록 나타내야 합니다.
- 1-8 ; 부분단면의 자유 실선(파단선) 긋기가 애매모호한 위치에서부터 그어져 있으므로 약간 오른쪽 또는 왼쪽으로 이동하여 그어져야 합니다.

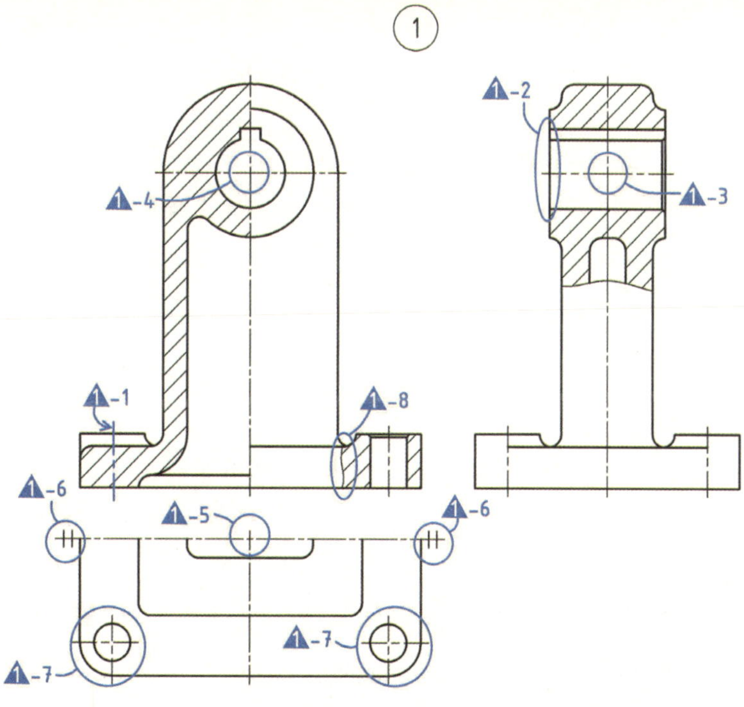

(a) 오류지적 기호 표시

그림 2-118. ①의 본체(계속)

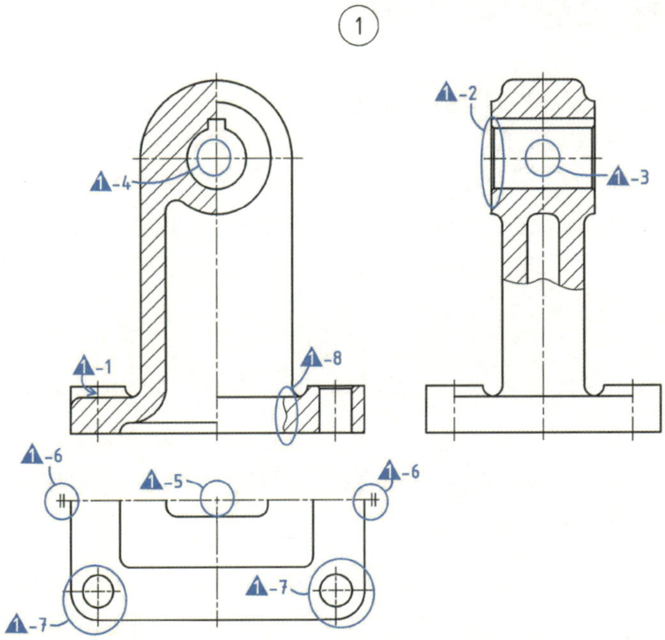

(b) 모범 답안

그림 2-118. ①의 본체

➜ 기준 면 설정과 치수지시

이 부품은 공정에 따른 치수지시가 필요하므로 밑면을 기준 면으로 하고 치수지시의 위치를 구분하여 지시해야 하며, 화살표 모양의 끝부분 둥글기가 없이 뾰족한 모양이어서 표준에서 규정한 화살표가 아닙니다.

2-1 ; 주조 틀의 코어(Core) 제작을 할 때 자연적으로 나타나는 모양으로써 굳이 치수지시를 하고자 할 때는 참고치수로 지시해야 하나 지시할 필요가 없는 치수입니다.

2-2 ; 치수지시는 겉모양을 나타내는 오른쪽에 지시해야하며, 수직 중심선으로부터 약 30°로 그어 지시해야 합니다.

2-3 ; 둥글기 치수 지시에 있어서 치수선이 둥글기 안쪽까지 그어져야 하고, 둥글기 개수를 표시해야 합니다.

2-4 ; 치수지시가 복잡한 부분에 지시해야 할 경우에는 오른쪽으로 더 이동한 위치나 투상도의 왼쪽 바깥으로 이동하여 지시하면 간결한 도면이 되어 치수를 읽기에 편리합니다.

2-5 ; 치수의 위치를 한쪽 단면을 한 정면도에 지시하게 되면 살 두께와 함께 바깥치수 까지 한꺼번에 읽을 수 있도록 지시합니다.

2-6 ; 치수의 위치를 부분 단면을 한 우측면도에 지시하게 되면 살 두께와 함께 바깥치수 까지 한꺼번에 읽을 수 있도록 지시합니다.

2-7 ; 정면도에 길이 치수와 높이치수를 지시하는 것이 원칙이나 본 부품과 같은 앉음 자리 폭 치수는 모서리 둥글기 치수를 지시한 저면 보조 투상도의 아래쪽에 지시합니다.

2-8 ; 구멍의 개수 표시를 할 때는 당분간 '-'로 지시하나 새로 개정된 '×'로 지시할 경우 한 칸을 띄어서 지름기호와 지름치수를 지시합니다.

2-9 ; 'Ø31'의 치수는 우측면도의 오른쪽에 지시하면 안지름 치수가 정면도와 대조비교하기 쉬우며, 공정치수 지시가 되고, 아래에 지시된 기하 공차 기호의 지시 틀과 적당한 간격이 됩니다.

2-10; 안지름 치수 지시위치가 투상도로부터 너무 가까운 위치에 지시되어 있어서 표면 거칠기 기호를 지시하면 복잡한 도면이 되므로 외형선으로부터 10mm보다 더 먼 약 14~15mm정도 띄어서 지시합니다.

2-11; 우측면도에서 양쪽의 보스 폭과 기둥 폭이 대칭치수이므로 이중 치수지시가 되지 않도록 참고치수로 지시합니다.

2-12; 볼트 앉음 자리의 지름 치수 앞에는 개수가 함께 지시되어야 합니다.

2-13; 볼트 앉음 자리의 두께치수는 밑판의 두께치수와 분리하여 지시하면 복잡한 지시가 되므로 같은 선상의 치수선을 그어 함께 지시되어야 합니다.

2-14; 우측면도에 두께 치수를 지시하는 것이 원칙이나 본 부품과 같은 앉음 자리 폭 치수는 모서리 둥글기 치수를 지시한 저면 보조 투상도의 오른쪽에 지시합니다.

2-15; 구멍의 위치치수와 바깥 크기치수를 지시한 곳에 지시하게 되면 복잡하므로 왼쪽으로 옮겨서 지시하게 되면 오른쪽 방향에서 읽을 수 있으며 둥글기 개수를 지시합니다.

2-16; '37'치수를 오른쪽보다 왼쪽에 지시하게 되면 겉과 안쪽의 치수를 공정으로 분리한 치수가 됩니다.

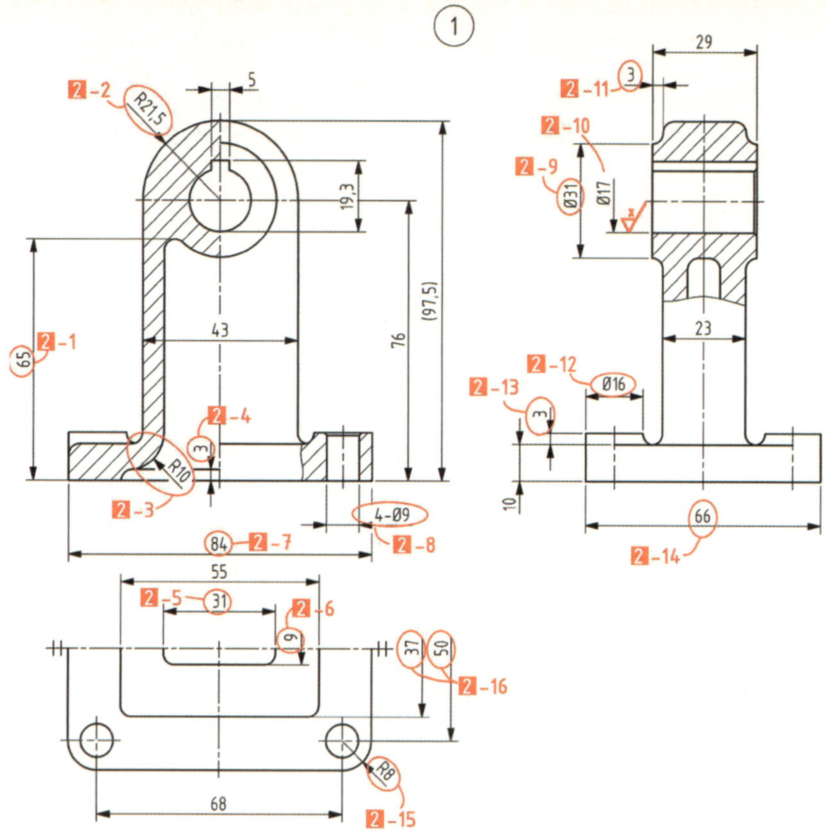

(a) 오류지적 기호 표시

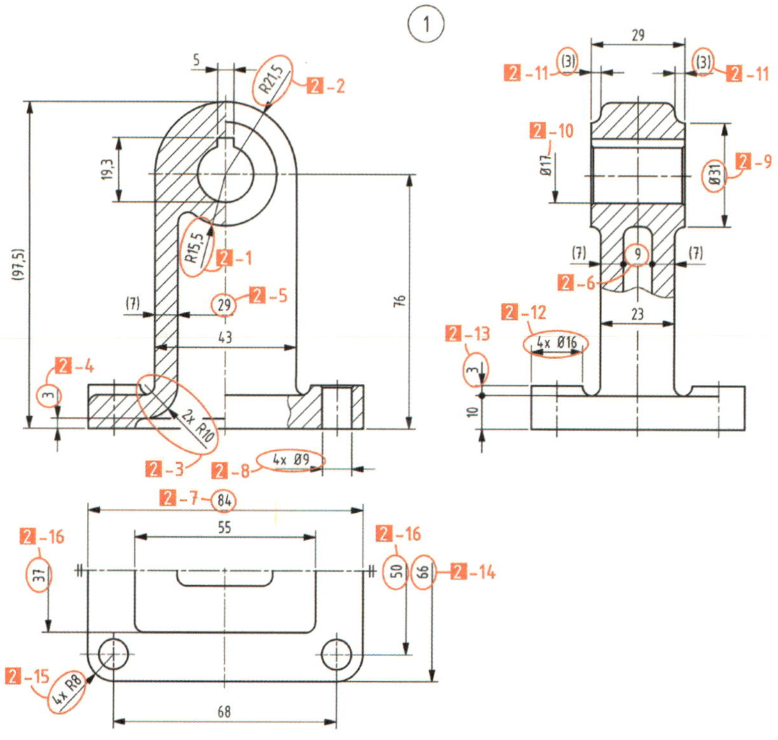

(b) 모범 답안

그림 2-119. ①의 본체

→ 치수 공차, 끼워 맞춤 공차 기호의 지시

주조로 소재를 마련하도록 하였으므로 기준면 설정은 특별하지 않는 한 가공순서에 의해 밑면이 기준이 됩니다.

❸-1 ; 공차 값은 호브가공의 오차를 허용하기도 하지만 키를 축에 안장시킨 후 구멍에 끼워 넣을 때 안정적인 조립 여유를 허용 하는 값이므로 표준에서 정한 값으로 지정하며 치수 공차의 크기는 치수크기와 같은 크기로 지시해야 합니다.

❸-2 ; 축이 조립되는 구멍은 원동을 제공하는 모터 등의 설치 높이와 일정한 허용 범위 내에서 설치하도록 하는 허용차로서 본 장치를 대량생산해 판매한다고 가정할 때 카탈로그(Catalogue)에 표시된 높이와 허용차에 해당합니다.

본 문제의 장치를 구매하여 어느 위치에 설치할 때 설치 면으로부터의 높이를 감안하여 원동기계의 설치에서 감안할 자료가 되므로 표준에서 종동기계의 축 높이에 대한 허용공차에서 인용해야 하며, 치수 공차와 치수크기는 같아야 해야 합니다.

❸-3 ; ②에 끼워지는 ④, ⑦과 함께 마이너스 공차 값으로 지시되어야 ⑫의 멈춤 링이 끼워집니다.

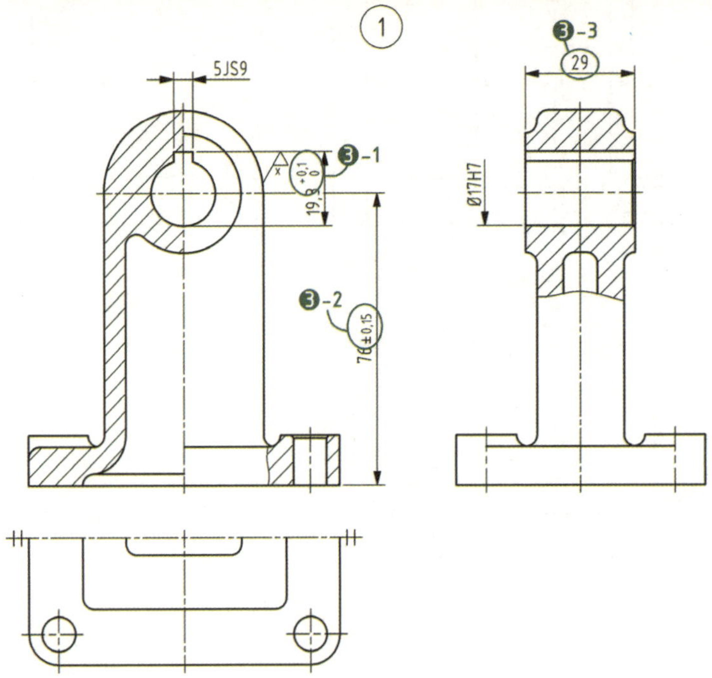

(a) 오류지적 기호 표시

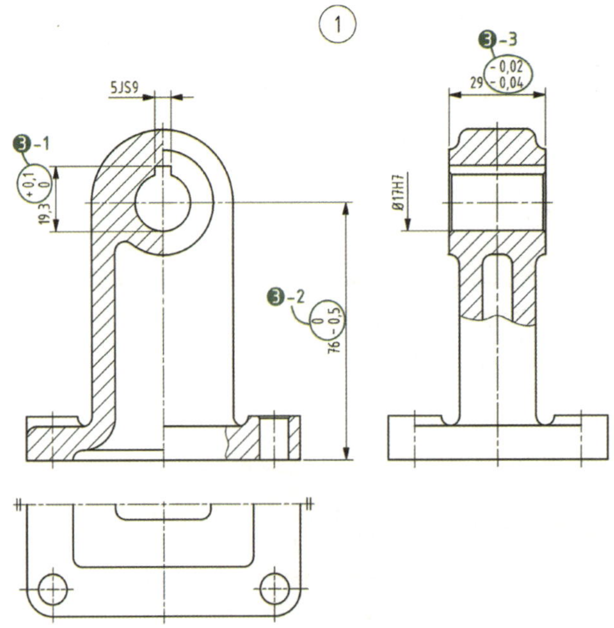

(b) 모범 답안

그림 2-120. ①의 본체

➜ 기하 공차 기호, 표면 거칠기 기호의 지시

5-1 ; 특정한 위치에 고정되어야 하는 부품의 기능에 의해 최초의 데이텀은 밑면이 되어야 하며 조립된 제품의 기능의 정밀도를 대표하게 되므로 길이가 긴 투상도에 지시합니다.

5-2 ; 구멍의 자세는 조립되는 축의 자세를 결정하는 기본이 되므로 밑면부터 평행 자세를 갖는 구멍의 공차 값에는 원통 영역(범위) 이므로 'ø' 기호가 붙여지고 공차 값은 구멍의 크기와 길이를 감안하여 제도자가 결정한 IT등급에서 인용한 값을 지시해야 합니다.

5-3 ; 보스 양면은 구멍 길이에 의해 자세가 규제되기 때문에 데이텀 'A'로부터 직각도를 규제하지 않아도 됩니다.

5-4 ; 키 홈이 원통 길이와 대칭에 있어야 축에 안장한 키가 구멍에 끼워질 수 있도록 규제하기 위해 2차 데이텀을 지시해야 합니다.

5-5 ; 키 홈은 원통 길이와 대칭에 있어야 축에 끼워진 키가 구멍에 설치된 키 홈에 끼워지게 됩니다.

6-1 ; 밑면은 가공에 있어서 기준 면이 되지만 연삭을 할 정도로 매끄러운 면을 가질 필요가 없는 밀링 가공을 해도 되는 면으로서 x∀의 거칠기 값 기호로 지시합니다.

6-2 ; 치수 옆에 지시할 때는 한 칸을 띄어서 지시해야 합니다.

6-3 ; 외형선에 기호가 접촉하지 않도록 충분한 간격을 갖는 위치에 지시해야 합니다.

6-4 ; 구멍의 지름치수를 왼쪽으로 치수보조선을 그어 지시할 경우에는 보통 외형선으로부터 약 10mm를 기준으로 하여 치수선을 긋지만 치수선과 외형선 사이에 표면 거칠기 등의 기호를 지시할 경우에는 치수선을 약 2~3mm 더 띄어서 그어 지시하면 기호가 치수선이나 외형선 등을 접촉하지 않습니다.

6-5 ; 치수나 공차 기호 등의 옆에 지시할 때는 한 칸을 띄어서 지시해야 합니다.

6-6 ; 치수 옆에 지시할 때는 한 칸을 띄어서 지시해야 합니다.

6-7 ; ISO 및 KS A ISO 1302의 규정에서는 쉼표(,)를 사용하지 않도록 하고 있으므로 표면 거칠기 기호 및 주서 등의 지시에서 그 동안 사용해 오던 쉼표는 사용하지 말아야 합니다.

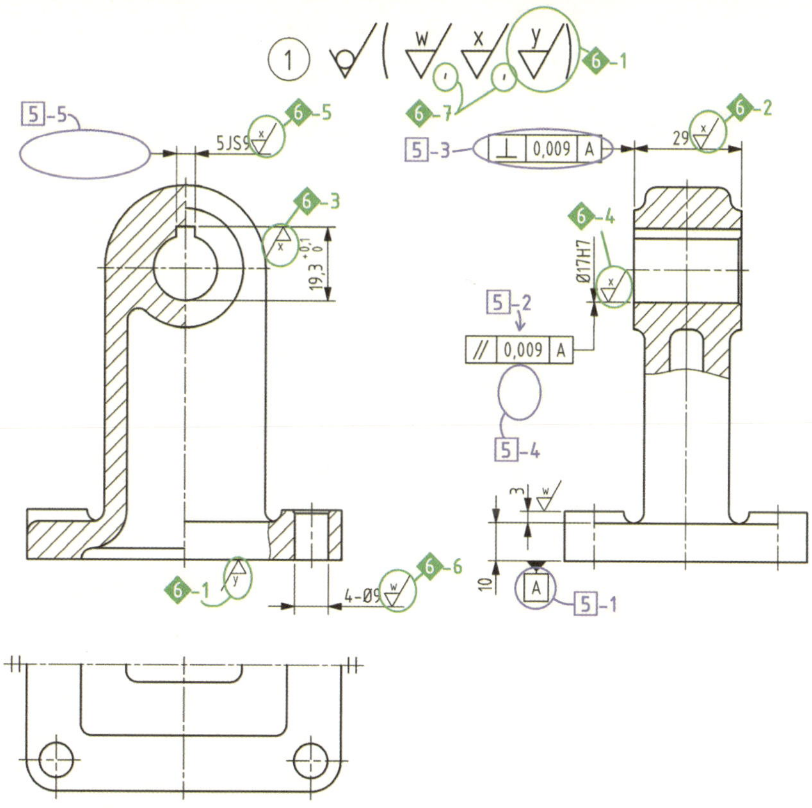

(a) 오류지적 기호 표시

그림 2-121. ①의 본체(계속)

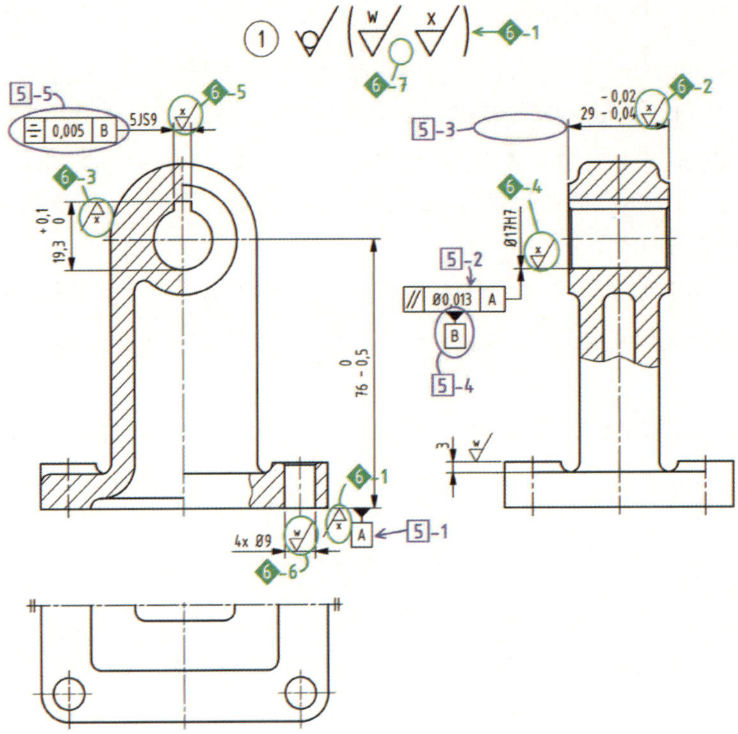

(b) 모범 답안

그림 2-121. ①의 본체

(2) 축(②)

➔ 투상도 선택 수와 배열

주어진 문제의 조립도의 자세를 바꿔서 가공 상태로 놓고 주 투상도와 국부 투상도 및 2개의 확대도로 선택과 배열은 만점 수준이나 중심선 누락, 불필요한 부분의 모떼기, 가상선 누락 등 자세한 부분에서 오류가 많아 3~5점이 감점이 됩니다.

1-1 ; 오일 실이 끼워지는 부분이므로 끼워지는 방향에 오일 실을 끼워 넣을 때 립이 손상되지 않도록 모떼기와 모서리 부분에 둥글기를 제도해야 합니다.

1-2 ; 모떼기의 목적은 '**스스로 파손되는 것을 방지하거나 기능상 필요에 의해 설계에 적용하는 것**'으로써 베어링 내륜 측면과 닿는 부분이므로 큰 모떼기가 불필요하며 거스러미를 제거하는 일반 모떼기로 충분합니다.

1-3 ; O-링 홈은 위치치수로 지시하기 위해서 중심선이 제도되어 있어야 합니다.

1-4 ; 두 개의 지름 차가 작은 경우에는 같은 지름임을 나타내기 위한 가상선(짧은 간격일 경우는 가는 실선)을 그어 줄 경우 알아보기 어려우므로 긋지 말며, 확대도에서는 그어줘야 합니다.

1-5 ; 원호의 중심을 나타내는 중심선은 짧은 대시가 서로 교차하도록 중심선을 그어야 합니다.

1-6 ; O-링 홈은 원칙적으로 홈의 중심위치 치수로 지시하기 위해서 중심선이 제도되어 있어야 하므로 확대도에서도 그어져야 합니다.

1-7 ; 확대도를 그릴 때 투상도에서 인출한 타원은 전부 제도하던지, 아니면 자유 실선(파단선)으로 제도해야 합니다.

1-8 ; 같은 지름임을 나타내는 가상선을 그어야 하며 좁은 간격일 경우에는 가는 실선으로 긋고 양쪽의 외형선과는 띄어서 긋습니다.

1-9 ; 확대도를 그릴 때 투상도에서 인출한 타원은 전부 제도하던지, 아니면 자유 실선(파단선)으로 제도해야 합니다.

1-10; 두 개의 지름 차가 작은 경우에는 같은 지름임을 나타내기 위한 가상선(짧은 간격일 경우는 가는 실선)을 그어 줄 경우 알아보기 어려우므로 긋지 말며, 확대도에서는 그어줘야 합니다.

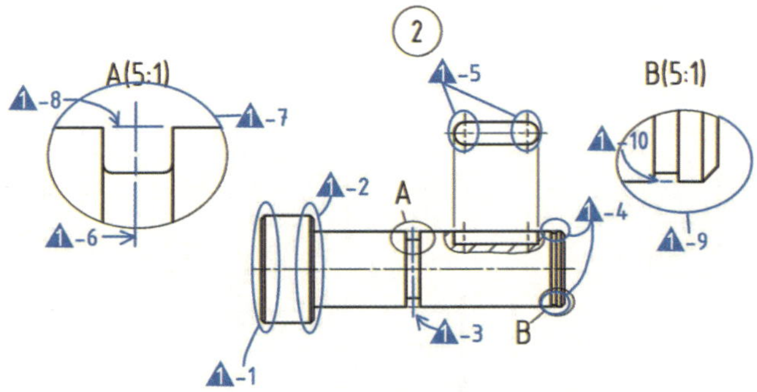

(a) 오류지적 기호 표시

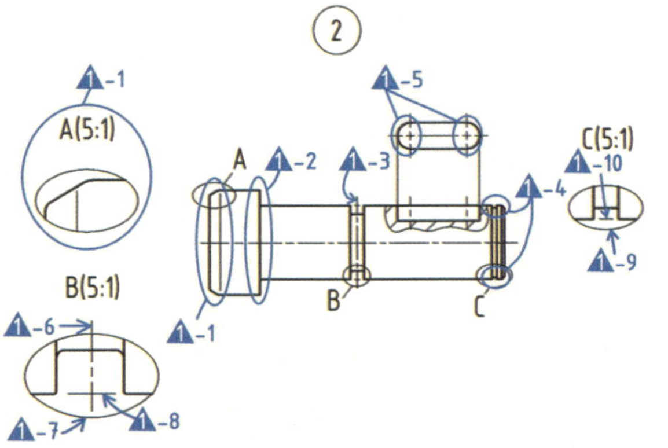

(b) 모범 답안

그림 2-122. ②의 축

➜ 기준 면 설정과 치수지시

축은 열처리가 필요한 부품으로서 지름 모두를 연삭해야 하므로 센터링 지시는 좋으며 O-링, 키 홈, 멈춤 링의 홈 위치 치수가 잘못되어있고 중간 축 지름치수의 기호 누락 및 중심선 굿기가 잘못되어 있어서 최소한 3점부터 5점까지 감점되는 부품도입니다.

2-1 ; 지름치수 앞에 'ø'기호가 누락되어 있습니다.

2-2 ; '12mm'치수는 기준 단과 같이 지시하되, 축의 전체 길이치수는 가급적 참고치수로 지시하지 않아야 하므로 '(12)'로 지시해야 합니다.

2-3 ; O-링 홈의 위치치수는 기준 단으로부터 O-링의 홈 중심까지의 치수를 지시해야 하는데, 투상도에서 중심선이 누락하였기 때문이기도 하지만 O-링과 같이 기능을 발휘하는 부품의 홈 등은 반드시 중심 위치를 지시해야 한다는 것을 모르고 있기 때문이기도 합니다.

2-4 ; 키 홈의 위치 치수는 기준 단으로부터의 치수가 지시되어야 하는데, 이는 축의 단으로부터 각 부품이 조립이 되는 누적 치수에 의해서 지시되어야 풀리의 보스 길이와 키 홈의 위치가 일치하게 됩니다.

2-5 ; 멈춤 링의 홈 위치 치수는 ①, ④, ⑦의 두께 및 멈춤 링의 두께를 더한 치수에서 조립이 가능한 작은 틈새를 갖는 치수 공차로 지시해야 합니다.

2-6 ; O-링의 바닥 홈의 구석 둥글기 치수는 적용하는 수를 둥글기 치수 앞에 지시하되 당분간은 '2-R0.4'로 지시하나, '2× R0.4'는 개정된 지시방법이며, '×'기호 다음에는 한 칸을 띄어 지시합니다.

2-7 ; KS 표준에서는 '깊이'라는 문자 기호의 사용은 규정하고 있지 않으므로 깊이 치수는 주 투상도에 지시해야 합니다.

2-8 ; 둥글기 치수의 치수선은 반드시 둥글기 안쪽의 중심까지 그어져야 합니다.

2-9 ; 치수나 기호에 덧붙여 다른 지시를 할 경우에는 한 칸을 띄어 지시할 수 있지만, ','를 사용하지 말아야 합니다. 참고로 쉼표는 제도방법에서 숫자 지시의 소수점으로 오해하므로 사용을 금지하고 있습니다.

2-10 ; 이전 규격에서의 치수공차 값이 주서란의 가공부 일반 공차 값보다 크므로 현재 표준에서 각도 치수를 지시하지 않습니다.

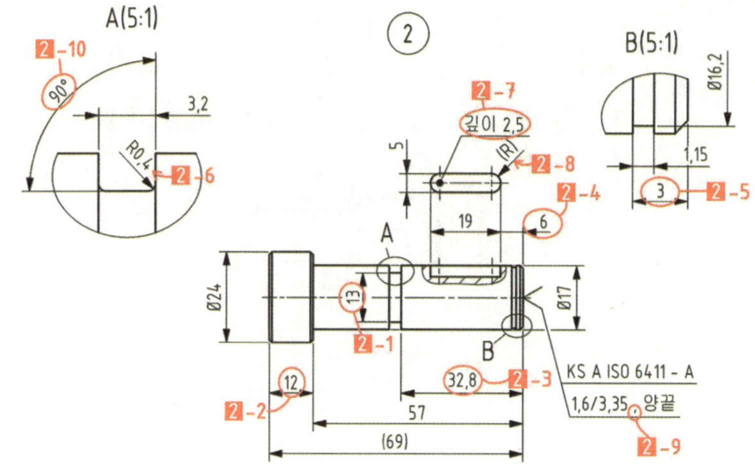

(a) 오류지적 기호 표시

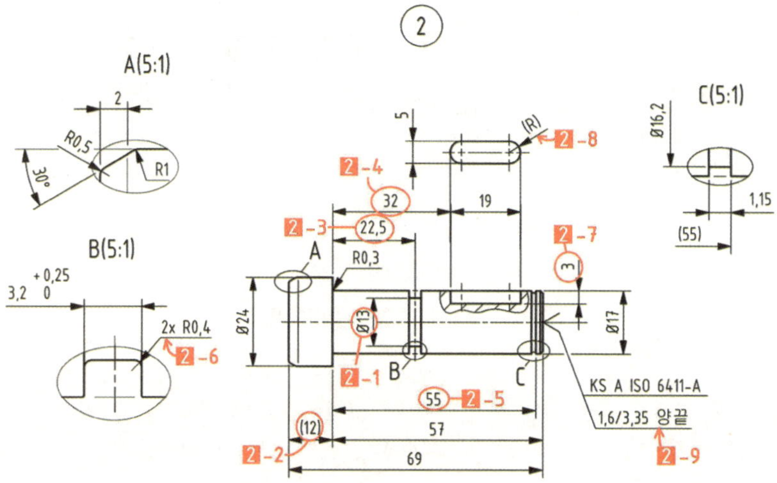

(b) 모범 답안

그림 2-123. ②의 힌지 축

→ 치수 공차, 끼워 맞춤 공차 기호의 지시

치수 공차의 크기를 구 표준에 의해 지시하였고, 멈춤 링의 홈 위치치수가 준간 단으로부터 지시되지 않음에 따른 허용 공차를 지시하지 않아서 채점위원에 따라 1~2점이 감점됩니다.

3-1 ; 키의 길이치수의 허용 공차는 KS B 1311(묻힘 키 및 키 홈)의 규정에서 'h12(0, −0.10)'를 적용하므로 키 홈의 길이 치수에는 '+0.10, +0.15'의 허용공차를 지시해야 조립이 가능합니다.
또, 치수 공차의 숫자 크기는 치수 크기와 같아야 합니다.

3-2 ; 치수 공차의 숫자 크기는 치수 크기와 같아야 합니다.

3-3 ; 멈춤 링 규정에 의해 알맞은 치수 공차 값을 지시하며 치수 공차의 숫자 크기는 치수 크기와 같아야 합니다.

3-4 ; 멈춤 링 규정에 의해 알맞은 치수 공차 값을 지시하며 치수 공차의 숫자 크기는 치수 크기와 같아야 합니다.

3-5 ; O-링 홈 규정에 따르면 '+5'가 아닌 '+0.5°'이며 작업자의 계산 시간 및 착오 방지를 위해 10진법이 아닌 60진법의 도·분·초로 지시해야 하며 치수 공차의 숫자 크기는 치수 크기와 같아야 합니다.

3-6 ; 주서에 지시한 가공부의 일반 공차 값보다 더 큰 허용차 지시는 오히려 정밀도 향상에 저해되며 치수 공차의 크기는 치수 크기와 같아야 합니다.

3-7 ; 중간 기준 단으로부터의 홈 위치(멈춤 링이 홈 측면에 닿는 면) 치수를 지시하여 멈춤 링을 조립할 수 있는 여유의 틈새를 허용공차로 지시해야 합니다.

4-1 ; 오일 실과 닿는 바깥지름은 KS 표준에서 정한 'h8'의 끼워 맞춤 공차 기호를 지시해야 합니다.

4-2 ; O-링 홈의 지름 치수에 'ø'를 지시하지 않아 다시 오류로 지적합니다.

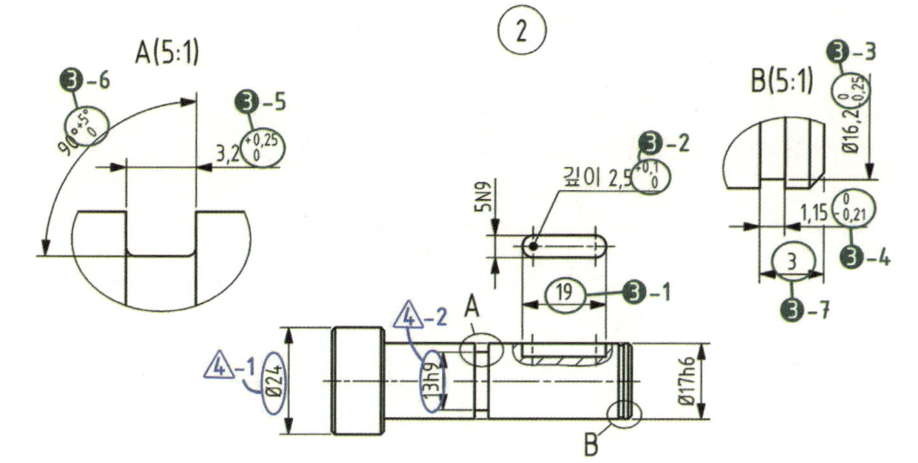

(a) 오류지적 기호 표시

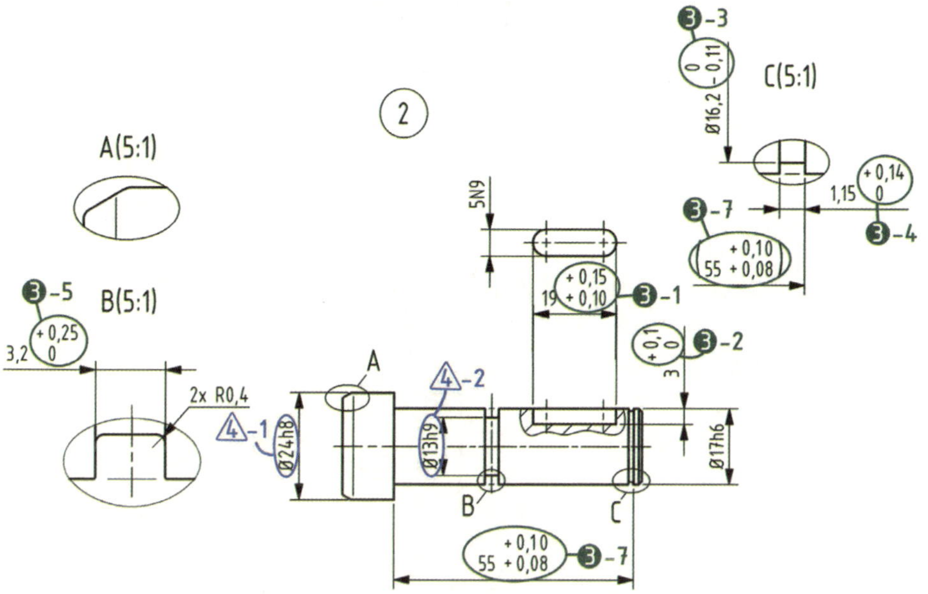

(b) 모범 답안

그림 2-124. ②의 힌지 축

→ 기하 공차 기호, 표면 거칠기 기호의 지시

키 홈이 축 중심과 대칭에 있도록 규제하지 않은 것과 치수 등과 표면 거칠기 기호 지시의 간격이 띄어지지 않은 것, 오일 실 립과 닿는 부분의 연삭 폴리싱 지시기호에 오류가 있어서 최소한 2점 정도가 감점됩니다.

5-1 ; 축 중심과 베어링의 내륜은 직각 상태로 회전해야 하므로 온(치수 지시방법에 따라 원주) 흔들림 공차 기호를 지시합니다.

5-2 ; 키 홈은 축 중심과 대칭으로 가공되어야 키를 삽입 후 구멍에 조립될 수 있으며, 키의 길이방향으로 전단응력이 조립 상태에서 작용하지 않습니다.

6-1 ; 본 부품은 열처리 후 연삭을 해야 하는 부품이므로 축의 단과 같이 y 값으로 지시해야 합니다.

6-2 ; O-링과 접촉하는 면은 y 값이어야 열팽창에 의한 내부 압력으로도 누유가 되지 않는 밀착 면이 됩니다.

6-3 ; 오일 실과 접촉하는 축 지름 부분은 립의 마모를 최소화하기 위해 z FP 값으로 지시해야 합니다.

6-4 ; ISO 및 KS A ISO 1302에서 규정에서는 쉼표(,)를 사용하지 않도록 하고 있으므로 표면 거칠기 기호 및 주서 등의 지시에서 그 동안 사용해 오던 쉼표는 사용하지 말아야 합니다.

6-5 ; 치수나 공차 기호 등의 옆에 지시할 때는 한 칸을 띄어서 지시해야 합니다.

6-6 ; 치수나 공차 기호 등의 옆에 지시할 때는 한 칸을 띄어서 지시해야 합니다.

6-7 ; 치수나 공차 기호 등의 옆에 지시할 때는 한 칸을 띄어서 지시해야 합니다.

6-8 ; 치수나 공차 기호 등의 옆에 지시할 때는 한 칸을 띄어서 지시해야 합니다.

6-9 ; ISO 및 KS A ISO 1302에서 규정에서는 쉼표(,)를 사용하지 않도록 하고 있으므로 표면 거칠기 기호 및 주서 등의 지시에서 그 동안 사용해 오던 쉼표는 사용하지 말아야 합니다.

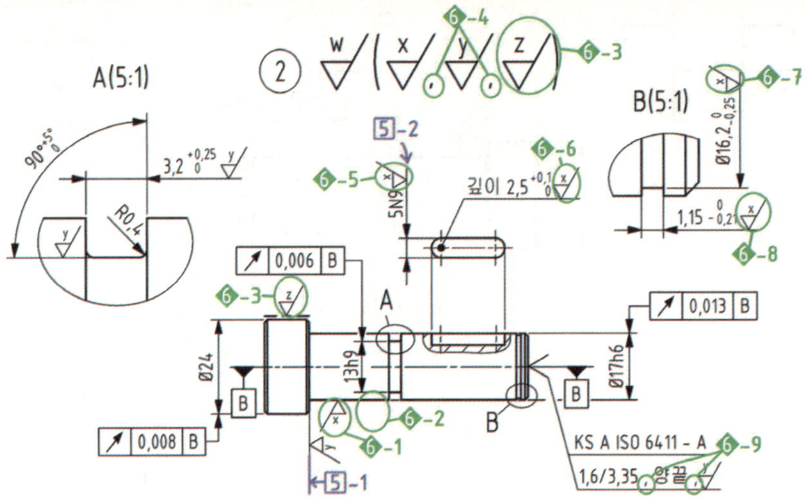

(a) 오류지적 기호 표시

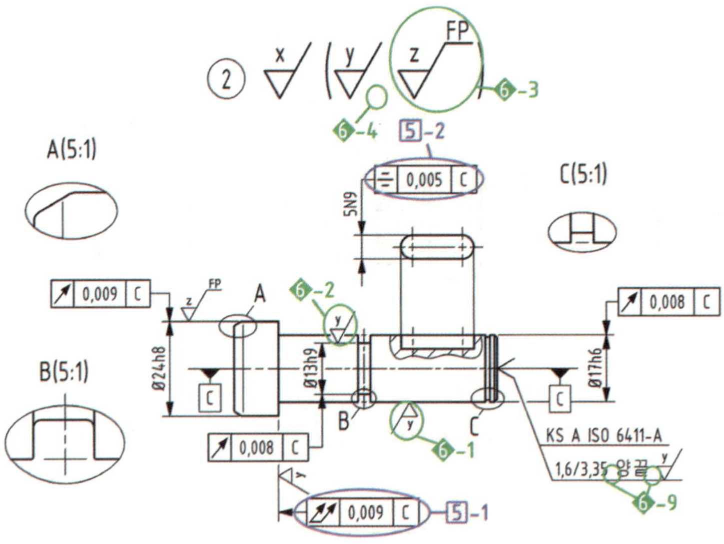

(b) 모범 답안

그림 2-125. ②의 힌지 축

(3) 2중 V-벨트 풀리(③)

→ 투상도의 선택과 배열

주어진 문제의 조립도에서는 구멍이 작은 쪽이 왼쪽에 있지만 오른쪽에 있도록 자세를 바꾸어 제도해야 하므로 3점이 감점되며, 한쪽 단면도가 아니어서 1점 또는 3점 감점, 오일 실의 삽입 안내 경사부 설치 누락으로 1점 감점, O-링 홈의 중심선이 제도되지 않아 1점이 추가로 감점되는 등 채점위원에 따라 총 5점~7점이 감점될 수 있습니다.

A-1 ; 부품도의 자세는 주어진 문제의 조립도 상태로 놓고 제도하지 않고 가공 상태로 놓고 제도해야 합니다.

A-2 ; 오일 실이 삽입될 때 고무계열의 재질이 상처가 나지 않도록 삽입 안내 경사부가 설치되어야 합니다.

A-3 ; O-링 홈의 위치 치수를 지시하기 위해서 중심선이 제도되어야 합니다.

A-4 ; 피치원을 제도할 때도 일점쇄선의 작은 대시 또는 긴 대시가 서로 교차되도록 제도해야 합니다.

A-5 ; 확대도를 인출한 부분이 단면이 된 부분이므로 해칭이 되어야 합니다.

A-6 ; 확대도를 인출한 부분이 단면이 된 부분이므로 해칭이 되어야 합니다.

1-7 ; 주 투상도에서 중심선이 누락되어서이기도 하지만 확대도에서도 O-링 홈 부분의 중심선이 제도되어야 합니다.

1-8 ; 양쪽의 지름이 같다는 것을 표시하기 위해 두 지점을 연결할 거리가 충분하므로 이점쇄선을 그어야 합니다.

1-9 ; 양쪽의 지름이 같다는 것을 표시하기 위해 이점쇄선을 그어야 하나 두 지점을 연결할 거리가 좁으므로 가는 실선으로 그어줍니다.

1-10; 대칭도형이므로 부분단면보다는 한쪽(반) 단면도로 제도되어야 합니다.

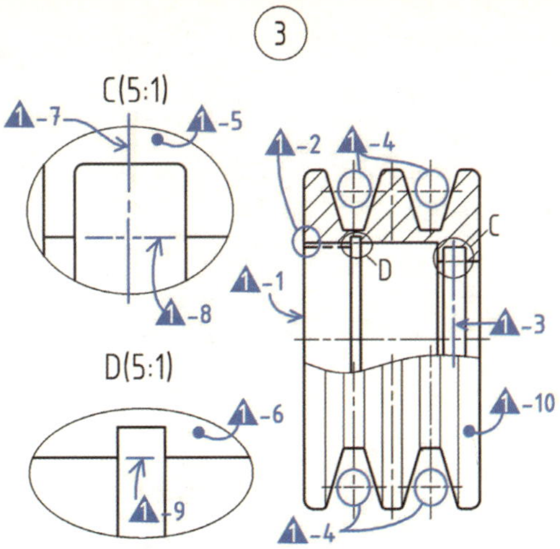

(a) 오류지적 기호 표시

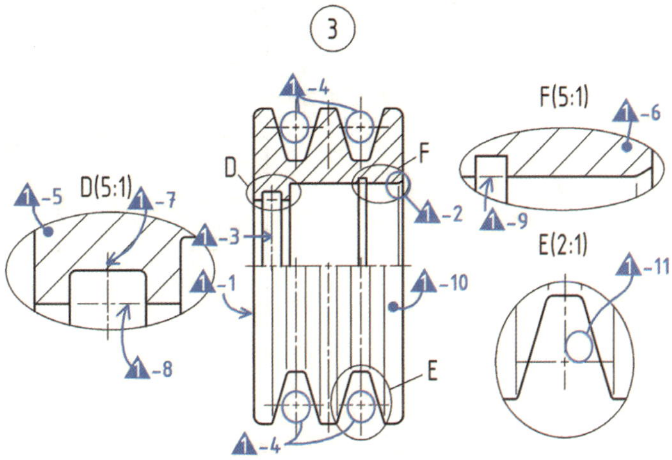

(b) 모범 답안

그림 2-126. ③의 2중 V-벨트 풀리

➜ 기준 면 설정과 치수지시

베어링이 끼워지는 안쪽 지름의 구석 둥글기 치수, 멈춤 링의 위치치수가 누락되어 있고, 주어진 문제의 조립도에서 치수 측정을 잘못하여 지름치수 및 피치원 치수 및 간격 링과의 관계되는 치수에 오류가 있어서 3~4점의 감점이 있는 부품도입니다.

2-1 ; 주어진 문제의 조립도에서 치수 측정을 잘못하여 기준 치수 값이 다르게 지시되어 있습니다.

2-2 ; 간격 링의 바깥지름과 같은 기준 치수를 지시하면 '**주서**'란의 가공부 일반 공차를 적용할 때 운동용 O-링의 기능을 상실하거나 조립되지 않을 수 있으므로 약 0.5mm의 틈새를 갖도록 지시 합니다.

2-3 ; 홈의 수를 지시할 때 '**2-9.2**'로 지시하지만, '2× 9.2'로 표준이 바뀌었으므로 당분간 '-'를 사용하던지 아니면 'x'기호를 사용할 대 한 도면에서 2가지 중에서 어느 한가지만으로 지시해야 합니다.

2-4 ; 한쪽에 2번의 치수지시가 되어 있으며, 양쪽에 모서리 둥글기가 만들어져야 하므로 '**2-R2**' 또는 '2× R2' 로 지시해야 합니다.

2-5 ; 구석 둥글기 안쪽으로 치수선을 더 연장하여 긋고, 둥글기의 수가 지시되어 있지 않은데, 한쪽의 구석 둥글기가 2개입니다.

2-6 ; 모서리 둥글기 안쪽으로 치수선을 더 연장하여 긋고, 둥글기의 수가 지시되어 있지 않은데, 한쪽의 구석 둥글기를 2개로 지시합니다.

2-7 ; 베어링 외륜이 닿는 안쪽 벽면으로부터 멈춤 링의 홈(바깥쪽) 면까지의 기준치수가 누락되어 있습니다.

2-8 ; 베어링 외륜이 닿는 구석의 둥글기는 표준에서 규정한 둥글기 값으로 지시해야 하나 누락되어 있습니다.

2-9 ; O-링 홈의 구석 둥글기 수가 지시되어 있지 않습니다.

2-10; 멈춤 링의 홈 폭 치수가 표준에서 정한 기준 치수가 지시되어 있지 않습니다.

2-11; 2개의 V-홈 위치치수는 풀리의 바깥 모양을 나타내는 아래쪽에 지시되어야 합니다.

2-12; O-링 홈의 위치는 반드시 홈의 중심까지의 치수로 위치 치수를 지시해야 하는데. 투상도에서 중심선이 그어지지 않아 홈의 위치치수가 누락되어 있습니다.

2-13; 이 경우의 화살표 위치는 치수 보조선 안쪽에 나타내야 합니다.

2-14; 이전 규격에서의 치수공차 값이 주서란의 가공부 일반 공차 값보다 크므로 현재 표준에서 각도 치수를 지시하지 않습니다.

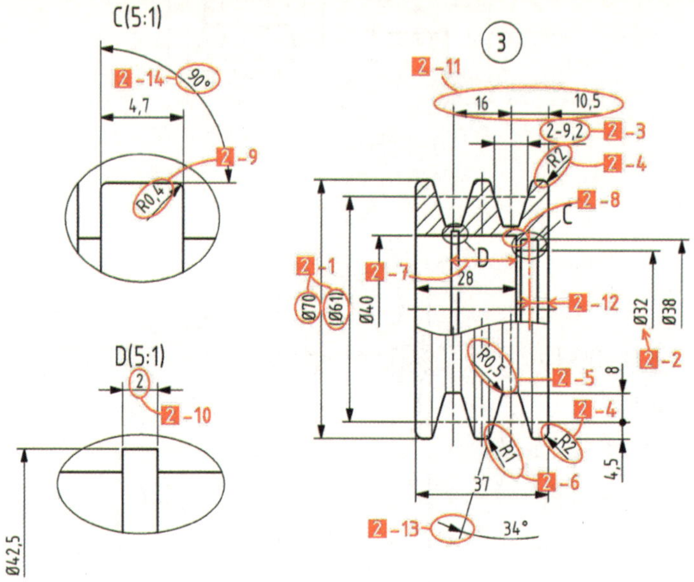

(a) 오류지적 기호 표시

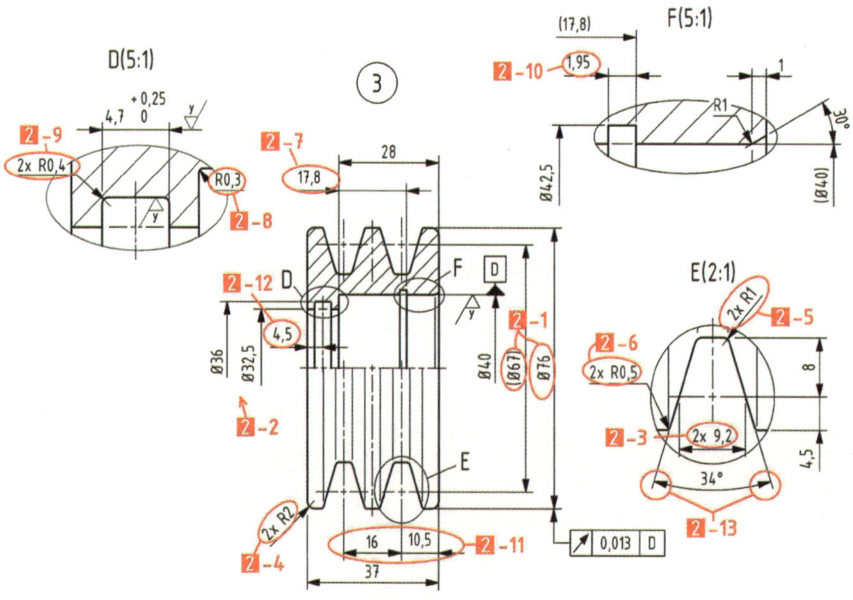

(b) 모범 답안

그림 2-127. ③의 2중 V-벨트 풀리

➜ 치수 공차, 끼워 맞춤 공차 기호의 지시

각도의 허용차 지시방법과 표준에서 규정한 허용차 값과 주서에서 지시한 값과 위배되는 지시 및 끼워 맞춤 공차 기호의 지시 누락으로 4~5점이 감점되는 부품도입니다.

❸-1 ; 각도 치수에서 주어지는 허용차는 KS 표준에서 '**각도의 기준 치수나 각도의 한계 허용차를 분이나 초로 지시할 때는 분 또는 초의 값에 0°, 0° 0′을 앞에 지시해야 한다.**'에 의해 '±0° 30′'로 지시해야 합니다.

또한 각도 치수를 지시하기 위해 투상도로부터 충분히 치수 보조선을 그어 치수선을 지시할 수 있음에도 치수 보조선 긋기가 중단되는 것을 잘못입니다.

❸-2 ; 치수 공차의 숫자 크기는 기준 치수의 숫자 크기와 같아야 합니다.

❸-3 ; 주서에 지시한 가공부의 일반 공차 값보다 더 큰 허용차의 지시는 오히려 정밀도 향상에 저해되는 지시로서 크게 지적되는 내용이며 공차의 숫자는 기준 치수의 숫자 크기와 같아야 합니다.

참고로, 표준에서 정한 허용차는 그 범위를 벗어나지 않도록 지시하는 값으로써 최대 그 이하 값을 적용한 지시를 하라는 것입니다.

❸-4 ; 앞에서 지적한 바와 같이 주서에 지시한 가공부의 일반 공차 값보다 더 큰 허용차의 지시는 오히려 정밀도 향상에 저해되는 지시로서 크게 지적되는 내용이며 허용차의 숫자는 기준 치수의 숫자 크기와 같아야 합니다.

❸-5 ; 앞에서 지적한 바와 같이 각도 치수에서 주어지는 허용차는 '±0° 30′'로 지시해야 하며, 각도의 허용차 지시는 10진법의 공차 지시보다는 60진법의 허용차로 환산하여 지시해야 합니다.

❸-6 ; 허용차의 숫자는 기준 치수의 숫자 크기와 같아야 합니다.

❸-7 ; 허용차의 숫자는 기준 치수의 숫자 크기와 같아야 합니다.

❸-8 ; 허용차의 숫자는 기준 치수의 숫자 크기와 같아야 합니다.

❸-9 ; 베어링 내 외륜이 닿는 구멍 안지름 면으로부터 멈춤 링 두께를 합한 기준 치수에 조립이 용이한 정도의 허용차를 지시해야 하나 기준 치수 및 허용차가 지시되지 않았습니다.

⚠-1 ; O-링의 바깥지름이 끼워지는 지름에는 표준에서 정한 'H9'의 끼워 맞춤 공차 기호가 지시되어야 합니다.

⚠-2 ; 자동 조심(自動 調心) 볼 베어링은 외륜 회전하중을 받는 회전 조건에 의해 표준에서 정한 'N7'기호를 지시해야 합니다.

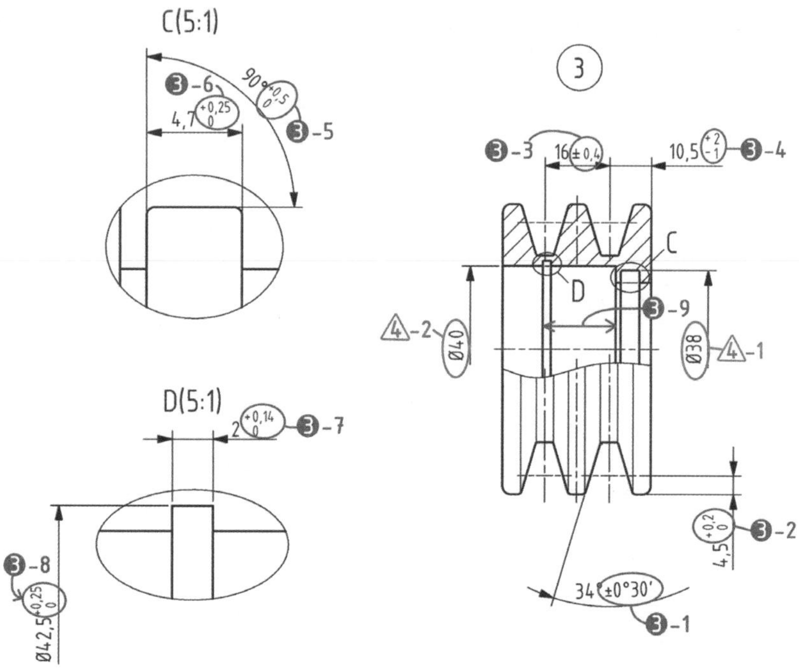

(a) 오류지적 번호 표시

그림 2-128. ③의 2중 V-벨트 풀리(계속)

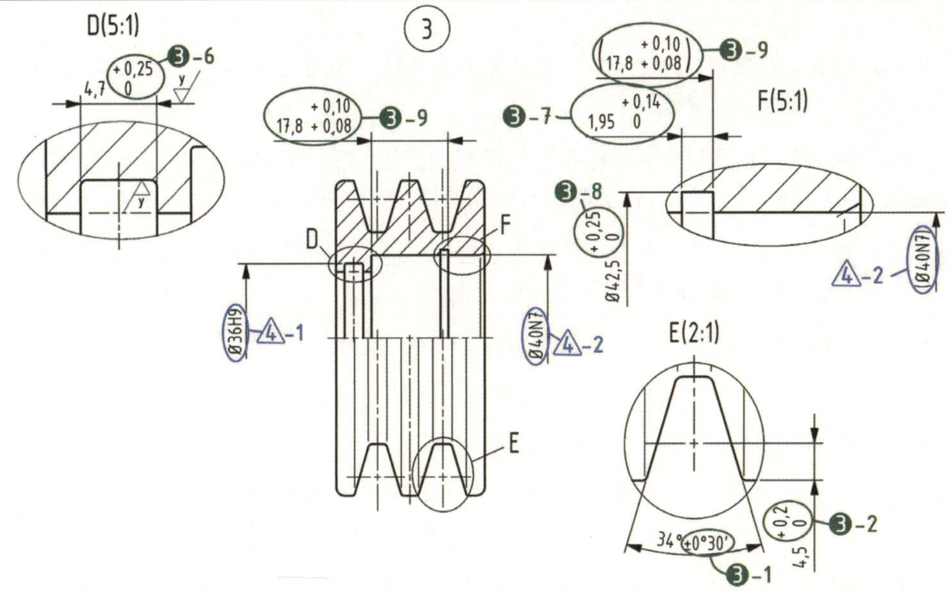

(b) 모범 답안

그림 2-128. ③의 2중 V-벨트 풀리

➜ 기하 공차 기호, 표면 거칠기 기호의 지시

기하 공차 기호의 지시가 누락되어 있고, 표면 거칠기 기호지시의 누락 및 거칠기 값의 적용 오류가 있어서 채점위원에 따라 4~6점이 감점됩니다.

5-1 ; 회전체이며 선반으로 안지름 가공 순서는 두 번째 가공을 하며, 베어링의 외륜이 회전하므로 데이텀을 지시해야 합니다.

5-2 ; 베어링 외륜이 회전하므로 O-링 홈은 데이텀을 기준으로 구멍 중심의 위치를 규제하는 원주 흔들림도를 지시해야 합니다.

5-3 ; 풀리의 바깥지름과 베어링이 끼워지는 안지름의 중심 위치를 규제하는 원주 흔들림도를 표준에서 규정한 값은 '0.3'이므로 허용차로 환산하면 '±0.15'입니다.

그러나, 표준에서 정한 허용차 값은 그 이상의 허용차를 인정하지 않는다는 조건을 명시한 것으로써 풀리가 고속 회전을 한다고 가정할 경우를 가정하여 더 정밀한 값으로 지시해도 됩니다.

5-4 ; 베어링의 외륜 측면이 데이텀으로부터 직각 자세를 규제하는 온 흔들림도를 지시해야 합니다.

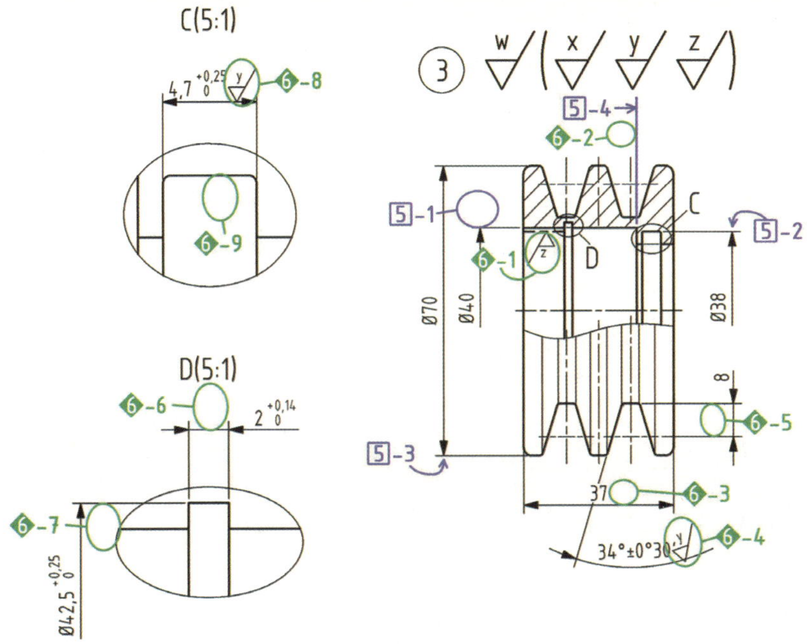

(a) 오류지적 번호 표시

그림 2-129. ③의 2중 V-벨트 풀리(계속)

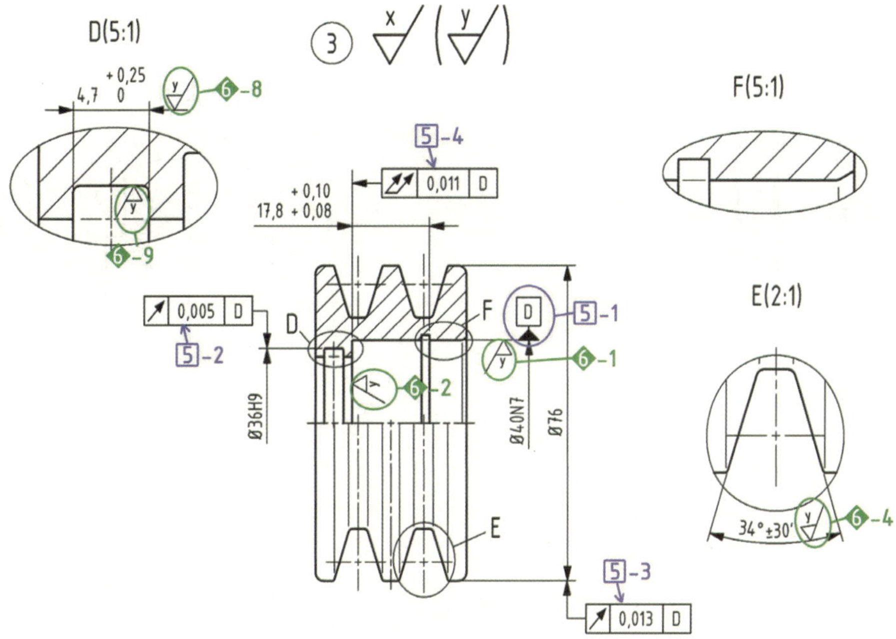

(b) 모범답안

그림 2-129. ③의 2중 V-벨트 풀리

6-1 ; 오일 실의 바깥지름이 끼워지는 안지름에는 열팽창에 의한 내부 압력에 누유가 되지 않을 정도의 거칠기 값은 $\overset{y}{\nabla}$ 값으로 충분합니다.

6-2 ; 베어링이 끼워지는 안지름 원통 면과 측면은 동시에 안지름 연삭을 하게 되면 원통 면과 측면은 $\overset{y}{\nabla}$ 값으로 지시하거나, 연삭을 하지 않을 경우에는 두 면에 $\overset{x}{\nabla}$ 값으로 지시해도 됩니다.

6-3 ; 풀리의 양 측면은 $\overset{w}{\nabla}$ 의 거칠기 값보다는 기능과 관련한 부분을 제외한 다른 부분의 거칠기 값인 $\overset{x}{\nabla}$ 값으로 지시하는 것이 좋으며, 이는 양 측면만을 $\overset{w}{\nabla}$ 의 거칠기로 지시한다고 해서 원가 절감 기여는 미미합니다.

6-4 ; 거칠기 값 기호를 치수 또는 공차와 이어서 지시할 경우에는 한 칸을 띄어 지시합니다.

6-5 ; 대표 거칠기를 $\overset{w}{\nabla}$ 로 지시했으나 표준에서 규정한 값은 $\overset{x}{\nabla}$ 입니다.

6-6 ; 대표 거칠기를 $\overset{w}{\nabla}$ 로 지시했으나 표준에서 규정한 값은 $\overset{x}{\nabla}$ 입니다.

6-7 ; 대표 거칠기를 $\overset{w}{\nabla}$ 로 지시했으나 표준에서 규정한 값은 $\overset{x}{\nabla}$ 입니다.

6-8 ; 거칠기 값 기호를 치수 또는 공차와 이어서 지시할 경우에는 한 칸을 띄어 지시합니다.

6-9 ; O-링과 접촉하는 지름의 면 거칠기는 열팽창에 의해 누유되지 않도록 밀착하는 거칠기는 $\overset{y}{\nabla}$ 값으로 지시합니다.

(4) 간격 링(④)

➜ 투상도의 선택과 배열

정면도를 생략한 주 투상도의 1면도로 선택하고 한쪽 단면을 한 것은 좋았으나 안지름과 바깥지름에 O-링이 끼워질 때 O-링이 상처가 나지 않도록 삽입 경사부를 설치하지 않아 약 2점의 감점이 있습니다.

1-1 ; 중심선을 교차시킬 때 짧은 대시끼리 또는 긴 대시끼리 교차하도록 그어야 도면 품질이 좋습니다.

특히 복잡한 도면에서는 중심선 긋기에서 각각의 대시가 어긋나게 그을 경우 아주 복잡한 도면이 되므로 작은 원의 경우에는 짧은 대시끼리 교차시키고 큰 원의 경우에는 긴 대시 끼리 교차시키는 방법으로 긋습니다.

1-2 ; 부품이 작으므로 O-링을 어느 쪽으로 끼우더라도 가능하도록 삽입 경사부를 설치합니다.

1-3 ; 부품이 작으므로 O-링을 어느 쪽으로 끼우더라도 가능하도록 삽입 경사부를 설치합니다.

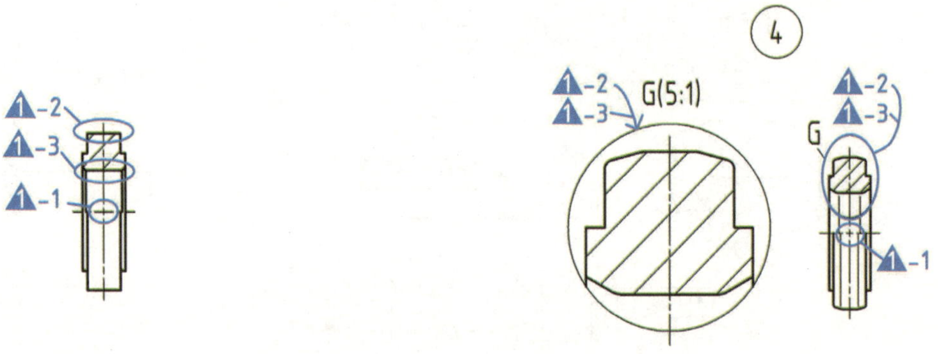

(a) 오류지적 기호 표시 (b) 모범 답안

그림 2-130. ④의 간격 링

→ 기준 면 설정과 치수지시

2-1 ; 좌우의 대칭투상도로서 한쪽으로만 치수 지시를 하면 됩니다.

2-2 ; 대칭 치수를 지시했기 때문에 지시를 해야 할 필요가 없지만, 지시할 때는 참고치수로 지시해야 합니다.

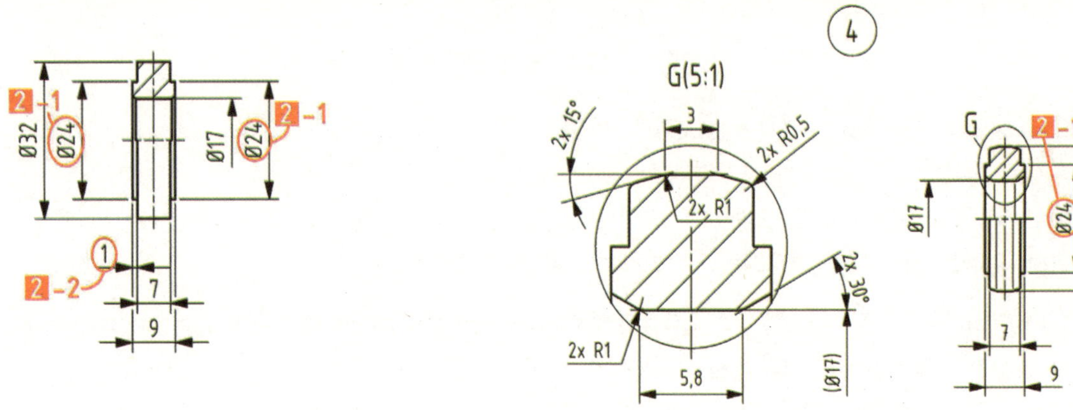

(a) 오류지적 기호 표시 (b) 모범 답안

그림 2-131. ④의 간격 링

→ 치수 공차, 끼워 맞춤 공차 기호의 지시

부품의 기능파악을 하지 못해 한부분에서 치수 공차, 두 부분에서 끼워 맞춤 공차 기호가 누락되어 3점이 감점됩니다.

❸-1 ; 몸체에 조립하기 위해서 자동조심 볼 베어링과 함께 축에 끼워지기 때문에 마이너스 공차가 지시되어야 합니다.

4-1; O-링과 접촉하며 회전하는 부분이므로 표준에서 규정한 'e7'의 끼워 맞춤 공차 기호로 지시합니다.

4-2; O-링과 접촉하되 축과는 억지 끼워 맞춤으로 조립되어야 롤러가 회전할 때 따라 회전하지 않습니다.

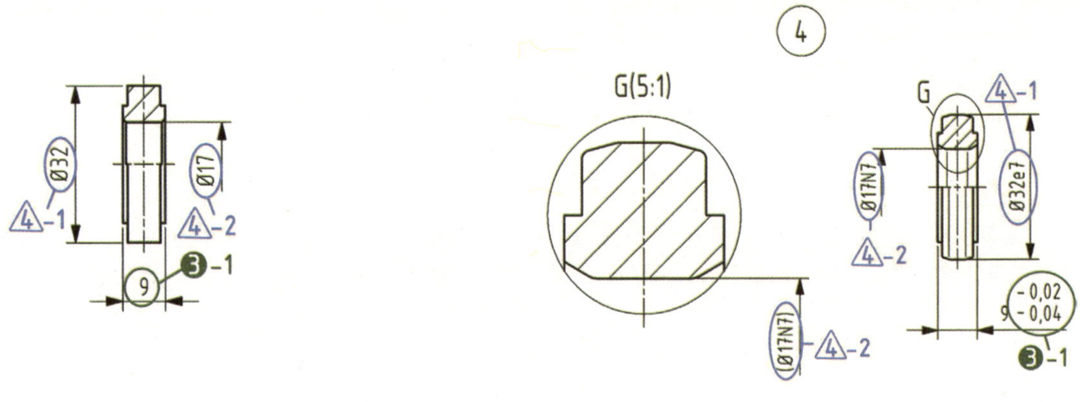

(a) 오류지적 기호 표시 (b) 모범 답안

그림 2-132. ④의 간격 링

→ 기하 공차 기호, 표면 거칠기 기호의 지시

O-링과 닿는 바깥지름의 기하 공차, 표면 거칠기 누락 및 특수 가공에 대한 지시가 누락되어 2~3점이 감점됩니다.

5-1 ; 안지름과 바깥지름의 동심 규제를 지시하기 위해서 데이텀 지시가 되어야 합니다.

5-2 ; 안지름과 바깥지름을 동심 규제하지 않으면 O-링이 한쪽만 마모되므로 원주 흔들림도를 지시합니다.

6-1 ; 축을 통해 오일이 세어나가지 못하도록 O-링과 닿는 안지름은 연삭을 한 거칠기 값이 필요합니다.

6-2 ; O-링이 닿으며 회전하기 때문에 초정밀 폴리싱의 거칠기를 지시해야 합니다.

6-3 ; 부품번호 옆에 대표기호를 지시해야 합니다.

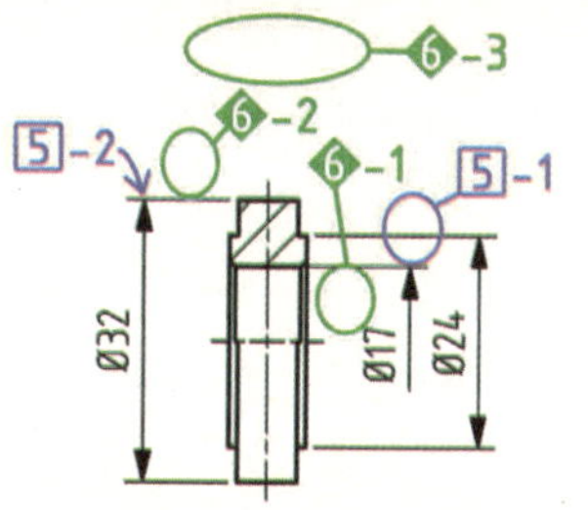

(a) 오류지적 기호 표시

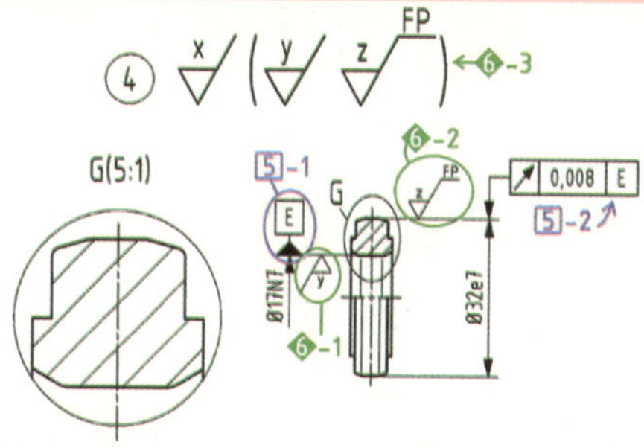

(b 모범 답안

그림 2-133. ④의 간격 링

(5) 오일 실 백업 링(⑤)

→ 투상도의 선택과 배열

정면도를 생략하고 주 투상도로 제도했으나 한쪽 단면도 보다는 온 단면도로 제도했으면 더 좋은 제도입니다.

1-1 ; 얇은 부품은 한쪽 단면도나 온 단면도를 구별하기 어렵기 때문에 온 단면도로 제도했으면 좋았습니다.

(a) 오류지적 번호 표시

(b) 검도용 원도

그림 2-134. ⑤의 오일 실 백업 링

→ 기준면 설정과 치수지시

축의 지름과 대조비교하지 않고 안지름 치수를 지시한 것은 명백한 오류로서 1점 감점됩니다.

2-1 ; 축의 지름과 대조하여 치수 값은 주서란에 지시한 가공부 일반 공차를 흡수하는 기준치수를 지시해야 합니다.

2-2 ; 이 부품의 경우에도 안지름을 오른쪽에, 바깥지름을 왼쪽에 있도록 구분해 지시하는 것이 좋습니다.

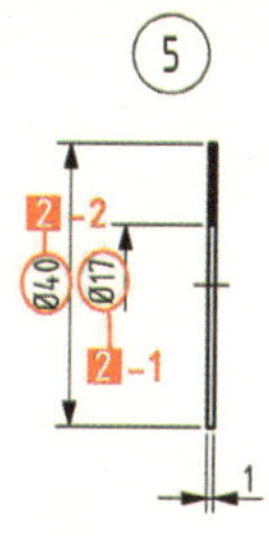

(a) 오류지적 번호 표시

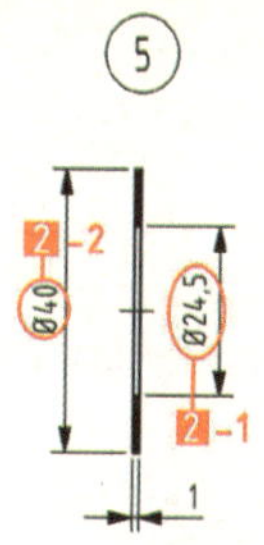

(b) 검도용 원도

그림 2-135. ⑤의 오일 실 백업 링

➜ 치수 공차, 끼워 맞춤 공차 기호의 지시

이 부품은 오일 실의 백업 링 기능을 하므로 끼워 맞춤으로 조립되어야 하나 이를 지시하지 않아 1점 감점됩니다.

4-1 ; 끼워 맞춤 공차를 규제하지 않을 경우에는 축 상에서 회전하며 안지름이 축과 마찰을 일으키게 되므로 최소한 치수 공차라도 지시했어야 합니다.

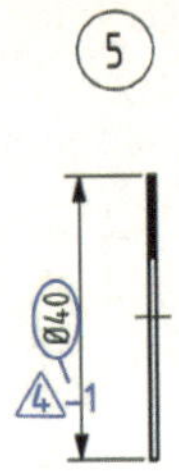

(a) 오류지적 번호 표시

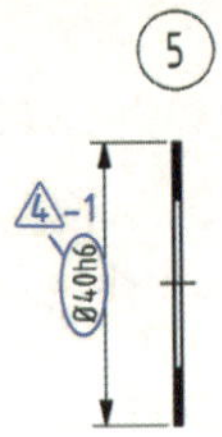

(b) 검도용 원도

그림 2-136. ⑤의 오일 실 백업 링

➜ 기하 공차 기호, 표면 거칠기 기호의 지시

오일 실 백업 링의 경우 경질 고무 판을 구입하여 가공하게 되므로 가공부위에만 제거가공 지시를 해야 하나 모든 부위를 제거가공 지시를 했으므로 채점위원에 따라 1~2점이 감점됩니다.

6-1 ; 연삭가공을 하면 원가 상승요인이 되므로 중간 거칠기 값으로 지시해야 합니다.

6-2 ; 판의 면은 구입한 재료의 거칠기 값이므로 대상 면 지시기호에 의한 거칠기 값으로 지시해야 합니다.

6-3 ; 대표 거칠기 값은 안지름과 바깥지름을 가공하므로 지시 수가 적은 값을 괄호 안에 지시합니다.

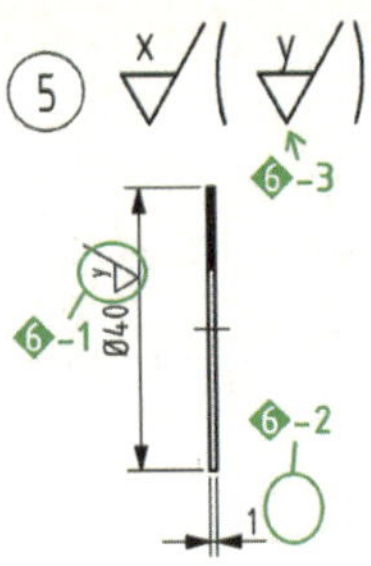

(a) 오류지적 번호 표시

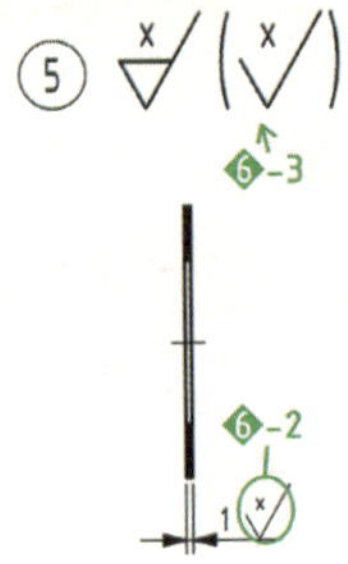

(b) 검도용 원도

그림 2-137. ⑤의 베어링 커버

(6) 주서, 양식, 부품란, 표제란의 올바른 내용

부품번호와 표면 거칠기 기호를 부품도 위에 지시하지 않았고, 불필요한 열처리를 지시했으므로 2점이 감점됩니다.

➜ 개별 및 일반 주서의 올바른 내용

7-1 ; 하나 이상의 부품에 공통으로 적용하는 지시를 일반 주서란에 지시하므로 하나의 부품에 적용되는 개별 주서는 부품번호 아래에 지시합니다.

7-2 ; 부품번호, 표면 거칠기 기호 등의 누락입니다.

7-3 ; 본체는 열처리 하지 않아도 될 부품이며 O-링, 오일 실과 마찰운동을 하는 축, 간격 링에 열처리를 지시합니다.

7-4 ; 오히려 도장 처리를 해도 무방할 부품인데 화학 처리를 지시하여 채점위원에 따라 감점합니다.

7-5 ; ⑤의 오일 실 백업 링 재료의 표면은 제거가공을 하지 않은 면이 존재하므로 이의 거칠기 값 기호인 $\overset{x}{\surd}$를 $\overset{x}{\triangledown}$와 함께 지시했어야 합니다.

➜ 양식, 부품란, 표제란의 올바른 내용

8-1 ; '2단'이란, 벨트 풀리의 지름이 다른 경우를 의미하므로, '2중'이라는 명칭이 옳은 명칭입니다.

8-2 ; 무게감(회전중량)큰 풀리는 주철제가 주로 사용되지만 무게감이 불필요한 경우에는 '주강'으로 선택할 필요가 있으며 절삭성이 좋은 알루미늄 합금으로도 가능하며 봉재를 가공하는 방법은 큰 원가 상승을 유발합니다.

8-3 ; 백업 링이란 '**어떤 부품의 받쳐주는 백업 링**'인지를 구체적으로 밝혀야 하므로 정확한 명칭은 '**오일 실 백업 링**'이라고 붙여야 하며 외래어의 한글 표기 방법으로 '**빽업 링**' 이 아니라 '**백업 링**'이라고 해야 옳습니다.

8-4 ; 오일 실 백업 링은 경질 고무 류인 '**NBR**'재질을 선택해야 앞의 '가공 방법'과 같이 가공하게 되므로 가공비를 절약할 수 있으나, 철강재를 사용할 경우에는 '**열간 압연 강판(KS D 3501)**' 또는 '**냉간 압연 강판(KS D 3512)**'로 선택할 경우에는 별도의 가공(프레스 금형)에 의하므로 큰 원가 상승요인이 됩니다.

8-5 ; 부품의 모양으로 구분한 정확한 명칭은 '**평행키**'입니다.

8-6 ; 부품의 호칭방법에서는 구멍용과 축용으로 구분하므로 부품의 모양과 기능으로 구분한 정확한 명칭은 '**C형 멈춤 링**'입니다.

8-7 ; O-링의 호칭 방법은 규격에 정한 표준 지시방법으로 지시되어야 합니다.

8-8 ; 표준에서 정한 용지의 사이즈가 출력되도록 영역 설정이 되어야 하나 가로 사이즈가 작게 설정되었습니다.

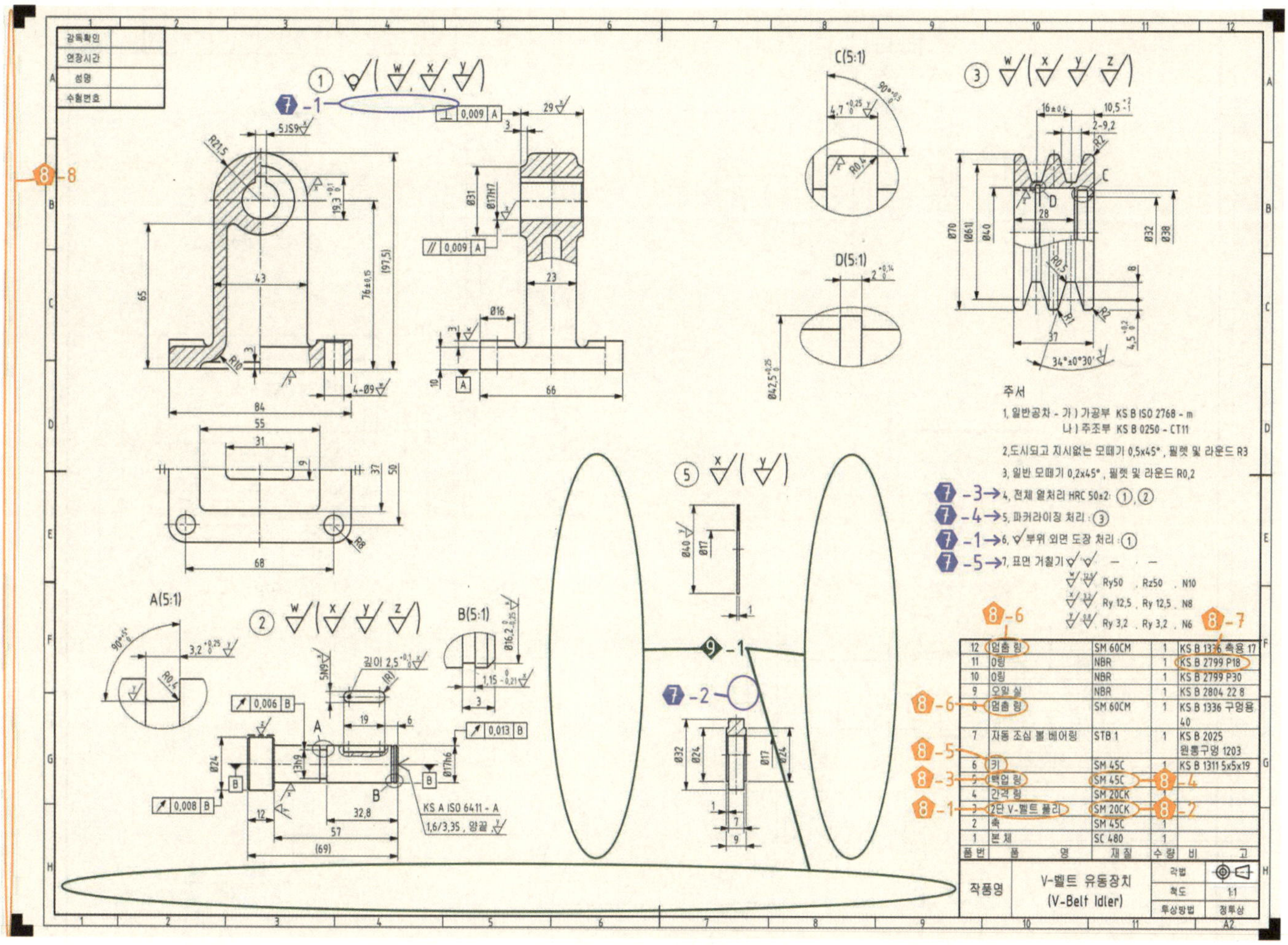

그림 2-138. 주서, 부품란과 표제란, 배치 등의 오류지적 번호 표시

→ 도면의 외관과 배치

도면의 외관은 사전에 제도의 기본을 익힌바가 있어서 중심선의 길이 등은 완벽하나, 도면의 배치에 있어서 요령을 터득하지 못함으로써 부족한 부분이 있어서 채점위원에 따라 1점 정도가 감점될 수 있습니다.
특히, 여기서 지적하지 않았으나 오른쪽과 왼쪽의 여백이 크므로 윤곽선 쪽으로 각 부품이 이동해야 합니다.

9-1 ; 위와 아래의 여백에 차이가 있으며 이는 디스플레이 상에서 충분히 검토하지 않은 결과이며, 더 중요한 것은 ②의 부품도와 ④의 부품도 위치를 바꾸어 배치했다면 감점 요인이 없습니다.

다음 그림의 도면은 앞에서 지적한 내용들을 개선하여 제시하므로 비교해보시기 바라며, 자신이 작성한 결과물 도면의 투상도들의 배치연습을 해보시기 바랍니다.

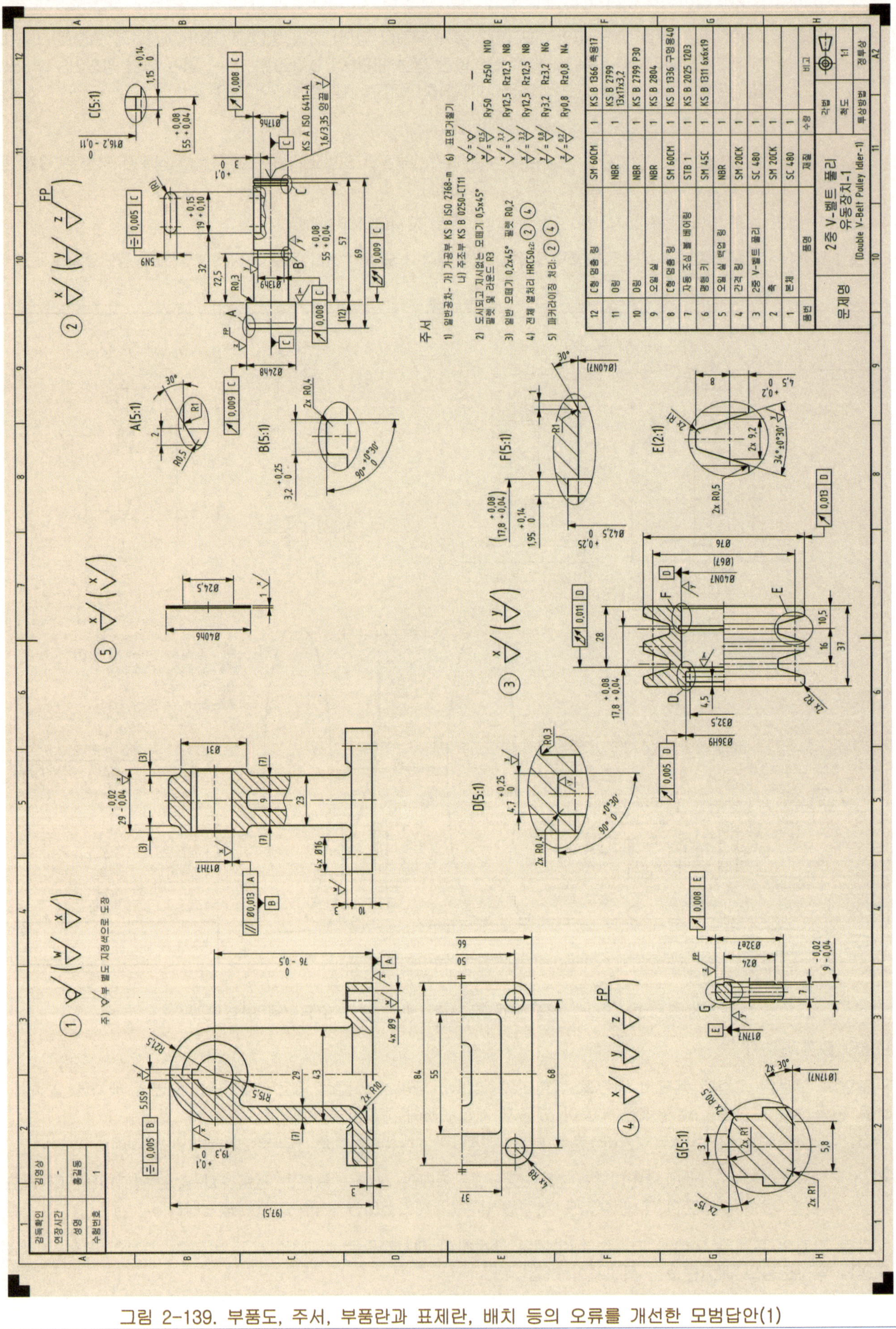

그림 2-139. 부품도, 주서, 부품란과 표제란, 배치 등의 오류를 개선한 모범답안(1)

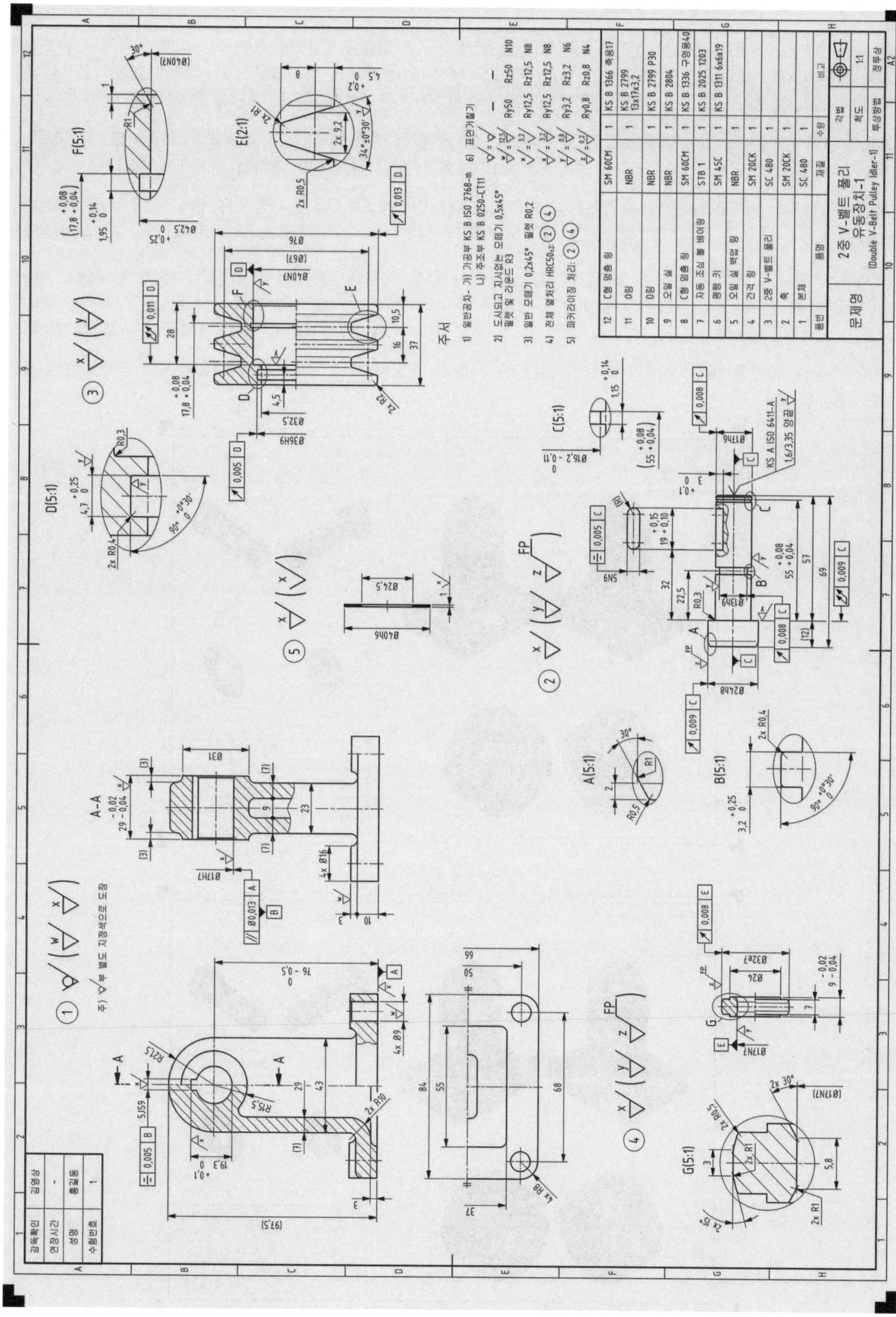

그림 2-140. 부품도, 주서, 부품란과 표제란, 배치 등의 오류를 개선한 모범답안-2

10. 렌더링 등각 투상도 검도에 따른 오류지적 사항

다음 쪽의 오류 지적(검도)을 위한 렌더링 등각도의 결과물은, 국가 기술자격 실기검정에서는 10점 만점에서 5~6점 득점 정도이며, 부품 제작도 채점 결과의 득점에 따라 간신히 합격할 수 있는 수준의 결과물로서 등각 축의 설정, 렌더링 색상 선택, 라이트 기능사용, 라운드와 필렛 부분의 모델링과 프레임 선, 중량 등에서 지적되는 부분이 있습니다.

- 제도자에게 렌더링을 자유롭게 하라고 요구한 바, (a)의 컬러 렌더링 등각도 결과물을 제출하였는데 이를 국가 기술자격 실기검정에서와 같은 조건으로 (b)와 같은 품질 상태인 흑백으로 출력해 비교해보았습니다.
- 국가 기술자격 실기검정에서는 수검자에게 화면(디스플레이) 상에서 어떤 색상으로 렌더링을 하라는 지정이 없으므로 수검자 스스로 결정하여 흑백으로 출력하였을 때 입체감이 잘 표현되는 색상과 농도를 결정해야 합니다.
- 설계 실무에서는 흑색보다 컬러 렌더링을 하는 것이 파일을 이용해 각 부품의 디자인, 색상 등 검토는 물론 디자인 및 설계 안에 대한 경영자의 결재와 부품들의 분해와 조립 순서를 설명하여 생산현장 및 애프터서비스 담당자의 교육용, 카탈로그, 사용 설명서 등의 작성, 광고물 제작 및 인쇄 등 폭 넓게 사용할 수 있도록 합니다.
- 부품의 중량 계산은 해당 부품의 재료비, 운반비 산출과 포장용 박스 등의 설계에 활용하여 생산비용을 계산하는데 이용됩니다.

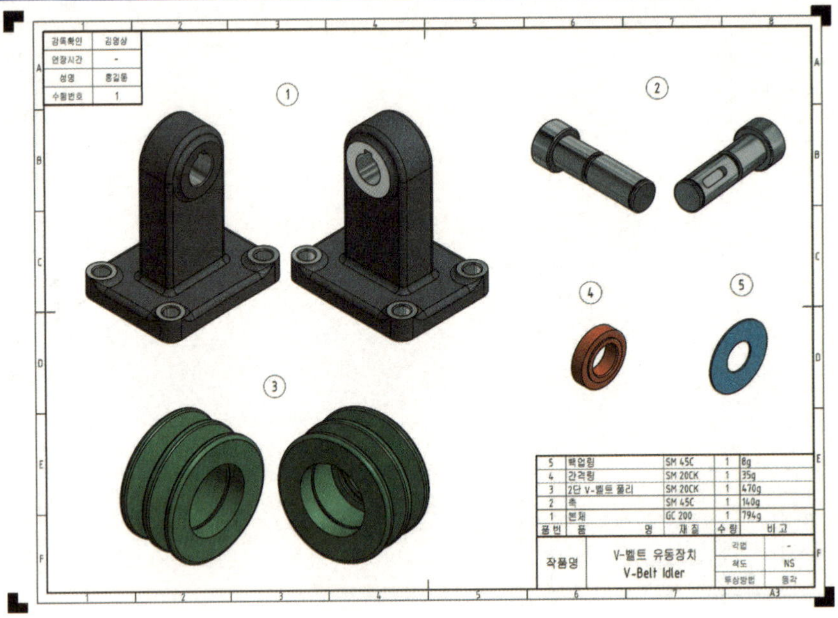

(a) 컬러 렌더링

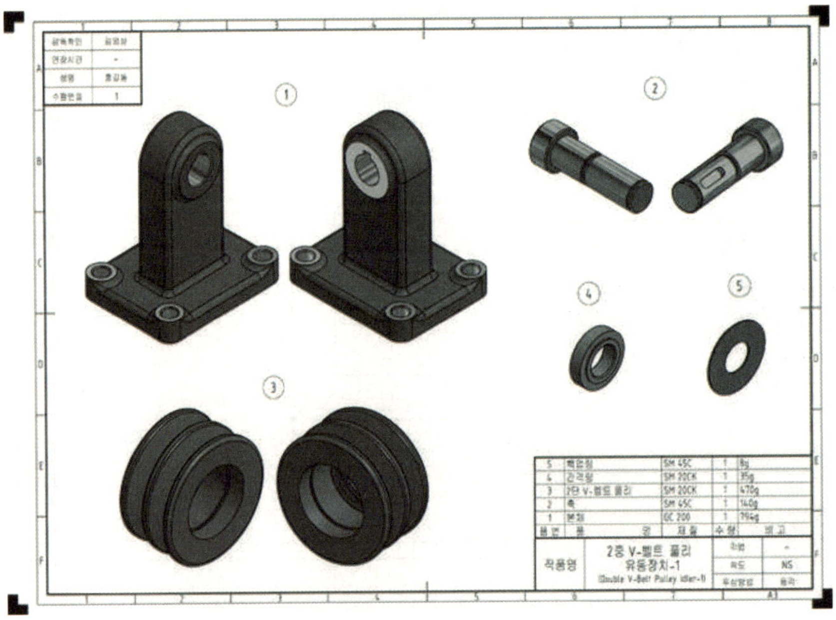

(b) 컬러 렌더링 등각도를 흑백으로 출력할 경우

그림 2-141. 검도를 위한 렌더링 등각 투상도

(1) 본체(①)

등각 축 선정, 음영 렌더링, 부품의 겉모양 표현, 프레임 선 제거 등에서 최소 2점 정도가 감점되는 결과물로서 컬러 렌더링 색상이 원색에 가까워 국가 기술자격 실기검정에서 흑백으로 출력할 경우 렌더링 품질에서 문제가 있고, 특히 필렛 부분의 프레임 선 제거를 하지 않아 감점이 됩니다.

➜ 올바른 등각 축 선정

10-1 ; 등각 축 선정은 부품의 앞과 뒤, 위와 아래 부분의 모양을 모두 나타낼 수 있도록 부품의 위치를 바꾸어 나타내야 합니다.

➜ 부품의 겉모양 표현/투상 누락

11-1 ; 어느 방향으로도 조립이 가능하도록 보스의 양 측면 구멍에는 모떼기가 표현되어야 합니다.

11-2 ; 부품의 능선은 전체 둘레에 선으로 표시하는 것이 아니며, 입체감을 살리고 싶을 때의 능선 표시는 0.18mm의 선 굵기가 가장 적당합니다.

➜ 음영/렌더링 품질/프레임 선 제거

각 부품의 렌더링 처리는 가상으로 실제의 제품과 동일하게 작업하여 회사 안에서는 경영자에게 보고(PPT)를 하여 개발 승인을 득하고, 생산용 설명서나 상품 설명서를 제작하여 영업과 매스컴을 활용한 마케팅용 등 용도가 다양합니다. 따라서 실물과 동일한 색상으로 또는 흑백으로 출력하였을 때의 품질이 보장되어야 하나, 인벤터의 S/W에서 이를 충분히 표현할 수 있지 못한 것이 아쉬우나, 능선(稜線)의 선 처리와 관련해서는 다음에서 설명하기로 합니다.

12-1 ; 면의 원색 컬러는 흑백으로 출력할 경우 너무 어둡게 출력되므로 컬러의 색 조절이 필요합니다.

12-2 ; 라운드와 필렛의 프레임 선은 반드시 제거되어야 합니다.

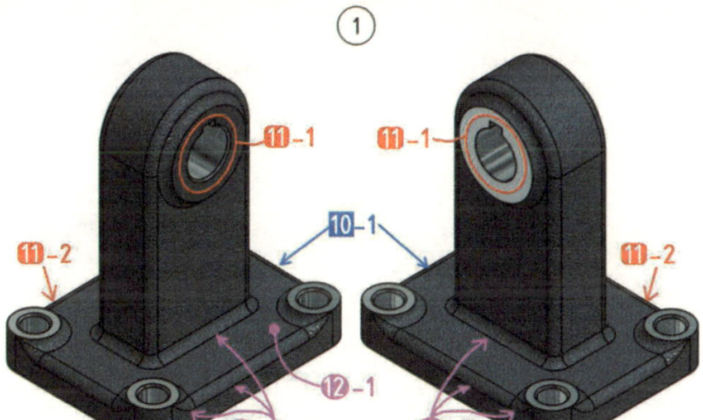

(a) 컬러 렌더링의 오류지적 번호표시

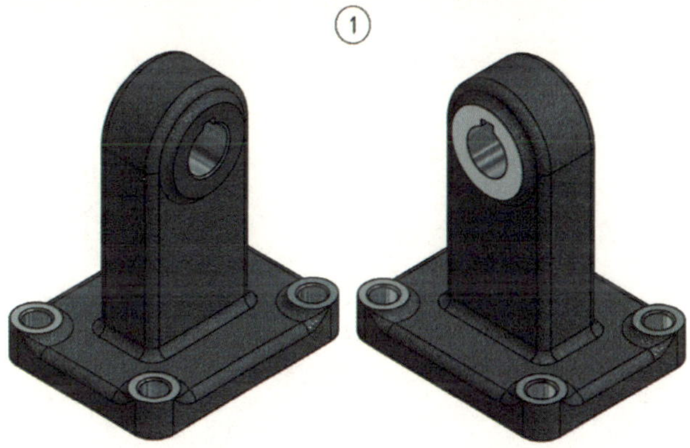

(b) 흑백으로 출력할 경우의 렌더링 품질상태

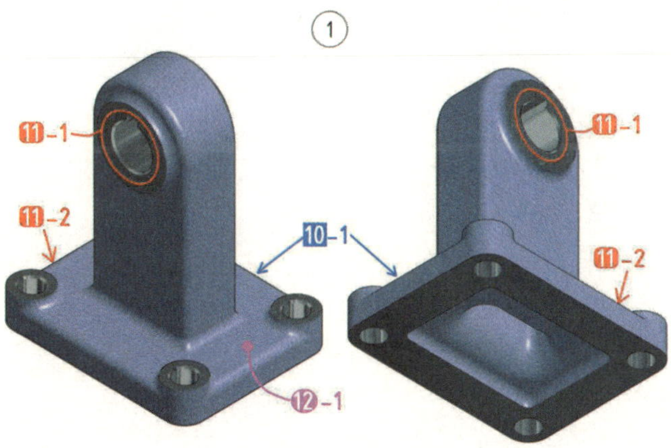

① 적절한 컬러 렌더링

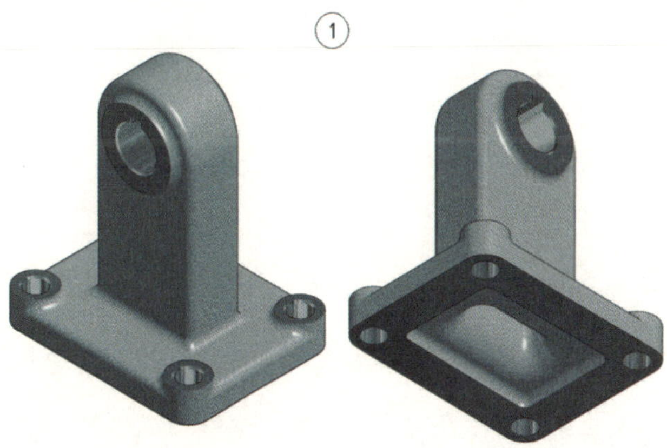

② 적절한 컬러 렌더링 등각도의 흑백으로 출력한 품질상태

(c) 모범 답안

그림 2-142. ①의 본체

(2) 축(②)

부품의 자세(키홈)와 부품도 제도와 일치하지 않은 부분(센터구멍 누락)이 지적되어 1~2점이 감점되는 결과물입니다.

➜ 올바른 등각 축 선정

10-1 ; 키 홈의 자세가 원주 상태에서 비스듬히 있어야 할 부분이 아닙니다.

➜ 부품의 겉모양 표현/투상 누락

11-1 ; 작은 지름과 큰 지름 끝부분의 모양에서 큰 지름 끝에 설치된 센터 구멍 표시가 누락되었습니다.

11-2 ; 버(Burr) 제거 정도의 일반 모떼기가 필요한 부분이며 굵은 모떼기가 필요하지 않는 부분입니다.

11-3 ; 부품의 능선은 전체 둘레에 선으로 표시하는 것이 아니며, 입체감을 살리고 싶을 때의 능선 표시는 0.18mm의 선 굵기가 가장 적당합니다.

➜ 음영/렌더링 품질/프레임 선 제거

12-1 ; 랜더링 색상이 너무 짙은 색입니다.

12-2 ; 구석 둥글기가 필요한 부분으로서 윤곽을 드러내 주기 위한 선의 표시는 오류입니다.

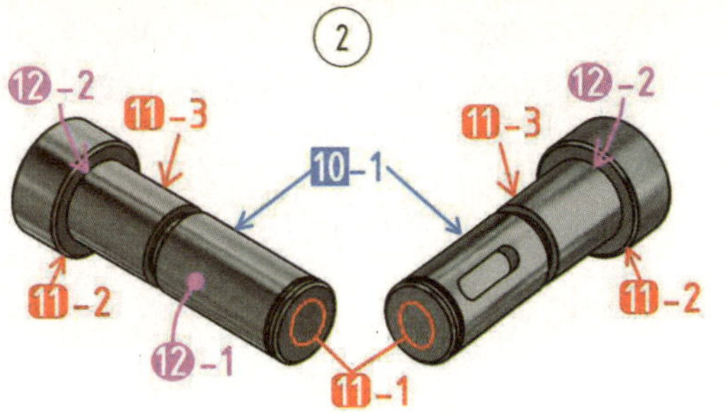

(a) 흑백 렌더링의 오류지적 번호표시

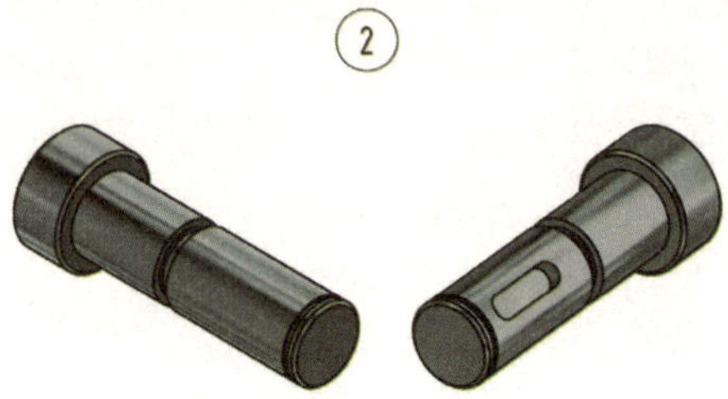

(b) 흑백으로 출력할 경우의 렌더링 품질상태

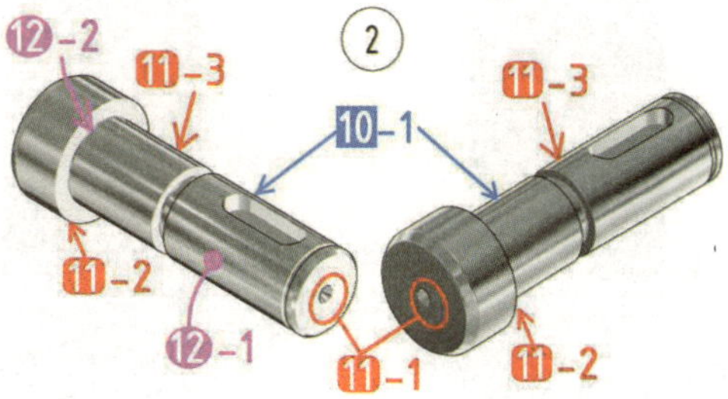

① 적절한 흑백 렌더링

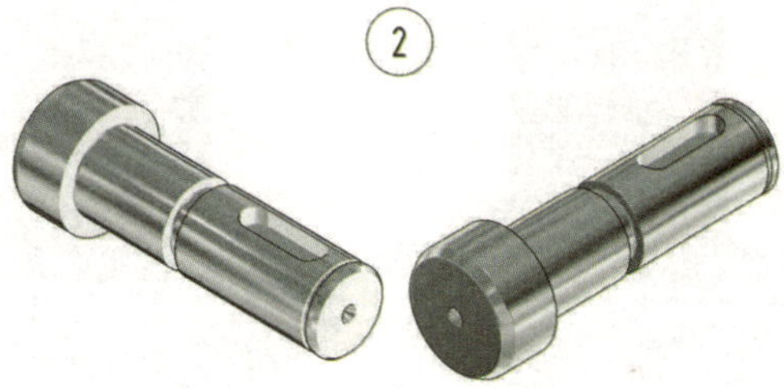

② 적절한 흑백 렌더링 등각도의 출력한 품질상태

(c) 모범 답안

그림 2-143. ②의 축

(3) 2중 V-벨트 풀리(③)

등각 축 선정, 음영 렌더링, 부품의 겉모양 표현, 프레임 선 제거 등에서 감점이 있는 결과물로서 컬러 렌더링 처리를 하여 국가 기술자격 실기검정에서 흑백으로 출력할 경우 렌더링 품질에서 문제가 있습니다.

➜ 올바른 등각 축 선정

10-1 ; 작은 안지름과 큰 안지름이 보이도록 등각 축을 변경하여 제도했어야 합니다.

➜ 부품의 겉모양 표현/투상 누락

11-1 ; 오일 실 삽입 모떼기가 설치되므로 가는 실선 표시를 하지 않아야 합니다.

11-2 ; 능선의 선 두께가 너무 굵습니다.

→ 음영/렌더링 품질/프레임 선 제거

⑫-1 ; 원색에 가까우면 흑백 출력 시 진하게 출력되어 렌더링 품질이 떨어집니다.

⑫-2 ; 모서리 둥글기의 프레임 선은 반드시 제거해야 합니다.

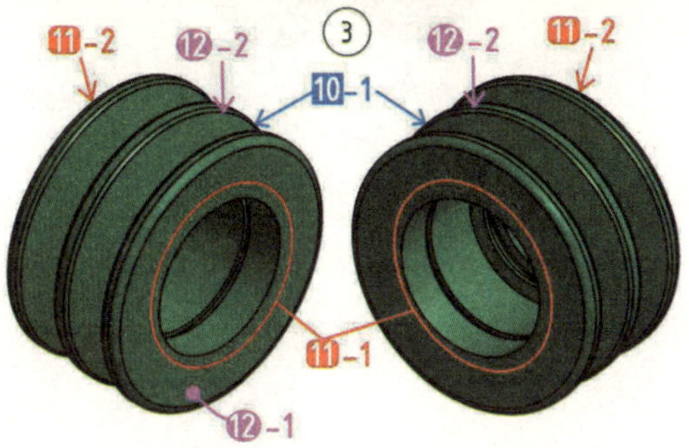

(a) 컬러 렌더링의 오류지적 번호표시

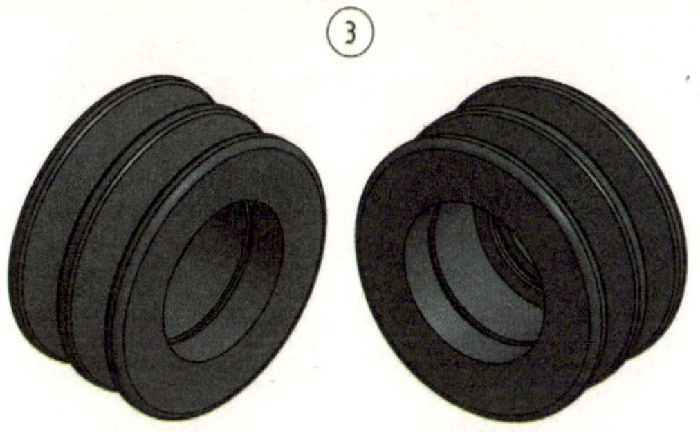

(b) 흑백으로 출력할 경우의 렌더링 품질상태

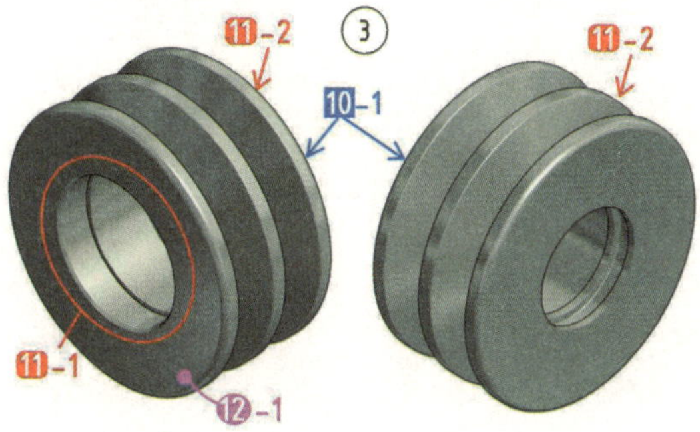

① 적절한 흑백 렌더링

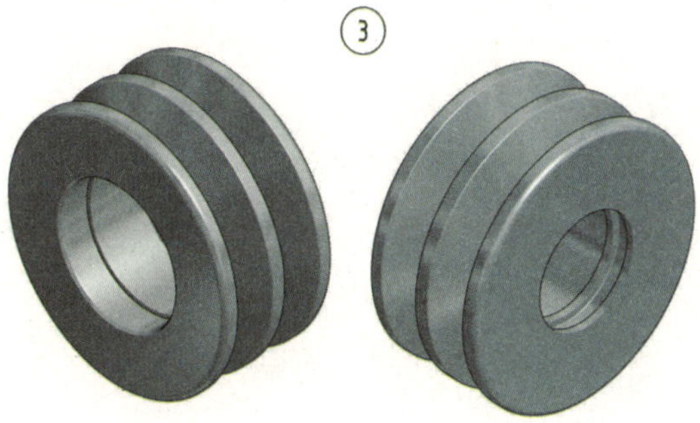

② 적절한 흑백 렌더링 등각도의 출력한 품질상태

(c) 모범 답안

그림 2-144. ③의 2중 V-벨트 풀리

(4) 간격 링(④)

→ 올바른 등각 축 선정

10-1 ; 2개의 등각 투상도를 제도하라고 했을 경우에는 2개의 등각 투상도를 제도해야 하므로 1점 감점이 됩니다.

→ 부품의 겉모양 표현/투상 누락

⑪-1 ; 오일 실 삽입 모떼기의 등각 투상도가 되어야 하므로 1점이 감점됩니다.

⑪-2 ; 오일 실 삽입 모떼기의 등각 투상도가 되어야 하므로 1점이 감점됩니다.

⑪-3 ; 능선을 표시하는 선의 굵기가 두껍습니다.

→ 음영/렌더링 품질/프레임 선 제거

⑫-1 ; 렌더링 색상이 너무 짙습니다.

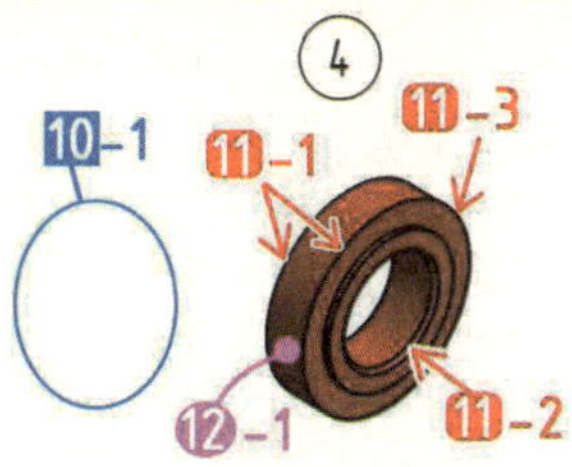

(a) 컬러 렌더링의 오류지적 번호표시

(b) 흑백으로 출력할 경우의 렌더링 품질상태

그림 2-145. ④의 간격 링(계속)

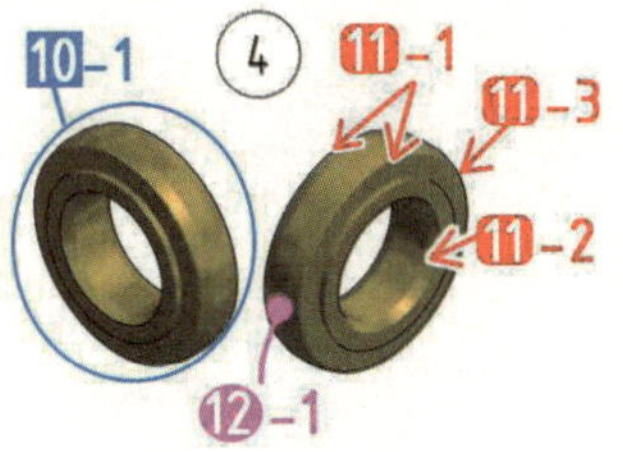

① 적절한 흑백 렌더링

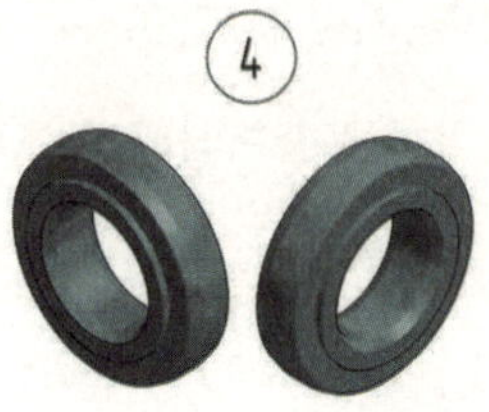

② 적절한 흑백 렌더링 등각도의 출력한 품질상태

(c) 모범 답안

그림 2-145. ④의 간격 링

(5) 오일 실 백업 링(⑤)

➜ 올바른 등각 축 선정

10-1 ; 2개의 등각 투상도를 제도하라고 했을 경우에는 2개의 등각 투상도를 제도해야 하므로 1점 감점이 됩니다.

➜ 부품의 겉모양 표현/투상 누락

11-1 ; 능선을 표시하는 선의 굵기가 두껍습니다.

➜ 음영/렌더링 품질/프레임 선 제거

12-1 ; 렌더링 색상이 너무 짙습니다.

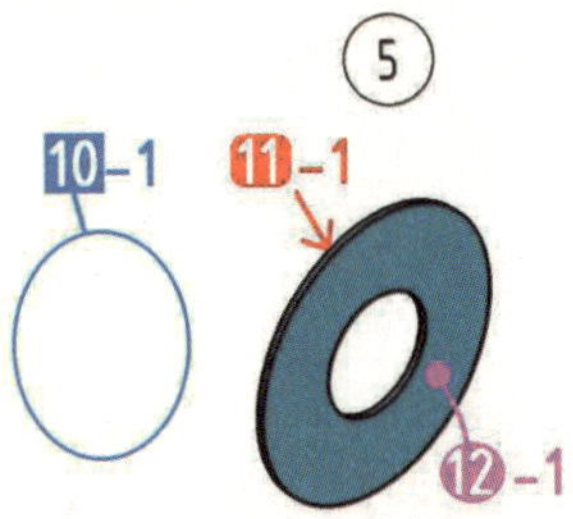

(a) 컬러 렌더링의 오류지적 번호표시

(b) 흑백으로 출력할 경우의 렌더링 품질상태

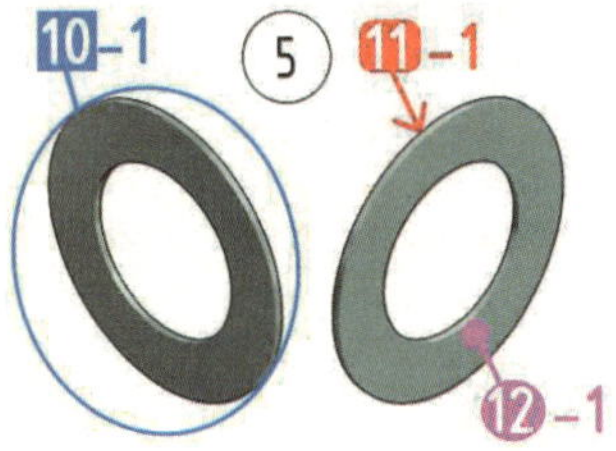

① 적절한 컬러 렌더링

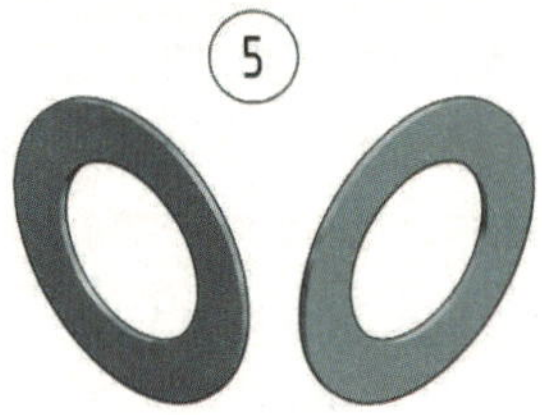

② 적절한 컬러 렌더링 등각도의 출력한 품질상태

(c) 모범 답안

그림 2-146. ⑤의 오일 실 백업 링

(6) 부품란

부품 제작도와 같이 기능과 작동 등을 고려한 부품 명칭과 재질 선택으로 중량계산이 되도록 하고, 적절한 공간 확보와 한쪽으로 치우치는 배치가 되지 않아야 하며, 표제란의 표 제목 및 내용이 틀리기 쉬운 부분이므로 주의해야 합니다.

8-1 ; 부품도에서는 'SC 480'으로 선택했으나, 'GC 200'으로 지시한 것은 제도 집중력이 현저하게 떨어진 상태로서 1점이 무조건 감점됩니다.

8-2 ; 부품도에서 지적했듯이 '2단'이 아니라 '2중'의 명칭이어야 합니다.

8-3 ; 부품도에서와 같이 재질이 봉재에 의한 가공이 아니라 주조에 의한 재질로서 '주강'재를 선택해야 합니다.

8-4 ; 부품 명칭에서 띄어쓰기를 해야 합니다.

8-5 ; '**빽업링**'이 아니라 '**백업 링**'이어야 하는데, 외래어 표기 방법과 띄어쓰기에 대한 지적입니다.

8-6 ; 오일 실 백업 링은 경질 고무 류인 '**NBR**'재질을 선택해야 앞의 '가공 방법'과 같이 가공하게 되므로 가공비를 절약할 수 있습니다.

(7) 배치

9-1 ; 양식 전체에 대한 배치에서 위와 아래의 여백과 배치가 균형이 맞지 않으므로 채점위원에 따라 1점을 감점할 수 있습니다.

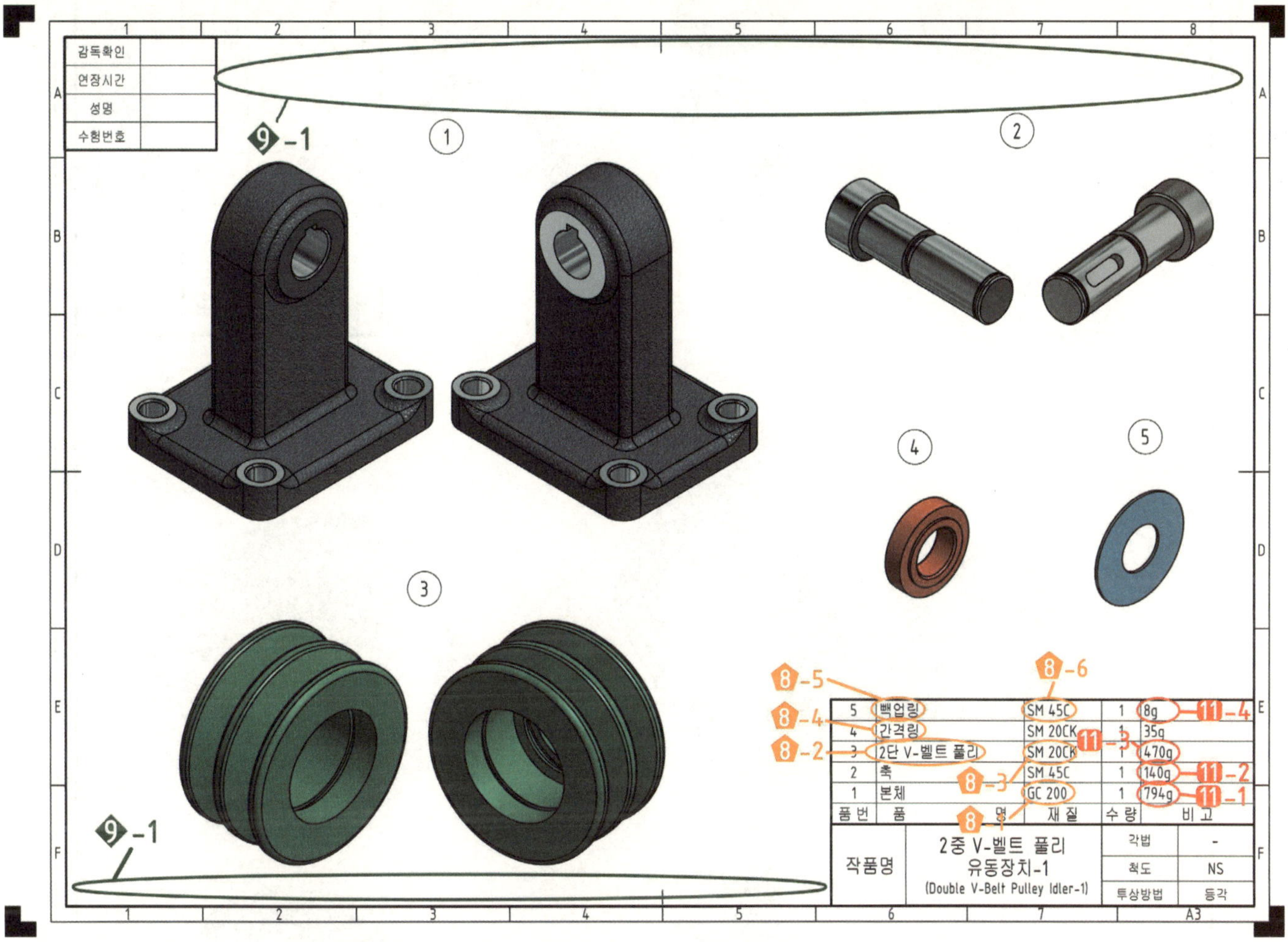

그림 2-147. 주서, 배치, 중량 오류지적을 위한 렌더링 등각도

(8) 중량계산

재질 선택을 잘못하여 중량계산을 할 때 비중 값이 달라져서 최소한 1점이 감점되는 결과물입니다. 실무에서는 자신이 선택한 재료에 의해 중량을 계산하지만, 국가 기술자격 실기검정에서는 요구사항으로 특정한 재질을 지정해주고 중량을 계산하라고 하므로 특히 유의해야 합니다.

11-1 ~ 11-4 ; ①은 868g, ③은 643g으로서 ①과 ③의 중량에서 15%이상의 차이가 발생하여 1점 또는 2점이 감점됩니다.
②, ④는 주어진 문제의 조립도에 치수를 작게 측정하였거나 모떼기, 라운드와 필렛 둥글기 크기를 잘못 지시한 결과로써 중량차이가 나므로 유의해야 합니다.

11. 모범답안-Ⅱ(렌더링 등각 투상도)

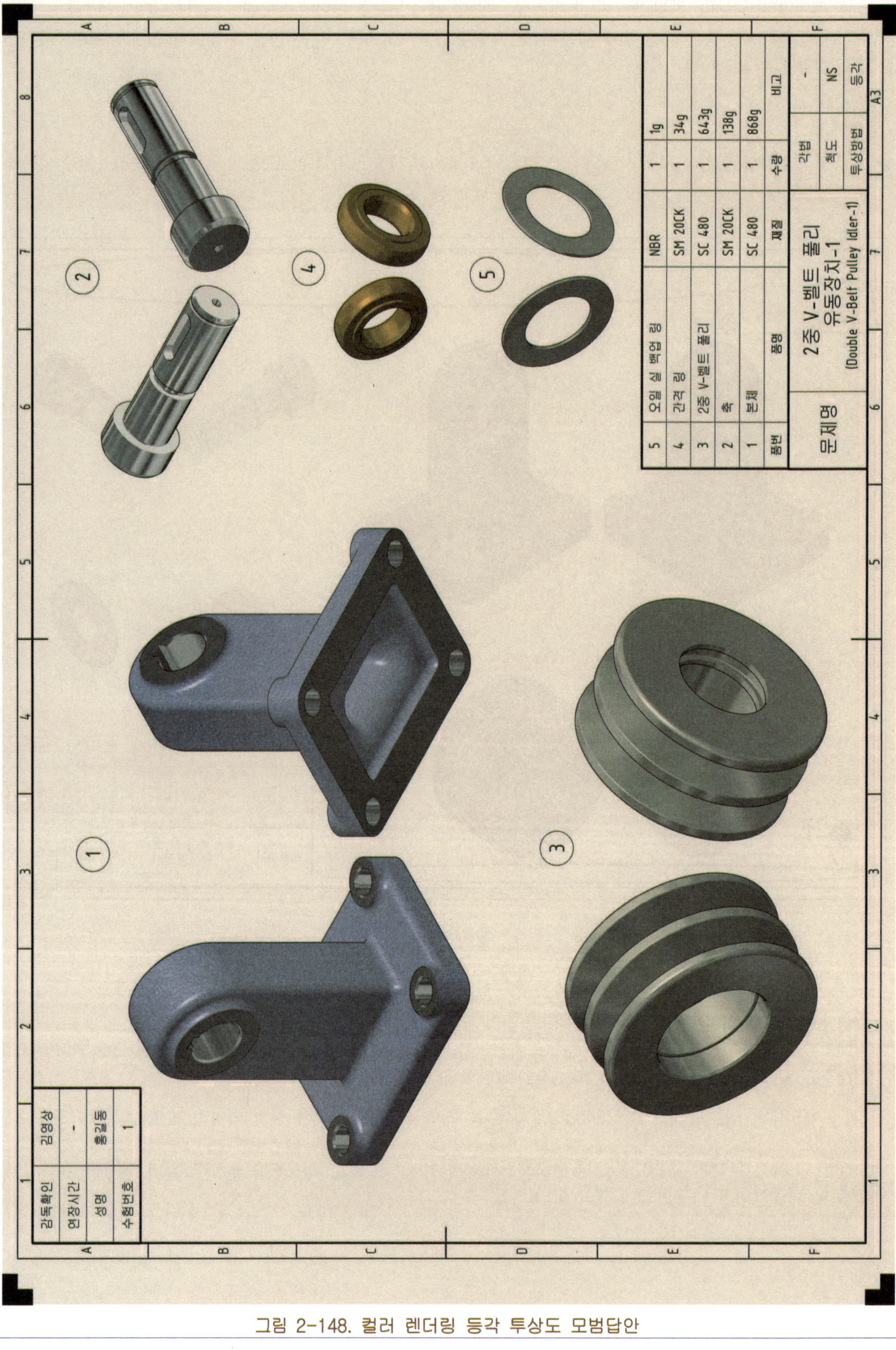

그림 2-148. 컬러 렌더링 등각 투상도 모범답안

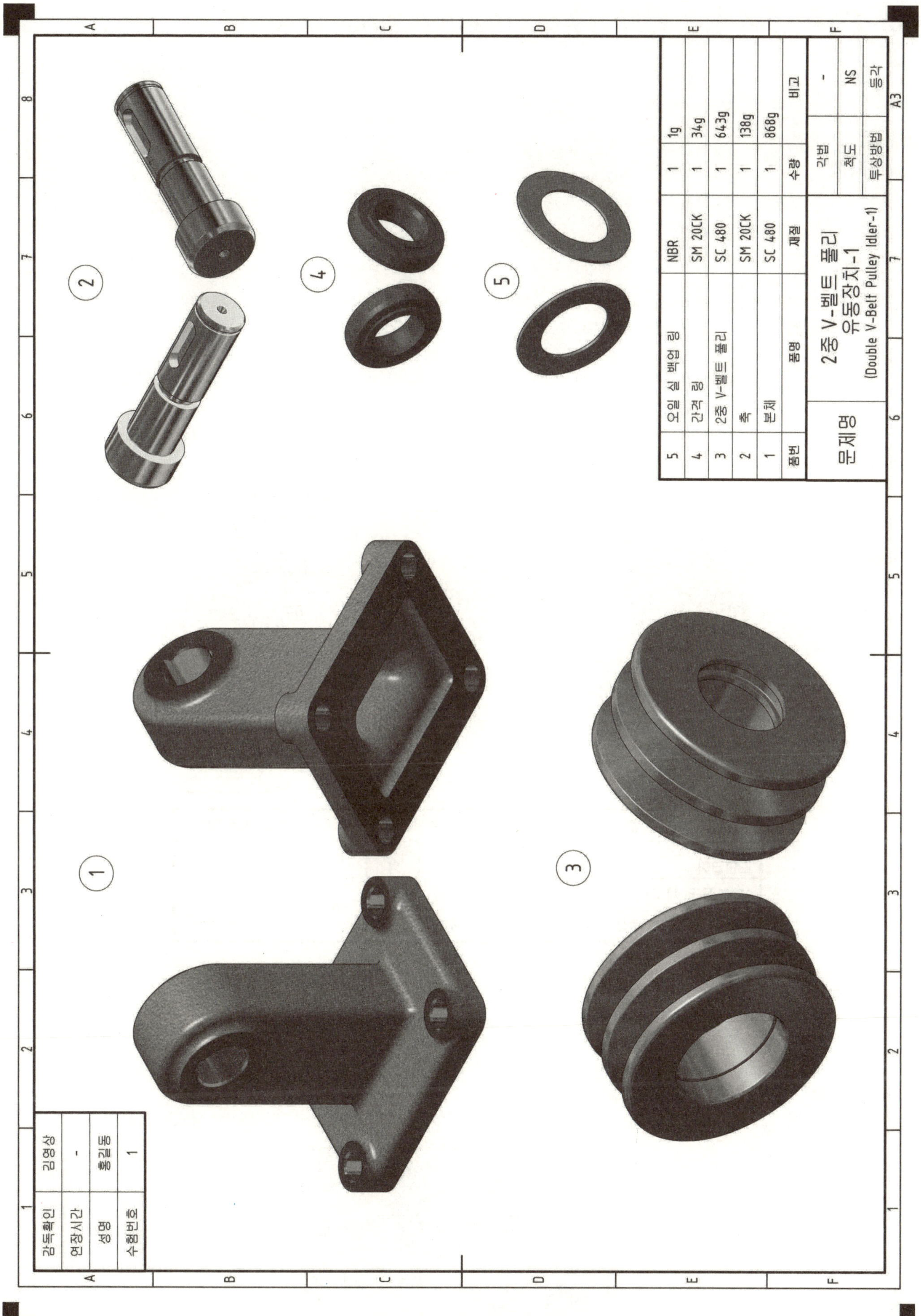

그림 2-149. 컬러 렌더링 등각 투상도를 흑백으로 출력한 경우의 모범답안

[● 표준 작업시간 : 5시간, ● 연장시간 30분]

1. 요구사항

※ 다음의 (1)의 부품도 제도(2D) 또는 (2)의 렌더링 등각 투상도(3D) 제도의 순서는 관계없으며, 다음의 요구사항들에 의해 제도하시오.

(1) 부품도(2D) 제도

가) 주어진 문제의 조립도면에 표시된 부품번호 ①부터⑮의 부품도를 CAD 프로그램을 이용하여 A2용지에 1:1의 척도와` 정 투상방법의 제3각 방법으로 제도하시오.

나) 각 부품들은 모양을 잘 나타나도록 투상도와 단면도 등을 빠짐없이 제도하고, 설계 목적에 맞는 가공을 하여 기능 및 작동할 수 있도록 치수 및 치수 공차 지시, 끼워 맞춤과 기하 공차 및 표면 거칠기 기호, 표면처리, 열처리, 주서 등 제작에 필요한 모든 사항을 지시하시오.

다) 제도 완료 후, 지급된 A3(420x297) 크기의 트레이싱지 용지에 수험자가 직접 출력하여 확인하고 제출하시오.

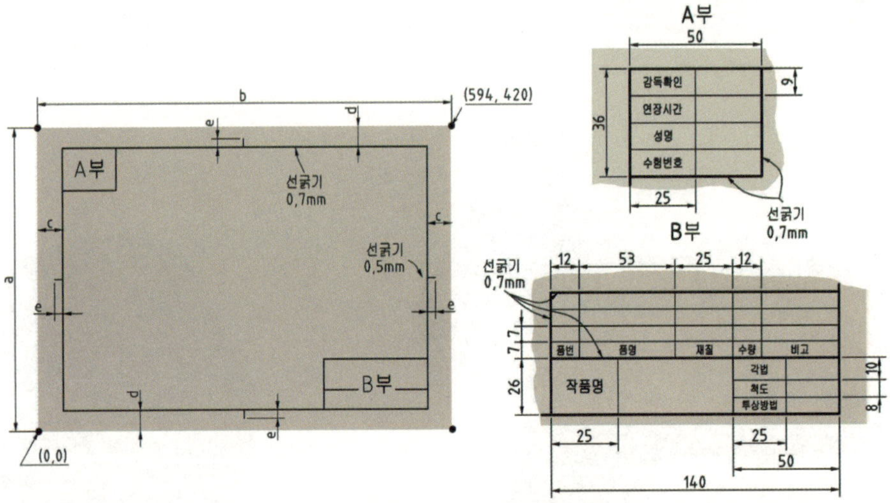

구 분	각 부분 치수				중심 마크 길이
기호 / 도면크기	a	b	c	d	e
A2(부품도 제도)	420	594	20	10	5 (선 굵기 0.5mm)
A3(렌더링 등각 투상도 제도)	297	420			

(2) 렌더링 등각 투상도(3D) 제도

가) 주어진 문제의 조립도면에 표시된 부품번호 ①, ②, ③, ④, ⑤, ⑥의 부품을 파라메트릭 솔리드 모델링을 하고 모양과 윤곽을 알아보기 쉽도록 뚜렷한 음영, 렌더링 처리를 하여 A3용지에 제도하시오.

나) 음영과 렌더링 처리는 아래 그림과 같이 둥글기 부분의 프레임 선을 제거하고 겉모양(단면하지 않음)이 잘 나타나는 등각 축 2개를 정해 1:1에 가까운 척도로 제도하시오.

다) 제도 완료 후, 지급된 A3(420x297) 크기의 트레이싱지 용지에 수험자가 직접 출력하여 확인하고 제출하시오.

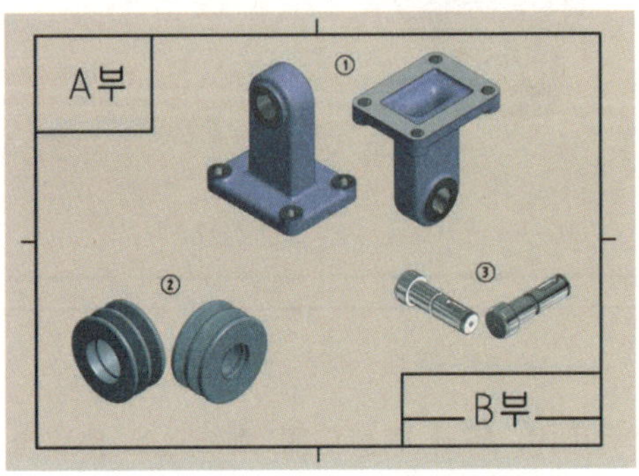

(3) 부품도 제도, 렌더링 등각 투상도 제도-공통

가) 도면의 크기별 한계설정(Limits), 윤곽선 및 중심마크 크기는 다음과 같이 설정하고, a와 b의 도면의 한계선(도면의 가장자리 선)이 출력되지 않도록 하시오.

나) 부품도 제도에 있어서 표제란의 표시할 제3각 방법 기호는 다음 그림크기와 선 굵기(외형선 0.5mm, 중심선 0.25mm)를 같게 하여 각법 란에 표시하시오.

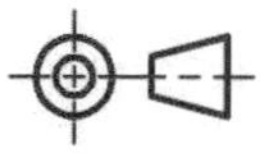

다) 문자, 숫자, 기호의 크기, 선 굵기는 반드시 다음 표에서 지정한 용도별 크기를 구분하는 색상을 지정하여 제도하며, 지정 색상이 구분되는 디스플레이(컴퓨터 모니터)의 바탕화면 색상은 수험자가 조정해 제도하시오.

문자, 숫자, 기호 높이	선 굵기	지정 색상(color)	용도
7.0mm	0.70mm	청(파란)색(Blue)	윤곽선, 표제란과 부품란의 윤곽선 등
5.0mm	0.50mm	갈(밤)색(Brown)	외형선, 부품번호, 개별주서, 중심마크 등
3.5mm	0.35mm	황(노란)색(Yellow)	숨은선, 치수와 기호, 일반주서 등
2.5mm	0.25mm	백(하얀)색(White)	해치선, 치수선, 치수보조선, 중심선, 가상선 등

라) 아라비아 숫자, 로마자는 컴퓨터에 탑재된 ISO규격체를 사용하고, 한글은 굴림 또는 굴림체를 사용하시오.

마) 주서란 작성은 반드시 다음과 같은 내용과 순서로 작성하며, 「표면 거칠기 대조표」의 기호들은 반드시 아래와 같은 순서로 작성하시오.

주서

1, 일반공차

가)주조부 :

나)가공부 :

2, 열처리, 경도 값 표시, 해당 부품번호

3, 표면처리 및 해당 부품번호

4, 도시되고 지시하지 않은 모떼기 크기 치수 및 라운드와 필렛 크기 치수

5, 일반 모떼기 치수

6, 표면거칠기 기호 대조표 $\forall\!/ = \forall\!/$

Ry50, N10, Rz50, $\overset{w}{\nabla}\!/ = \overset{12,5}{\nabla}\!/$

Ry12,5, N8, Rz12,5, $\overset{x}{\nabla}\!/ = \overset{3,2}{\nabla}\!/$

Ry3,2, N6, Rz3,2, $\overset{y}{\nabla}\!/ = \overset{0,8}{\nabla}\!/$

Ry0,8, N4, Rz0,8, $\overset{z}{\nabla}\!/ = \overset{0,2}{\nabla}\!/$

(4) 주의사항(채점대상 제외처리)

1) 시험시간 내에 부품도, 렌더링 등각 투상도 중에서 1개라도 투상도가 제도되지 않은 경우.
2) 도면크기(윤곽선), 표제란, 부품란의 크기와 내용이 요구사항과 일치하지 않은 도면.
3) 주서작성 순서, 각법, 척도가 요구사항과 내용이 일치하지 않은 도면.
4) 아라비아 숫자, 로마자, 한글 이 요구사항과 맞지 않은 도면.
5) KS 제도규격에 의해 제도되지 않았다고 판단된 도면.
6) 끼워 맞춤 공차 기호를 부품도에 기입하지 않았거나, 아무 위치에 지시하여 제도한 도면.
7) 끼워 맞춤 공차의 구멍 기호(대문자)와 축 기호(소문자)를 구분하지 않고 지시한 도면.
8) 기하 공차 기호를 부품도에도 기호를 기입하지 않았거나. 아무 위치에 지시하여 제도한 도면.
9) 표면 거칠기 기호를 부품도에 기호를 기입하지 않았거나, 아무 위치에 지시하여 제도한 도면.
10) 조립상태로 제도하여 기본지식이 없다고 판단된 경우.
11) 어느 한 부품이라도 프레임 선을 제거하지 않고 제도한 렌더링 등각 투상도면.

해당 자격 종목	전산응용 기계제도기능사-기계설계 · 건설기계 산업기사/기사-생산자동화 산업기사-메카트로닉스 기사-기계가공 · 생산자동화 기능장

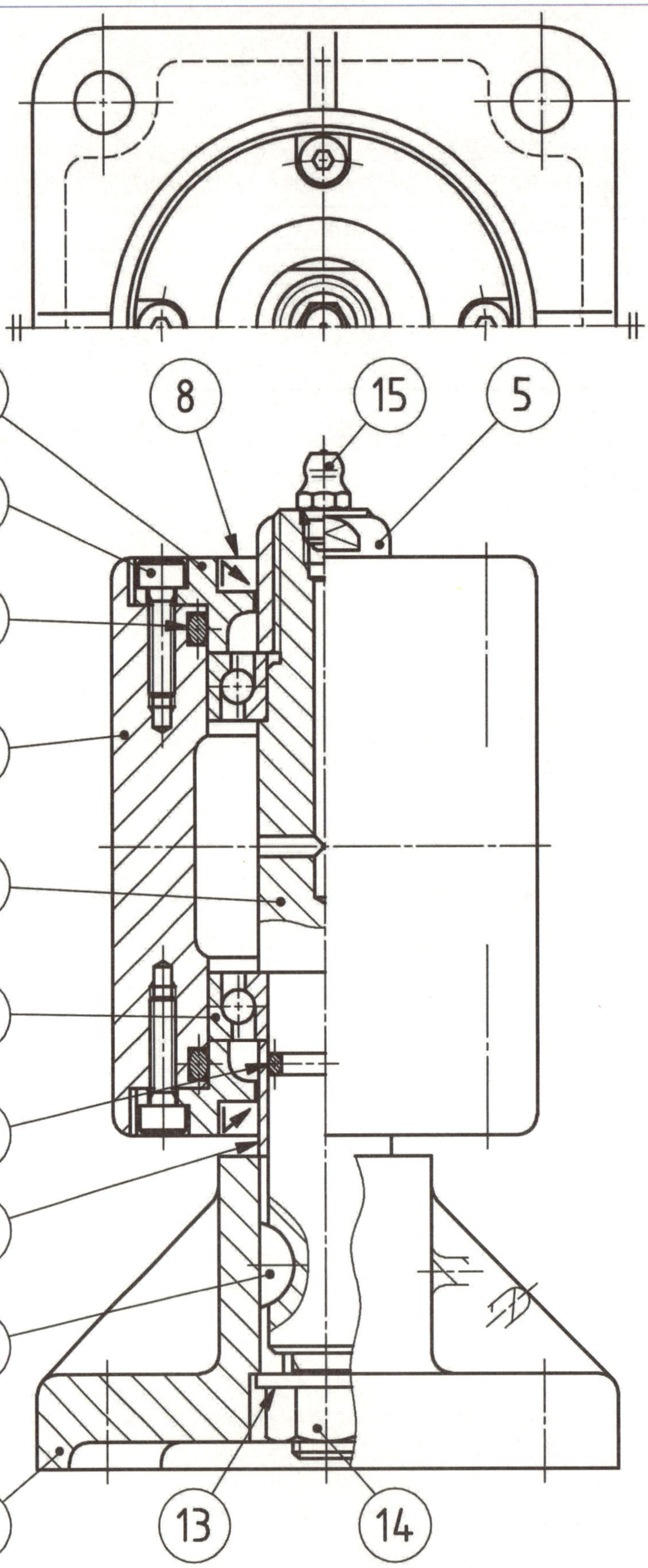

그림 2-151. 평 벨트 풀리 유동장치-1의 조립도

[● 표준 작업시간 : 5시간, ● 연장시간 30분]

1. 요구사항

※ 다음의 (1)의 부품도 제도(2D) 또는 (2)의 렌더링 등각 투상도(3D) 제도의 순서는 관계없으며, 다음의 요구사항들에 의해 제도하시오.

(1) 부품도(2D) 제도

가) 주어진 문제의 조립도면에 표시된 부품번호 ①부터 ⑯의 부품도를 CAD 프로그램을 이용하여 A2용지에 1:1의 척도와 정 투상방법의 제3각 방법으로 제도하시오.

나) 각 부품들은 모양을 잘 나타나도록 투상도와 단면도 등을 빠짐없이 제도하고, 설계 목적에 맞는 가공을 하여 기능 및 작동할 수 있도록 치수 및 치수 공차 지시, 끼워 맞춤과 기하 공차 및 표면 거칠기 기호, 표면처리, 열처리, 주서 등 제작에 필요한 모든 사항을 지시하시오.

다) 제도 완료 후, 지급된 A3(420x297) 크기의 트레이싱지 용지에 수험자가 직접 출력하여 확인하고 제출하시오.

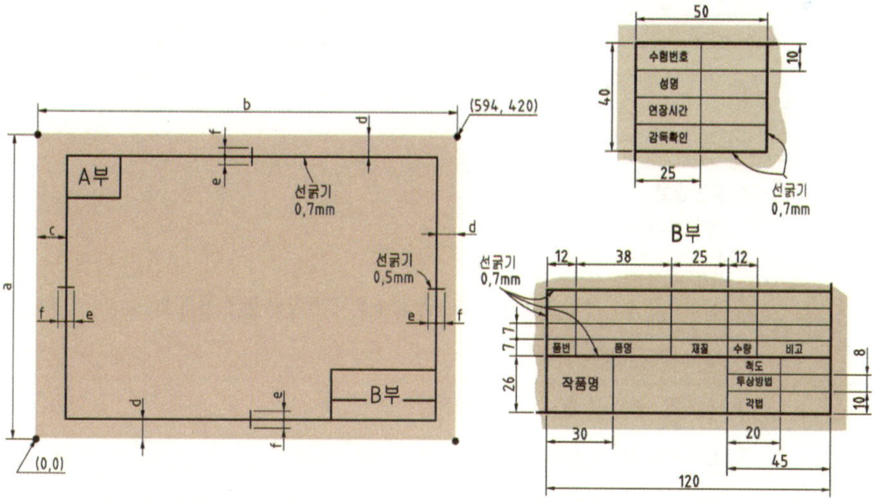

구 분	각 부분 치수				중심 마크 길이	
기호 / 도면크기	a	b	c	d	e	f
A2(부품도 제도)	420	594	20	10	5 (선 굵기 0.5mm)	
A3(렌더링 등각 투상도 제도)	297	420				

(2) 렌더링 등각 투상도(3D) 제도

가) 주어진 문제의 조립도면에 표시된 부품번호 ①, ②, ③, ④, ⑤, ⑥, ⑦, ⑧의 부품을 파라메트릭 솔리드 모델링을 하고 모양과 윤곽을 알아보기 쉽도록 뚜렷한 음영, 렌더링 처리를 하여 A3용지에 제도하시오.

나) 음영과 렌더링 처리는 아래 그림과 같이 둥글기 부분의 프레임 선을 제거하고 겉모양(단면하지 않음)이 잘 나타나는 등각 축 2개를 정해 1:1에 가까운 척도로 제도하시오.

다) 제도 완료 후, 지급된 A3(420x297) 크기의 트레이싱지 용지에 수험자가 직접 출력하여 확인하고 제출하시오..

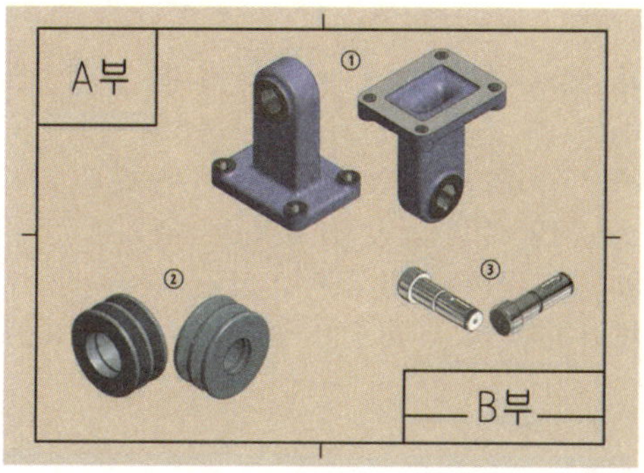

(3) 부품도 제도, 렌더링 등각 투상도 제도-공통

가) 도면의 크기별 한계설정(Limits), 윤곽선 및 중심마크 크기는 다음과 같이 설정하고, a와 b의 도면의 한계선(도면의 가장자리 선)이 출력되지 않도록 하시오.

나) 부품도 제도에 있어서 표제란의 표시할 제3각 방법 기호는 다음 그림크기와 선 굵기(외형선 0.5mm, 중심선 0.25mm)를 같게 하여 각법 란에 표시하시오.

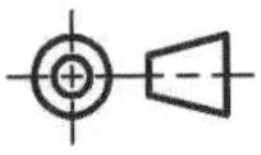

다) 문자, 숫자, 기호의 크기, 선 굵기는 반드시 다음 표에서 지정한 용도별 크기를 구분하는 색상을 지정하여 제도하며, 지정 색상이 구분되는 디스플레이(컴퓨터 모니터)의 바탕화면 색상은 수험자가 조정해 제도하시오.

문자, 숫자, 기호 높이	선 굵기	지정 색상(color)	용도
7.0mm	0.70mm	청(파란)색(Blue)	윤곽선, 표제란과 부품란의 윤곽선 등
5.0mm	0.50mm	갈(밤)색(Brown)	외형선, 부품번호, 개별주서, 중심마크 등
3.5mm	0.35mm	황(노란)색(Yellow)	숨은선, 치수와 기호, 일반주서 등
2.5mm	0.25mm	백(하얀)색(White)	해치선, 치수선, 치수보조선, 중심선, 가상선 등

라) 아라비아 숫자, 로마자는 컴퓨터에 탑재된 ISO규격체를 사용하고, 한글은 굴림 또는 굴림체를 사용하시오.

마) 주서란 작성은 반드시 다음과 같은 내용과 순서로 작성하며, 「표면 거칠기 대조표」의 기호들은 반드시 아래와 같은 순서로 작성하시오.

주서

1, 일반공차
가)가공부:
나)주조부:

2, 도시되고 지시하지 않은 모떼기 크기 치수 및 라운드와 필렛 크기 치수

3, 일반 모떼기 치수

4, 열처리, 경도 값 표시, 해당 부품번호

5, 표면처리 및 해당 부품번호

6, 표면 거칠기 기호 대조표 ∀ = ∀

12,5/ = w/ , N10, Rz50 , Ry50
3,2/ = x/ , N8 , Rz12,5 , Ry12,5
0,8/ = y/ , N6 , Rz3,2 , Ry3,2
0,2/ = z/ , N4 , Rz0,8 , Ry0,8

(4) 주의사항(채점대상 제외처리)

1) 시험시간 내에 부품도, 렌더링 등각 투상도 중에서 1개라도 투상도가 제도되지 않은 경우.
2) 도면크기(윤곽선), 표제란, 부품란의 크기와 내용이 요구사항과 일치하지 않은 도면.
3) 주서작성 순서, 각법, 척도가 요구사항과 내용이 일치하지 않은 도면.
4) 아라비아 숫자, 로마자, 한글 이 요구사항과 맞지 않은 도면.
5) KS 제도규격에 의해 제도되지 않았다고 판단된 도면.
6) 끼워 맞춤 공차 기호를 부품도에 기입하지 않았거나, 아무 위치에 지시하여 제도한 도면.
7) 끼워 맞춤 공차의 구멍 기호(대문자)와 축 기호(소문자)를 구분하지 않고 지시한 도면.
8) 기하 공차 기호를 부품도에도 기호를 기입하지 않았거나. 아무 위치에 지시하여 제도한 도면.
9) 표면 거칠기 기호를 부품도에 기호를 기입하지 않았거나, 아무 위치에 지시하여 제도한 도면.
10) 조립상태로 제도하여 기본지식이 없다고 판단된 경우.
11) 어느 한 부품이라도 프레임 선을 제거하지 않고 제도한 렌더링 등각 투상도면.

해당 자격 종목	전산응용 기계제도기능사-기계설계 · 건설기계 산업기사/기사-생산자동화 산업기사-메카트로닉스 기사-기계가공 · 생산자동화 기능장

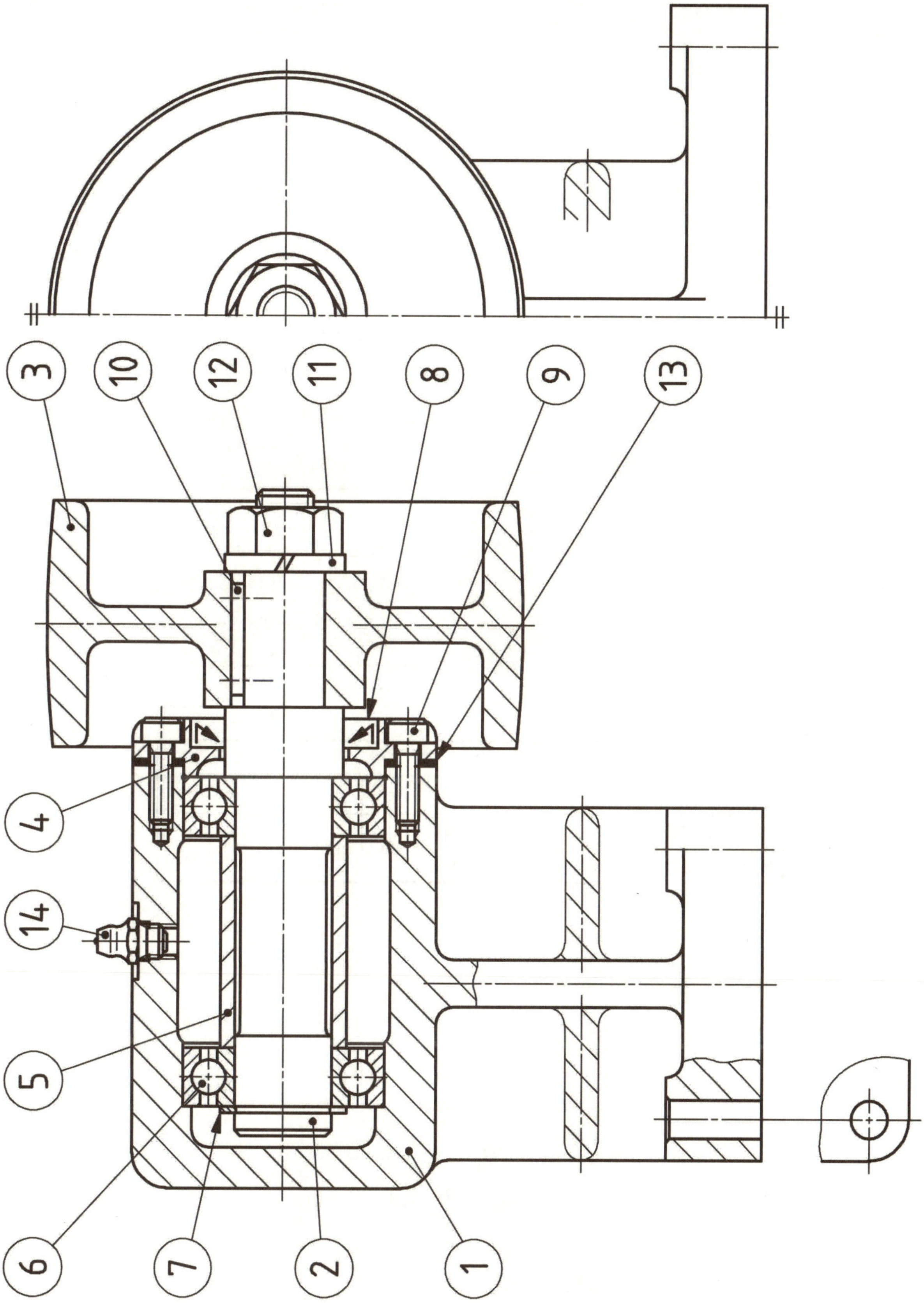

그림 2-152. 평 벨트 풀리 유동장치-II의 조립도

B02-032→ 평 벨트 풀리 유동장치(Flat Belt Pulley Idler)-Ⅲ 심화학습 문제

[● 표준 작업시간 : 5시간, ● 연장시간 30분]

1. 요구사항

※ 다음의 (1)의 부품도 제도(2D) 또는 (2)의 렌더링 등각 투상도(3D) 제도의 순서는 관계없으며, 다음의 요구사항들에 의해 제도하시오.

(1) 부품도(2D) 제도

가) 주어진 문제의 조립도면에 표시된 부품번호 ①부터 ⑮의 부품도를 CAD 프로그램을 이용하여 A2용지에 1:1의 척도와 정 투상방법의 제3각 방법으로 제도하시오.

나) 각 부품들은 모양을 잘 나타나도록 투상도와 단면도 등을 빠짐없이 제도하고, 설계 목적에 맞는 가공을 하여 기능 및 작동할 수 있도록 치수 및 치수 공차 지시, 끼워 맞춤과 기하 공차 및 표면 거칠기 기호, 표면처리, 열처리, 주서 등 제작에 필요한 모든 사항을 지시하시오.

다) 제도 완료 후, 지급된 A3(420x297) 크기의 트레이싱지 용지에 수험자가 직접 출력하여 확인하고 제출하시오.

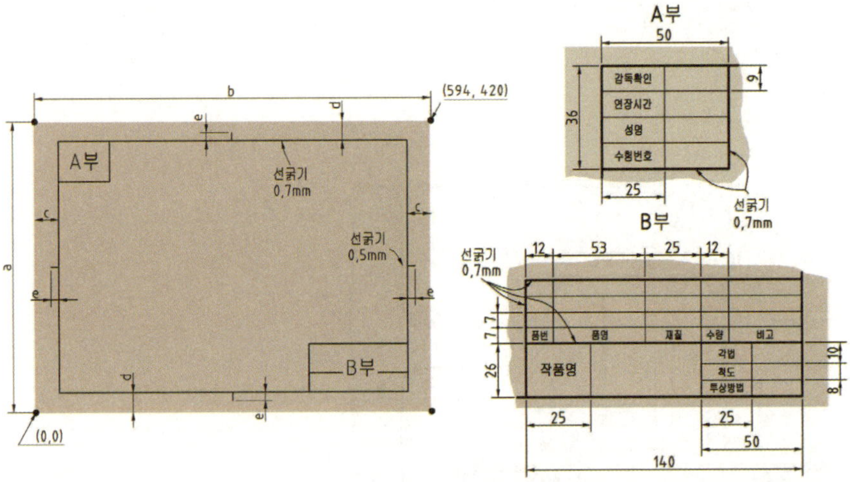

구 분	각 부분 치수				중심 마크 길이
기호 / 도면크기	a	b	c	d	e
A2(부품도 제도)	420	594	20	10	5 (선 굵기 0.5mm)
A3(렌더링 등각 투상도 제도)	297	420			

(2) 렌더링 등각 투상도(3D) 제도

가) 주어진 문제의 조립도면에 표시된 부품번호 ①, ②, ③, ④, ⑤의 부품을 파라메트릭 솔리드 모델링을 하고 모양과 윤곽을 알아보기 쉽도록 뚜렷한 음영, 렌더링 처리를 하여 A3용지에 제도하시오.

나) 음영과 렌더링 처리는 아래 그림과 같이 둥글기 부분의 프레임 선을 제거하고 겉모양(단면하지 않음)이 잘 나타나는 등각 축 2개를 정해 1:1에 가까운 척도로 제도하시오.

다) 제도 완료 후, 지급된 A3(420x297) 크기의 트레이싱지 용지에 수험자가 직접 출력하여 확인하고 제출하시오.

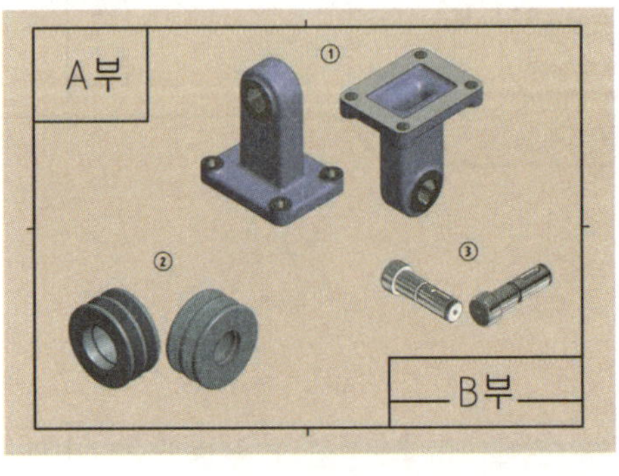

(3) 부품도 제도, 렌더링 등각 투상도 제도-공통

가) 도면의 크기별 한계설정(Limits), 윤곽선 및 중심마크 크기는 다음과 같이 설정하고, a와 b의 도면의 한계선(도면의 가장자리 선)이 출력되지 않도록 하시오.

나) 부품도 제도에 있어서 표제란의 표시할 제3각 방법 기호는 다음 그림크기와 선 굵기(외형선 0.5mm, 중심선 0.25mm)를 같게 하여 각법 란에 표시하시오.

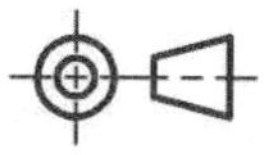

다) 문자, 숫자, 기호의 크기, 선 굵기는 반드시 다음 표에서 지정한 용도별 크기를 구분하는 색상을 지정하여 제도하며, 지정 색상이 구분되는 디스플레이(컴퓨터 모니터)의 바탕화면 색상은 수험자가 조정해 제도하시오.

문자, 숫자, 기호 높이	선 굵기	지정 색상(color)	용도
7.0mm	0.70mm	청(파란)색(Blue)	윤곽선, 표제란과 부품란의 윤곽선 등
5.0mm	0.50mm	갈(밤)색(Brown)	외형선, 부품번호, 개별주서, 중심마크 등
3.5mm	0.35mm	황(노란)색(Yellow)	숨은선, 치수와 기호, 일반주서 등
2.5mm	0.25mm	백(하얀)색(White)	해치선, 치수선, 치수보조선, 중심선, 가상선 등

라) 아라비아 숫자, 로마자는 컴퓨터에 탑재된 ISO규격체를 사용하고, 한글은 굴림 또는 굴림체를 사용하시오.

마) 주서란 작성은 반드시 다음과 같은 내용과 순서로 작성하며, 「표면 거칠기 대조표」의 기호들은 반드시 아래와 같은 순서로 작성하시오.

주서

1, 일반공차
 가)주조부 :
 나)가공부 :

2, 열처리, 경도 값 표시, 해당 부품번호

3, 표면처리 및 해당 부품번호

4, 도시되고 지시하지 않은 모떼기 크기 치수 및 라운드와 필렛 크기 치수

5, 일반 모떼기 치수

6, 표면거칠기 기호 대조표

Ry50, N10, Rz50 ,

Ry12,5, N8 , Rz12,5,

Ry3,2 , N6 , Rz3,2 ,

Ry0,8, N4 , Rz0,8 ,

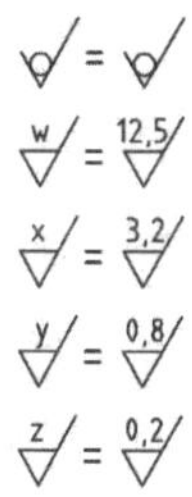

(4) 주의사항(채점대상 제외처리)

1) 시험시간 내에 부품도, 렌더링 등각 투상도 중에서 1개라도 투상도가 제도되지 않은 경우.
2) 도면크기(윤곽선), 표제란, 부품란의 크기와 내용이 요구사항과 일치하지 않은 도면.
3) 주서작성 순서, 각법, 척도가 요구사항과 내용이 일치하지 않은 도면.
4) 아라비아 숫자, 로마자, 한글 이 요구사항과 맞지 않은 도면.
5) KS 제도규격에 의해 제도되지 않았다고 판단된 도면.
6) 끼워 맞춤 공차 기호를 부품도에 기입하지 않았거나, 아무 위치에 지시하여 제도한 도면.
7) 끼워 맞춤 공차의 구멍 기호(대문자)와 축 기호(소문자)를 구분하지 않고 지시한 도면.
8) 기하 공차 기호를 부품도에도 기호를 기입하지 않았거나. 아무 위치에 지시하여 제도한 도면.
9) 표면 거칠기 기호를 부품도에 기호를 기입하지 않았거나, 아무 위치에 지시하여 제도한 도면.
10) 조립상태로 제도하여 기본지식이 없다고 판단된 경우.
11) 어느 한 부품이라도 프레임 선을 제거하지 않고 제도한 렌더링 등각 투상도면.

해당 자격 종목	전산응용 기계제도기능사-기계설계 · 건설기계 산업기사/기사-생산자동화 산업기사-메카트로닉스 기사-기계가공 · 생산자동화 기능장

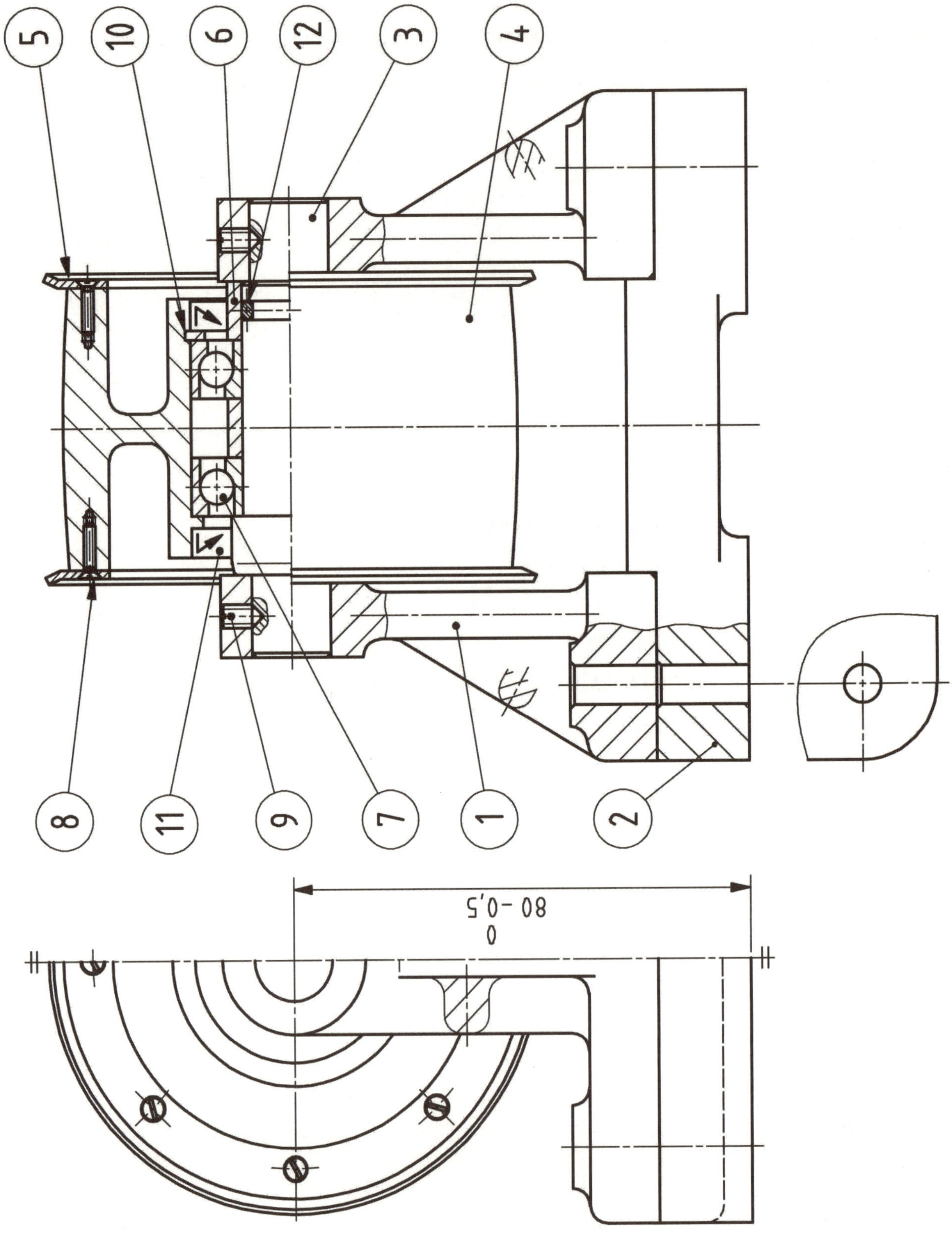

그림 2-153. 평 벨트 풀리 유동장치-Ⅲ의 조립도

[● 표준 작업시간 : 5시간, ● 연장시간 30분]

1. 요구사항

※ 다음의 (1)의 부품도 제도(2D) 또는 (2)의 렌더링 등각 투상도(3D) 제도의 순서는 관계없으며, 다음의 요구사항들에 의해 제도하시오.

(1) 부품도(2D) 제도

가) 주어진 문제의 조립도면에 표시된 부품번호 ①부터 ⑯의 부품도를 CAD 프로그램을 이용하여 A2용지에 1:1의 척도와 정 투상방법의 제3각 방법으로 제도하시오.

나) 각 부품들은 모양을 잘 나타나도록 투상도와 단면도 등을 빠짐없이 제도하고, 설계 목적에 맞는 가공을 하여 기능 및 작동할 수 있도록 치수 및 치수 공차 지시, 끼워 맞춤과 기하 공차 및 표면 거칠기 기호, 표면처리, 열처리, 주서 등 제작에 필요한 모든 사항을 지시하시오.

다) 제도 완료 후, 지급된 A3(420x297) 크기의 트레이싱지 용지에 수험자가 직접 출력하여 확인하고 제출하시오.

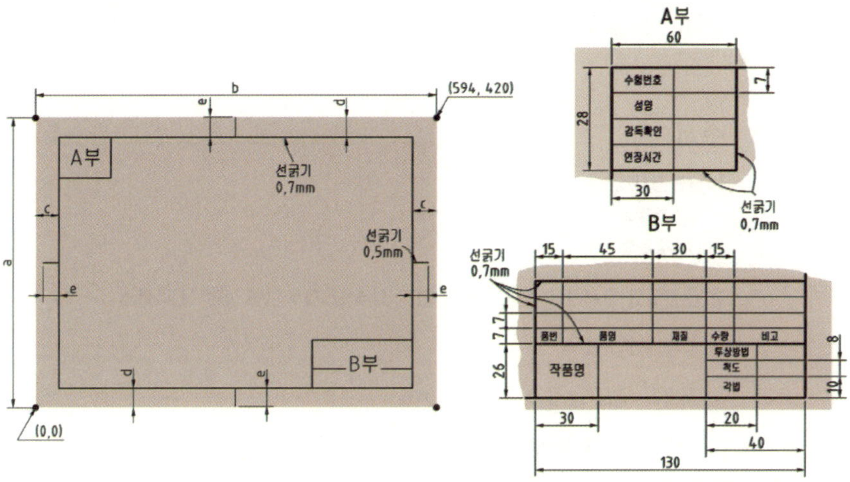

<table>
<tr><th>구 분</th><th colspan="4">각 부분 치수</th><th>중심 마크 길이</th></tr>
<tr><td>기호
도면크기</td><td>a</td><td>b</td><td>c</td><td>d</td><td>e</td></tr>
<tr><td>A2(부품도 제도)</td><td>420</td><td>594</td><td rowspan="2">20</td><td rowspan="2">10</td><td rowspan="2">10
(선 굵기 0.5mm)</td></tr>
<tr><td>A3(렌더링 등각 투상도 제도)</td><td>297</td><td>420</td></tr>
</table>

(2) 렌더링 등각 투상도(3D) 제도

가) 주어진 문제의 조립도면에 표시된 부품번호 ①, ②, ③, ④, ⑤의 부품을 파라메트릭 솔리드 모델링을 하고 모양과 윤곽을 알아보기 쉽도록 뚜렷한 음영, 렌더링 처리를 하여 A3용지에 제도하시오.

나) 음영과 렌더링 처리는 아래 그림과 같이 둥글기 부분의 프레임 선을 제거하고 겉모양(단면하지 않음)이 잘 나타나는 등각 축 2개를 정해 1:1에 가까운 척도로 제도하시오.

다) 제도 완료 후, 지급된 A3(420x297) 크기의 트레이싱지 용지에 수험자가 직접 출력하여 확인하고 제출하시오.

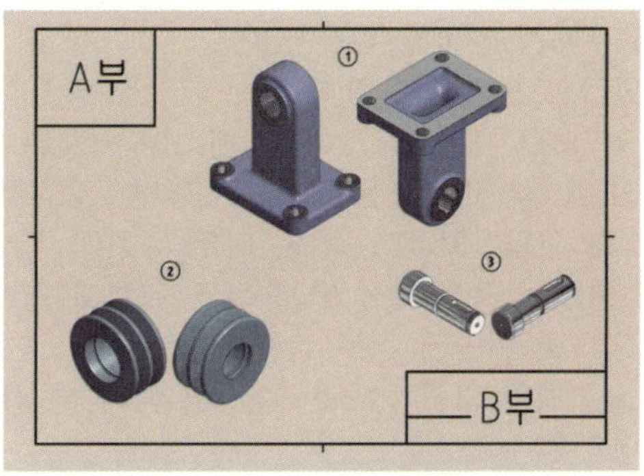

(3) 부품도 제도, 렌더링 등각 투상도 제도-공통

가) 도면의 크기별 한계설정(Limits), 윤곽선 및 중심마크 크기는 다음과 같이 설정하고, a와 b의 도면의 한계선(도면의 가장자리 선)이 출력되지 않도록 하시오.

나) 부품도 제도에 있어서 표제란의 표시할 제3각 방법 기호는 다음 그림크기와 선 굵기(외형선 0.5mm, 중심선 0.25mm)를 같게 하여 각법 란에 표시하시오.

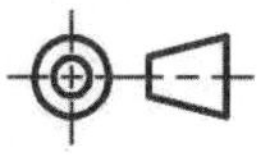

다) 문자, 숫자, 기호의 크기, 선 굵기는 반드시 다음 표에서 지정한 용도별 크기를 구분하는 색상을 지정하여 제도하며, 지정 색상이 구분되는 디스플레이(컴퓨터 모니터)의 바탕화면 색상은 수험자가 조정해 제도하시오.

문자, 숫자, 기호 높이	선 굵기	지정 색상(color)	용도
7.0mm	0.70mm	청(파란)색(Blue)	윤곽선, 표제란과 부품란의 윤곽선 등
5.0mm	0.50mm	갈(밤)색(Brown)	외형선, 부품번호, 개별주서, 중심마크 등
3.5mm	0.35mm	황(노란)색(Yellow)	숨은선, 치수와 기호, 일반주서 등
2.5mm	0.25mm	백(하얀)색(White)	해치선, 치수선, 치수보조선, 중심선, 가상선 등

라) 아라비아 숫자, 로마자는 컴퓨터에 탑재된 ISO규격체를 사용하고, 한글은 굴림 또는 굴림체를 사용하시오.

마) 주서란 작성은 반드시 다음과 같은 내용과 순서로 작성하며, 「표면 거칠기 대조표」의 기호들은 반드시 아래와 같은 순서로 작성하시오.

주서

1, 일반공차

가)가공부 :

나)주조부 :

2, 도시되고 지시하지 않은 모떼기 크기 치수 및 라운드와 필렛 크기 치수

3, 일반 모떼기 치수

4, 열처리, 경도 값 표시, 해당 부품번호

5, 표면처리 및 해당 부품번호

6, 표면거칠기 기호 대조표 ∀ = ∀

12,5/ = w/ , N10, Ry50 , Rz50

3,2/ = x/ , N8 , Ry12,5 , Rz12,5

0,8/ = y/ , N6 , Ry3,2 , Rz3,2

0,2/ = z/ , N4 , Ry0,8 , Rz0,8

(4) 주의사항(채점대상 제외처리)

1) 시험시간 내에 부품도, 렌더링 등각 투상도 중에서 1개라도 투상도가 제도되지 않은 경우.
2) 도면크기(윤곽선), 표제란, 부품란의 크기와 내용이 요구사항과 일치하지 않은 도면.
3) 주서작성 순서, 각법, 척도가 요구사항과 내용이 일치하지 않은 도면.
4) 아라비아 숫자, 로마자, 한글 이 요구사항과 맞지 않은 도면.
5) KS 제도규격에 의해 제도되지 않았다고 판단된 도면.
6) 끼워 맞춤 공차 기호를 부품도에 기입하지 않았거나, 아무 위치에 지시하여 제도한 도면.
7) 끼워 맞춤 공차의 구멍 기호(대문자)와 축 기호(소문자)를 구분하지 않고 지시한 도면.
8) 기하 공차 기호를 부품도에도 기호를 기입하지 않았거나. 아무 위치에 지시하여 제도한 도면.
9) 표면 거칠기 기호를 부품도에 기호를 기입하지 않았거나, 아무 위치에 지시하여 제도한 도면.
10) 조립상태로 제도하여 기본지식이 없다고 판단된 경우.
11) 어느 한 부품이라도 프레임 선을 제거하지 않고 제도한 렌더링 등각 투상도면.

해당 자격 종목	전산응용 기계제도기능사-기계설계 · 건설기계 산업기사/기사-생산자동화 산업기사-메카트로닉스 기사-기계가공 · 생산자동화 기능장

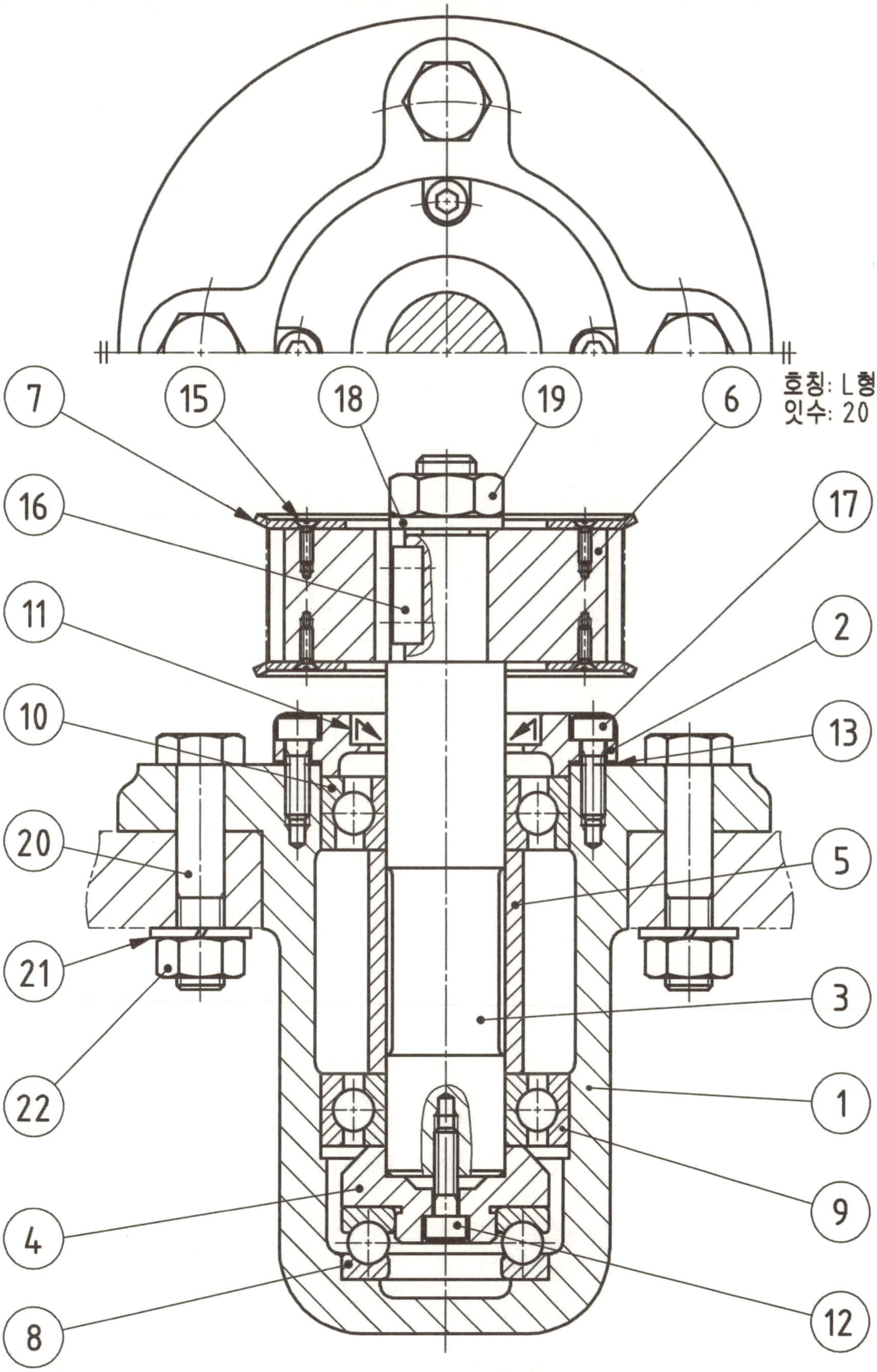

그림 2-155. 이 붙이 풀리 유동장치의 조립도

B02-042➜ 이 붙이 풀리 유동장치(Toothed Pulley Idler) 응용학습 문제

[● 표준 작업시간 : 5시간, ● 연장시간 30분]

1. 요구사항

※ 다음의 (1)의 부품도 제도(2D) 또는 (2)의 렌더링 등각 투상도(3D) 제도의 순서는 관계없으며, 다음의 요구사항들에 의해 제도하시오.

(1) 부품도(2D) 제도

가) 주어진 문제의 조립도면에 표시된 부품번호 ①부터 ⑮의 부품도를 CAD 프로그램을 이용하여 A2용지에 1:1의 척도와 정 투상방법의 제3각 방법으로 제도하시오.

나) 각 부품들은 모양을 잘 나타나도록 투상도와 단면도 등을 빠짐없이 제도하고, 설계 목적에 맞는 가공을 하여 기능 및 작동할 수 있도록 치수 및 치수 공차 지시, 끼워 맞춤과 기하 공차 및 표면 거칠기 기호, 표면처리, 열처리, 주서 등 제작에 필요한 모든 사항을 지시하시오.

다) 제도 완료 후, 지급된 A3(420x297) 크기의 트레이싱지 용지에 수험자가 직접 출력하여 확인하고 제출하시오.

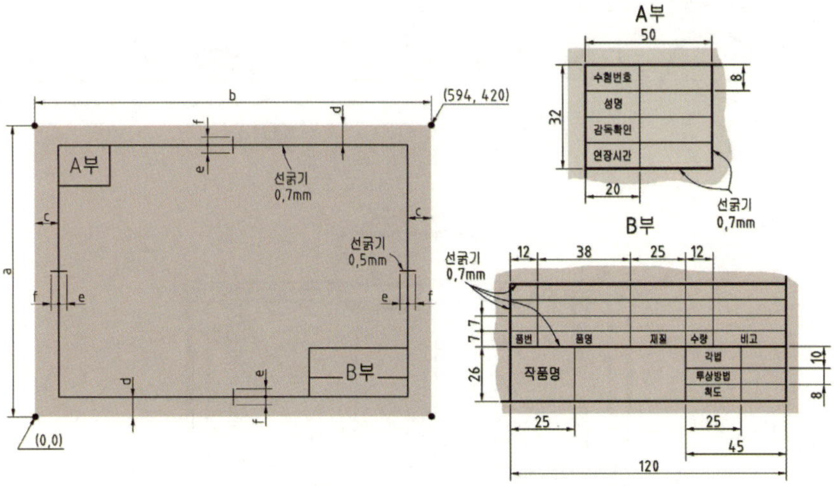

구 분	각 부분 치수				중심 마크 길이	
기호 / 도면크기	a	b	c	d	e	f
A2(부품도 제도)	420	594	20	10	5 (선 굵기 0.5mm)	
A3(렌더링 등각 투상도 제도)	297	420				

(2) 렌더링 등각 투상도(3D) 제도

가) 주어진 문제의 조립도면에 표시된 부품번호 ①, ②, ③, ④, ⑤의 부품을 파라메트릭 솔리드 모델링을 하고 모양과 윤곽을 알아보기 쉽도록 뚜렷한 음영, 렌더링 처리를 하여 A3용지에 제도하시오.

나) 음영과 렌더링 처리는 아래 그림과 같이 둥글기 부분의 프레임 선을 제거하고 겉모양(단면하지 않음)이 잘 나타나는 등각 축 2개를 정해 1:1에 가까운 척도로 제도하시오.

다) 제도 완료 후, 지급된 A3(420x297) 크기의 트레이싱지 용지에 수험자가 직접 출력하여 확인하고 제출하시오.

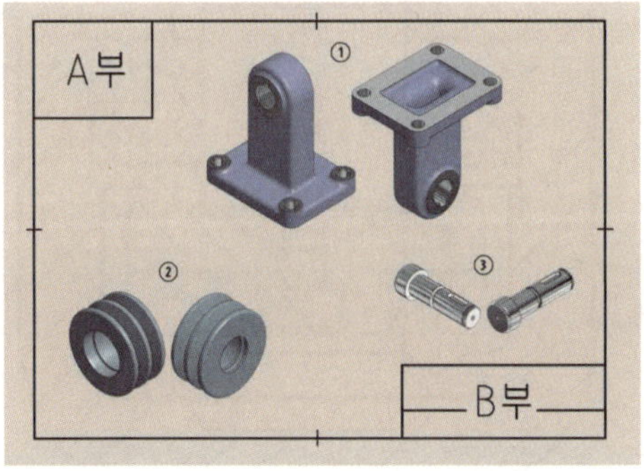

(3) 부품도 제도, 렌더링 등각 투상도 제도-공통

가) 도면의 크기별 한계설정(Limits), 윤곽선 및 중심마크 크기는 다음과 같이 설정하고, a와 b의 도면의 한계선(도면의 가장자리 선)이 출력되지 않도록 하시오.

나) 부품도 제도에 있어서 표제란의 표시할 제3각 방법 기호는 다음 그림크기와 선 굵기(외형선 0.5mm, 중심선 0.25mm)를 같게 하여 각법 란에 표시하시오.

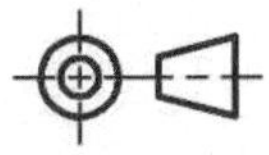

다) 문자, 숫자, 기호의 크기, 선 굵기는 반드시 다음 표에서 지정한 용도별 크기를 구분하는 색상을 지정하여 제도하며, 지정 색상이 구분되는 디스플레이(컴퓨터 모니터)의 바탕화면 색상은 수험자가 조정해 제도하시오.

문자, 숫자, 기호 높이	선 굵기	지정 색상(color)	용도
7.0mm	0.70mm	청(파란)색(Blue)	윤곽선, 표제란과 부품란의 윤곽선 등
5.0mm	0.50mm	갈(밤)색(Brown)	외형선, 부품번호, 개별주서, 중심마크 등
3.5mm	0.35mm	황(노란)색(Yellow)	숨은선, 치수와 기호, 일반주서 등
2.5mm	0.25mm	백(하얀)색(White)	해치선, 치수선, 치수보조선, 중심선, 가상선 등

라) 아라비아 숫자, 로마자는 컴퓨터에 탑재된 ISO규격체를 사용하고, 한글은 굴림 또는 굴림체를 사용하시오.

마) 주서란 작성은 반드시 다음과 같은 내용과 순서로 작성하며, 「표면 거칠기 대조표」의 기호들은 반드시 아래와 같은 순서로 작성하시오.

주서

1. 일반공차

가)가공부 :

나)주조부 :

2. 일반 모떼기 치수

3. 도시되고 지시하지 않은 모떼기 크기 치수 및 라운드와 필렛 크기 치수

4. 열처리, 경도 값 표시, 해당 부품번호

5. 표면처리 및 해당 부품번호

6. 표면거칠기 기호 대조표 ∀ = ∀

w/ = 12.5/, Rz50, Ry50, N10

x/ = 3.2/, Rz12.5, Ry12.5, N8

y/ = 0.8/, Rz3.2, Ry3.2, N6

z/ = 0.2/, Rz0.8, Ry0.8, N4

(4) 주의사항(채점대상 제외처리)

1) 시험시간 내에 부품도, 렌더링 등각 투상도 중에서 1개라도 투상도가 제도되지 않은 경우.
2) 도면크기(윤곽선), 표제란, 부품란의 크기와 내용이 요구사항과 일치하지 않은 도면.
3) 주서작성 순서, 각법, 척도가 요구사항과 내용이 일치하지 않은 도면.
4) 아라비아 숫자, 로마자, 한글 이 요구사항과 맞지 않은 도면.
5) KS 제도규격에 의해 제도되지 않았다고 판단된 도면.
6) 끼워 맞춤 공차 기호를 부품도에 기입하지 않았거나, 아무 위치에 지시하여 제도한 도면.
7) 끼워 맞춤 공차의 구멍 기호(대문자)와 축 기호(소문자)를 구분하지 않고 지시한 도면.
8) 기하 공차 기호를 부품도에도 기호를 기입하지 않았거나. 아무 위치에 지시하여 제도한 도면.
9) 표면 거칠기 기호를 부품도에 기호를 기입하지 않았거나, 아무 위치에 지시하여 제도한 도면.
10) 조립상태로 제도하여 기본지식이 없다고 판단된 경우.
11) 어느 한 부품이라도 프레임 선을 제거하지 않고 제도한 렌더링 등각 투상도면.

해당 자격 종목	전산응용 기계제도기능사-기계설계 · 건설기계 산업기사/기사-생산자동화 산업기사-메카트로닉스 기사-기계가공 · 생산자동화 기능장

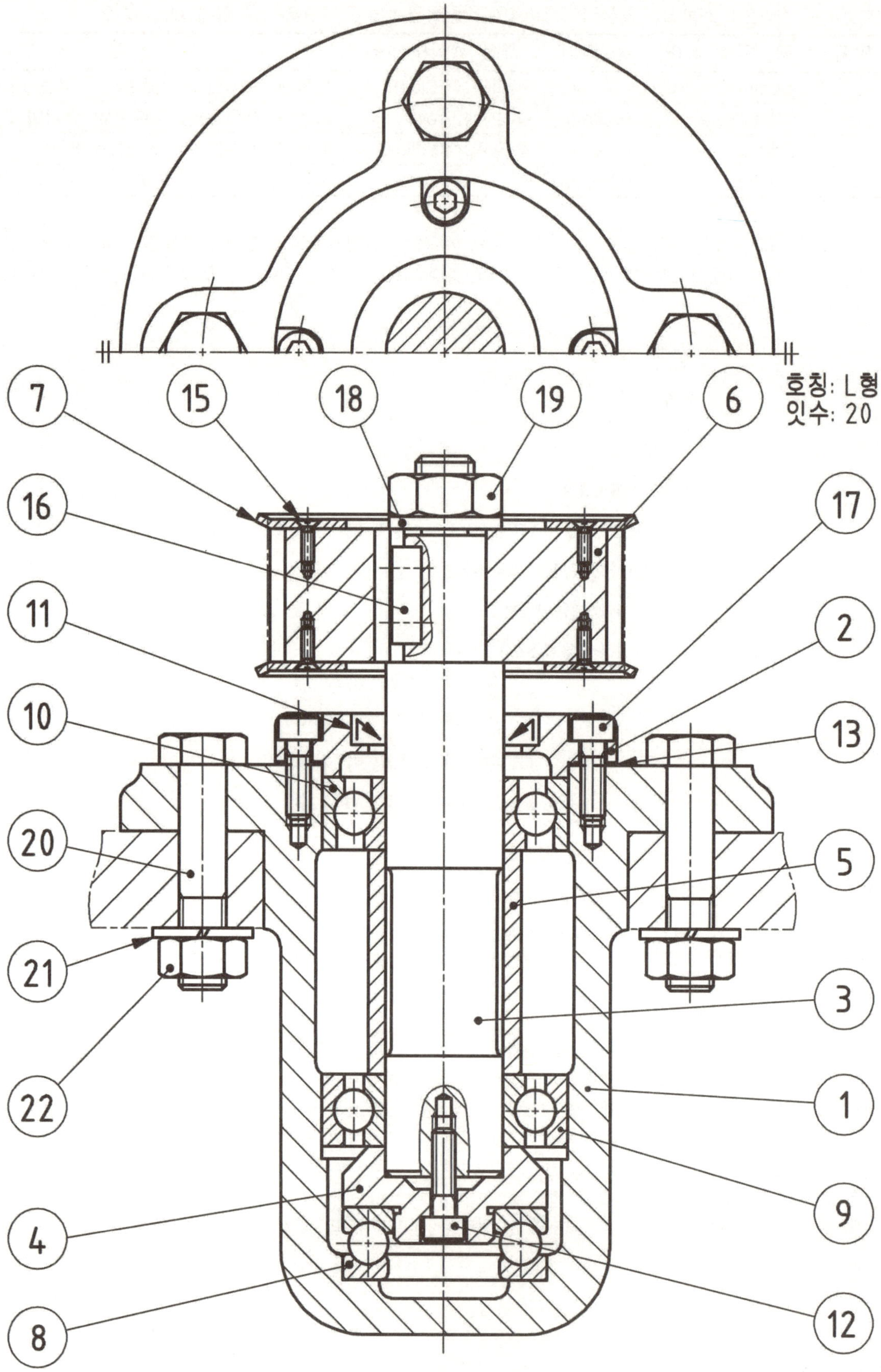

그림 2-155. 이 붙이 풀리 유동장치의 조립도

<항목별 상세 채점 내용>

(1) 투상도와 단면도 선택 수와 배열

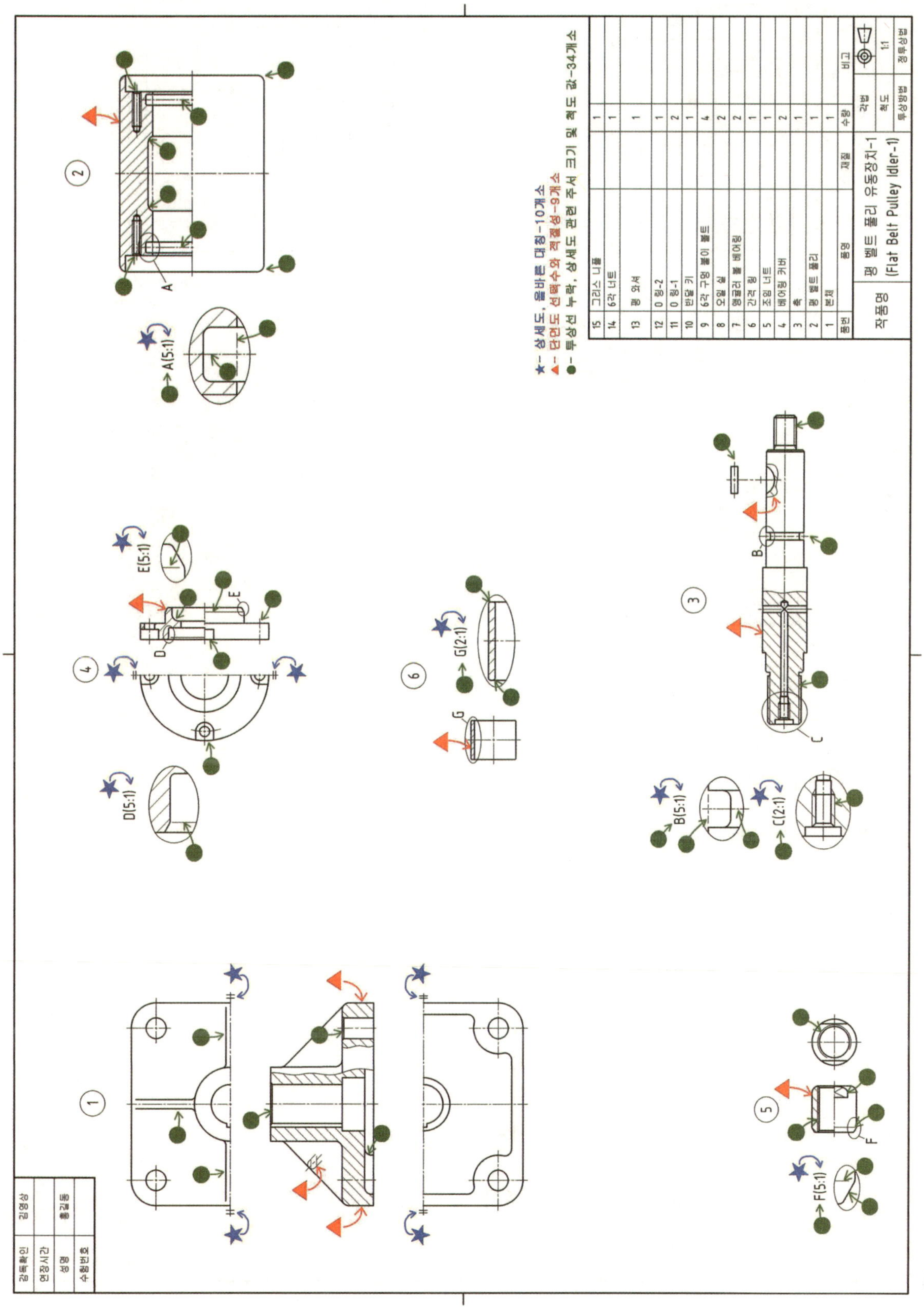

그림 2-161. 투상도와 단면도 선택 수와 배열의 채점부위

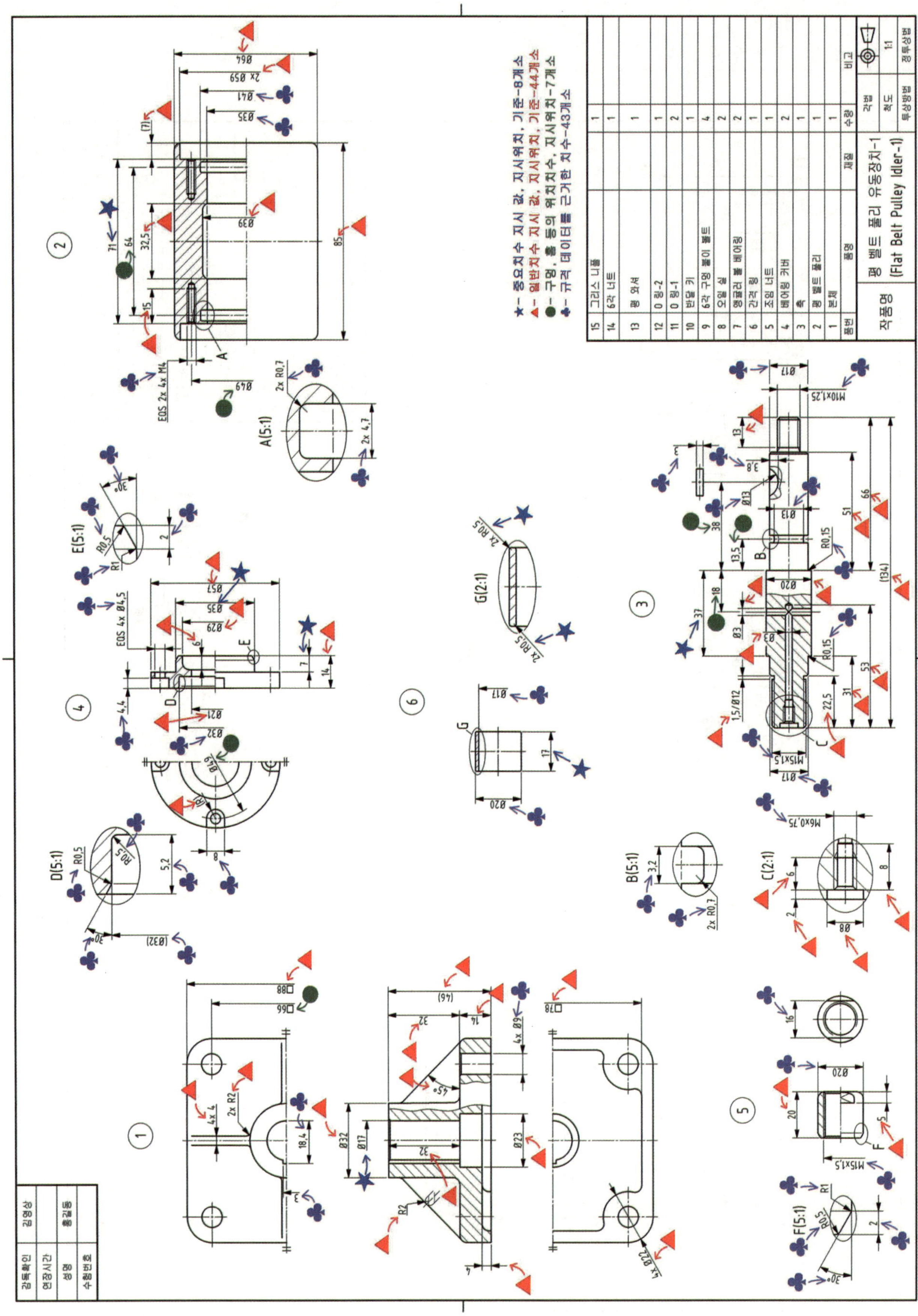

그림 2-163. 치수지시의 채점 부위

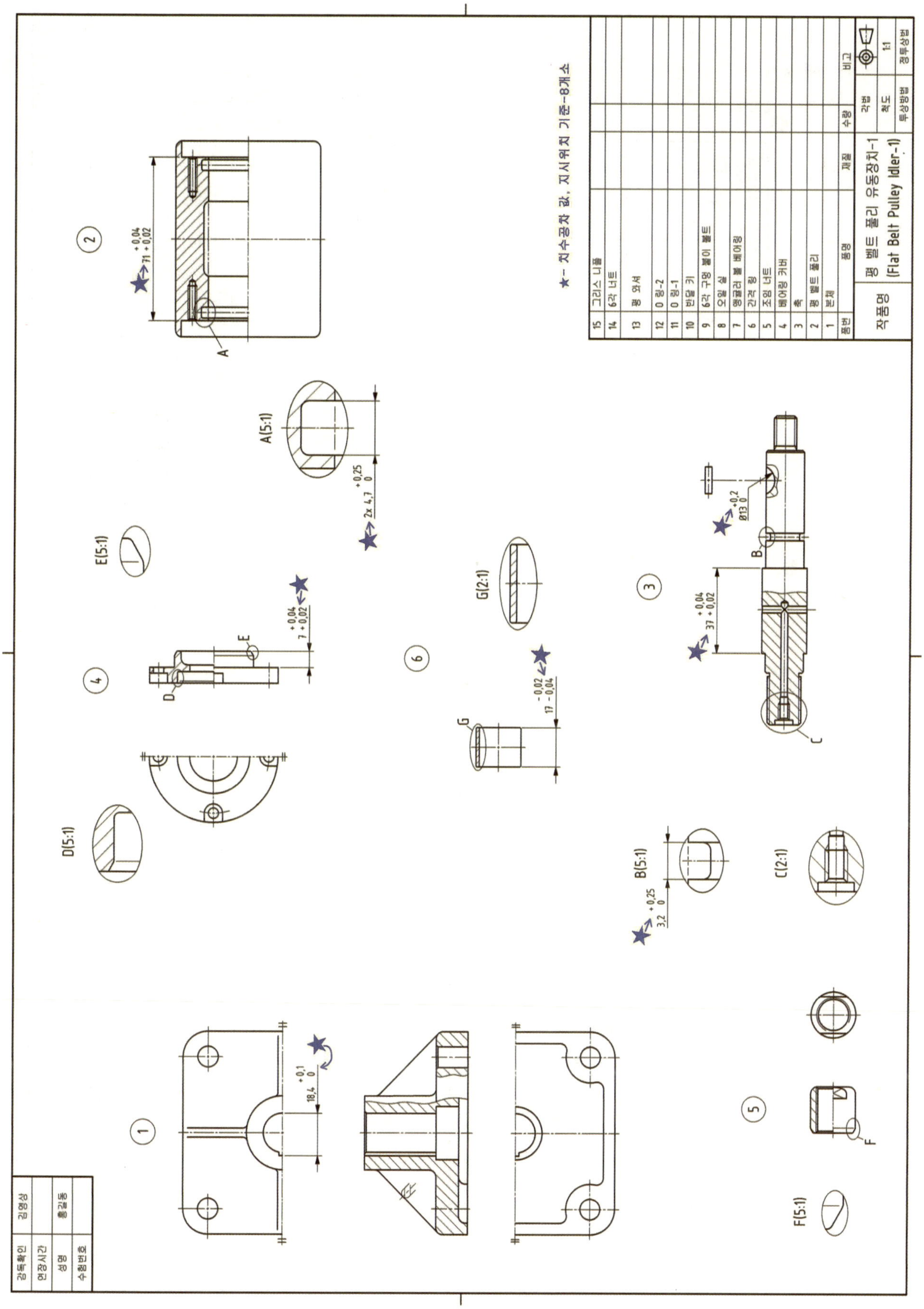

그림 2-164. 치수공차 지시의 채점부위

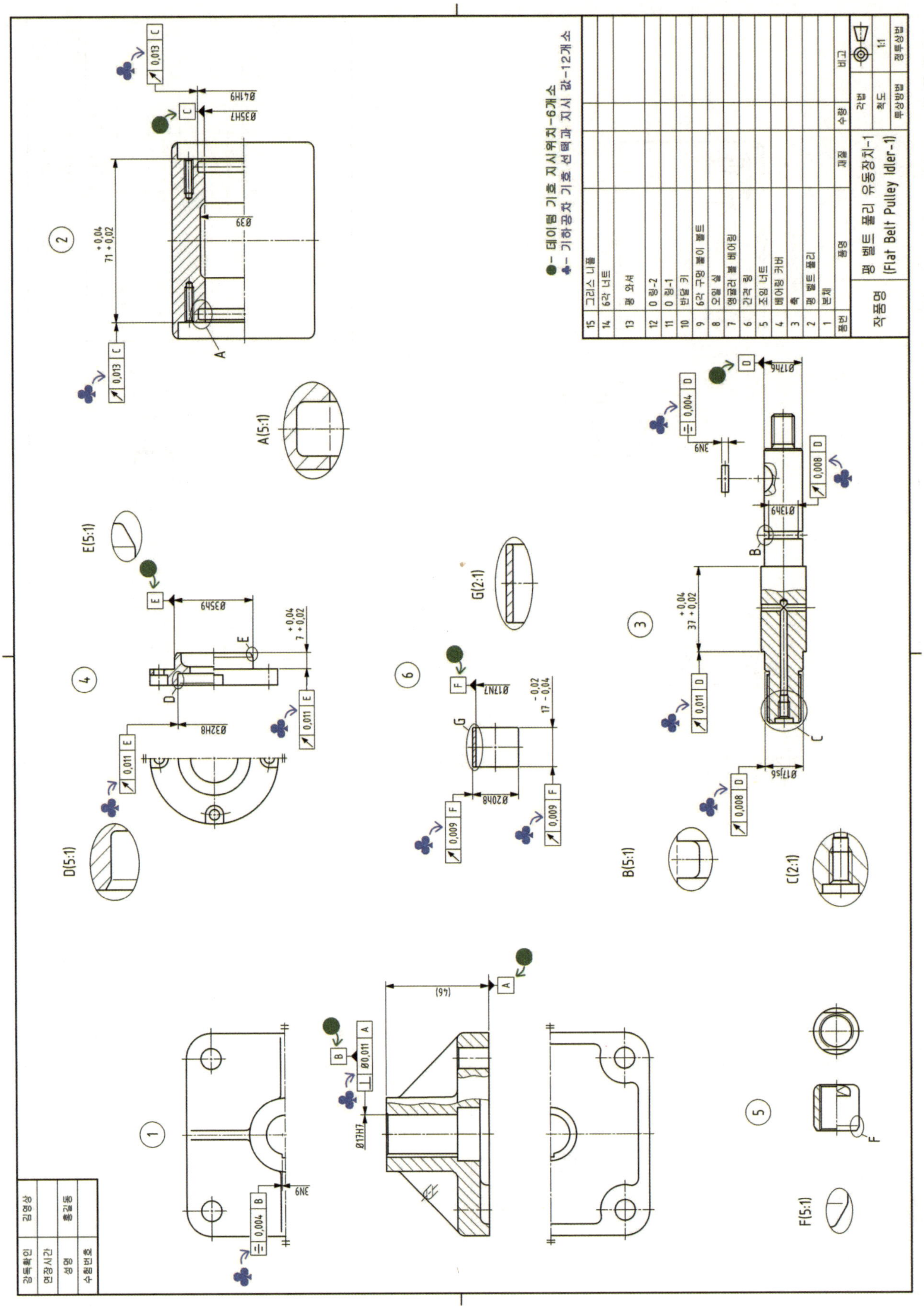

그림 2-165. 끼워 맞춤 공차기호 지시의 채점부위

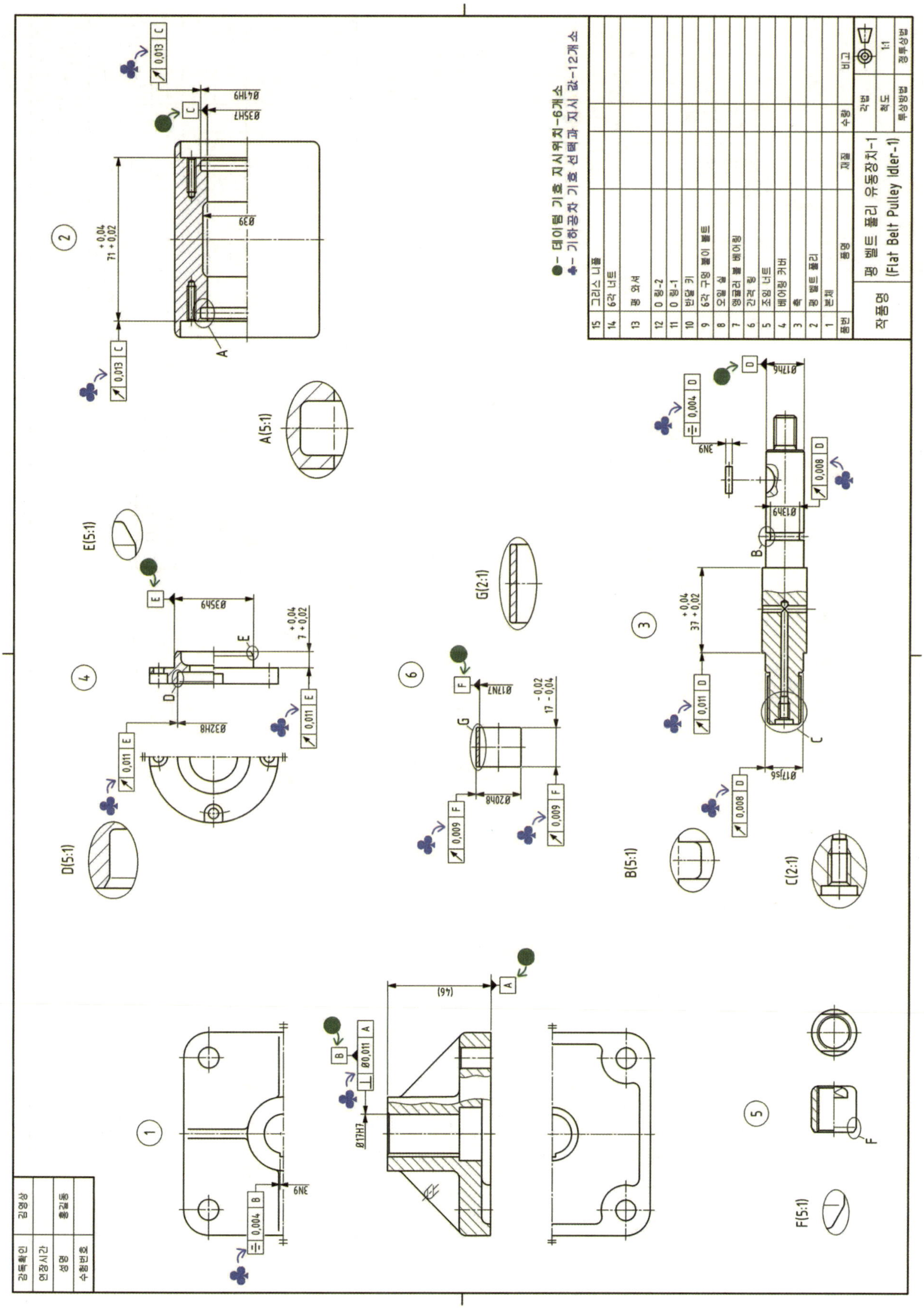

그림 2-166. 끼워 맞춤 공차기호 지시의 채점부위

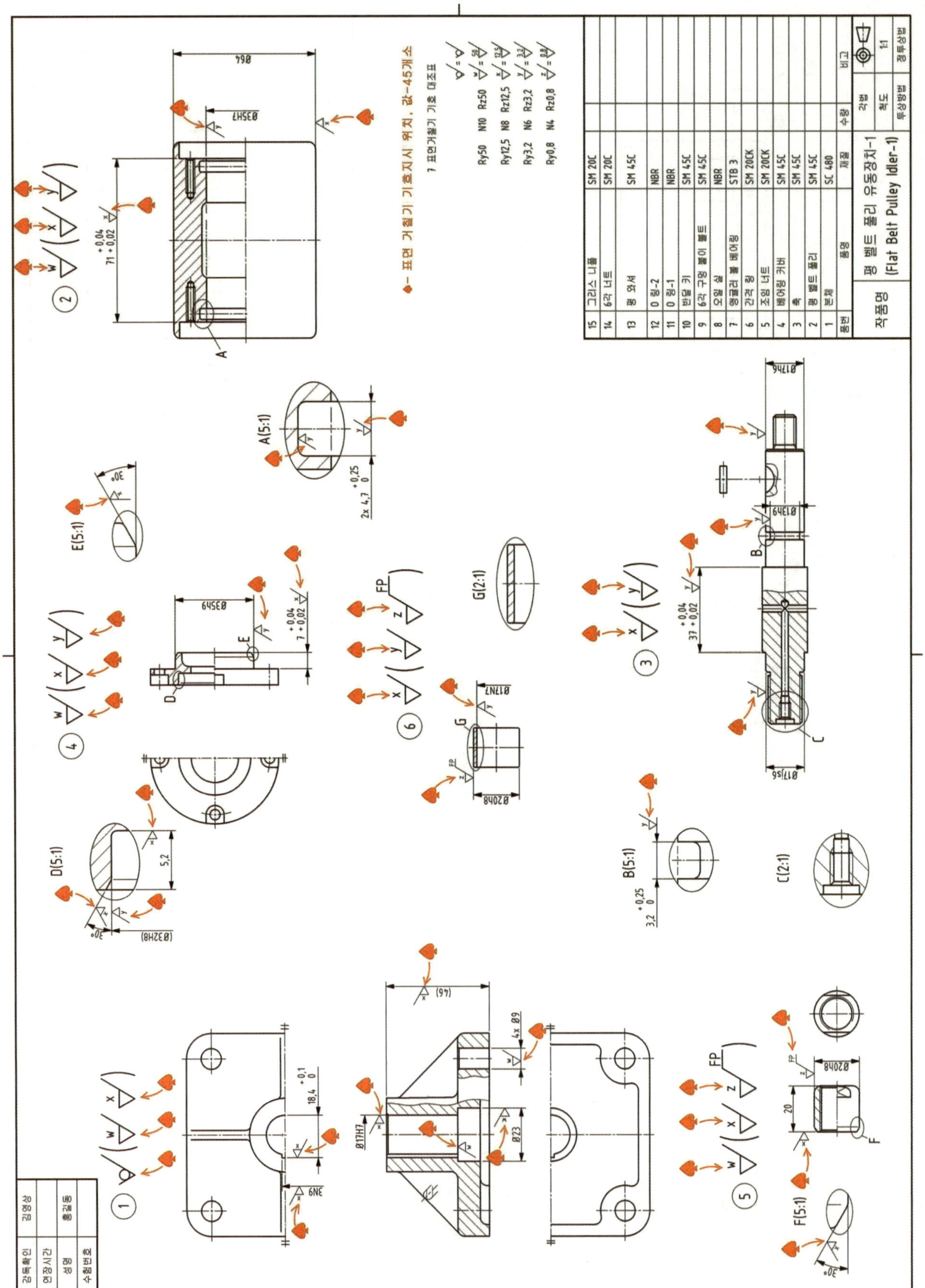

그림 2-167. 끼워 맞춤 공차기호 지시의 채점부위

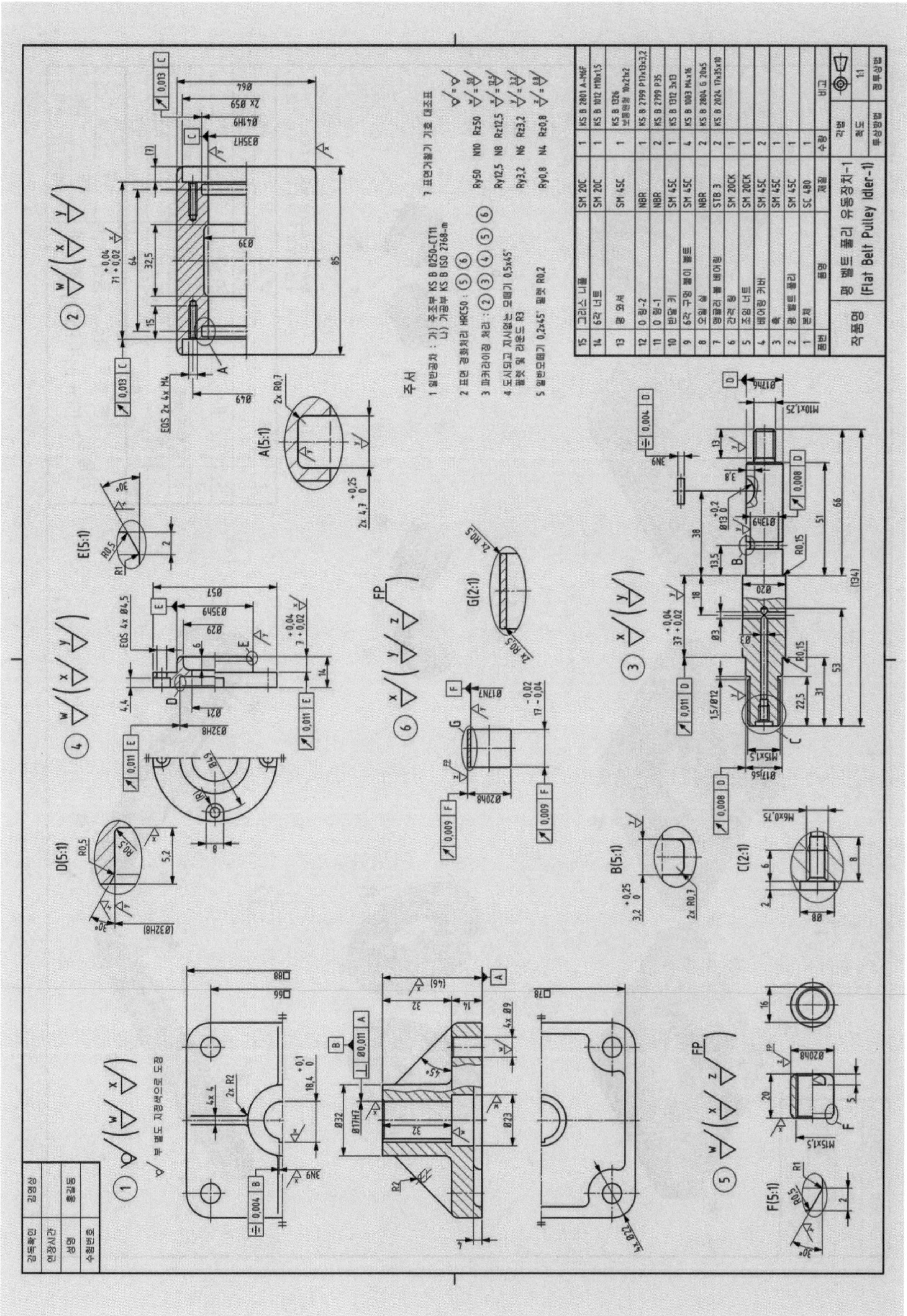

그림 2-168. 주서, 부품란, 표제란, 도면 배치 및 전체 모범답안

(5) 렌더링 등각 투상도

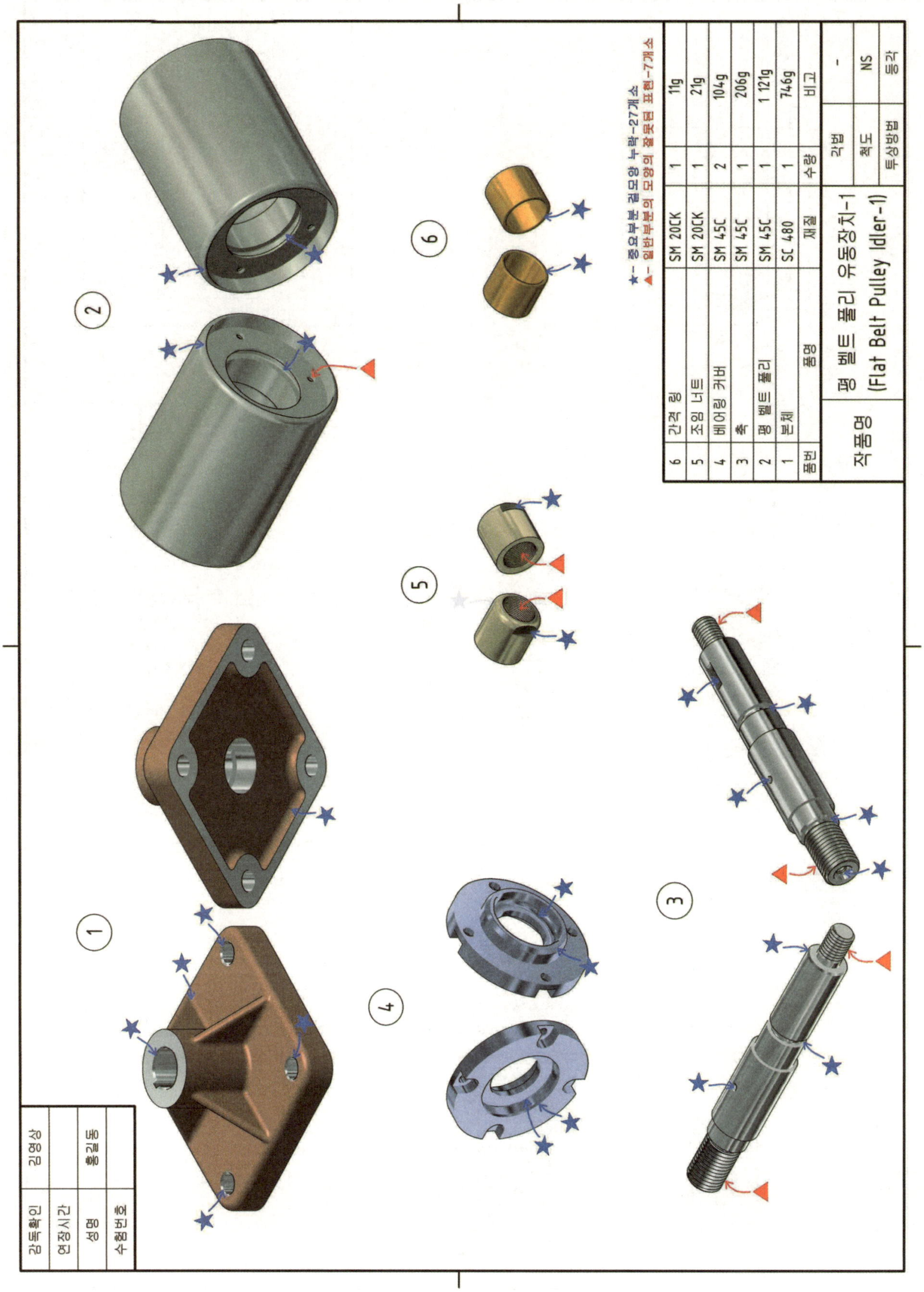

그림 2-169. 렌더링 등각 투상도의 채점부위와 모범답안

자기학습 능력평가(수강평가) 이용방법

강의를 수강하시면서 학습문제로 주어진 조립도에 의해 자신이 만들어 낸 결과물은 본 책자에 실려 있는 모범답안과 스스로 비교하여 자가 평가를 하실 수 있으나, 보충학습, 심화학습, 응용학습 문제의 결과물을 만들어서 자신의 객관적인 능력평가를 받고 싶으실 때에는 다음과 같은 방법으로 이용하실 수 있습니다.

(1) WWW.CADNARA.COM에 회원가입을 하시고, 주민등록번호는 입력하지 않으셔도 됩니다.

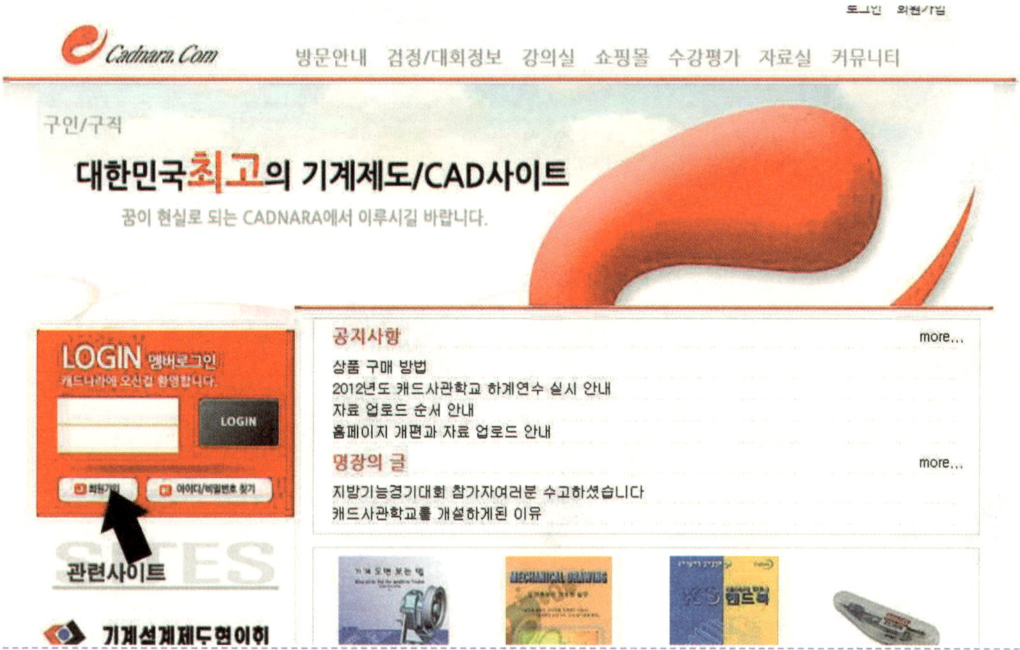

(2) 홈페이지 상단에 수강평가 탭에서 원하는 평가를 선택합니다.

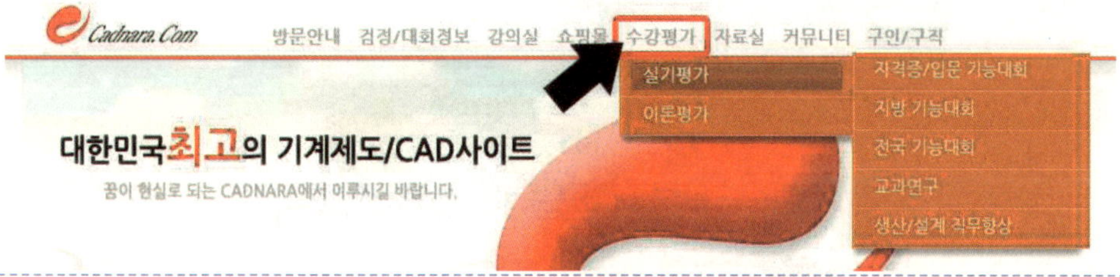

(3) 구매하신 교재 및 강좌 명의 우측 들어가기 버튼을 클릭합니다.

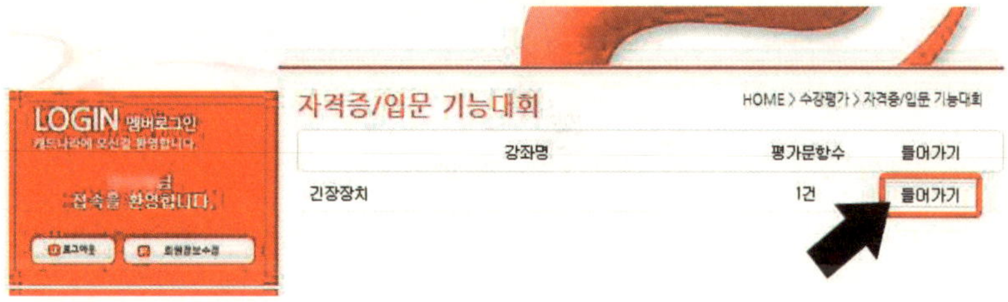

(4) 검도하고자 하는 도면의 하단에 장바구니 담기 버튼을 클릭 후 결제합니다.

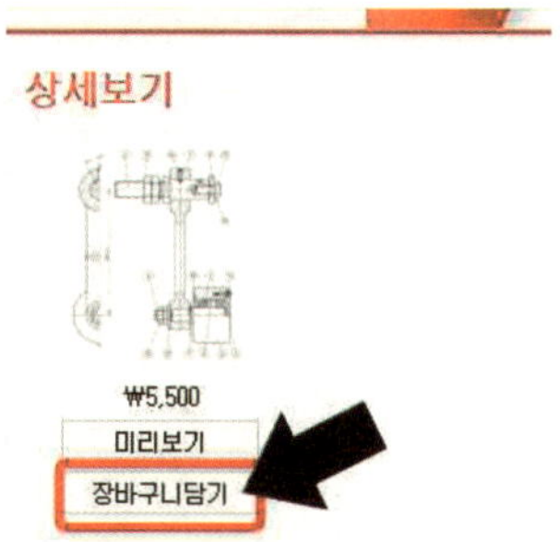

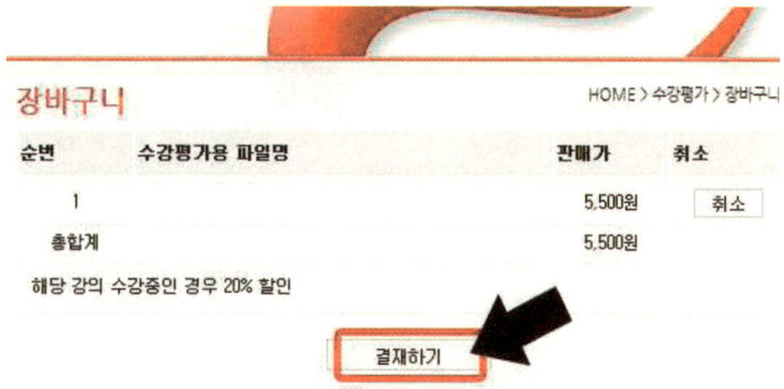

(5) 결제 후 입금 확인을 하시려면 우측 상단에 마이페이지를 클릭합니다.

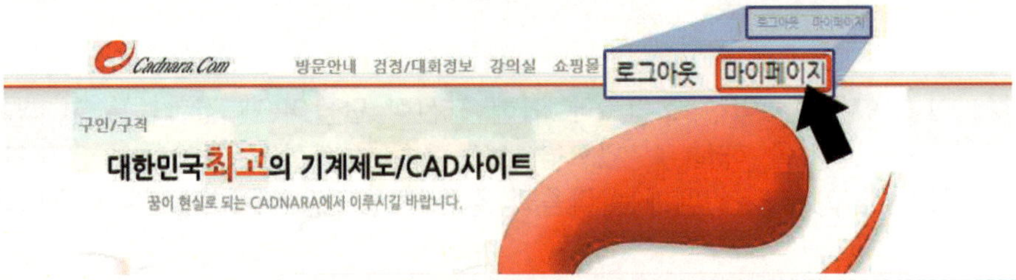

(6) 좌측 마이페이지 메뉴에서 수강평가구매내역을 클릭하여 결재완료 상태를 확인합니다.

(7) 결재완료 확인 후, 좌측 마이페이지 메뉴에서 수강평가 관리를 클릭하고 구매한 강좌 명을 클릭합니다.

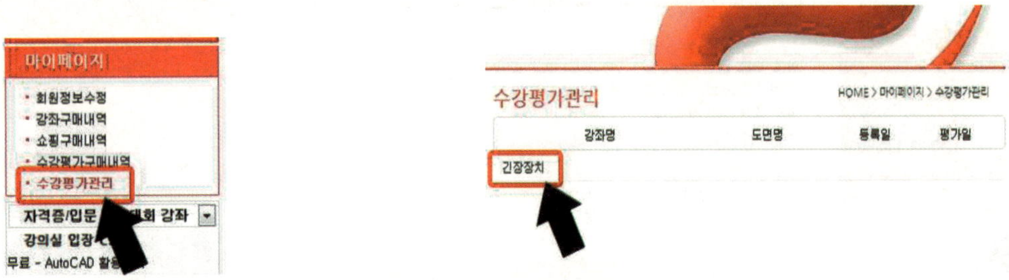

(8) 평가업로드 칸에 파일 선택을 클릭하여 검도 받을 파일을 업로드하며, 궁금한 점은 문의사항에 적어 주시고 하단에 평가요청을 클릭합니다. 참고로, 부품도, 렌더링 등각 투상도 및 부품도와 모델링 파일은 한꺼번에 압축하여 업로드하면 자신의 능력평가를 받으실 수 있습니다.

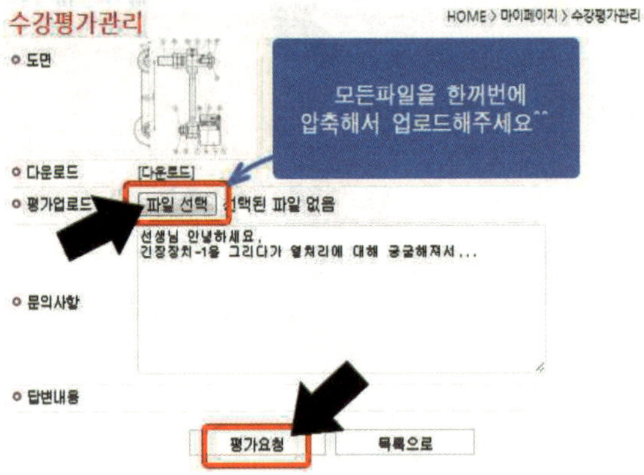

(9) 구매한 도면을 출력하고 싶다면 다운로드버튼을 클릭하여 이미지를 다운 받은 후 출력합니다.

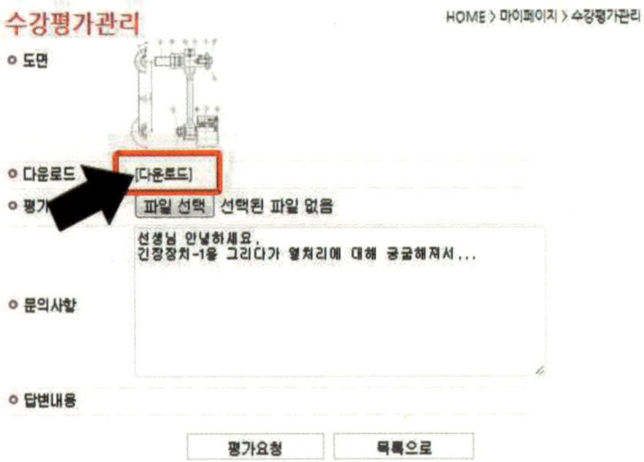

이 교재는, 국가 기술자격검정의 전산응용 기계제도 기능사, 기계계열 설계 산업기사 및 기사시험을 준비하는 분들과 기능영재들을 위해 기초부터 설계실무에 이르는 과제를 엄선하고 한국 표준협회(KS)와 국제 표준협회(ISO)에서 제도규격으로 규정한 내용을 근거로 하여 산업현장 실무에서도 활용할 수 있도록 기계설계, 기계요소, 기계공작, 기계재료 등의 이론학습 내용과 모범답안을 제공하여 기술 • 기능 전수를 해 드리기 위해 최선을 다 하였습니다.

또한 학습 동기와 흥미유발을 위해 분야별로 구분하여 다양한 문제 수록으로 1개의 모듈 범위에 있는 문제들을 학습하고 나면 자신의 능력이 크게 향상되었음을 알 수 있을 것입니다.

기계설계제도를 배우려는 후배들은 물론 제자들을 가르치고 계신 선생님과 교수님들께도 표준지침으로 활용이 되었으면 하는 염원으로 집필하였으므로 기계설계실무를 위한 최고의 학습교본이 될 것이라 자부합니다.

기계설계제도 • 도면해독 실무(Ⅰ)

Mechanical Drawing & Reading for the Machine Trades

정가 19,500원

기계설계제도 • 도면해독 실무(Ⅰ)

김영훈 • 김영상 • 양진호

초판 발행 : 2013년 3월 5일

저작권자 / 캐드나라닷컴

발 행 / 캐드나라닷컴 등록번호 : 제12-339호

주 소 / (152-053) 서울특별시 구로구 구로3동 212-13 벽산3차 디지털벨리 307호

전 화 / (02) 868-2734, 전송(02) 852-6129

홈페이지 / http://www.cadnara.com